书籍设计

Book Design

[英] 安德鲁·哈斯拉姆 Andrew Haslam —— 著
王思楠 —— 译

上海人民美術出版社

blago

I What is a book?

书是什么？

The book designer's palette

书籍设计师的画板

Type and image

文字与图像

Manufacture

制作

Additional material

附录

I What is a book? 书是什么？

书是什么?

书是最古老的文献形式；它储存了全世界的知识、思想以及信仰。本书的第一部分将简略追溯书籍的起源；为书籍下定义；逐一介绍出版行业里的各个角色，审视一本书是如何诞生的；厘清构成书籍中各个成分的专有名词；最后，探讨几种设计书籍的方法。

1 书籍的过去、现在和未来

书籍的过去、现在和未来

书籍历史悠久，最早可以追溯到四千多年前，本章将带领读者一窥书籍的起源。通过我们日常用以描述书籍的各种词汇，让大家深入了解书籍的过去，同时也更了解书籍本身。

书的起源

英文单词“book”起源于古英文“bok”，这个词和“山毛榉”（beech tree）有关。古代撒克逊人（Saxons）和日耳曼人在山毛榉的木板上书写，按照其字面意思，“书”的定义就是“用于写字的板子”。用于描述《圣经》手抄本或者古籍的单词“codex”的词源也与木头有关,它起源于拉丁文中的“树干”（caudex）一词，当时的人们将木板作为书写表面。现在我们所说的“书页”（leaves）一词，来源于古埃及学者用于书写的有机材料。古埃及人在棕榈树宽阔的叶片上写字，后来则将纸莎草的茎捣碎，经过编织、晒干，制成适合墨水书写的材料。

古埃及的抄写员可以说是最早的书籍设计师，他们在纸卷上分栏书写，还配以插画。古埃及的文献并非装订成册，而是成卷——将一片一片的纸莎草纸首尾相粘，接成长长的一卷。尽管埃及、希腊、罗马时期都有在皮革或者干燥的兽皮上书写的例证，但纸莎草仍是古代最常见、最主要的书写材料。小亚细亚的帕加马（Pergamum）古国国王欧迈尼斯二世（Eumenes Ⅱ）可能是发明兽皮取代纸莎草纸的第一人。他的部下用框架把兽皮拉开撑平、晒干、刷白、磨平，为他制作出双面都可以使用的兽皮。这种材料就是我们今天所说的“羊皮纸”（parchment）。

将羊皮纸装订成册，在希腊、罗马时代的早期就已经开始出现了，当时是将之用浸蜡的木片叠在一起，再固定其中一边。羊皮纸本身所具备的物质特性进一步促进了装订成册这一形式的发展。羊皮纸的尺寸通常比易脆易碎的莎草纸大，来回翻折也不易造成损坏。册的出现，打破了卷的传统，原本一张接着一张的卷，变成了一张叠着一张、沿着一边装订起来。一张完整的羊皮纸对折之后便成了两个对开页（folio）（“folio”源自拉丁文中的“叶”，我们现在就是用对开页作为计算书页的基本单位）；将这两个对开页再对折

PROLO

prouocauit: qui editōni ātique trāsla-
tionē theodocionis miscuit· asterico et
obelo id est stella et veru omne opus
distinguens: dum aut illucescere facit
que minus ante fuerant: aut suꝑflua
queq; iugulat et confodit: et maxime
que euangelistarū et apostolorū au-
ctoritas promulgauit. In quibꝫ mul-
ta de veteri testamento legimus que ī
nostris codicibus non habentur: ut
est illud· ex egipto vocaui filiū meū: ⁊
quoniā nazarenus vocabitur: et vi-
debunt in quē cōpunxerūt: ⁊ flumina
de ventre eius fluent aque viue: ⁊ que
nec oculus vidit nec auris audiuit nec
in cor hominis ascendit que prepara-
uit diligentibus se: ⁊ multa alia que
propriū sintagma desiderant. Inter-
rogemus ergo eos ubi hec scripta sūt:
et cum dicere non potuerint· de libris
hebraicis proferam⁹· Primū testimo-
niū est in osee· secūdum in ysaia· terciū
ī zacharia· quartū in ꝓuerbijs· quītū
eque in ysaia: qꝫ multi ignorātes apo-
crifoꝝ deliramēta sectanē: ⁊ hibēras ne-
nias libris autēnticis ꝑferūt. Causas
erroris nō est meū exponere. Iudei pru-
denti factū dicūt esse cōsilio: ne ptolo-
meus uni⁹ dei cultor etiā apud hebreos
duplicē diuinitatē comꝓhenderet: qđ
maxime idcirco faciebāt quia in pla-
tonis dogma cadere videbatē. Deniq;
ubicūq; sacratū aliqđ scriptura testatē
de pr̄e et filio ⁊ spiritu sācto aut aliter
interꝓtati sūt aut oīno tacuerūt: ut
et regi satisfacerēt: ⁊ archanū fidei nō
vulgarent. Et nescio quis pm⁹ auctor
septuagīta cellulas alexandrie men-
dacio suo extruxerit· quibꝫ diuisi eadē
scriptitarent: cū aristeus eiusdē ptolo-
mei yperaspistes· ⁊ nō multo post tēpore
iosephus nichil tale retulerint: sed in

una basilica congregatos contulisse
scribāt non ꝓphetasse. Aliud ē eni esse
vatem: aliud ē esse interpꝛtē. Ibi spirit⁹
ventura ꝑdicit: hic erudicio et verborū
copia ea que intelligit transfert. Nisi
forte putādus est tullius economicū
xenofontis ⁊ platōnis pitagorā et de-
mōstenis ꝓthesifontem afflātus rethor-
rico spiritu trāstulisse. Aut aliter de e-
isdem libris per septuagīta interꝓtes·
aliter ꝑ apostolos spiritus sanctus te-
stimonia texuit: ut qꝫ illi tacuerūt hij
scriptū esse mentiti sint. Quid igitur?
Damnam⁹ veteres? Minime: sed post
priorū studia in domo dn̄i quod pos-
sumus laboram⁹. Illi interꝓtati sūt
āte aduentū xp̄i et qđ nescierūt dubijs
protulerūt sentencijs: nos post passio-
nem eius non tam ꝓphetiā q̄ꝫ histori-
am scribim⁹. Aliter enim audita: ali-
ter visa narrantur. Qđ meli⁹ intelligi-
mus meli⁹ et proferim⁹. Audi igitur
emule: obtrectator ausculta. Non da-
mno non reprehendo septuaginta:
sed confidenter cūctis illis apostolos
ꝑfero. Per istoꝝ os michi xp̄us sonat
quos ante ꝓphetas inter spiritualia
carismata positos lego: ī quibꝫ ultimū
pene gradū interꝓtes tenēt. Quid livo-
re torqueris? Quid iperitoꝝ aīos ꝯtra
me ꝯcitas? Sicubi ī trāslatione tibi vi-
deor errare interroga hebreos: diūsarū
urbiū magros cōsule. Qđ illi habēt de
xp̄o tui codices nō habent. Aliud ē si
cōtra se postea ab aplīs usurpata testi-
monia ꝓbauerīt: ⁊ emendatiora sunt
exēplaria latina· q̄ꝫ greca: greca q̄ꝫ he-
brea. Verū hec ꝯtra īuidos. Nūc te dep̄-
cor desideri carissime: ut q̄a me tātū op⁹
sbire fecisti ⁊ a genesi exordiū capere· orō-
nibꝫ iuues: qꝫ possī eodē spū quo scripti
sūt libri ī latinū eos trāsferre sermonē.

GEN ESIS

Incipit liber Bresith quē nos Gene-
In principio creauit deus celū sim vōd⁹.
et terram. Terra autem erat inanis et
vacua: ⁊ tenebre erant suꝑ faciē abissi:
et spiritus dn̄i ferebatur super aquas.
Dixitq; deus. Fiat lux. Et facta ē lux.
Et vidit deus lucem qꝫ esset bona: et
diuisit lucem a tenebris· appellauitq;
lucem diem et tenebras noctem. Factū
q; est vespere ⁊ mane dies unus. Dixit
quoq; deus. Fiat firmamentū in me-
dio aquarū: et diuidat aquas ab a-
quis. Et fecit deus firmamentū: diui-
sitq; aquas que erant sub firmamen-
to ab hijs que erant super firmamen-
tum: ⁊ factum est ita. Vocauitq; deus
firmamentū celū: ⁊ factum est vespere
et mane dies secundus. Dixit vero de-
us. Congregentur aque que sub celo
sunt in locum unū et appareat arida.
Et factum est ita. Et vocauit deus ari-
dam terram: cōgregationesq; aquaꝝ
appellauit maria. Et vidit deus qꝫ es-
set bonū· et ait. Germinet terra herbā
virentem et facientem semen: et lignū
pomiferū faciens fructum iuxta genus
suū: cuius semen in semetipo sit super
terram. Et factum est ita. Et protulit
terra herbam virentem et facientem se-
men iuxta genus suū: lignūq; faciens
fructū et habēs unūqđq; sementē scdm
speciē suā. Et vidit deus qꝫ esset bonū:
et factū ē vespere et mane dies tercius.
Dixitq; aūt deus. Fiant luminaria
in firmamēto celi· ⁊ diuidāt diem ac
noctē: ⁊ sint in signa ⁊ tēpora· ⁊ dies ⁊
annos: ut luceāt in firmamēto celi et
illuminēt terrā. Et factū est ita. Fecitq;
deus duo luminaria magna: lumiare
maius ut ꝑesset diei et lumiare min⁹
ut ꝑesset nocti: ⁊ stellas· ⁊ posuit eas in
firmamēto celi ut lucerent sup terrā: et

ꝑessent diei ac nocti: ⁊ diuiderēt lucem
ac tenebras. Et vidit de⁹ qꝫ esset bonū:
et factū ē vespere et mane dies quart⁹.
Dixit etiam deus. Producant aque
reptile anime viuentis et volātile sup
terram: sub firmamēto celi. Creauitq;
deus cete grandia· et omnē animā vi-
uentem atq; motabilem quā produxe-
rant aque in species suas: ⁊ omne vo-
latile secundū genus suū. Et vidit de-
us qꝫ esset bonū: benedixitq; ei dicens.
Crescite et multiplicamini· et replete a-
quas maris: auesq; multiplicentur
super terram. Et factū ē vespere ⁊ mane
dies quītus. Dixit quoq; deus. Pro-
ducat terra animā viuentem in gene-
re suo: iumenta ⁊ reptilia· ⁊ bestias ter-
re secundū species suas. Factū ē ita. Et
fecit deus bestias terre iuxta species su-
as: iumenta ⁊ omne reptile terre in ge-
nere suo. Et vidit deus qꝫ esset bonū:
et ait. Faciam⁹ hominē ad ymaginē ⁊
silitudinē nostrā· ⁊ ꝑsit piscibꝫ maris·
⁊ volatilibꝫ celi· ⁊ bestijs uniūseq; terre:
oīq; reptili qđ mouetē ī terra. Et crea-
uit deus hominē ad ymaginē et simi-
litudinē suam: ad ymaginem dei crea-
uit illū: masculū et feminā creauit eos.
Benedixitq; illis deus· et ait. Crescite
et multiplicamini ⁊ replete terram· et
subicite eam: ⁊ dominamini piscibus
maris· ⁊ volatilibus celi: ⁊ uniuersis
animātibus que mouentur sup terrā.
Dixitq; deus. Ecce dedi vobis omnē
herbam afferentem semen sup terram·
et uniūsa ligna que habēt ī semetipis
sementē generis sui: ut sint vobis ī escā·
⁊ cūctis aīantibus terre· oīq; volucri
celi ⁊ uniuersis q̄ mouētur in terra· et ī
quibus ē anima viuēs: ut habeāt ad
vescendū. Et factū est ita. Viditq; deus
cuncta que fecerat: et erāt valde bona.

一次之后，便会出现四个页面，即所谓的“四开”（quarto, quaternion）；再对折一次，出现八个页面——即“八开”（octavo）。这三个词源于折叠纸张，现在它们都被用来描述纸张大小。罗马、希腊时代的抄写员遵循埃及卷的传统，在每一页上分栏写字。英文单词“page”现在一般指双面印刷的书本中一张纸的一面，这个词是由拉丁文“pagina”演化而来，意思是“紧紧捆在一起”，印证了这一装订形式的起源不是埃及的卷。

上图：1455 年古登堡印制的第一部《圣经》。《圣经》是世界上印刷数量最大的书，广泛传播于全欧洲以及世界上其他信奉犹太教和基督教文化的地区。

英文单词“paper”来源于“papyrus”，papyrus 的意思就是莎草纸。大约公元前 200 年，中国人发明了纸，尽管根据中国官方历史记载，纸是由蔡伦在 104 年发明的。早期的中国纸是以桑叶或者竹叶为主要原料，将纤维搅拌化成纸浆，用抄纸帘漏去水，晒干后揭下，一张纸就这样做成了。到 751 年，中国的造纸术已经传入伊斯兰地区；到 1000 年，巴格达也可以生产纸了。后来，摩尔人又将造纸术引入了西班牙，1238 年，在西班牙加泰隆尼亚的卡佩利亚德斯（Capellades）设立了欧洲最早的一座造纸厂。

来自美因茨（Mainz）的德国人约翰尼斯·古登堡（Johannes Gutenberg）于 1455 年用活字印刷印出了欧洲第一部书籍——以拉丁文印刷的古登堡《圣

经》，运用了多种不同领域的技术。古登堡本身具备冶金知识，对于榨取葡萄汁酿酒的压榨设备的运用也很娴熟。他拥有也读过装订成册的书，也了解纸张。古登堡被人称作“印刷之父”，这个非正式的称号源自某种程度的误导，加上欧洲本位主义的心态在作怪。其实早在1241年，韩国便有了泥活字；某部约1377年印制的韩文书已经确定是采用泥活字。自7世纪起，中国便以木雕版印制纸牌和纸币。中国最早一部雕版刊印的佛经《金刚经》的历史可以追溯到868年，使用的雕版数量高达13万块。

尽管学术界对于印刷术发明的时间仍有争议，但是印刷术（printing）和印刷书籍（printed book）对西欧历史发展的重要影响是无可置疑的。自从罗马时代开始，由22个字母组成的西方字母系统已经运用到书写上，但是每本书一直是由抄写员逐字逐句抄写而成，一次只能制作出一本书。而活字印刷术及其产物——印刷书籍，则能由一位印刷工，在完成制版后一次复制出好几本书。早期的印刷工不但要负责拣字排版、设计版面，还要负责印制内文的工作。印刷远比手工誊抄快捷，因此，语言文字不再高不可攀，传播得也更广。

寻求一个定义：书是什么？

虽然前面已经解释了“书”（book）与“册”（codex）以及相关词汇的含义，我觉得再给书下一个清楚的定义，会对读者有所帮助。《牛津简明英语词典》列出的解释如下：

1. “可携带的，书写或印刷在被固定在一起的若干纸张上的论述。”
2. “登载在一组纸张上的著作。”

以上两个简短的定义，点明两个关键要素：一是可携带、纸张，二是提到了写作和文学性。《大英百科全书》上是这样说的：

3. “……一份具备一定的篇幅，以书写（或者印刷）方式记录于质轻、方便携带的材质之上，用于在公众间流通信息。”

4. “传播的工具。”

《大英百科全书》第一版，1964年，第3卷，870页

这两个定义引入了“阅读”与“传播”这两个概念。杰弗里·安谢尔·格莱斯特（Geoffrey Ashall Glaister）在1996年出版《书籍百科全书》（*Encyclopedia of the Book*）中，从费用和规章制度的角度，提出了具体的定义：

5.“为了便于统计，英国书业曾下过这样的定义：书是价格高于 6 便士的出版物。”

6.“其他一些国家以内页数量的下限来定义书；联合国教科文组织于 1950 年通过一项决议将书定义为：一份非定期刊行、除封面外包含不低于 49 页的出版物。”

这两个定义明显出于法律条文和税收规定。列出的关于纸张、装订等的物理描述或许精确，但是上述种种定义似乎都没有提及书籍的力量或者说书籍的影响力。在此，我提出以下我对于书籍的定义：

7. 书：由经过印刷、装订的一系列纸页构成，跨越时间和空间，保存、宣传、传播知识的可携带的载体。

出版产业：书籍的商业价值

现在，出版可是一个庞大的产业。1999 年，总部位于德国的、世界上最大的出版商贝塔斯曼集团（Bertelsmann AG）所创造的利润是 270 亿马克（超过 140 亿美元）——这个数字已经超过许多国家的总体经济规模。每年，全世界印刷出版的图书数量都在增长。但是很多出版物并未采用国际标准书号（ISBN），因此很难统计确切的出版物数量。没有人知道自 1455 年以来，全世界一共印刷出版了多少种书，也没有人说得出全世界图书馆里的藏书到底有多少，因为还有很多书尚待编目、上架。埃及国王托勒密二世于公元前 3 世纪创立的亚历山大图书馆是古代规模最大的藏书机构，当时的藏书量在 42.8 万到 70 万之间，这座图书馆于 640 年毁于大火。时至今日，美国国会图书馆的藏书量高达 1.19 亿部，涵盖 460 种语言；而大英图书馆则宣称其藏书量高达 1.5 亿部，包括“绝大多数已知语言”。大英博物馆每年的图书采购量为 300 万种，它保存了以英文出版的每一本书，同时拥有数量庞大的外文书以及各个门类的特藏。全球最大的一家书店是位于美国纽约第五大道 105 号的巴诺书店（Barnes and Noble），店内书架的总长度为 20.7 万米。

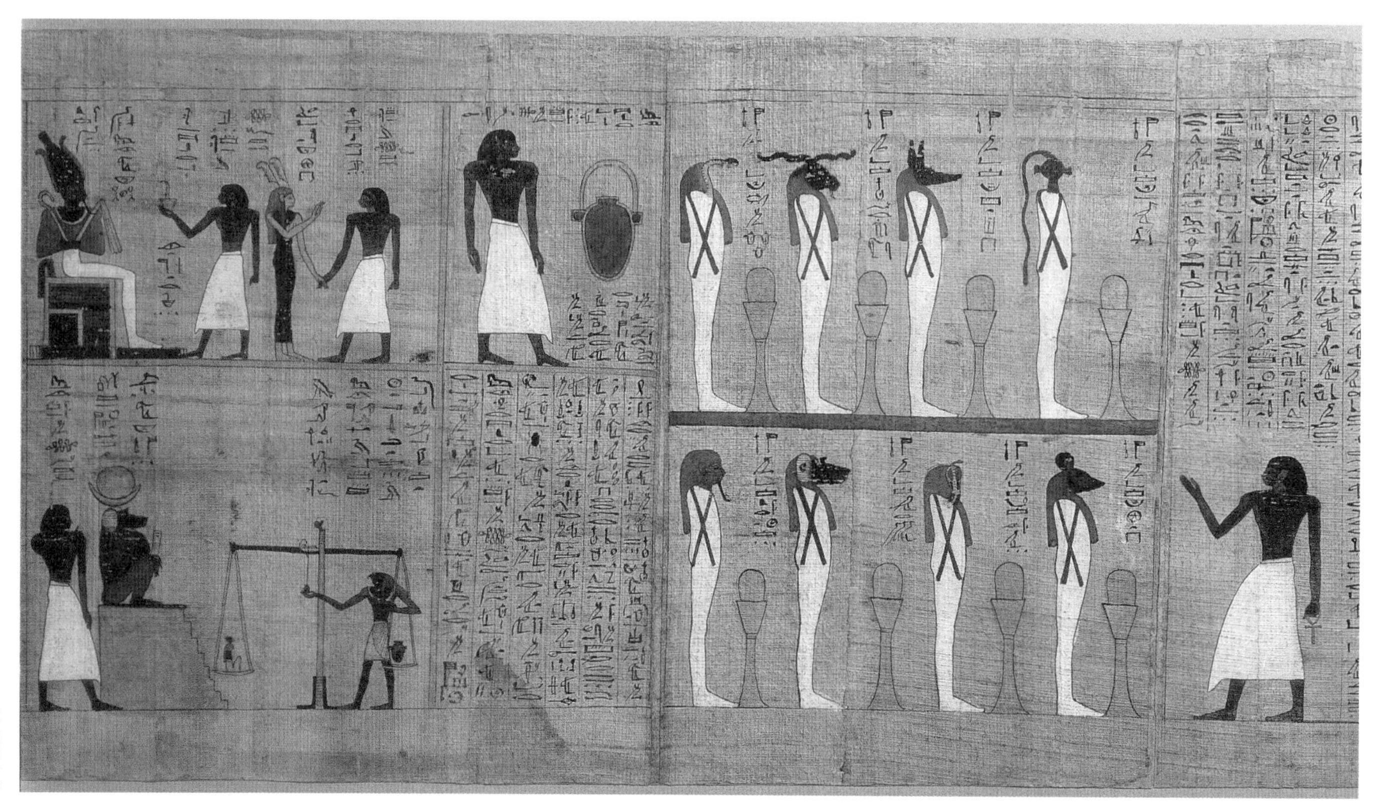

上图： 埃及的皇室抄写员汉尼弗尔（Hunefer）于公元前 1300 年写下的《死者之书》（*Book of the Dead*）。内文垂直排列在用直线区隔的狭窄分栏内。放大处理、用于说明重大事件的图示则贯穿在各个栏位之间。此处呈现的并非实际尺寸。

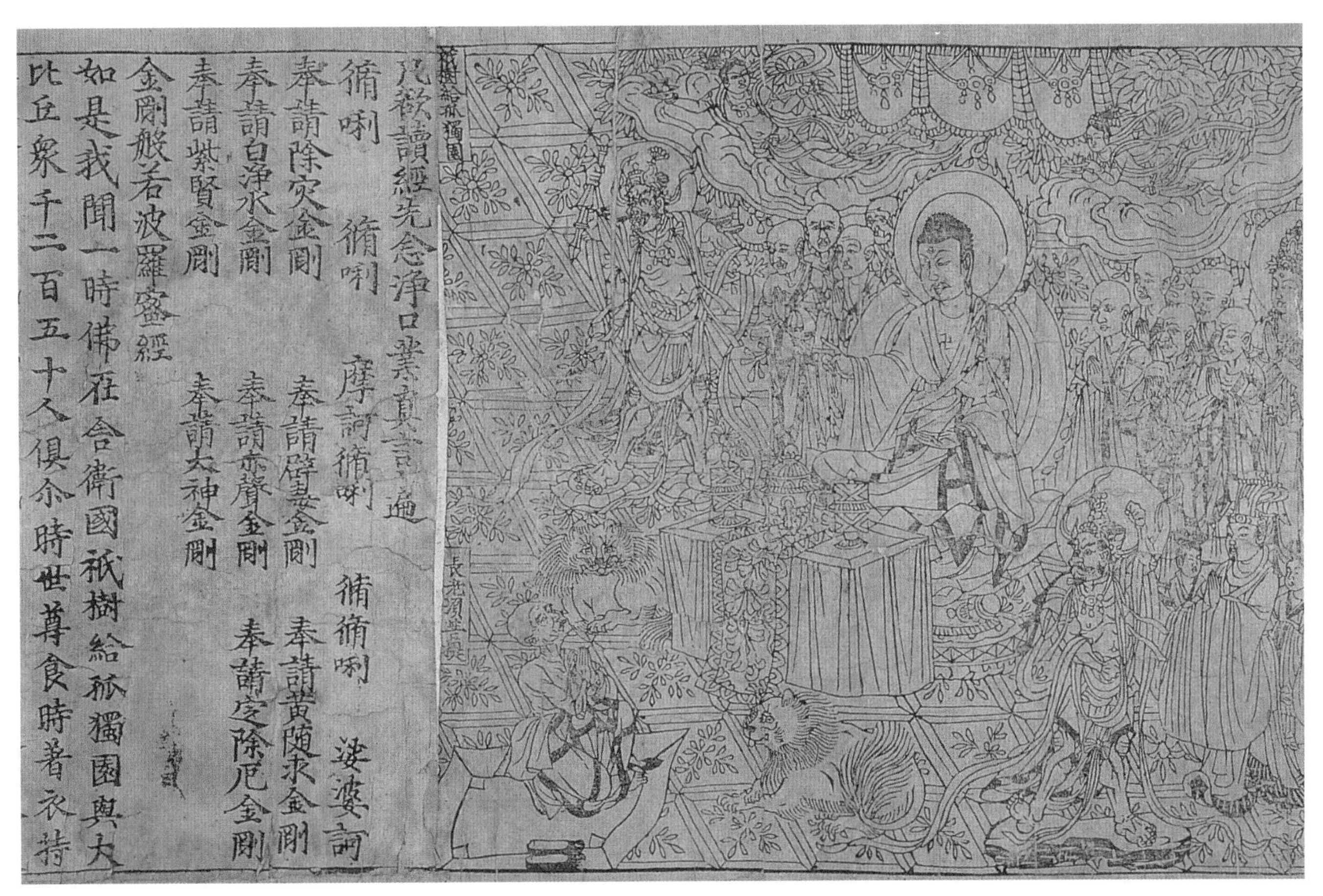

上图：《金刚经》往往被视为世界上最古老的且刻印年代明确的印刷品；它上面所标注的年代是 868 年。它被埋藏在敦煌石窟中长达好几个世纪。“经”（sutra）源于梵文——一种古老、神圣的印度语，意思是“教谕”或者“道”。这部经文由中文写成，被认为是最重要的佛教文献。文字为竖排，插图为木刻版画。

新技术：书籍的未来

图书馆里保存着浩如烟海的藏书，每年仍出版大量图书，我们无法想象这个世界一旦没有书籍将会怎样。书籍的影响力和作用无可估量。根据投票结果显示，古登堡被英国的《泰晤士报》选为上一个千年最重要的人士。他所发明的活字印刷术，以及伴随而来的大量印行的书籍，创造了第一个大众媒体。19 世纪晚期到 20 世纪初期，随着声音传播技术的发展，新形态的大众媒体出现了：电话、无线电和录音设备。接着又出现了将声音和活动影像相结合的电影和电视。但是，书籍——以及随后出现的报纸、期刊、杂志——仍然是平面大众传播的主流形态。

随着数字技术和网络的发明，印刷式微、书籍末日论甚嚣尘上。时至今日，数字技术已经彻底改变了我们书写、设计、生产、销售书籍的方式。然而，互联网仍并未取代书籍。自从进入网络时代以来，图书销量年年增长，令乐观派的爱书人感到振奋。相反，持悲观态度的人则援引报纸发行量逐步下滑的事实，预测同样的情况有朝一日会出现在书籍销售上。信息市场永远在扩张，从目前的形势看，伴随网络技术而来的、新的阅读技术，对于书籍来说是一种助力，而非威胁。目前，和阅读电子屏幕相比，阅读印刷书页更舒服。但是，随着屏幕阅读技术的进步，新的电子纸张技术的出现令书籍下载成为可能，就像 MP3 在音乐发行上取得成功一样，这些新技术也可能成为未来的书籍形式。

印刷的力量：书籍的影响力

书籍是传播思想的最有力手段之一，它改变了知识、文化和经济的发展历程。要说书籍的影响力，只需要想想《圣经》《古兰经》《共产党宣言》。就算我们无法估量这些书给古往今来的无数人带来了多么巨大的影响，但毫无疑问，它们奠定了现代社会的宗教与政治基础。每一个学科领域，包括医学、科学、心理学、文学、戏剧等等，都能列出几本这样的奠基之作。这些书闻名全球，无论它们的作者和理念是被推崇还是被诋毁，但若没有隐藏在书籍背后的设计师和印刷工人的贡献，书籍中所蕴藏的影响力就只能是瞬时性的。

一本书的诞生

这一章将逐一介绍出版和印刷行业的各个不同分工，检视生产出一本书的人，还有看看书籍生产的几种简单模式。以下列出的职业名称和工作内容，视各出版机构的不同而不同，或许与实际情况有所出入。

出版行业里的主角们

每一本印刷出来的书都是一连串分工合作的产物。每本书不同，设计师所肩负的任务也有所不同，但有一点是相同的——必须团队协作。设计师需要了解出版的各个环节，这样才好开展工作。

作者（Author, Writer）

小说或者非虚构作品的作者一旦有了“一个故事的想法”，或许就会将它写出来，把完稿交给经纪人或者出版商过目。曾经出版过书的作者，或许首先会和与之有合作关系的编辑探讨下一个值得开发的选题。对于出版商和作者来说，试探双方兴趣的方法之一就是先拟出一份写作大纲，作为经纪人和出版商商谈的依据。一旦有个正面、积极的结果，出版商便会和作者签订合同，作者再继续完成整个作品。在一本书的实际工作展开之前，设计师不需要和作者接触。

经纪人（Agents）：作家经纪人、插画经纪人、设计经纪人、摄影经纪人

经纪人将他们客户的作品呈递给潜在的出版商。每个经纪人都有自己擅长的专业领域，比如历史类、人物传记、儿童文学、科普类，等等。作家经纪人所扮演的角色是将作者的作品呈递给出版商，并且代表作者与出版商商谈稿酬条件。经纪人为作者提供这项服务后，会从作者的稿酬或者版税抽取佣金。对于作者而言，这项服务非常宝贵，因为一位优秀的作家经纪人会与众多出版商保持密切联系。对于插画 / 设计 / 摄影经纪人来说，工作模式与此相似，都是将客户的作品呈递给出版商，供后者在某些特定项目规划时做参考。

出版商（Publisher）

一个出版商有可能是个人，也可能是一个公司。出版商投资生产一本书，其职责包括：支付书籍编写、制作、印刷、装订以及发行等各个环节的各项费用。通常，出版商会以合同的形式与作者达成协议。这一模式延续至今，尽管出版商有时也会与外国出版商合作，进行“合作出版”（co-edition），或者出版外文版。印刷出来的书籍就是出版商的产品，和作者或者其他出版商的签订的合同上会明确这一产品将采用何种方式、在哪些地区、以什

么样的价格出售。出版商必须承担生产书籍的经济风险，只有当售书所得高于所有成本时，出版商才能获取利润。出版商与作者之间的关系非常密切：出版商需要作者写书，作者则需要出版社制作和销售其著作；双方缺一不可，相辅相成。为了厘清作者与出版商之间的利益关系，合同中通常会写清楚双方在该书销售所得中的分配比例。大部分出版商会支付作者一笔预付金，供作者写作期间使用，出版后再支付版税（扣除该书制作成本之后的销售利润的一个百分比）。一些出版商倾向于支付一笔固定稿酬，但绝大多数专职作者都不喜欢固定稿酬这种付酬方式。

出版商必须为其出版物做市场营销推广。出版商会根据书籍的不同种类编制目录，比如犯罪小说、园艺、建筑、儿童文学等。用心建立自己的书单对于出版商来说非常重要，因为零售商们都是凭借出版物的品质来认识出版商。一家出版商的品牌形象是依靠其出版的书籍品种、装帧设计风格以及产品价值建立起来的。一些大型的出版商会创立或者并购“副牌社”（imprint）——也就是专门经营某些特定类型书籍的小出版社。

图书策划公司（Book packager）

图书策划公司受出版商委托制作书籍。他们把编辑、设计、制作，有时还包括市场营销整合在一起，承包了一本书的编辑制作工作，但是他们不需要承担因支付印刷费用和发行书籍所产生的经济风险。

策划编辑 / 组稿编辑（Commissioning editor）

策划编辑负责选书。选书的过程往往需要和出版者以及整个编辑部一起参与。选书对于一家出版商来说至关重要——策划编辑若是错过某部具有畅销潜力的好稿子，就等于损失了一笔巨额收入。策划编辑的工作内容包括：与有潜力的作者谈合作，激发创意，在作者、设计师、插画师以及摄影师之间建立合作关系。策划编辑必须对读者的阅读口味变化保持敏锐的观察和独到的眼光，同时还要密切注意其他出版商出的书；除此之外，还要肩负管理的责任，做好出版流程规划，把控出版进度，督促编辑团队中每个编辑的工作。书籍设计师需要与策划编辑密切合作。

编辑（Editor）

编辑的工作是和作者一起打磨文稿，鼓励作者创作，同时也提出各种针砭意见，聪慧的作者会根据编辑的意见做出回应。编辑工作可以外包，也可以由出版社内人员来完成，通常每位编辑手上都同时处理好几部稿子。编辑的大部分时间花在阅读和修订文稿上，从中挑出他们认为文辞不够清楚的地方，并将问题整理出来，供作者参考。一位优秀的编辑应该要提出各种重组文稿的方案，比如何处划分章节令其更具逻辑性。文稿经过编辑的仔细检查、重新组织和修订之后，就会交给设计师处理。编辑必须具备高超的写作技巧，熟悉各种排版与文法惯例，并且有能力向作者提出客观的建议，还要能掌控工作进度，有时需要请人绘制插图、拍摄照片，等等。对于某些书籍，编辑或许还要撰写图注，整理注释、致谢和授权声明。数字技术的发展令现在的编辑可以和设计师在终稿上一起工作。在印刷之前，稿子可以随时调整、修订。手上同时处理许多稿件的资深编辑（senior editor）或许可以得到助理编辑（assistant editor）的协助，助理编辑主要负责文稿的校对工作。文稿编辑（copy editor）只需要专注于文稿处理，而不必负责管理或者行政方面的事务。

校对员（Proofreader）

校对（proofreading）原本是指阅读、检查印刷前的清样。现在，校对可能代表整个编辑过程进行中任一阶段的校对工作。校对员是拿着已经编辑过的文稿进行工作，检查其中是否有语法或者拼写错误，如果错误出自作者本人，通常被称为原稿错误（literals）；如果是排版过程中的错误，则被称为排印错误（typos）。过去，一本书在印刷前都必须交给专业的校对员检查修订，然后签字付印；现在这项任务往往由编辑来执行。

顾问（Consultant）

顾问为致力于开发非虚构领域书籍的出版商提供广泛的专业知识咨询。比如，一个打算出版园艺类书籍的出版商除了需要选定一位专业作者，还需要再找一位熟悉植物学专业知识的业内人士作顾问。顾问的任务是提供专业意见、审阅写作大纲和初稿、看是否还需要添加内容。顾问往往是外聘的，为某个特别的选题或者书系提供服务。

审读人（Reader）

审读人又称审稿人（reviewer），和顾问一样，必须具备某书内容所涉及的相关专业知识，但他们并不直接参与作者创作文稿的过程。出版商聘请审读人客观评价文稿，判断内容是否正确、质量高低，查漏补缺，并评估最后的成书是否能被读者接受。审读人将意见反馈给编辑、作者和设计师，再由他们做出相应的修改。

艺术总监（Art director）

艺术总监是出版社内的一个特定职位，也可以指某位和插画师或者摄影师共同工作的设计师。艺术总监必须负责出版社旗下所有出版物的视觉外观，他们通常都接受过专业的设计训练。书籍的外观，产品的价值，再加上一家出版社的书单，三者结合便构成了该社在读者心目中的形象。优秀的出版商都很重视其出版物的外观。艺术总监必须为各个书系建立指导方针，包括字体字号、封面、版式、logo 的使用，等等。

设计师（Designer）

设计师负责一本书的实体结构、视觉外观、信息传达，以及页面上所有元素的配置。与出版商和编辑沟通之后，设计师会设计出该书的版式并决定装帧形式。设计师负责规划一本书的开本大小，选择字体风格，编排页面。他们通常也会配合插画师和摄影师一起工作，一边设计，一边配图。设计师拿到编辑的装帧意见之后开始制作，现在都是在电脑上完成制版，然后将电子文档交给印务或者直接交给印厂。设计师和编辑会一起检查印刷前的清样。现在的非虚构图书多以图片取胜，因此设计师往往就是向出版商提出书稿构想的人。

图片查找员（Picture researcher）

带有插图的书，图片有不同的来源，图片查找员的工作就是逐一查清楚图片的来源，并向图片的版权所有人申请使用许可。图片查找员最常用的查找图片的渠道有：图片库（picture library）、商业图片库（commercial image bank），以及博物馆、档案馆、私人藏品。他们也会和摄影师合作，请摄影师拍摄照片。

授权经理（Permissions manager）

当出版商打算在一本书中延伸引用其他人的文字内容或图片时，必须获得版权所有人的书面许可。版权所有人可能会向出版商索取一笔针对特定地区使用的费用，比如只允许在英文版中使用，或者授权“全球使用”，方便其他翻译版权授权后使用。影响授权费用的其他因素包括：内容属于商业用途还是教育用途、所占篇幅大小、出版物的印刷发行数量。授权经理同时还负责出版社自己拥有版权的文稿和图片对外授权事宜：如果其他出版社、广告公司或者设计机构需要使用某本书中的内容，就需要向这家出版社的授权经理提出申请。

供图者（Image-maker）：插画师、摄影师、制图员

为书籍提供图片的专业人员往往都是自由工作者，受出版社之托，针对某本书制作图片。计费方式可能是每一幅图片或者照片收取单次使用费，如果该书以图片为主，则可能采取稿费加版税的付酬方式。在某些书中，图片是最重要的元素，对于这种情况，供图者负责提供图片，而文稿撰写人、编辑和设计师则在供图者的主导下配合工作。许多儿童绘本的创作就是遵循这样的工作模式：由插画师主导创作角色和情节，再由写手据此撰写出文字。一些设计师会自己绘制插画，或者指导摄影师拍摄所需要的图片。

版权经理（Rights manager）

版权经理负责在书籍创作者——包括作者、插画师、摄影师等等——和出版社之间协调合同细则。他们还负责出版社图书在不同市场的翻译版权授权、影印等授权事宜。版权经理通常需要同时具备商业或者法律背景，以保障出版社的权益，同时尽量开拓出版物的授权可能性。版权经理必须与营销部门密切合作，慎重选择在其他国家印刷、发行书籍的合作出版商（co-publisher）。

营销经理（Marketing manager）

营销经理和版权经理合作，将自家出版社的书籍推销给其他出版商和零售商，同时还要监督发行业务。营销经理最重要的任务是为某个书系或者书目上的某一类书制定适当的营销策略。营销经理还需要向业务经理介绍新书卖点，并且参加国内外的书展以推销自家的书。书展是出版商会晤其他出版商，将自家的出版物销售到海外的重要场合。目前全球规模最大的书展是在德国举行的法兰克福书展。

印务（Print buyer, Production manager）

印务，也叫印刷经理，其工作与设计师的工作密切相关，负责生产出书籍。他们负责控制书籍的印刷质量和生产成本。他们是出版社和印刷厂的联系窗口，为每本书建立印制清单和印刷合同，还要协调生产进度和送货时间。

印刷厂（Printer）

设计师或者印务将最终的印刷文件交给印刷厂。在印刷前，印刷厂会做一些前期工作，包括：扫描高清晰度的图片、打样、拼版、制版。印刷厂可以自己打样，也可以将这个步骤外包给专业的打样公司。为了降低印制成本，确保印刷质量，出版商往往会和世界各地的印厂合作。

印刷装订工（Print finisher）

纸张在印刷机上完成印刷之后，还有很多后续工作，包括配页和装订。一些印后加工程序需要专业的机器辅助，比如打孔、压凹凸、烫金、模切、折叠印张，等等。某些复杂的工序只能依靠纯手工完成，比如大部分立体书的制作，对于机器来说太复杂了，立体书上的折叠和上胶等工序都是纯手工完成的。

装订厂（Binder）

装订厂的处理对象是“书芯”（book block），其任务是组装印刷完成的书页，并将书页固定在封面之间。装订厂向设计师、印务和印厂提供关于纸张的专业知识，并针对不同厚度的书籍建议可行、适当的装订方式。在开始正式装订之前，装订厂会做出一本假书（一本完全按照实际用纸、封面材质装订，但没有印刷内文的空白书）交给出版商作为参考样本。完成装订后，书就从装订厂运到库房，库房通常会在比较靠近销售的地点，而不是出版商的所在地。

发行经理（Distribution manager）

发行经理必须随时掌握库存数据，督促书籍从库房配送到各个零售书店。这一配送程序往往会暴露一些物流问题：远距离配送少量书籍，成本高、效率低；如果减少补货次数，虽然节约了成本，但是可能会造成断货。所以发行经理一定要正确估计书店在售图书的存销比。

销售代表（Sales representative）

规模比较大的出版商会派出销售代表团队出面与各个零售商、图书俱乐部和其他出版商接触。小出版社则会将这一工作外包。有工作热情的销售代表会和零售商建立良好的合作关系，熟悉对方的习性和选书品位。销售代表以抽佣金的方式收取费用，只要他们能销售更多书籍，就能获得更高的报酬。

零售商（Retailer）

书籍销售的渠道不断扩张。许多只拥有一家店面的独立书店近年来一直呈衰败的态势，甚至被迫歇业，因为他们无法像大型连锁书店那样给予消费者可观的折扣，也不像书报亭那样只需要销售一些特定的畅销书就行了。如今，由于书籍的市场划分越来越细，再加上出版商的出书种类不断增加，独立书店得以集中经营某类图书，锁定特定的购书读者群。另外一个不断扩展的市场则是网络书店，美国亚马逊公司（Amazon）是目前最大、最成功的网络书店。

一本书的构造

在出版行业内，一本书的各个部分都有其通用的专业术语。熟悉这些专业术语将有助于理解本书接下来的章节。其他一些专业术语将在介绍书籍设计过程的章节中提出来并做解释，也可以参考 251 页的词汇表。我把一本书的基本构造分为三大部分：书芯（book block），页面（page），网格（grid）。

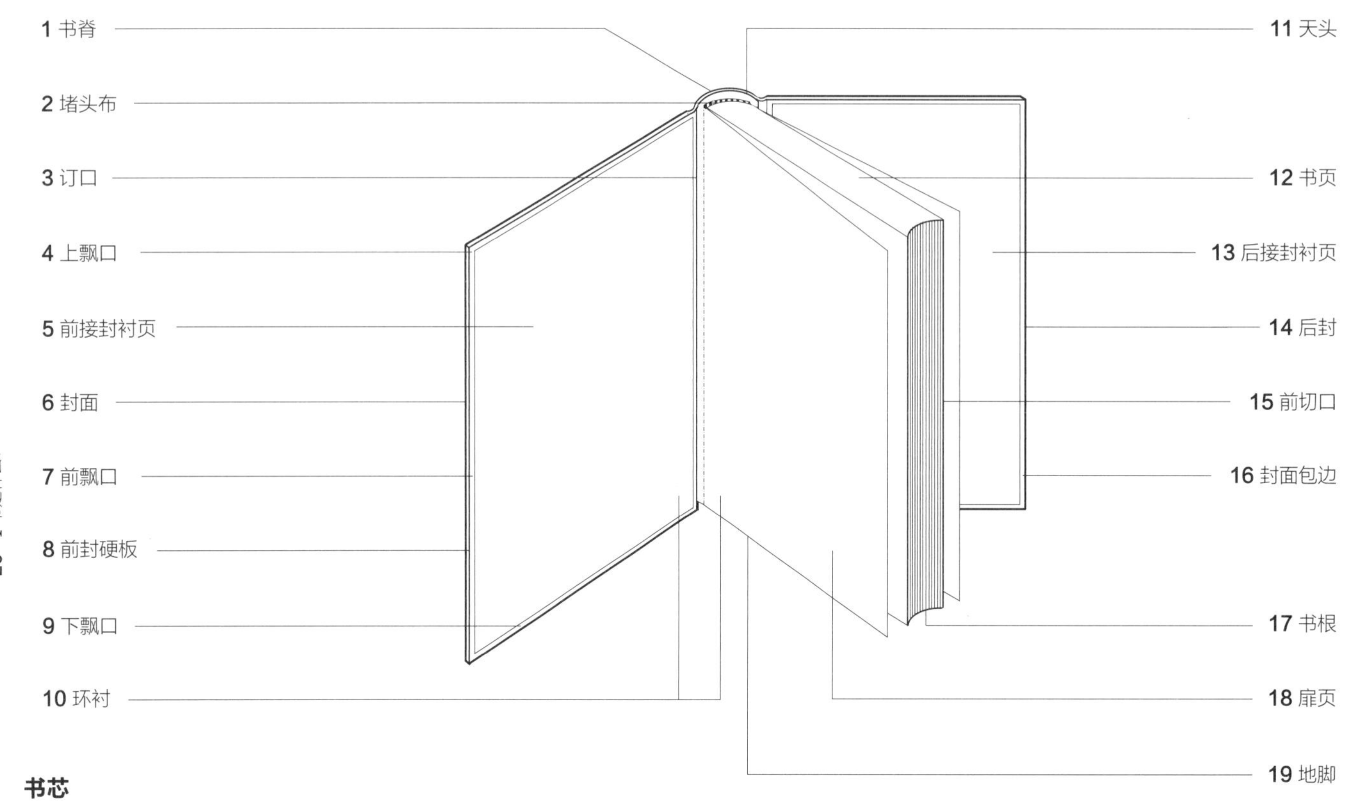

书芯

1. 书脊（Spine）： 连接书的封面和封底。

2. 堵头布（Head band）： 粘贴在精装书芯的书脊上下两端，即堵住书脊两端的布头，通常选用可以和封面搭配的花色。

3. 订口（Hinge）： 靠近书籍装订处的空白叫订口。

4. 上飘口（Head square）： 封皮硬板上方超出书芯的部分。（飘口是精装书壳超出书芯切口的部分，作用是保护书芯，使书籍外形美观。）

5. 前接封衬页（Front pastedown）： 紧贴于前封硬板里侧的半边环衬页。

6. 封面（Cover）： 包在书芯外面的厚纸或者纸板，起到保护书芯的作用。

7. 前飘口（Foredge square）： 封皮硬板前方超出书芯的一小段突出于切口之外的部分（参见“上飘口”）。

8. 前封硬板（Front board）： 书籍前面的封皮硬板。

9. 下飘口（Tail square）： 封皮硬板下方超出书芯的部分（参见“上飘口”）。

10. 环衬（Endpaper）： 连接书芯和封皮的衬纸。

11. 天头（Head）： 整本书的顶端。

12. 书页（Leaves）： 经过装订后的纸张，每张书页都有两面构成（奇数页和偶数页）。

13. 后接封衬页（Back pastedown）： 紧贴于后封硬板里侧的半边环衬页。

14. 后封（Back cover）： 书籍后面的封皮硬板。

15. 前切口（Foredge）： 书籍的前缘。

16. 封面包边（Turn-in）： 衬裱硬板的材料从外向内折入的部分。

17. 书根（Tail）： 整本书的底端。

18. 扉页（Fly leaf）： 书翻开后的第一页，是印有书名、出版者名、作者名的单张页。

19. 地脚（Foot）： 页面的底端。

书帖（Signature）（无图示）： 将印刷好的页张（切开或不切开），按页码及版面顺序，折成好几折后，这样的一沓就是书帖。

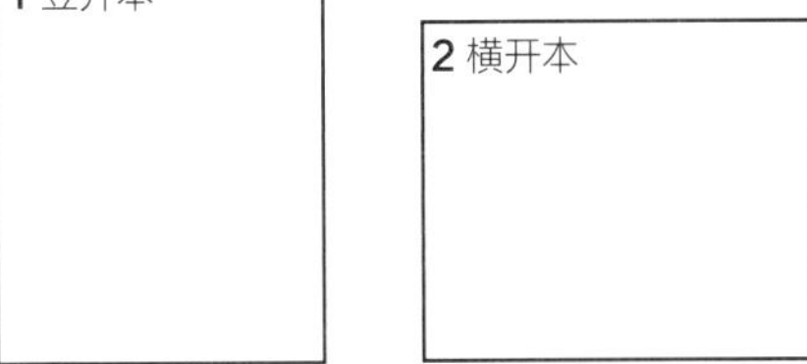

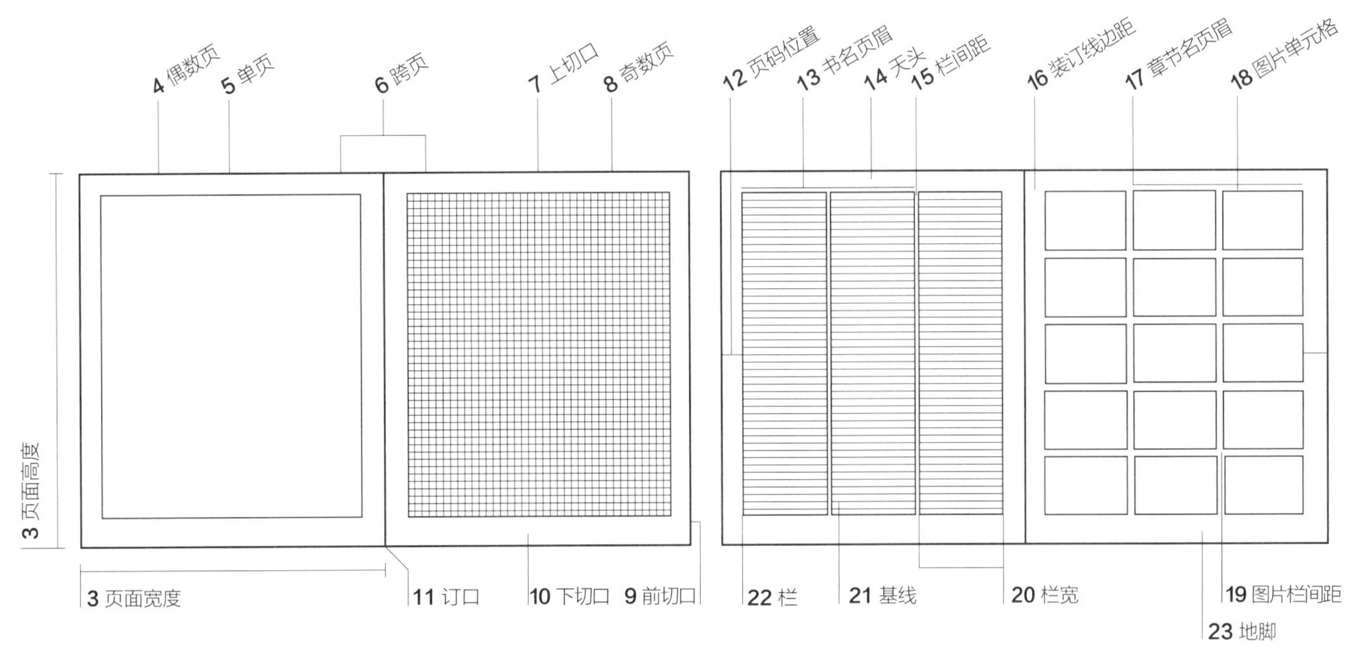

页面

1. 竖开本（Portrait）： 高度大于宽度的版式。

2. 横开本（Landscape）： 宽度大于高度的版式。

3. 页面高度和宽度（Page height and width）： 页面的尺寸。

4. 偶数页（Verso）： 横排书的左手页，通常标以偶数页码。

5. 单页（Single page）： 装订完成后的单一页面。

6. 跨页（Double-page spread）： 左右两个相对的页面，因为连在一起，在设计时往往被当作一个完整的页面来处理。

7. 上切口（Head）： 页面的顶部。

8. 奇数页（Recto）： 横排书的右手页，通常标以奇数页码。

9. 前切口（Foredge）： 页面的前缘。

10. 下切口（Foot）： 页面的底部。

11. 订口（Gutter）： 靠近书籍装订处的空白。

网格

12. 页码位置（Folio stand）： 页码所在的位置。

13. 书名页眉（Title stand）： 书名所在的位置。

14. 天头（Head margin）： 页面最上方的留白区域。

15. 栏间距（Interval, Column gutter）： 栏与栏之间的间距。

16. 装订线边距（Gutter margin，Binding margin）： 靠近订口的留白区域。

17. 章节名页眉（Running head stand）： 章节名称所在的位置。

18. 图片单元格（Picture unit）： 现代单元格的分割以基准线为准，由图片单元格间距和未使用的行文行列隔开。

19. 图片栏间距（Dead line）： 图片单元格之间的距离。

20. 栏宽（Column width）： 栏框的宽度，用以确定每行文字的长度。

21. 基线（Baseline）： 一行文字横排时下沿的基础线，英文字母“x”在线上，下降字母悬挂在线上。

22. 栏（Column）： 页面上根据网格配置，用以排列内文的矩形范围。根据网格制定的栏框可宽可窄，但是栏高不宜小于栏宽。

23. 地脚（Foot margin）： 页面最下方的留白区域。

前切口余白（Shoulder, Foredge）（无图示）： 靠外侧切口的留白区域。

栏高（Column depth）（无图示）： 栏框的高度，以点数、毫米或者行数为单位表示。

行容字数（Characters per line）（无图示）： 栏内每行可容纳的平均字符数。

拉页（Gatefold，Throwout）（无图示）： 另外插夹在书中的宽幅页面，通常沿着前切口折入书中。

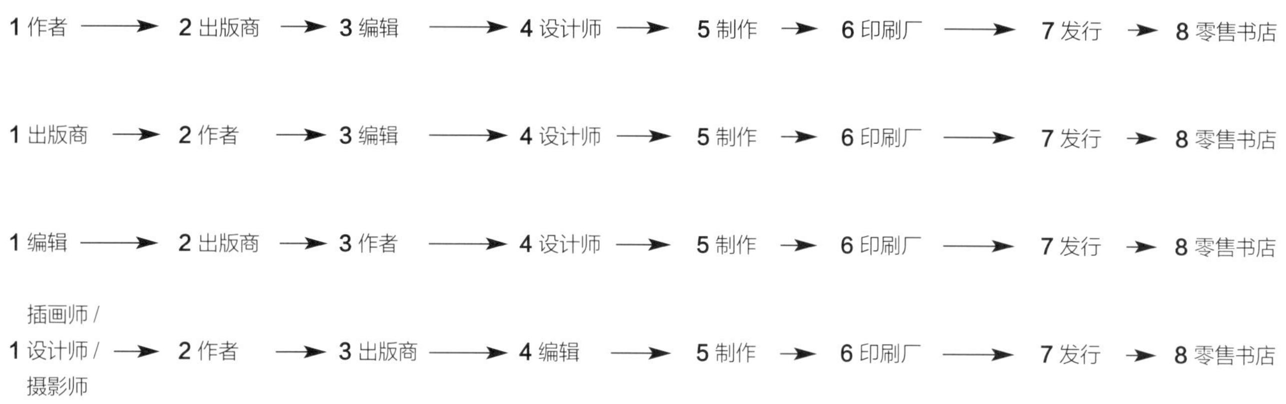

1 作者 → 2 出版商 → 3 编辑 → 4 设计师 → 5 制作 → 6 印刷厂 → 7 发行 → 8 零售书店

1 出版商 → 2 作者 → 3 编辑 → 4 设计师 → 5 制作 → 6 印刷厂 → 7 发行 → 8 零售书店

1 编辑 → 2 出版商 → 3 作者 → 4 设计师 → 5 制作 → 6 印刷厂 → 7 发行 → 8 零售书店

1 插画师 / 设计师 / 摄影师 → 2 作者 → 3 出版商 → 4 编辑 → 5 制作 → 6 印刷厂 → 7 发行 → 8 零售书店

上图：生产一本书的四种简单模式。第一种为传统模式，作者是第一位的，其他三种分别将出版商、编辑、插画师 / 设计师 / 摄影师置于书籍生产流程的起点。

书籍的起点

创作一本书的传统模式是将作者作为书籍生产流程的起点。作者有了创作一本书的构想，开始拟出写作大纲，或者直接开始创作正文，同时希望最终稿件可以被出版商接受，得以出版发行。这种传统的成书模式至今依然是小说创作领域的主流，同时适用于非虚构领域。作者（有时会有经纪人的协助）锁定某家可能会对其作品感兴趣的出版社，将稿子投过去，希望尽快收到出版社寄来的出版合同。一本书的生产模式往往被出版社视为关键路径，它确定了一本书生产过程中的关键步骤，并且包含详细的生产流程。

非虚构类的出版商越来越积极主动地介入成书流程，发展出新的成书模式。开明、有前瞻性的出版商不甘心仅仅充当经典作品和高质量信息的传播者，更想成为一个商业产品的制造者。出版商俨然成为供应一系列图书商品的品牌。虽然一些关注高质量读物的传统出版商并不愿意完全接受这种纯粹是为了盈利而采取的各种营销手段，但是，当今时代，在商业上成功的出版商都非常清楚打造好品牌是多么重要。

在出版业内的作者，已经越来越不仅限于写作，能够实现某个想法或者创意的人也可以说是作者。出版商、策划编辑、艺术总监都可以提出一系列图书的构想。他们会寻求精通某一领域的写手，请他们就设定好的篇幅、为特定的读者群创作。对于出版商来说，这种以产品为导向的运作模式有很多优点；尽管前期成本较高，但潜在市场也相对扩大了不少。这样一来，不仅成本可以预测，而且成书之后出版社自己持有版权，而非作者。出版商往往将大批量生产模式用于套系书的开发和书籍印刷上。这样一来，图书品种和利润空间都增加了，而且销售额也有望相应提高。于是读者开始建立与书系品牌的关系，而不是与作者本身。

设计方法

本章探讨了一个图书项目的早期阶段。早期阶段由三个部分组成：首先是确定设计方式，其次是要拟出设计大纲（装帧单），最后要确定文本的类型和组成部分。本章还将探讨设计师着手处理一份文稿或者一本书的几种手段，最初的想法如何形成，面对材料时应该考虑哪些问题，如何在兼顾读者与市场的前提下，以最佳的方式把这些设计想法转化为一本书。

经验丰富的设计师们发展出了一系列书籍设计的方式。这些方式与一般平面设计相同，可以简单分为四大类：文档式（documentation）、分析式（analysis）、风格表现式（expression）、概念式（concept）。这四种设计方式并非完全互不相干，一个设计方案不大可能仅仅运用一种设计方式。大部分的设计方案会综合运用各种设计方式的元素，但在使用比例上肯定不会均等。此外，设计方案肯定会有设计师自己独特的个性特质，而且这种特质很难用实证分析去界定。设计这个工作综合了可分析的理性、理智的决定和不那么容易界定的潜意识决定，还有设计师个人的经验和创意。正因为如此，当有人问设计师是如何工作时，他们会表现出些许尴尬的态度，宣称“检查细节会扼杀他们的创意”。常见的相似说法还包括：“个人风格”（把个性化的特征放在第一位），“不要因循守旧”，甚至还有“天机不可泄露”。和其他许多创造性行为一样，设计有许多只可意会不可言传的“X 要素”，深入分析可能会适得其反。潜意识对页面版式设计肯定有影响，安排页面元素时，设计师往往不会完全依照理性决定，反而会依据经验或者直觉。设计中的潜意识因素，就像小孩子学走路或者骑自行车一样，会融入我们的视觉和行动记忆。这些设计技巧渐渐进入设计师的潜意识，甚至很难发觉它们在设计过程中留下的痕迹。不过，我希望通过详细解析这四种设计方式，让读者了解设计过程中可供检验、能运用到实际操作中的特征。

文档式（Documentation）

任何平面设计工作都要和文档打交道。文档通过文字和图像记录保存信息，形式多种多样，包括：一份简短的摘要，一份手稿，一张清单，一组图形，照片、地图、录音、录影，等等。文档是一切写作和图像的核心。它是字体设计、插图、平面设计、各种图表和照片的基础，事实上，就是一本书所有的组成要素。如果没有文档，就没有平面设计，也就没有书籍、杂志、报纸、海报、包装和网页；如果视觉语言无法保存下来，一切不过是过眼云烟。

纪实文档是现代文明的基础；它将思想保存下来，远远超过人类记忆和口述所能保存的时间。文档赋予内心的思想活动以外部的表现形式。文档可以被复制、出版，让作者的思想可以跨越时空的限制，即使在作者去世几百年后仍存在于世界各地。

文档是制作一本书的起点。在书籍设计中，文档式是非常重要的一种编辑和设计方式。例如，我们可以用一系列报道摄影的相片来记录下某件事情、某个情景或者某群人，这些相片就是设计师用于设计一本书的视觉文档。

分析式（Analysis）

所有书籍设计都必须运用分析性思维。尤其是包含复杂数据资料的书，特别倚重这种设计方式。一本书中若包含地图、表格、图表和复杂的索引，以及需要交叉参阅的书籍，设计师必须能让读者能够更好地对比和比较书中的各个数据和资料。分析型的设计方式需要找出内容与数据或者资料之间的结构关系。如果材料本身内在不存在这种结构，则需要加以外在的结构令数据资料更加容易让读者理解。分析产生于理性主义，就是要在海量信息中找出一种可辨认的模式。现代主义的设计师是这种设计方式的拥护者。使用这种设计方式的设计师们要么把整体内容拆解成许多小单元，要么就是通过检视各个局部进而理解整体。无论采用哪种方法，设计者都是为了从中找出一种模式，将各种各样的元素分门别类处理。将资料分类之后，设计师会为之排序，并且整理出整体内容的结构框架、顺序和层级。这个过程或许需要编辑和作者的密切配合。当一本书经过如此的编辑分析之后，设计师就可以依据内容的顺序和从属关系，运用视觉元素强化编辑结构。

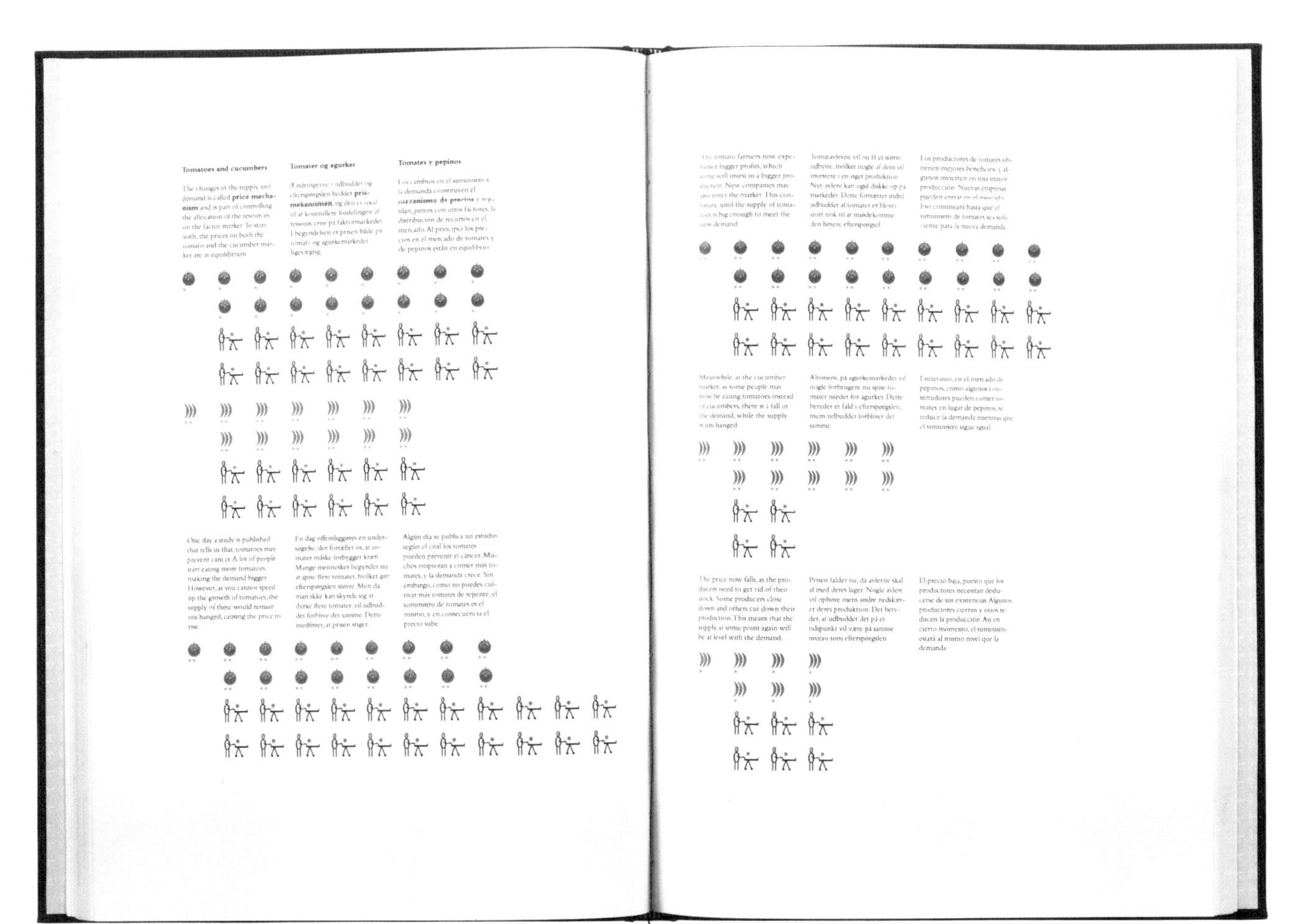

上图：《出售：解析市场经济》（*For Sale: An Explanation of the Market Economy*, 2003）是一本以图解方式说明市场经济运作原理的书。全书以丹麦语、英语、西班牙语三种语言出版发行，同时配有大量符号和图示。这本书的设计手法结合了文档式和非常清晰的分析式。

上图：Tomato 设计的《嗯……摩天大楼我爱你：纽约版式设计之旅》(*Mmm…Skyscraper I Love You: A Typographic Journal of New York*)采用风格表现式的设计方法，文字内容与版式相得益彰，旨在激发读者对纽约的诗意情感。

风格表现式（Expression）

风格表现式的设计方法是以视觉化的方式表现作者或者设计师的情感立场。这种设计方式是由内心驱动的，甚至源于设计师的勇气；是发自内心的，充满激情的。风格表现式会运用各种色彩、痕迹创作和符号，令读者“感同身受”。读者在吸收内容的同时，也进入了设计师所营造的情绪状态。风格表现式的设计往往很难解释，或者不完全合理。它往往充满感情，并没有想要传达什么意义，而是提出问题并邀请读者作出回应。这种方式将内容视为起点，由此展开诠释。作家和设计师之间的关系，就像作曲家和演奏者——设计师完全依照个人的理解对内容进行演绎。有些设计师对是否采用这种设计方式心存迟疑，因为它缺乏客观标准，也很容易陷于自我沉溺。

究竟该尊重作者原创的文稿内容，还是凸显设计师的个人风格？这两者之间存在某种紧张关系。因此，许多喜欢采用这种设计方法的设计师干脆自己同时担任作者，这样就能兼顾内容与形式。

1 Tribes and families

A Plains Indian village was made up of groups of families, or **clans**, who often traced their relationship to one another through the women of the family. There could be 50 or more loosely-related clans in a tribe, which occupied an area of land, or territory. The most important ties were not to the tribe but to the immediate family. The mother, father and children who shared a home and a fireside are sometimes called a fireside family.

TEPEES were set up with their entrances facing east, to keep out the winds that usually blew across the open Plains from the west. They were grouped according to family relationships.

How did they live? 23

MARRIAGE was not always a relationship between one man and one woman. The women had so much work to do that they would often welcome the idea of their husband finding another wife to share their chores. There were usually more women than men in a clan anyway, because war and hunting caused so many casualties among the men.

LIFE ON THE MOVE meant a tough routine for the Indians who hunted buffalo in the vast, dry, windy central Plains. They spent their lives packing up camp, dragging or carrying their possessions, and setting up camp all over again. But their efforts were repaid by a constant supply of food, clothing and shelter from the buffalo.

VILLAGES were run by chiefs and elders, who were chosen by their fellow villagers to offer wise advice, rather than to tell people what to do. Most people could do as they chose, as long as they worked for the general good. Men usually hunted and fought, while most women cleaned skins, made clothes, put up tepees and cooked.

CHILDREN had a carefree time, playing with toy bows, tepees or dolls and learning about the life they would lead as adults. They were always expected to behave in a way that would bring no danger or dishonour to their clan or group. They learned very quickly not to cry or make a fuss if an enemy was near.

WARRIORS were usually men, but some women also fought and hunted. Men thought so highly of one Crow warrior woman, known as Woman Chief, that they were scared to ask to marry her. She 'married' four women so she would have someone to look after her tepee. If a man preferred to work in the home, no one minded.

概念式（Concept）

平面设计中的概念式设计方法旨在寻求“想法”（big idea）——足以概括这本书主要内容的基本概念。在广告、漫画、营销宣传和品牌塑造等领域，概念思维是沟通的基础。这种“化繁为简”而非“扩展延伸”的手段通常也被称作“概念图像”（ideas graphics），也就是将复杂的概念想法提炼为简洁、精练的视觉图像，这种方法往往结合了巧妙的标题、高明的文案，以及营销上的保障。概念式的设计方法通常使用两个或者更多的想法阐明第三个，擅用谐音双关语、反语、成语、隐喻、讽喻等手段，往往很巧妙、高明而且幽默，但这必须处理得恰到好处，成功与否的关键在于设计师与目标读者直接对于文字和图像的默契，读者能心领神会。

当艺术总监负责一个套系或者出版社所有产品的整体视觉规划时，“概念”一词也可以用来描述更广义的方法，而不仅仅局限于“概念图像”。属于同一书系的书籍可以用同一个概念联系到一起，以这个概念来界定文字、照片和插图的风格和用法，页面上元素的数量，以及书籍的内容范畴和形式。艺术总监与编辑合作，可以创作出一套方案，作为系列书作者和设计师应该遵循的指南。

上图：我曾经运用概念式的方法策划了非虚构儿童书系《动手做！》（*Make it Work!*），包括科学、历史和地理三部分。这套书的基础想法是：让孩子通过实际动手操作的方式来了解这个世界。“在做中学”的概念紧扣书籍的主题，这套书不仅让孩子通过阅读了解各种实验、历史事件或者地理风貌，更鼓励光看书不过瘾的小读者们通过实际动手做来学习。上图是《动手做！北美印第安人》中的一个跨页，以这种大跨页的形式展现了一组大平原印第安人的营地模型。这种概念式的方法非常耗费时间，我以这种方法编了 27 本书，前后耗时超过 10 年，制作了数千组模型。这套书出版之后反响很好，被翻译成 14 种语言，在 22 个国家发行。

设计要求

设计师应该在编辑例会上尽量收集书籍的内容信息，了解作者、编辑和出版商对于该书有些什么想法。设计师必须建立文字和图像之间的关系，但也不必成为这本书所涉及内容的专家——与书稿保持某种适度客观的距离，有助于弄清楚文稿的结构。有些简报会作得很详细，可以让设计师了解出版商的定位；有的则像讨论会，会上提出各种意见供大家讨论斟酌。有些初期会议是探索性的、开放性的，邀请有想法的人聚在一起，为某部正在筹备中的书进行头脑风暴，提出各种各样的想法，再从中归纳出一套可行性方案来。如果会开得莫衷一是、模糊不清，设计师就必须扮演询问者的角色，不断追问，直到弄清楚这部书的本质。书中是否有明确的章节划分，还是从头到尾一气呵成，没有间断？作者是否有什么特定要求？内文是否需要配插图？插图是紧跟内文主体，还是另外做成附录？作者额外写的标题内容是否需要和内文整合在一起？有些标题内容特别重要，是否需要放大或者特殊处理？全书的架构排序是以字母顺序、时间先后，还是根据内容排序？以图像为主导还是文字为主导？两者的比重如何拿捏？这本书的定价大概是多少？印刷成本应该控制在多少？

即使设计师事前已经充分吸收了足够多的信息，也了解了设计方案的大方向，但通常还是会在初期的编辑例会中提出许多问题，以获得更广泛的信息。磨刀不误砍柴工，在开始设计之前多花一些时间进行思考是绝对大有益处的，这样才能将一本书的外在形式与内在结构完美结合起来。

II The book designer's palette
书籍设计师的画板

书籍设计师的画板

在前作《字体与排版》（*Type and Typography*，2005）中，该书的合著者菲尔·班尼斯（Phil Baines）和我将与版式设计相关的课题分为10个要素。我们当时采取的步骤是从微观到宏观，先集中探讨字体的属性，然后再逐一检视页面上的其他部分。本书则采用了一种更广泛的讨论方式，而且顺序也要反过来，也就是先分析整体，再逐一分析局部：从完整的页面开始，字体则留到最后。本书的第二部分关于排版的内容分为四章，依次探讨以下几个范畴：版式，规划文字区域和构建网格，版面编排，字体和字号大小。

版式 4

版式

一本书的版式（format）取决于页面高度和宽度的比例关系。在出版业界，有时版式会被误解为开本，开本是书籍的尺寸。不过，不同开本的书籍也可能采用相同的版式。按照惯例，书籍通常是根据以下三种版式来做设计：页面高度大于宽度的竖开本（portrait），页面宽度大于高度的横开本（landscape），以及高度和宽度都一样的正方形开本（square）。一本书可以制作成任何一种版式和任何尺寸大小，但受现实条件、印制技术和审美考虑的限制，在设计一本书的版式时，还是要仔细考虑，版式设计要有助于强化阅读体验。比如，口袋型的指南类书籍最好真的可以让人塞得进口袋；而一本要摆在桌上仔细研究、包含了许多复杂细节的地图集，则要采用尺寸比较大的页面。实际上，你一旦选定了书的版式，就意味着决定了盛装作者思想和观念的容器的形状。从设计者的角度出发，选择版式的意义更为重大：书籍设计之于文字，正如舞台设计与剧场指导之于台词。作者提供乐谱，设计师负责编导和演出。

竖开本

设计师们会依照自身的偏好发展出一套设定长宽比例的方法，不过，如果一开始就能了解各种不同的版式规划方法，将会很有帮助。

横开本

黄金分割、斐波那契数列及其衍生

德国字体设计师扬·奇肖尔德（Jan Tschichold，1902—1972）生前曾花费了许多年时间钻研西方印刷书籍和抄本书籍，他发现，许多书籍都采用了黄金分割比例的版式。黄金分割就是指较大部分与整体部分的比值等于较小部分与较大部分的比值，其比值约为0.618，如果以代数形式表示就是：a:b=b:（a+b）[1]。我们可以从正方形中拉出一个黄金分割的矩形（参见31页图）。这样的正方形和矩形之间具有一种恒定的关系：如果在黄金分割的矩形的长边上并入一个正方形，或者在矩形之内切割出一个正方形，就可以产生一个新的黄金分割矩形。这些正方形与矩形之间的恒定比例关系就是一组对数螺线数列。而每个正方形和下一个正方形之间的关系则符合斐波那契数列（其中任何一个数字都是前两个数字之和：0，1，1，2，3，5，8，13，21……）的顺序。将数列中的两个连续数字相加，便能不断做出黄金分割。

正方形开本

1 短边：长边＝长边：（长边＋短边）

黄金分割

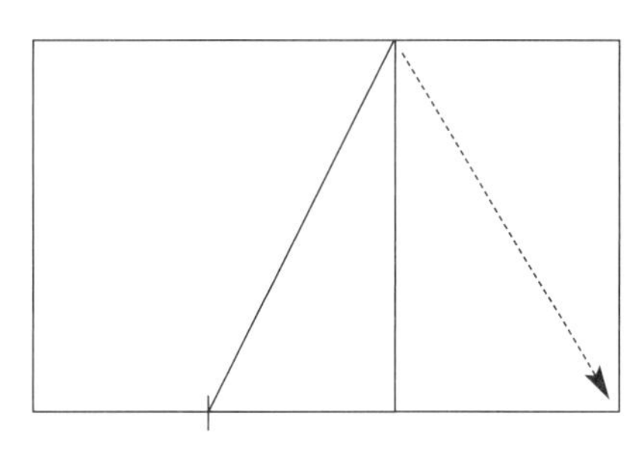

左图：从正方形中发展出一个黄金分割矩形。先将正方形一分为二，然后将半边正方形的斜对角向外翻转，就可以得出矩形的长边。

斐波那契数列

3	**1**	3	3	3	3	4	4	4	4	4	5	5	5	5	6	6	6	7	7	8
4	**1**	6	7	8	9	5	6	7	8	9	6	7	8	9	7	8	9	8	9	9
7	**2**	9	10	11	12	9	10	11	12	13	11	12	13	14	13	14	15	15	23	17
11	**3**	15	17	19	21	14	16	18	20	22	17	19	21	23	20	22	24	23	32	26
18	**5**	24	27	30	33	23	26	29	32	35	28	31	34	37	33	36	39	38	55	43
29	**8**	39	44	49	54	37	42	47	52	57	47	50	55	60	53	58	63	61	87	69
47	**13**	63	71	79	87	60	68	76	84	92	73	81	89	97	86	94	102	99	142	112
123	**21**	102	115	128	141	97	110	123	136	149	120	131	144	157	139	152	165	160	229	181
199	**34**	165	186	207	228	157	178	199	220	241	193	212	233	254	225	246	267	259	371	293
322	**55**	267	301	335	369	254	288	322	356	390	313	343	377	411	364	398	432	419	600	474
521	**89**	432	487	542	597	411	466	521	576	631	506	555	610	665	589	644	699	678	971	767
843	**144**	699	788	877	966	665	754	843	932	1021	819	898	987	1076	953	1042	1131	1097	1571	1241

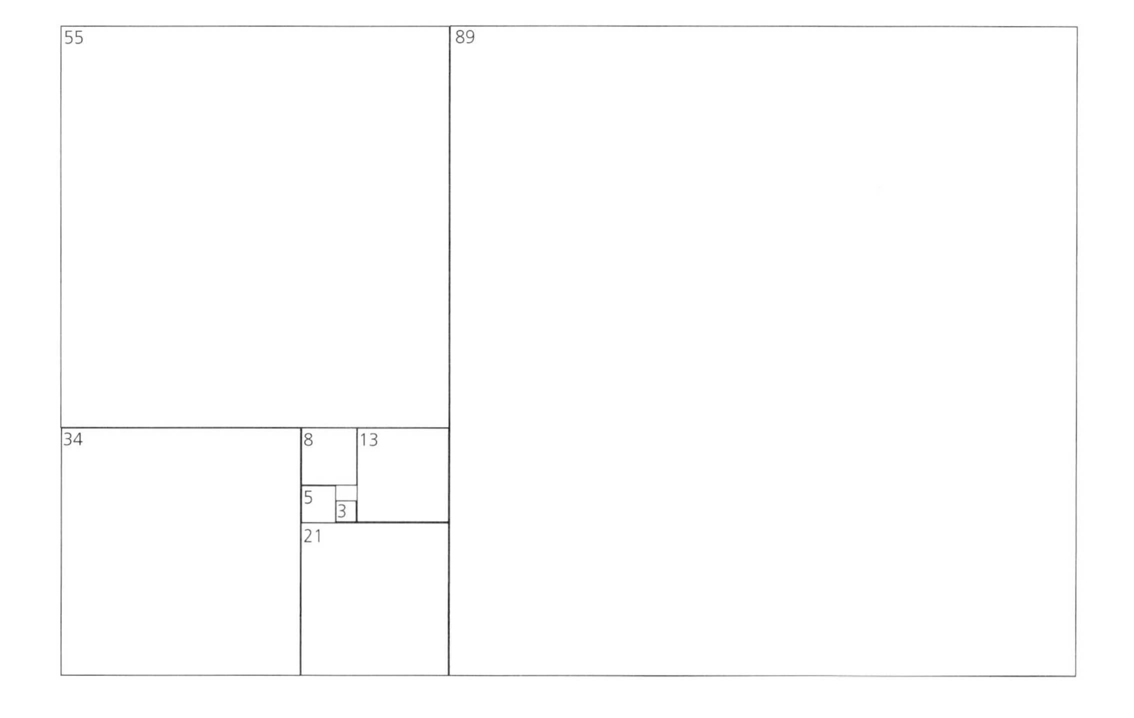

上图：斐波那契数列表，每个数字都是前两个数字之和。加粗字体的就是黄金分割数列。

左图：正方形和黄金分割矩形的恒定比例，创造出一组对数螺线数列。每个正方形与其下一个正方形的边长之比符合斐波那契数列。

上图：鹦鹉螺的腔室呈现了斐波那契数列的对数螺线。

对于许多艺术家、建筑师和设计师而言，黄金分割比例体现了某种神秘的美感。大自然中处处存在黄金分割比例：鹦鹉螺的腔室、各种按照对数螺线生长的植物叶脉。喜欢古典传统风格的设计师认为，这种自然的比例是一切真理和美的终极源头。但也有人对这种绝对真理的观点持怀疑态度，他们认为"美"需要经由实际体验，而不是去发现和展示出来的，也并不是已经存在的某种事物。他们还认为西方一直过度强调黄金分割的地位，那些仿佛浑然天成、实际存在的物体，其实只是虚假的事物。

布林霍斯特的半音音阶

罗伯特·布林霍斯特（Robert Bringhurst）在其著作《排版风格的要素》（*The Elements of Typographic Style*, 1996）一书中，将页面形状比喻为西方音乐中的半音音阶。页面比例与半音音阶一样，都决定于数值间隔（numeric intervals）。比如，布林霍斯特认为八度音阶就和正方形相仿，因为两者的比例都是1∶2。

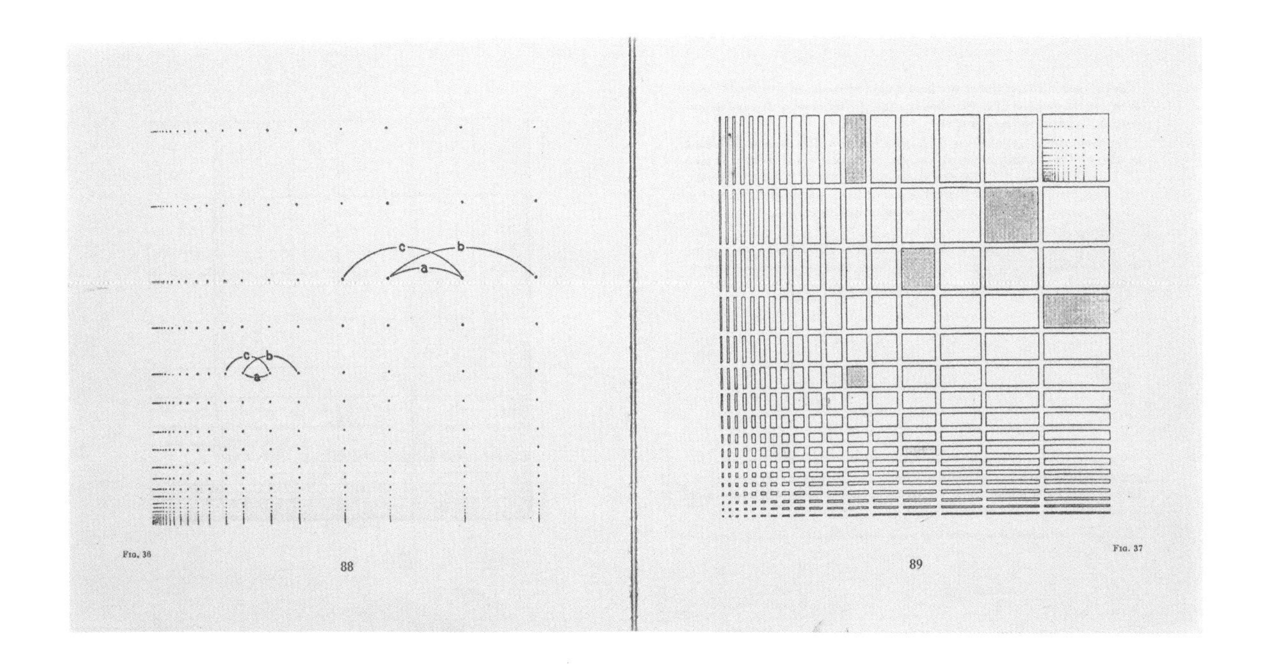

上图：《模度》一书中的某个跨页，展示了勒·柯布西耶的以人体比例为依据的空间比例分割法。

由黄金分割衍生而来的勒·柯布西耶的模度

法国建筑家勒·柯布西耶（Le Corbusier, 1887—1965）根据人体的比例进一步细分，发展出了一套现代版的黄金分割，他将此命名为“模度”（modulor），并将其视为规划建筑、家具和印刷品都可以使用的设计工具。他也是依据此法则设计了自己的著作《模度》（*Le Modulor*, 1950）和《模度 2》（*Le Modulor 2*, 1955）。

有理矩形与无理矩形

矩形只有两种：如果不是有理矩形，就是无理矩形。有理矩形是指那些可以完全分割成正方形并有其算术依据的矩形；无理矩形只能分割成较小的矩形，是由几何方式推演出来的。长宽比为 1∶2、2∶3、3∶4 的矩形就是有理矩形，因为这些矩形可以视为由若干较小的正方形拼成的。而黄金分割矩形则属于无理矩形。古典时代对于形状的观念起源于几何原则而非算术关系。希腊、罗马以及文艺复兴时代的数学家们都喜欢运用几何学作为测绘形状的工具。用一个圆做出三边、四边、五边、六边、八边和十边的正多边形，就会形成类似的无理矩形的比例。

有理矩形与无理矩形 1

1:4

1:3.873

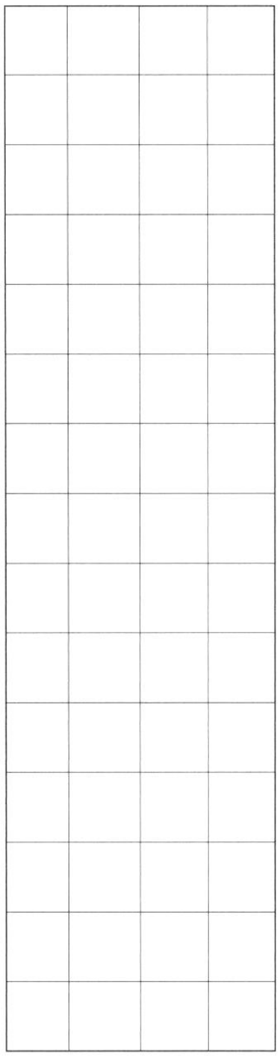

1:3.75

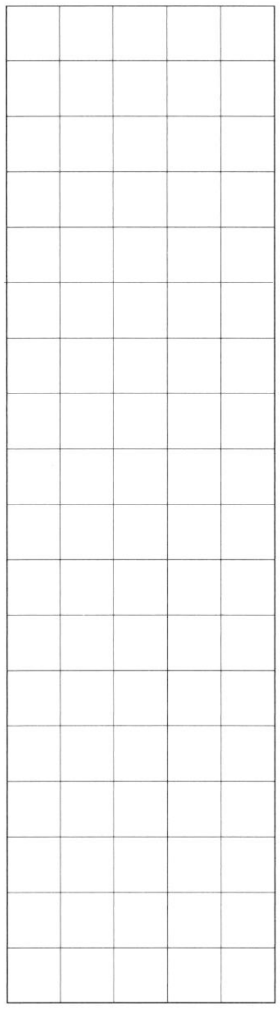

1:3.6

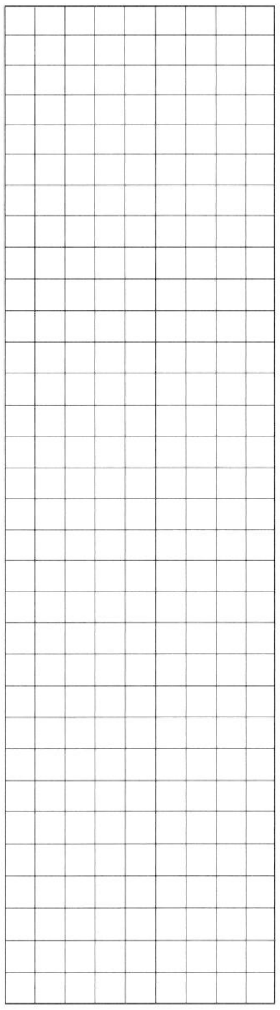

1:3.556

1:3.162

1:3.142

1:3.078

1:3

1:2.993

1:3.464
1:3.414
1:3.333
1:3.236
1:3.2
1:2.828
1:2.753
1:2.718
1:2.667
1:2.646

有理矩形与无理矩形 2

1:2.618

1:2.613

1:2.514

1:2.5

1:2.414

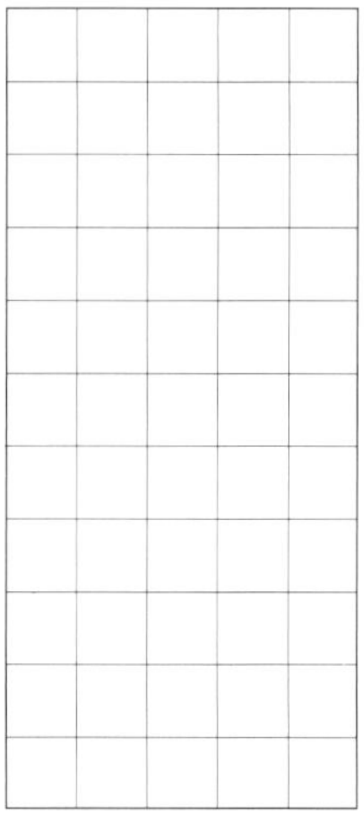

1:2.2

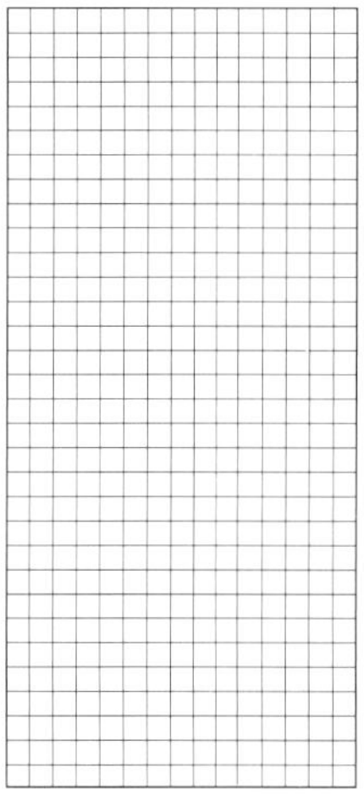

1:2.133

1:2

1:1.924

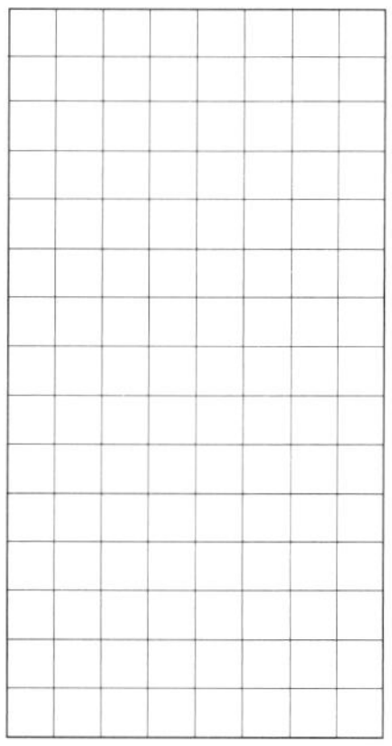

1:1.875

1:1.701

1:1.667

1:1.647

1:1.618

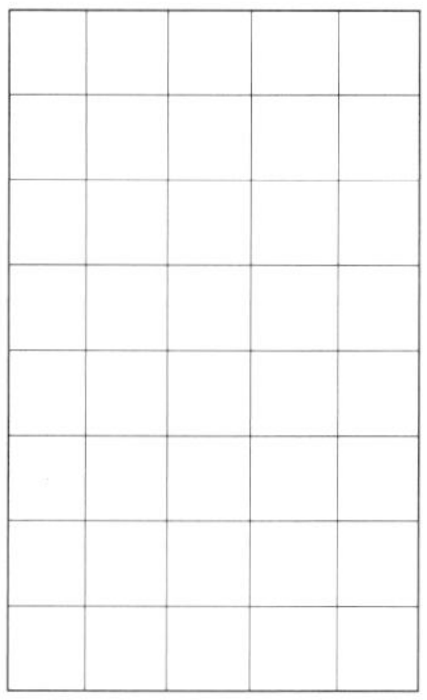

1:1.6

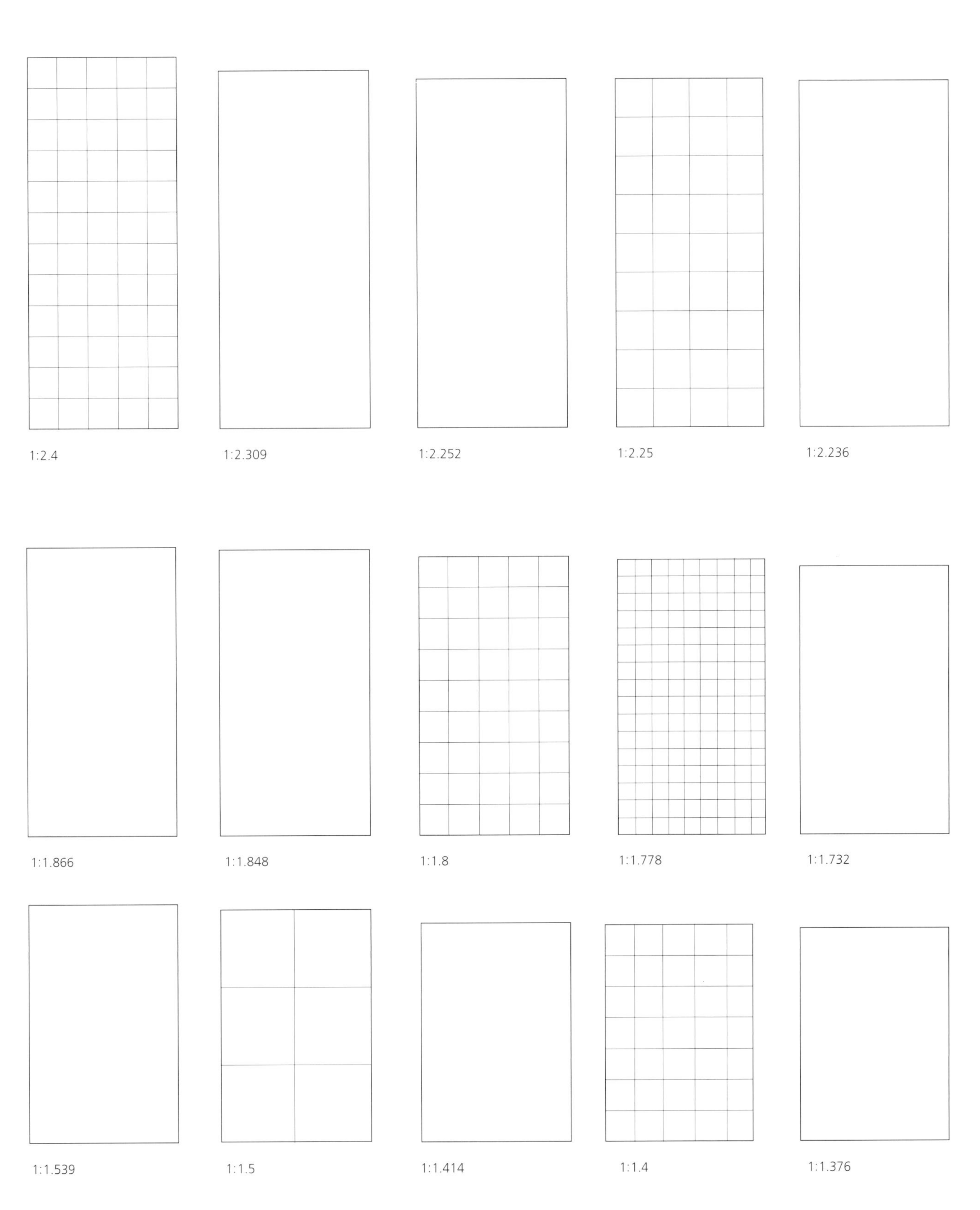
1:2.4
1:2.309
1:2.252
1:2.25
1:2.236
1:1.866
1:1.848
1:1.8
1:1.778
1:1.732
1:1.539
1:1.5
1:1.414
1:1.4
1:1.376

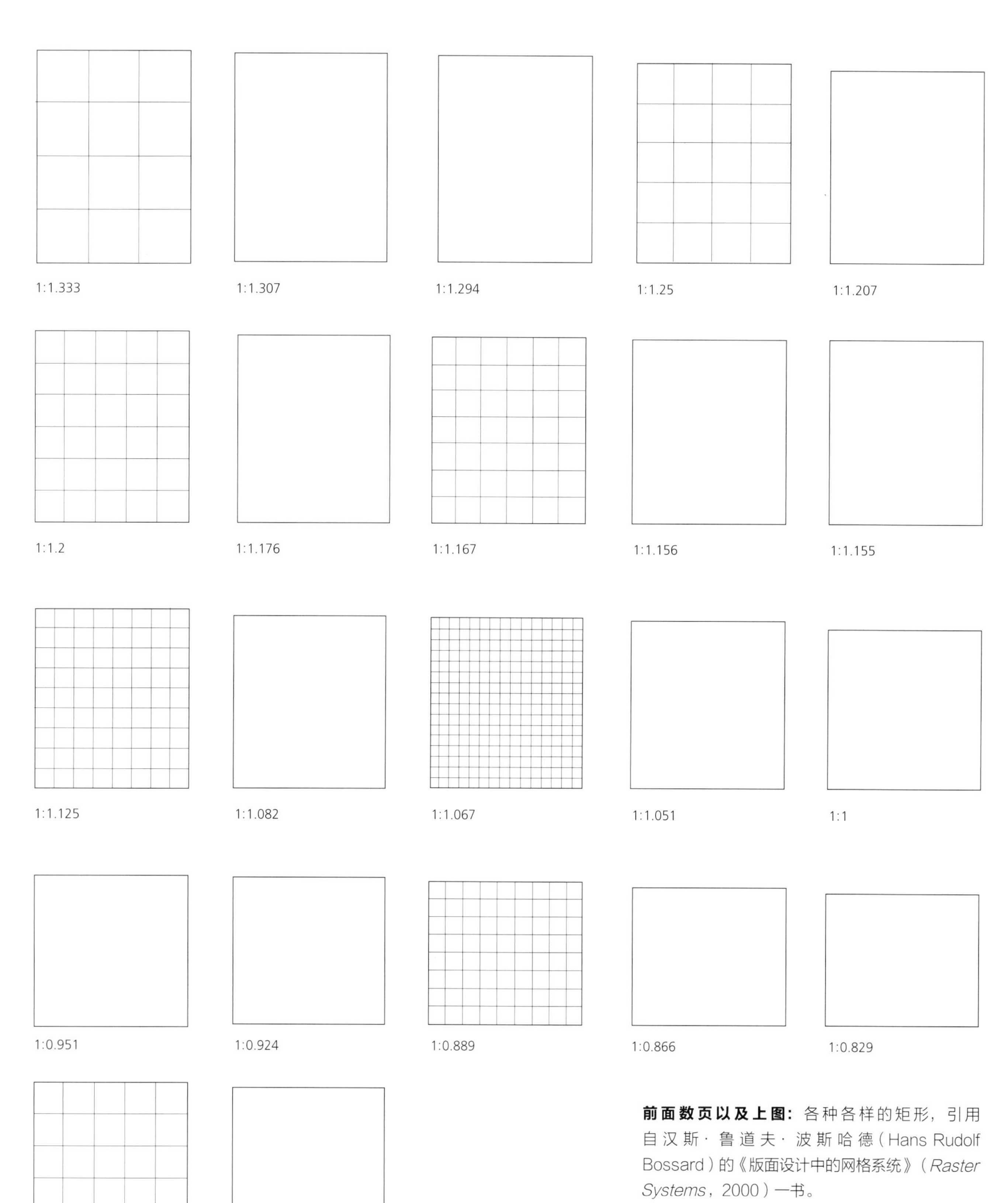

前面数页以及上图：各种各样的矩形，引用自汉斯·鲁道夫·波斯哈德（Hans Rudolf Bossard）的《版面设计中的网格系统》（*Raster Systems*，2000）一书。

纸张尺寸：英制标准与 A 度标准

另外一个确定页面版式的方法就是用现有的纸张尺寸进行切割。这种方法非常经济，因为可以将纸张的浪费控制在最低限度。英国和美国使用的是英制标准，其中某几款规格属于固定矩形，比如 30in × 40in 的正度全开纸，但其余大部分是浮动矩形。经过德国标准协会（Deutsches Institut für Normung，简写为 DIN）和国际标准组织（International Organization for Standardization，简写为 ISO）认可的公制纸张规格的特点在于：纸张尺寸具有恒定的长宽比，无论经过多少次的平均对折，始终维持相同的长宽比。A 度纸就是属于这种规格，在不同的规格之下，纸度大小虽然不同，但形状始终保持一致：一张纸度为 A0 的纸可以对半分为两张 A1 的纸，A1 对半分成 A2，A2 再对半分成 A3………以此类推（参见 192 页）。

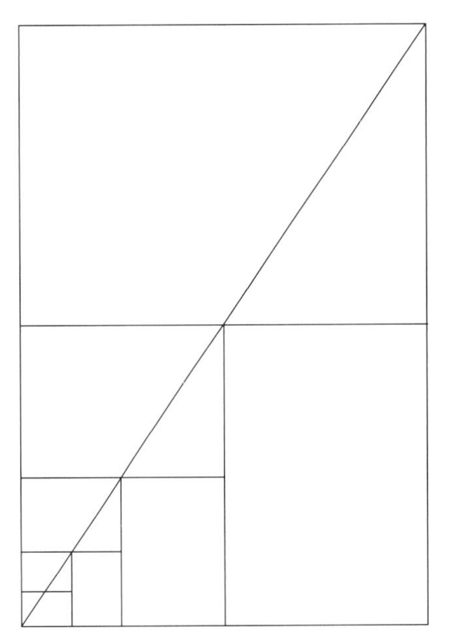

上图：ISO 标准的 A 度纸的原理是：任一矩形对半一切为二后，依然保持原来的版式。

页面内部元素决定版式

设计师在设定页面确切的高度与宽度之前，往往要先选择一个基本的版式。在进入建立网格的阶段时，基本版式和实际开本尺寸可能会做一些调整，因为字号、字身（参见 86 页）和行距（行与行之间的间隔距离，参见 83 页）都是必须纳入考虑的影响因素。设计师们这样做，是为了确保页面的高度能和基线的数量完全吻合。但有的设计师并不在意基线网格与版式是否完全对应，他们认为只要地脚的留白足够大，根本没有人会注意到其中的微小差异。但在一些设计师看来，这种不协调无法忍受，违背了他们的美学观，是一个必须解决的问题。有些设计师会从首行或末行的位置缩减或延伸页面；有些则会以小数点后两位（百分之一）为单位进行基线微调，将页面参差的部分平均地分摊到现有的行数之中。

之所以会发生这种问题，是因为一开始进行页面版式规划时，使用了两套不同的度量单位。比如，以毫米为单位测量了页面的高度和宽度，而在规划内部基线网格时却使用了点数（points）。解决这个差异的方法就是：无论是丈量页面的内部还是外部，都使用同样的度量标准。

为文字部分划分分栏位置时，页面的宽度可能也会出现类似的问题。如果页面上的前切口留白或者切口留白的数值不是整数，且小数点后位数比较多，或许会令一些设计师觉得困扰，于是应索性用整数值来设定页面大小。

非矩形版式

有些版式既不遵循几何原则，也不遵循内部网格架构，而是直接按照其内容特性和篇幅多少来设定。比如，许多摄影集就反映了原始底片的版式。

根据内容决定版式的书

1

2

3

1 雕塑家安迪 · 高兹沃斯（Andy Goldsworthy）的《触碰北极》（*Touching North,* 1989），这本书的特色是他在北极制作的冰雕作品的照片。这本书的版式配合照片中广袤荒寒的景致以及绵延无尽的地平线。

2 吉乐斯 · 彼里斯（Gilles Peress）的《沉默》（*The Silence,* 1995）收录了作者在1994年卢旺达内战期间拍摄的照片，书的版式完全符合底片的版式。书中的所有照片都没有做任何裁切，采用这样的版式加强了真实感——对于纪实摄影来说非常适合。

3 娜欧米 · 克莱恩（Naomi Klein）的《No Logo》（2001）一书的荷兰语版，前书口呈弧形，会让人联想到圆弧。

4

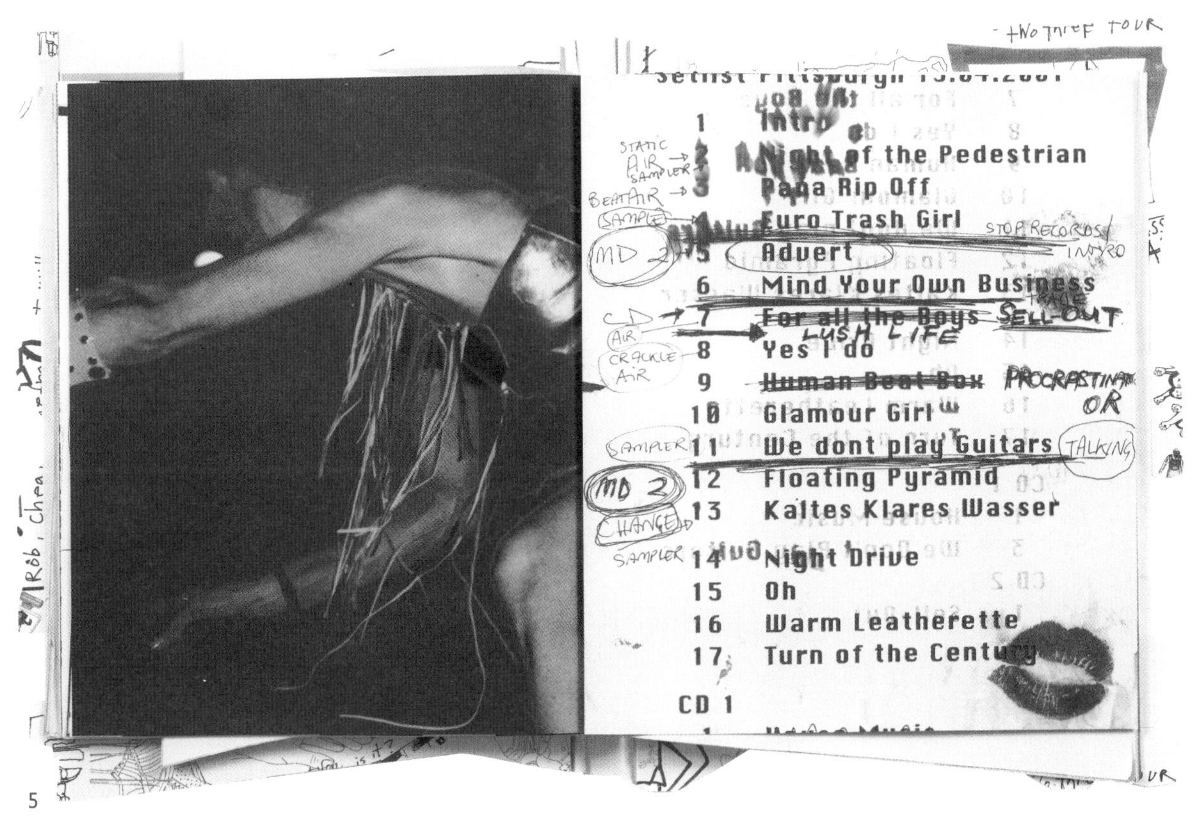

5

4 伊娃·塔切娃（Eva Tatcheva）创作的儿童书《巫婆泽尔达的生日蛋糕》（*Witch Zelda's Birthday Cake*），书呈南瓜形状，故事中的巫婆正是用南瓜做的生日蛋糕。

5《小妞快跑》（*Chicks on Speed*）的版式裁切成不规则的形状，以呼应层层叠叠、意象纷乱的内容编排形式。

网格

版式（format）决定了页面的外部形状，而网格（grid）用来界定页面的内部区划，版面编排（layout）则决定了各个元素的位置。运用网格法进行编排可以让书有一种连续性，整体连贯一致。运用网格规划页面的设计师认为，视觉上的连贯性可以让读者更专注于内容，而不是形式。页面上的任何一个元素，无论是文字还是图像，和其他元素都会产生视觉联系，网格则能提供一整套整合这些视觉联系的机制。

近年来，越来越多的设计师开始挑战网格的传统，甚至有人质疑其必要性。他们认为在页面上建网格没有必要，页面上的网格既起不到强化内容的作用，又会妨碍读者去体验作者的意图。至于所谓的连贯性，对于书籍而言不是好事，因为它会局限设计师编排页面的自由度，令页面编排受制于一套不自然的陈规而毫无新意。

在绝对遵循网格规范到彻底摒弃网格这两个极端之间，存在许许多多的可能性。有的设计师倾向于形式工整、日益式微的理性主义做法，有的设计师致力于寻求更能展现个性风格、唤起读者感情的方式。在网格设计法发展的历史演进过程中，这两种见解并不是非此即彼的完全对立，而是共同演进；一代又一代的新设计师都为前一代人的设计方法带来了新颖的观点，并非取而代之。目前，一些设计师仍然在沿用中世纪以来的传统，也有一些设计师偏爱采用 20 世纪 20 年代由现代主义设计家创立的技法。基础的网格体系可以规划页面留白的大小，印刷区域的形状，行文栏的数量、栏宽、栏高，以及栏间距离。更精密的网格系统则能够设定行文所需的基线，甚至决定图片的形状，标题、页码和脚注的位置。

顶图： 对称的文字或图像区域。

底图： 不对称的印刷区域。大多数不对称的文字区域和网格都共享相同的首行和尾行，尽管左右页的侧边距是不同的，但是上下留白一致。

对称页面或不对称页面

当设计师面对一个跨页版面，着手设定文字区域时，首先要问自己的第一个问题就是：要让左右两页呈现对称还是不对称？大多数的非印刷书籍都是沿着中间的订口中轴线呈现左右两页对称的形式。中世纪的抄写员喜欢采用对称网格，因此对称的页面成为当时书籍的主流版式。抄本书的左页甚至直接就是右页的镜面图像。至于不对称页面，顾名思义，就是没有联系文字区域的对称线。

几何网格

许多早期的印刷书籍书规划网格架构的时候并不参照实际的度量单位，而是遵循几何原则。在 15—16 世纪的欧洲，还没有统一的度量衡；量尺（measuring stick）也还没有发展成熟，当时铸造铅字的字号大小都是由印刷工坊自己决定。接下来，我们将探讨几何网格。

以线框界定文字区域

如果是左右页对称页面布局，设定印刷区域最简单的方法就是直接画出一个页边四周留白的宽度全部相同的线框。设计师德里克·博索尔（Derek Birdsall）很喜欢运用这种功能性很强的设计手法，他所设计的书籍往往都采用这种内边留白与外边留白宽度一致的版型。运用这种方法必须考虑到书籍的页数和装订方式，避免文字框陷入内侧切口。

上图： 一个简单的文字框，天头、地脚、外边与内边留白都相等，文字框位于每个页面的正中心。如果这本书页数很多，内侧文字框可能会陷入内侧切口，破坏跨页版面的均衡。

与版式等比例的文字框

设定与版式的长宽比相同的矩形印刷区域也很简单：先画出两条穿越页面的对角线，然后再画出一个新矩形，新矩形的四个角与对角线相交。按照这种方法，纵向页面可以得到高度相等的天头留白和地脚留白，前切口留白和订口留白的宽度也会一致（但是比天头、地脚留白略窄）。如果设计师采用这种方式，通常会再做一些视觉上的修正，将文字框稍微向外、向上移动一点。设计师目测判断一个适当的距离，这样调整之后，四个余白的尺寸都不一样了。

设定与版式的长宽比相同的矩形印刷区域的方法

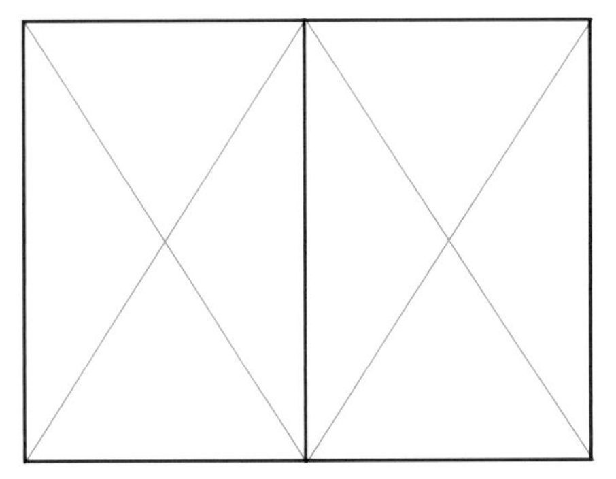

1 画出两条穿越页面的对角线。

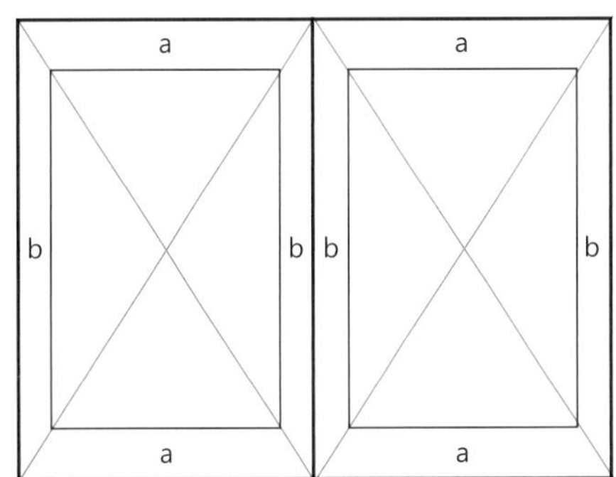

2 设定天头的高度之后，画出一道与上切口平行的直线，与两条对角线相交。从这两个交点向下各画出一条与前切口平行的直线，再次与对角线相交，就界定出了文字框的位置了。这样可以确定两组不同的留白宽度：天头与地脚的留白 a，切口与订口的留白 b。

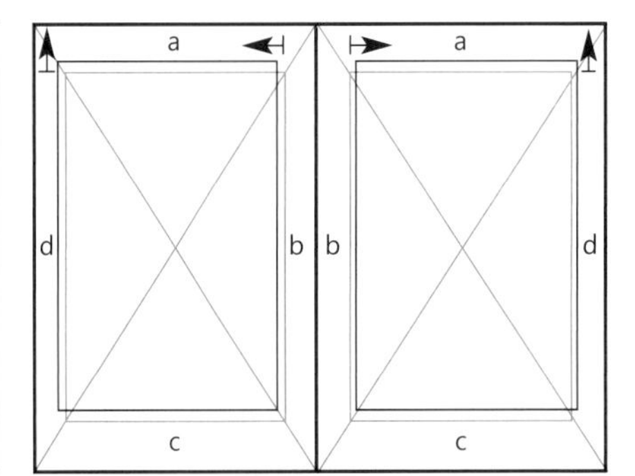

3 文字框可以稍微向上和向外移，稍微远离订口，这样装订时可以避免文字框陷入订口。这样调整之后，文字框与页面依然保持相同形状，但是四边留白的宽度不一样了。前切口留白 d 略小于订口留白 b，天头留白 a 小于地脚留白 c。

维拉尔·德·奥内库尔的页面规划法

古代建筑师维拉尔·德·奥内库尔（Villard de Honnecourt，约1225—约1250）发明了一种遵循几何原则划分空间的方法，与斐波那契数列规则的不同之处在于：无论哪一种页面版式都可以再进一步细分。在黄金分割比例的版式上运用这种方法，可以将页面的高和宽都划分为9等份，进而将页面切割成81个小单位，每个小单位的形状都和原页面版式、文字区域的形状相同。留白的大小则取决于小单位的高度与宽度。这种方法同样也适用于横向的版式。

1 选定一个跨页的版式和开本大小。在这个例子中，比例为2:3。

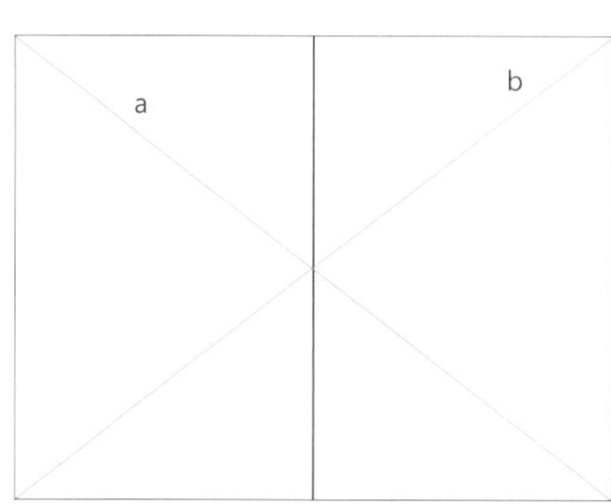

2 画出两条贯穿页面的对角线a和b。

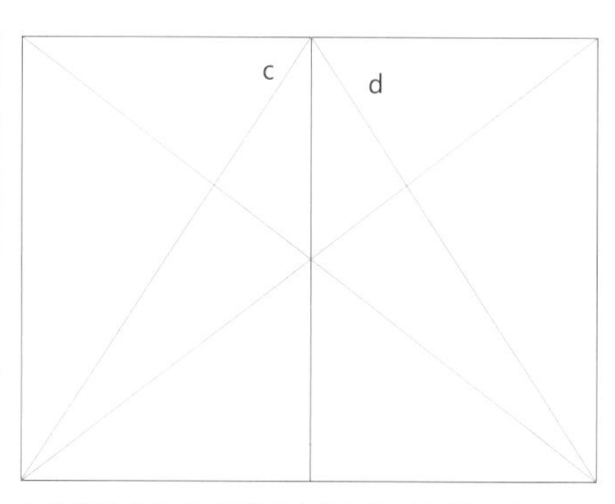

3 从底边的外角分别画出各页的对角线c和d。

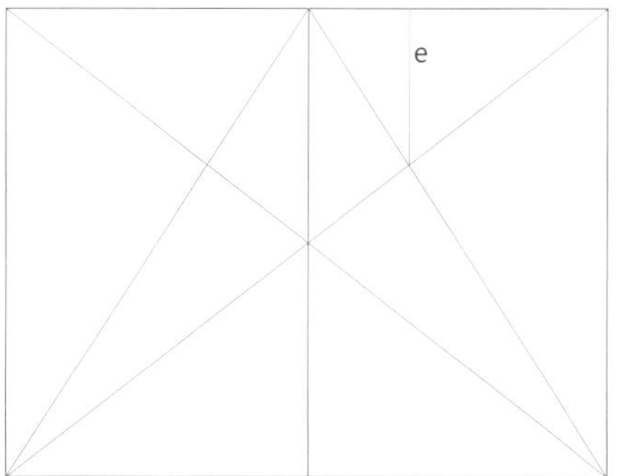

4 从右页的两条对角线的交叉点拉出一条垂直线e。

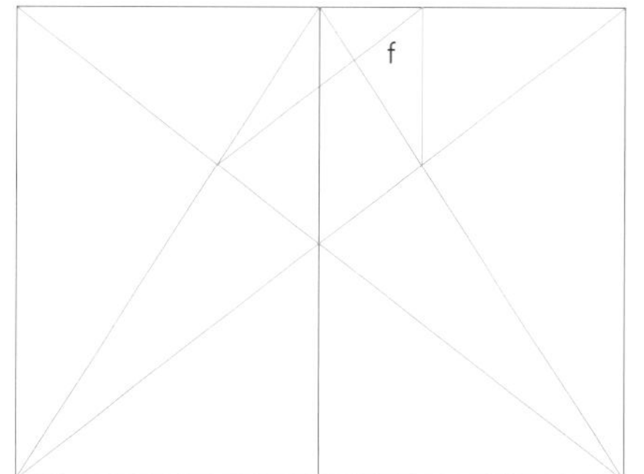

5 将垂直线e的顶部与左页两条垂直线的交叉点连成一线f。

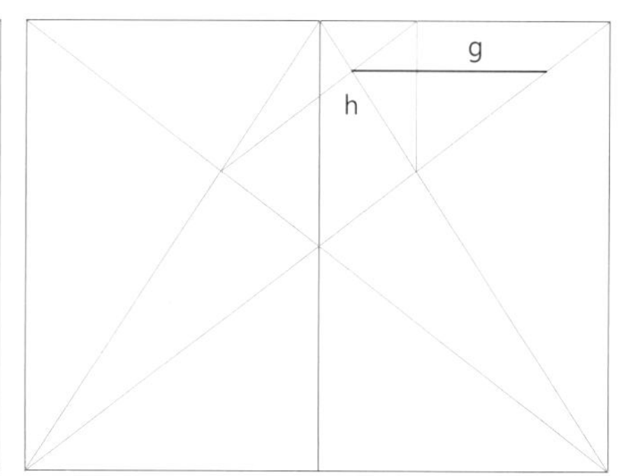

6 从右页d和f的交叉点h拉出一条水平线g，从点h到订口的距离，就是整页宽度的九分之一。

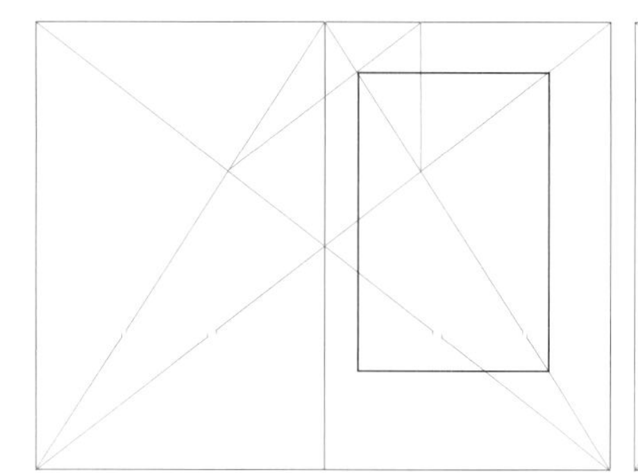

7 水平线g就是右页文字框的顶边。从这条线的两个端点向下画出两条垂直线，与对角线d相交处再画出一条水平线，就得到了文字框的底边。

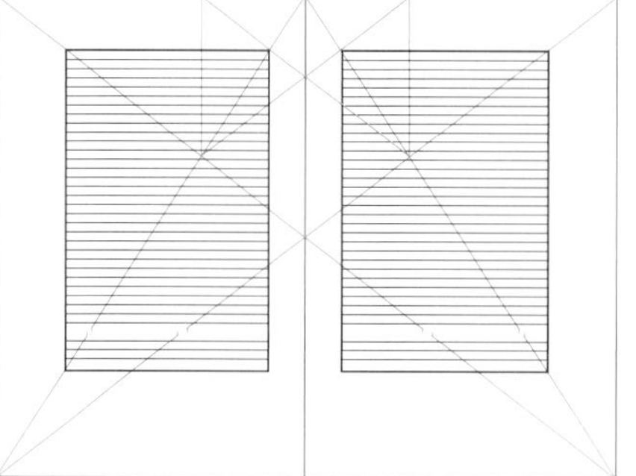

8 左页重复上述步骤，亦可画出文字区域，同时也设定了行文基线。

9 四周留白的宽度都可以相应地平均分成9等份。

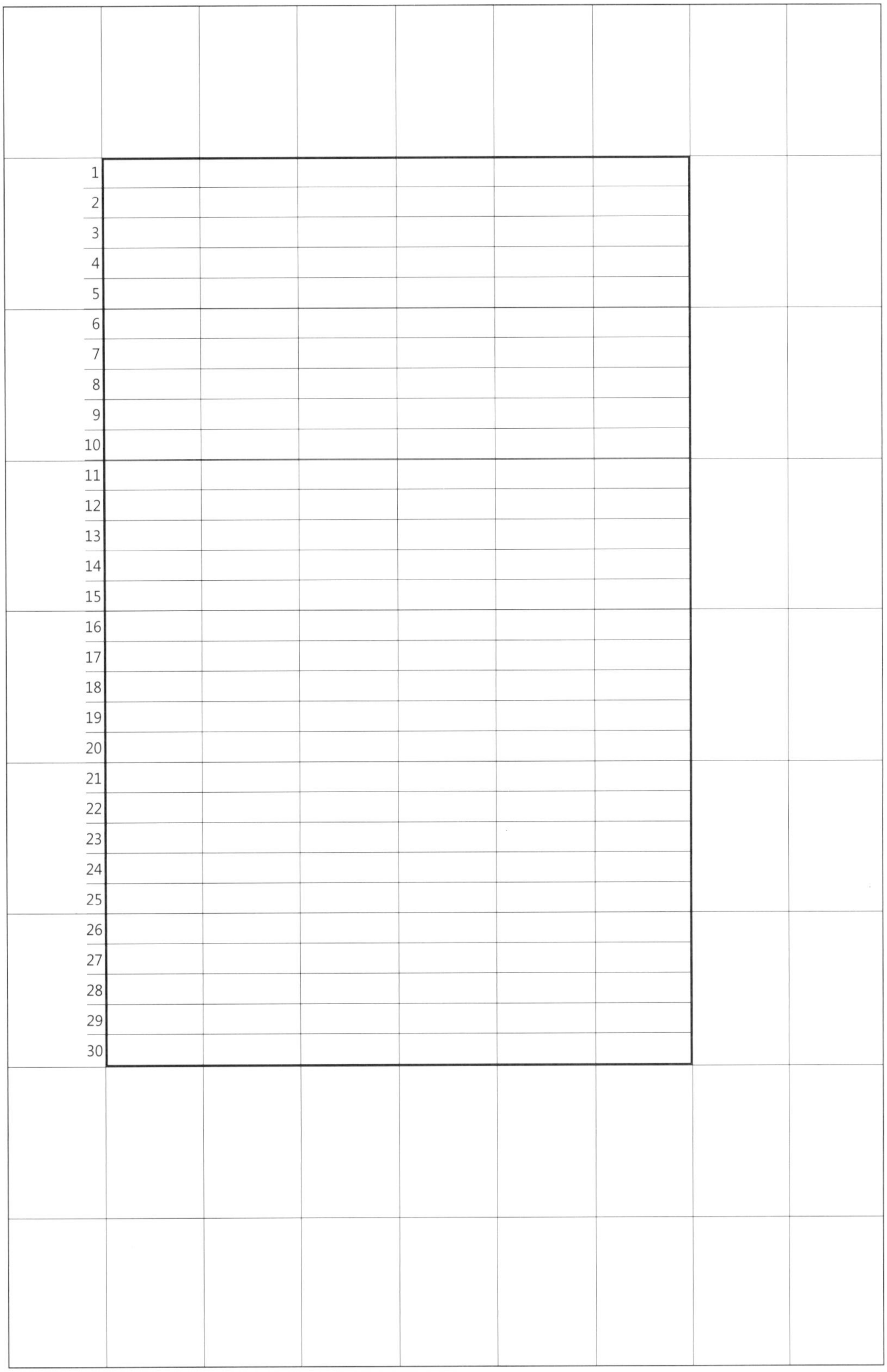

左图：这个页面的划分并非按照实际测量数值，而是根据几何原则。画这种图只需要运用直线，完全不用借助有刻度的尺子。这种划分页面的方法起源于 13 世纪初，当时欧洲的长度度量单位还没有标准化，量尺也不精确。

保罗·伦纳的单元划分法

保罗·伦纳（Paul Renner, 1878—1956）在其著作《版面设计的艺术》（*Die Kunst der Typographie*，1948）中提出了一种矩形版式划分法，除了能将页面划分为与原始版式比例相同的小单元，还可以用来设定文字框的位置和留白的宽度。具体操作方法如下图所示，在电脑上这样操作非常容易。

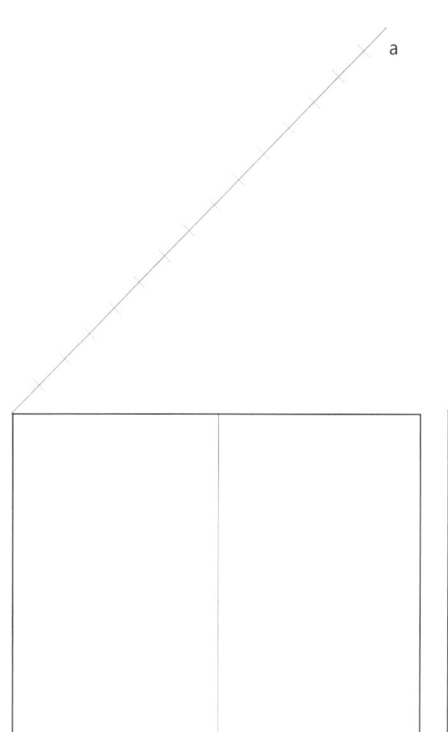

1 设定了页面和版式之后，以整个跨页的左上角为起点，画出一条与水平面呈 45° 的线段，将线段分为 16 等份。

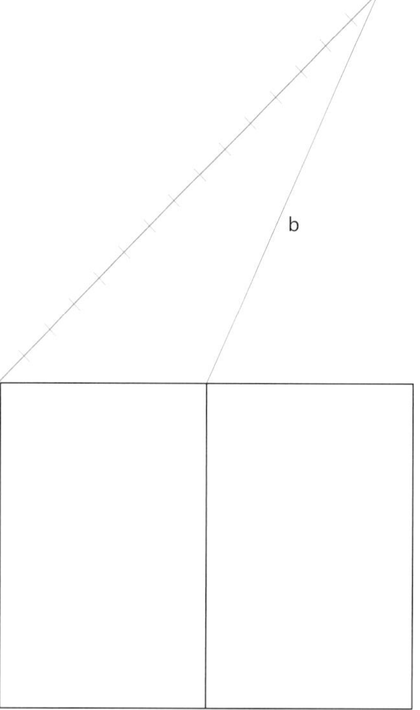

2 将斜线顶点与此页面的右上角连成一线 b。

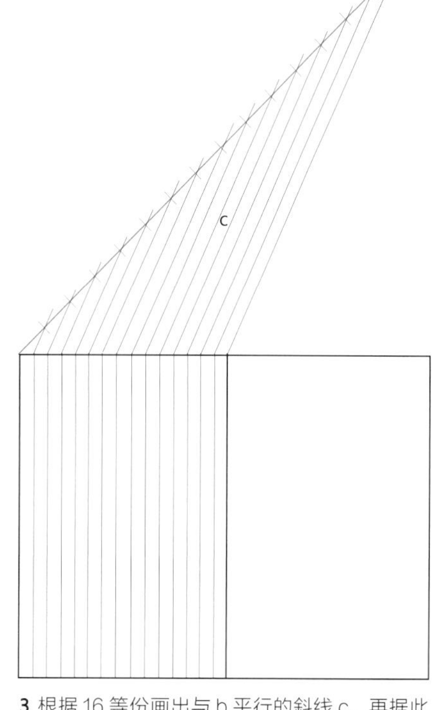

3 根据 16 等份画出与 b 平行的斜线 c，再据此在页面上画出垂直线。

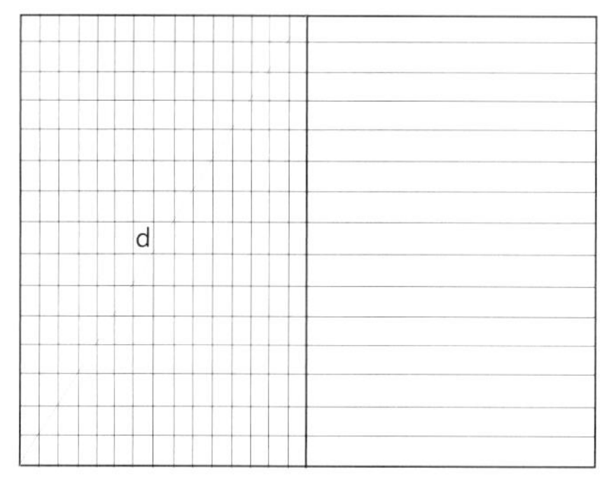

4 画出页面对角线 d，从对角线与垂直线的交叉点在跨页上拉出水平线，这样就将页面分为了 256 个小单位。

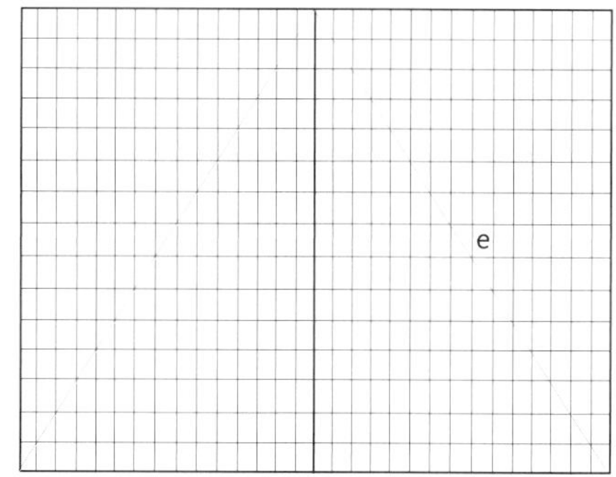

5 在右边页面画出对角线 e，从对角线和水平线的交叉点拉出垂直线，这样跨页就被均分成了 512 个小单位。

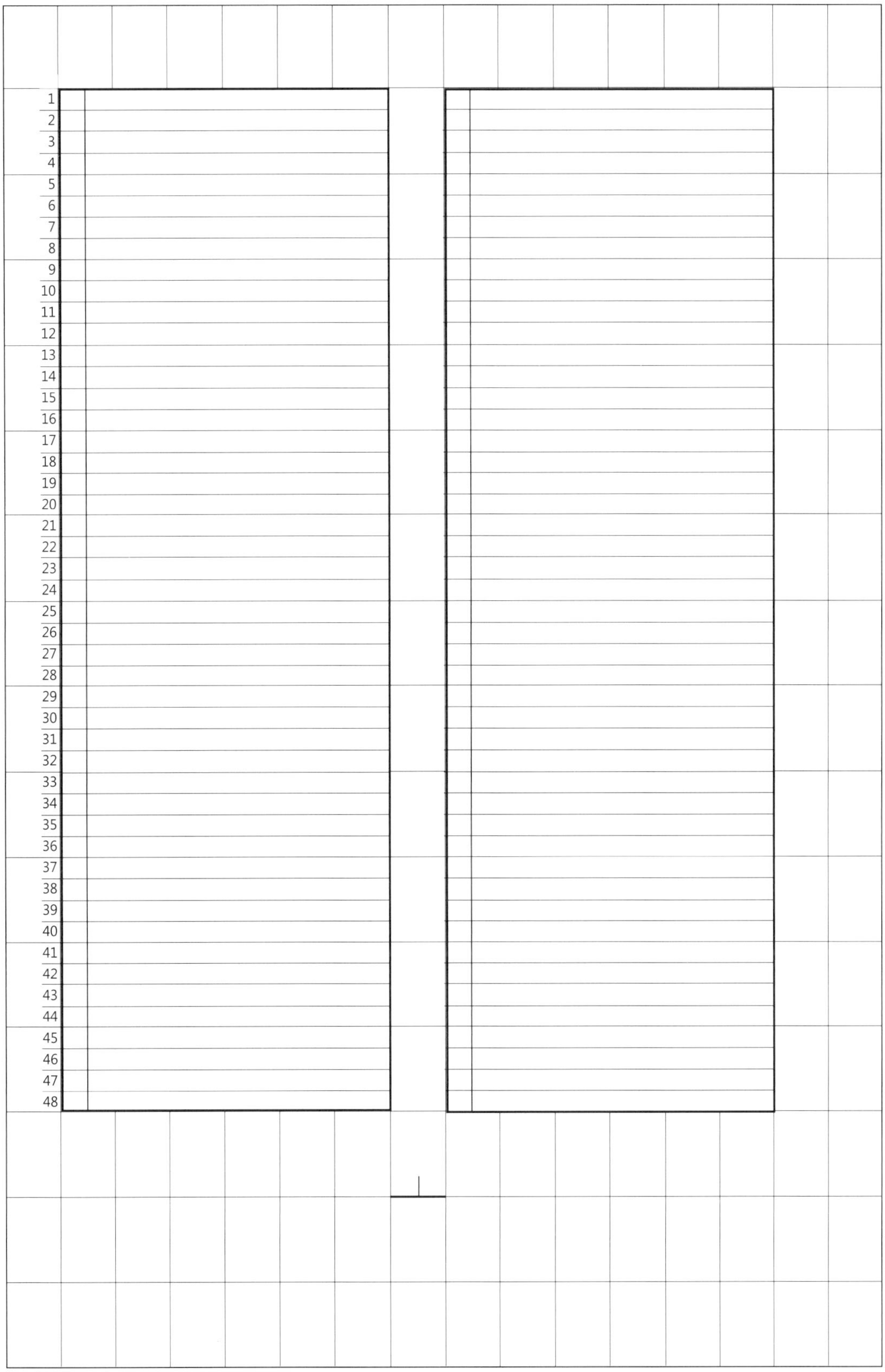

1
2
3
4
5
6
7
8
9
10
11
12
13
14
15
16
17
18
19
20
21
22
23
24
25
26
27
28
29
30
31
32
33
34
35
36
37
38
39
40
41
42
43
44
45
46
47
48

左图：页面被划分成512个小单位。每个小单位的高度和宽度之比与原页面版式完全一致，可依此设定各种不同尺寸的留白和栏位。在这个例子中，天头留白为1个单位高，地脚留白为3个单位高，订口留白为1个单位宽，前切口留白为2个单位宽，栏间距离为1个单位宽。

根号矩形

另外一种规划页面的方法是运用根号矩形——可以在内部划分出维持原长宽比例的几个小矩形。比如，根号二矩形内部可以切割成两个与原矩形长宽比相同比例的矩形，根号三矩形则可以分成三个。根据页面对角线和以页面宽度为直径画出的圆形弧线的交叉点，可以规划出页面四边留白和文字框的宽度。

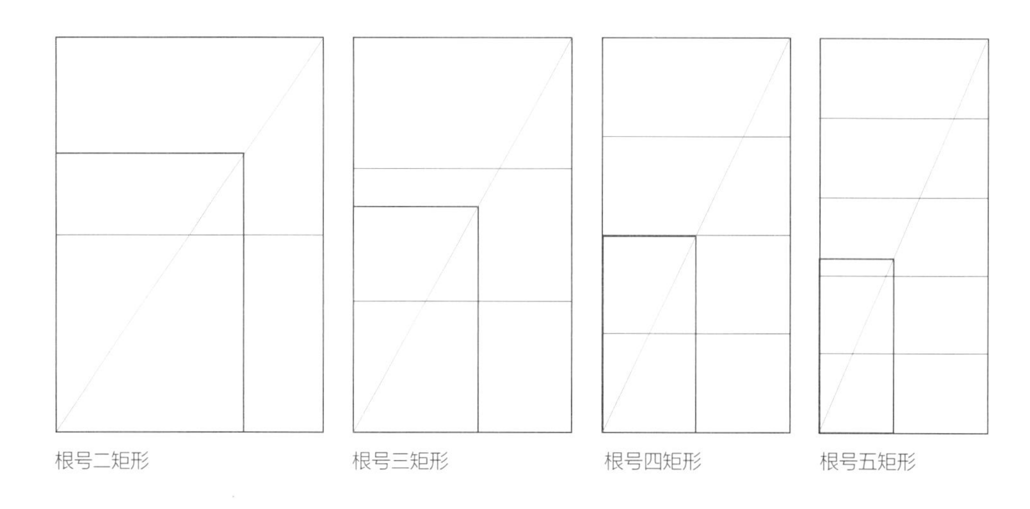

用根号三矩形建构网格

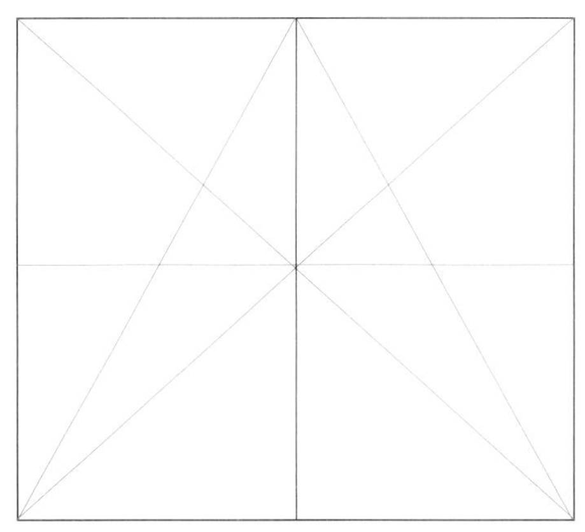

1 画出整个跨页的两条对角线，以及单页从外角到订口顶端的对角线。以跨页对角线的交叉点为准，画一条横跨两页的水平线，将跨页分为上下两半。

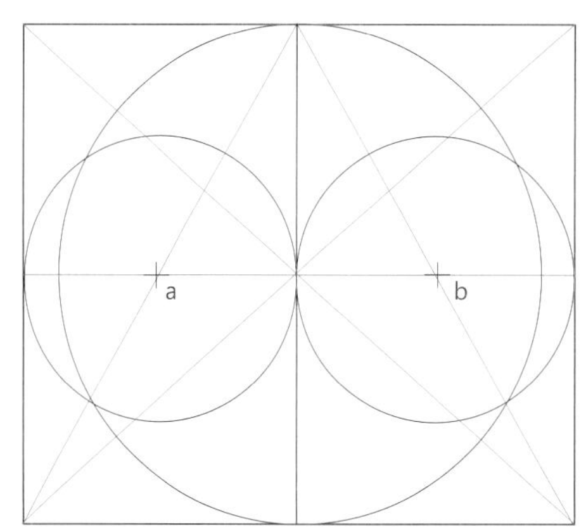

2 以单页对角线与水平线的交叉点 a、b 为圆心，交叉点到页面外缘的长度为半径，在左右页面各画一个圆（如图中红色线表示）。以跨页正中心的交点为圆心，页面高度为直径，画出一个大圆。

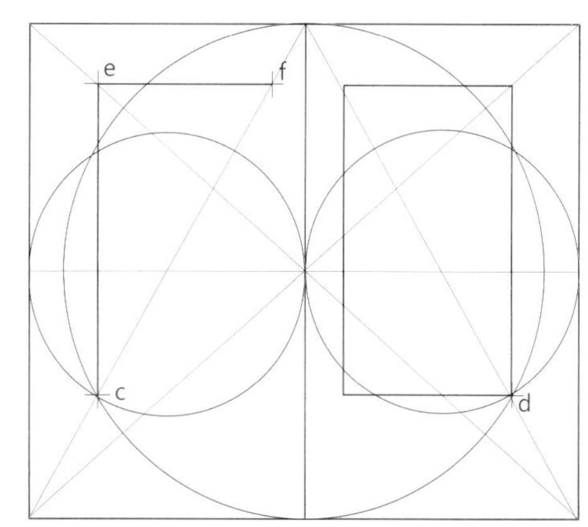

3 从大圆、小圆与单页对角线的交叉点 c、d 向上画出垂直线，直到与跨页的对角线相交，就得到了文字框的侧边，同时也界定了前切口的留白宽度。接着再从 e 点画出一条水平线，与单页对角线相交于 f。e 到 f 这条线就是文字框的上边缘；订口留白、天头留白此时也可以确定了。

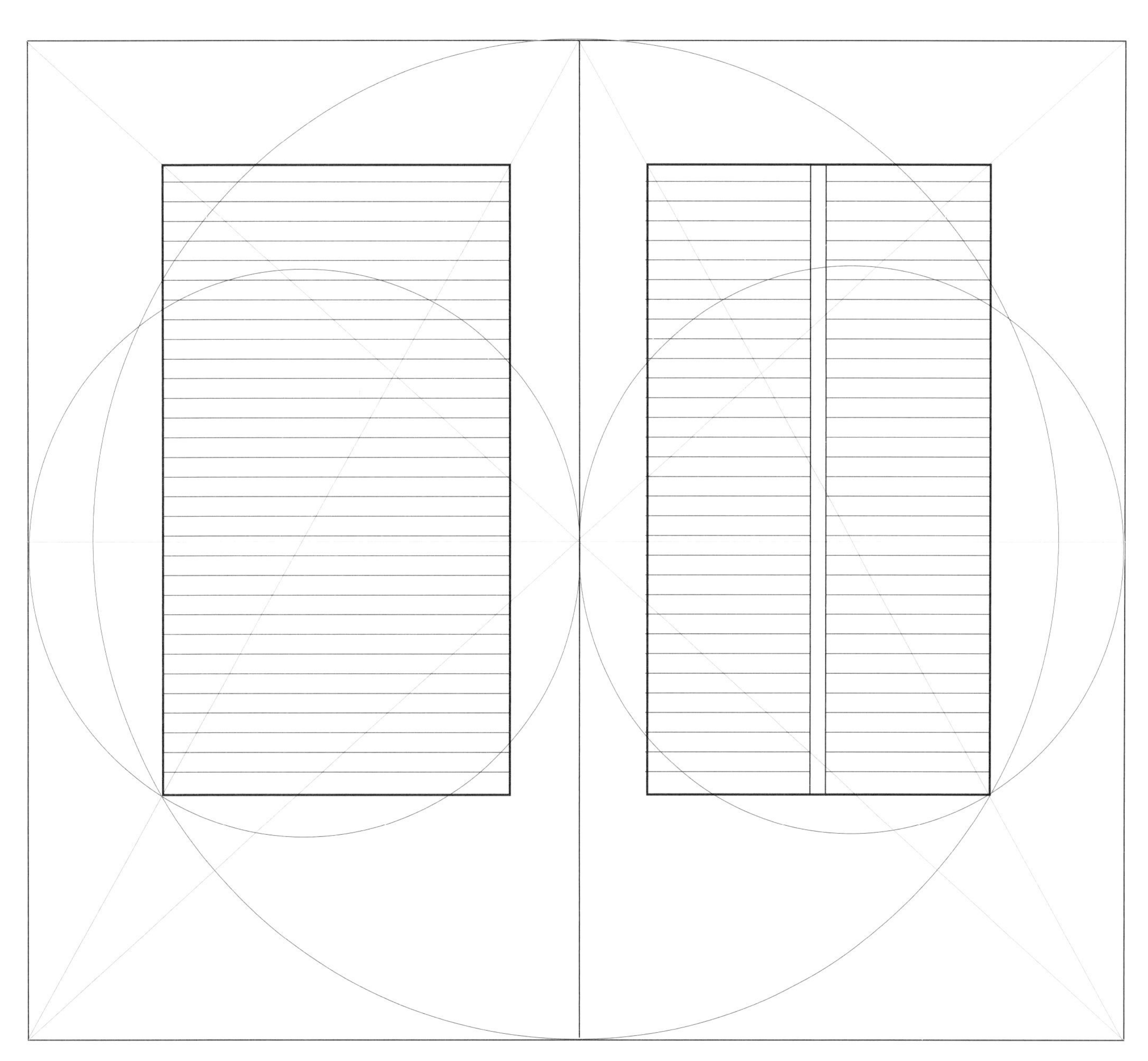

上图：优雅的几何结构根号三矩形网格，可以分成几种多栏位。

根据度量单位设置网格

17—18 世纪，铸造活字的字号级数度量单位已经标准化，因此发展出了以下几种构建的网格方法。

比例 / 模度级数

前面已经介绍过设计师运用斐波那契数列设计版式（参见 30 页）的方法。这种模度级数同样可以用来设定网格。按照这种方法设定的网格可以非常灵活地呼应文字内容，比如一本关于博物学的书，可以根据一片叶子或者一个贝壳的形态发展出一套级数。鲜有读者能够察觉设计师在设计版式时运用了网格，但是对于那些能领会到这种巧思的人来说，这样做可以增强他们阅读的快感。对于设计师来说，这一方法配合了内容的需求，避免了让形式凌驾于内容之上。这种方法可以套用任何一种测量单位，米、英寸、点数，或者迪多点数（didots）。有些设计师认为这种从内容推演级数比例的做法难免太过牵强，尤其是对于某些不具备物理特性主题的书，比如政治家传记，因为无法从中找到明确的级数依据。

用比例级数建构网格

1 选择一个基数，套用比例级数，不断累加前两组数字便可以得出下一个数值。确定一个基本的版式（纵向或者横向）。粗略画出页面形状，单页和跨页的大约尺寸（如图中青色所示）。

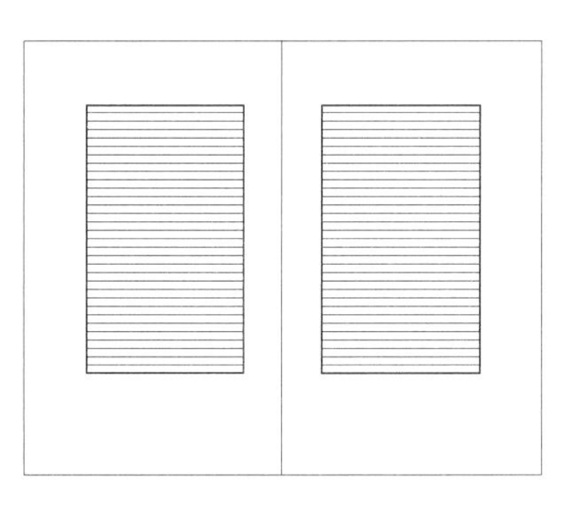

2 从级数中挑出最接近页面宽度的数值，设定符合该数值的页宽。画出单页与跨页。再从这一组级数中选择一个数值，设定天头留白和文字框的高度。画出文字框的上、下边缘。地脚留白会根据文字框的尺寸，自动符合级数中的一个数值。按照上述相同的步骤，从级数中再选定一个数值，设定订口留白和文字框的宽度，记下你预定采用的字号大小和行长。前切口留白会根据订口留白和文字框的尺寸，自动符合级数中的一个数值。

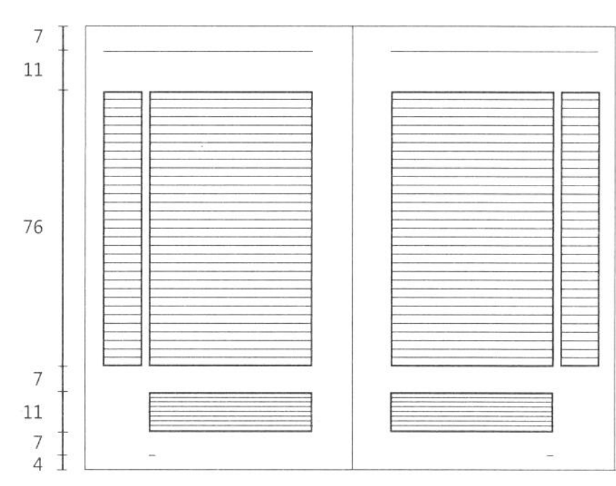

3 设定了文字框的位置和范围之后，接着就要设定字号、行间距和基线网格。再用级数中挑出的各组数值分别来设定网格上其他元素的数值，比如栏间宽度，脚注、页码和页眉的位置。如果在电脑上操作，因为设定字号没有任何限制，运用这个方法会更顺畅。

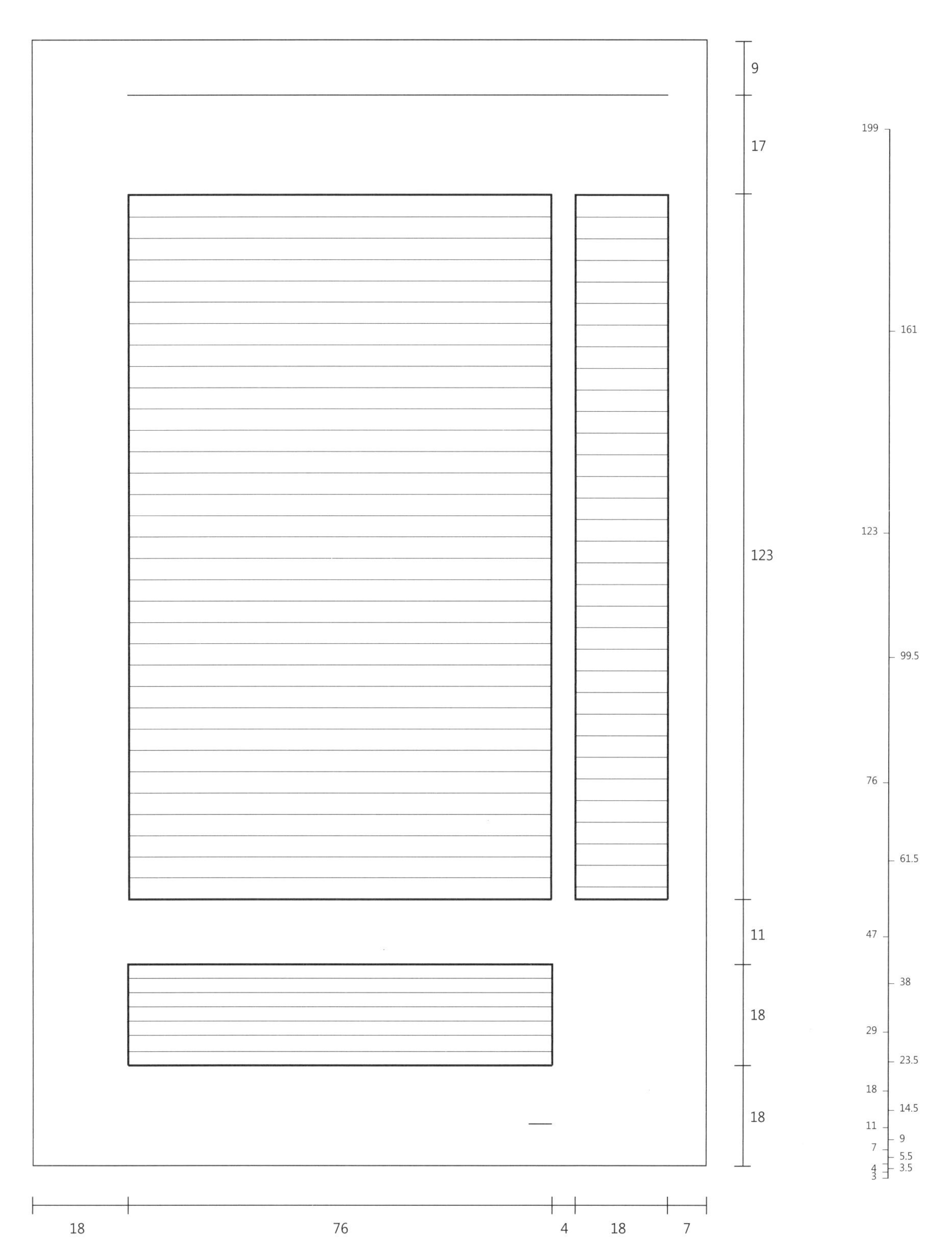

上图：运用斐波那契数列设定的比例级数（左侧）及其半距级数（右侧）。

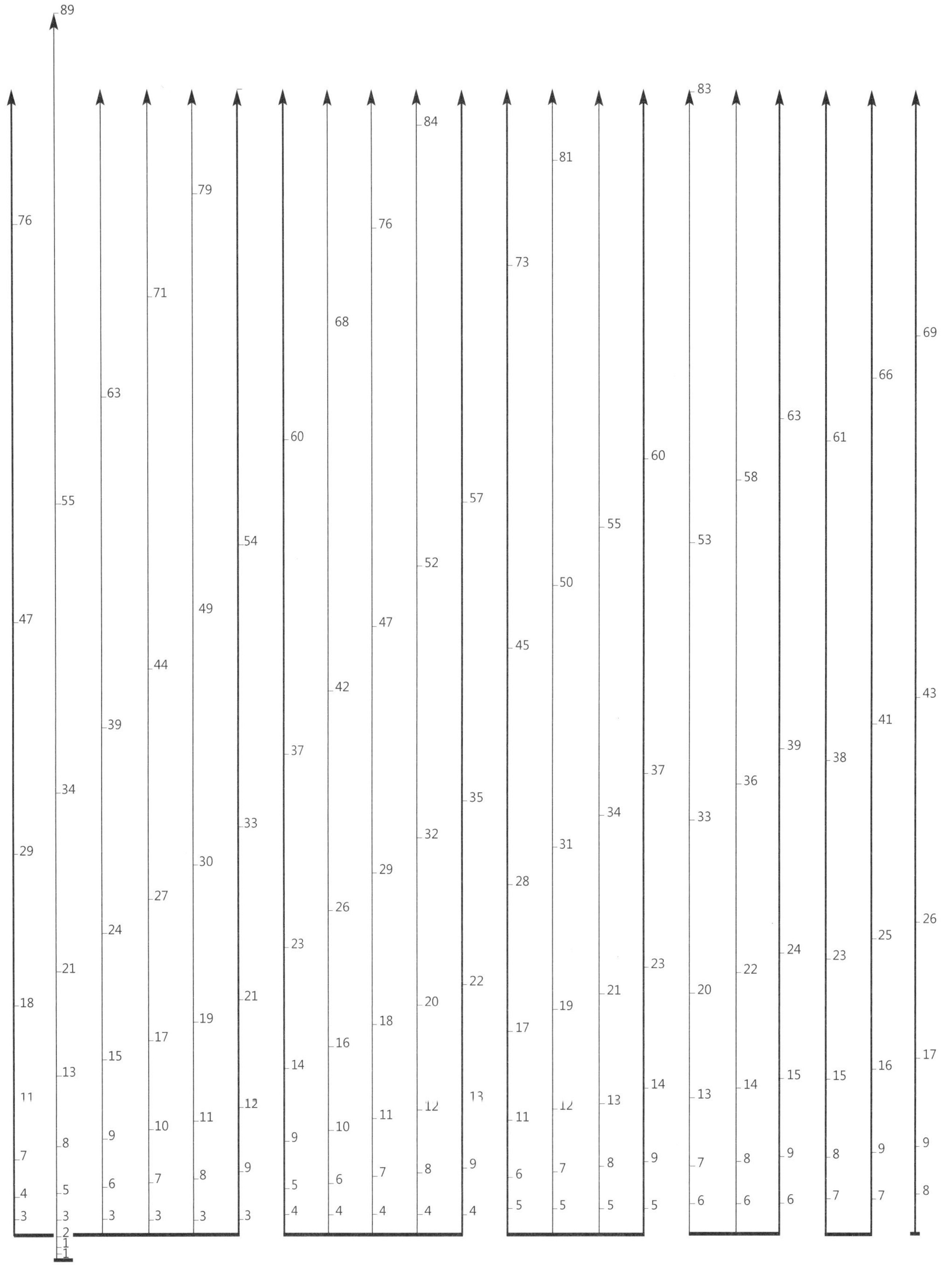

3 4 7 11 18 29 47 76
1 1 2 3 5 8 13 21 34 55 89
3 6 9 15 24 39 63
3 7 10 17 27 44 71
3 8 11 19 30 49 79
3 9 12 21 33 54
4 5 9 14 23 37 60
4 6 10 16 26 42 68
4 7 11 18 29 47 76
4 8 12 20 32 52 84
4 9 13 22 35 57
5 6 11 17 28 45 73
5 7 12 19 31 50 81
5 8 13 21 34 55
5 9 14 23 37 60
6 7 13 20 33 53 83
6 8 14 22 36 58
6 9 15 24 39 63
7 8 15 23 38 61
7 9 16 25 41 66
8 9 17 26 43 69

现代主义网格

和 20 世纪初期许多艺术家、设计师们一样，扬·奇肖尔德也认为老式的字型、网格、排版手法无法满足现代信息的需要。在他的著作《新版面设计》（*The New Typography*，1928）一书中，他摈弃传统，为新时代的书籍设计创立了一套前卫、理性、令人耳目一新的新方法。现代主义思维对书籍网格的发展历程有两个关键的影响阶段。第一个阶段始于 20 世纪 20—30 年代的包豪斯和结构主义运动。第二个阶段始于第二次世界大战之后，新一代的设计师继承了奇肖尔德和其他现代主义先驱的理念。在瑞士和德国，马克士·比尔（Max Bill）、埃米尔·鲁德（Emil Ruder）、汉斯·艾里尼（Hans Erni）、希拉斯汀诺·皮亚迪（Celestino Piatti）、约瑟夫·米勒－布罗克曼（Josef Müller-Brockmann）等人，继续将网格发扬光大，用系统的网格安排所有元素，安放文字和图片的位置结构合理。

在《平面设计中的网格系统》（*Grid Systems in Graphic Design: A Visual Communication Manual for Graphic Designers, Typographers and Three-dimensional Designers*, 1961）一书中，米勒－布罗克曼这样阐释他对网格的见解：在一个复杂的网格系统中，线条不仅仅用来对齐文字和图片，还用来对齐各种图注，凸显字体、大标题、小标题等。在这本 A4 开本的书中不仅有详细的文字说明，并且以实际案例来作示范，以其理性的方法进行全书的版式设计：与其说米勒－布罗克曼用精巧的艺术布置版式设计，不如说他以全局的视野精心控制着整个版式设计走向。他的测量方式很精确，所有的网格元素都可以用整数表示：栏位根据版式切割而来；留白和图片单元源于分割栏位；基线全部相等，等于文字单元的平均分。

对页图：这个模度数表遵循斐波那契数列，从左到右，从最小级数（3、4）到最大级数按顺序排列。图表底部的水平线连接成一组数阶，从斐波那契数列中最小数值开始排列，比如，最小值为 4 的级数组，次数值有 5、6、7、8、9 五种。如果从某组级数中找不到想用的网格和留白数值，可以把各组数值除以 2，得到该级数的半距；或者除以 3、4，得到三分之一或者四分之一距级数。模度级数可以套用任何一种度量单位——点数、迪多点数、毫米等，因此这套系统可以运用的范围非常广。

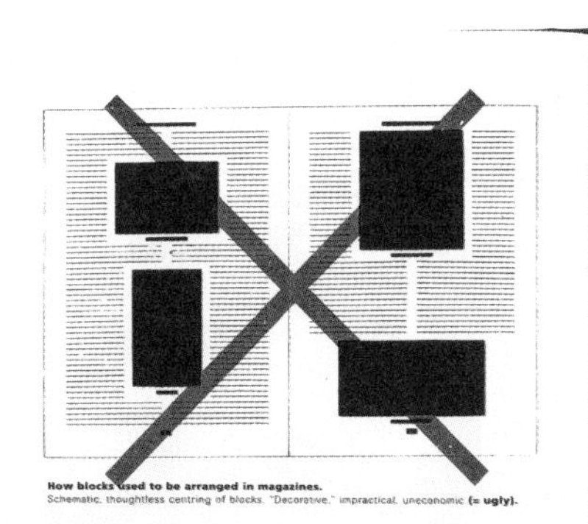

How blocks used to be arranged in magazines.
Schematic, thoughtless centring of blocks. "Decorative," impractical, uneconomic **(= ugly).**

happen less often). Standard-size blocks will make the problem much simpler. The left-hand example shows clearly to what complicated lengths the old designer had to go. The centred illustrations are cramped and require costly and ugly narrowing of the measure. The redesign on the right speaks for itself: it is obvious how much simpler and so more beautiful the new form is. The mostly dark blocks contrast well with the grey type, and the blocks which do not fill the measure leave pleasant white spaces, whereas formerly the type round the blocks, often of only dictionary-column width, gave an impression of meanness.
Where possible, blocks should be placed close to their relevant text.
Like article headings, captions beneath illustrations (as in this book) must no longer be centred but must range left. To set them in bold or semi-bold sanserif will strengthen the general appearance of the page. That they can also often be set at the side of a block is in accordance with our modern practice.
As regards the blocks themselves, they must not be surrounded with unsightly rules. Blocks trimmed flush look better. The remarkable "clouds" (uneven dot patterns in halftone blocks) on which not only small items but

210

The same blocks, correctly arranged in the same type-area.
Constructive, meaningful, and economical **(= beautiful).**

even heavy machines try to float, are to be avoided both on aesthetic and practical printing grounds.
Magazine covers today are mostly drawn. That just as effective results can be obtained by purely typographic means is shown by the examples of *Broom* and *Proletarier*.
Broom is typical of the only kind of symmetrical design possible in the New Typography. We leave behind the two-sided symmetry of old title-pages as an expression of the past individualistic epoch. Only complete quadrilateral symmetry can express our aims for totality and universality.
The cover of the magazine *Proletarier* is an interesting example of the dynamic effect that comes from oblique typesetting. Both examples have achieved their strong effects without any use of trimmings such as rules or points.
The enormous importance of magazines today requires us to give them the most careful attention. Since today more magazines are read than books, and much important matter appears only in magazines, there are many new problems, of which the most important is how to find a contemporary style for their production. This chapter attempts to show the way.

211

左图：扬·奇肖尔德《新版面设计》书中的某个跨页，展示了作者对传统书籍排印的感想。跨页中左页的图注这样写道："版块划分在杂志排版中的运用。图片全部居中对齐。'为装饰而装饰，不实用，也不经济（= 丑）。'"右页的图注："完全相同的版块，准确地放在了同样的版心范围之内。有条不紊，意义明确，也很经济（= 美）。"

1 约瑟夫·米勒－布罗克曼的《平面设计中的网格系统》中的一个跨页，展示了如何处理不规则形状的图像。“要增强去背景照片的视觉稳定度，可以铺一个色块打底，让它看起来像方方正正的图片一样。”现在，许多设计师认为这种一味加强网格、牺牲内容形式的做法，代表了机械系统战胜了读者的感受。

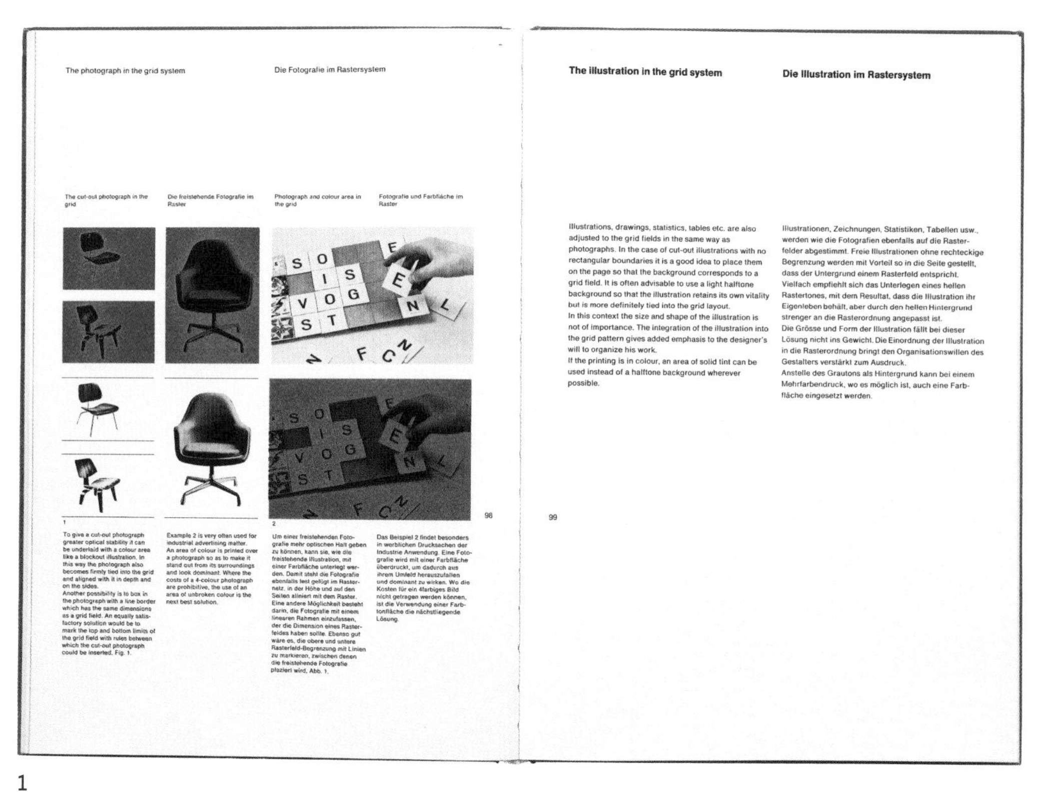

The photograph in the grid system

Die Fotografie im Rastersystem

The cut-out photograph in the grid

Die freistehende Fotografie im Raster

Photograph and colour area in the grid

Fotografie und Farbfläche im Raster

1

2

To give a cut-out photograph greater optical stability it can be underlaid with a colour area like a blockout illustration. In this way the photograph also becomes firmly tied into the grid and aligned with it in depth and on the sides.
Another possibility is to box in the photograph with a line border which has the same dimensions as a grid field. An equally satisfactory solution would be to mark the top and bottom limits of the grid field with rules between which the cut-out photograph could be inserted, Fig. 1.

Example 2 is very often used for industrial advertising matter.
An area of colour is printed over a photograph so as to make it stand out from its surroundings and look dominant. Where the costs of a 4-colour photograph are prohibitive, the use of an area of unbroken colour is the next best solution.

Um einer freistehenden Fotografie mehr optischen Halt geben zu können, kann sie, wie die freistehende Illustration, mit einer Farbfläche unterlegt werden. Damit steht die Fotografie ebenfalls fest gefügt im Rasternetz, in der Höhe und auf den Seiten aliniert mit dem Raster.
Eine andere Möglichkeit besteht darin, die Fotografie mit einem linearen Rahmen einzufassen, der die Dimension eines Rasterfeldes haben sollte. Ebenso gut wäre es, die obere und untere Rasterfeld-Begrenzung mit Linien zu markieren, zwischen denen die freistehende Fotografie plaziert wird, Abb. 1.

Das Beispiel 2 findet besonders in werblichen Drucksachen der Industrie Anwendung. Eine Fotografie wird mit einer Farbfläche überdruckt, um dadurch aus ihrem Umfeld herauszufallen und dominant zu wirken. Wo die Kosten für ein 4farbiges Bild nicht getragen werden können, ist die Verwendung einer Farbtonfläche die nächstliegende Lösung.

98

The illustration in the grid system

Die Illustration im Rastersystem

Illustrations, drawings, statistics, tables etc. are also adjusted to the grid fields in the same way as photographs. In the case of cut-out illustrations with no rectangular boundaries it is a good idea to place them on the page so that the background corresponds to a grid field. It is often advisable to use a light halftone background so that the illustration retains its own vitality but is more definitely tied into the grid layout.
In this context the size and shape of the illustration is not of importance. The integration of the illustration into the grid pattern gives added emphasis to the designer's will to organize his work.
If the printing is in colour, an area of solid tint can be used instead of a halftone background wherever possible.

Illustrationen, Zeichnungen, Statistiken, Tabellen usw., werden wie die Fotografien ebenfalls auf die Rasterfelder abgestimmt. Freie Illustrationen ohne rechteckige Begrenzung werden mit Vorteil so in die Seite gestellt, dass der Untergrund einem Rasterfeld entspricht. Vielfach empfiehlt sich das Unterlegen eines hellen Rastertones, mit dem Resultat, dass die Illustration ihr Eigenleben behält, aber durch den hellen Hintergrund strenger an die Rasterordnung angepasst ist.
Die Grösse und Form der Illustration fällt bei dieser Lösung nicht ins Gewicht. Die Einordnung der Illustration in die Rasterordnung bringt den Organisationswillen des Gestalters verstärkt zum Ausdruck.
Anstelle des Grautons als Hintergrund kann bei einem Mehrfarbendruck, wo es möglich ist, auch eine Farbfläche eingesetzt werden.

99

1

2 埃米尔·鲁德的《文字设计》（*Typographie*, 7th edition, 2001）中的一个跨页，在这个跨页中，每个单页被分成了 9 个正方形图框。

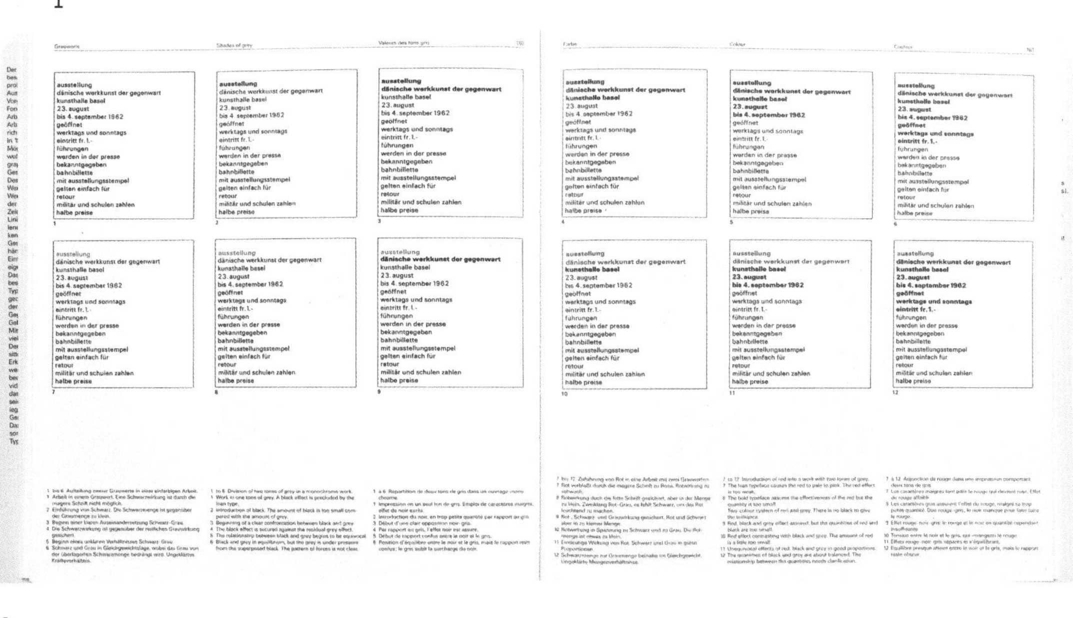

ausstellung
dänische werkkunst der gegenwart
kunsthalle basel
23. august
bis 4. september 1962
geöffnet
werktags und sonntags
eintritt fr. 1.-
führungen
werden in der presse
bekanntgegeben
bahnbillette
mit ausstellungsstempel
gelten einfach für
retour
militär und schulen zahlen
halbe preise

2

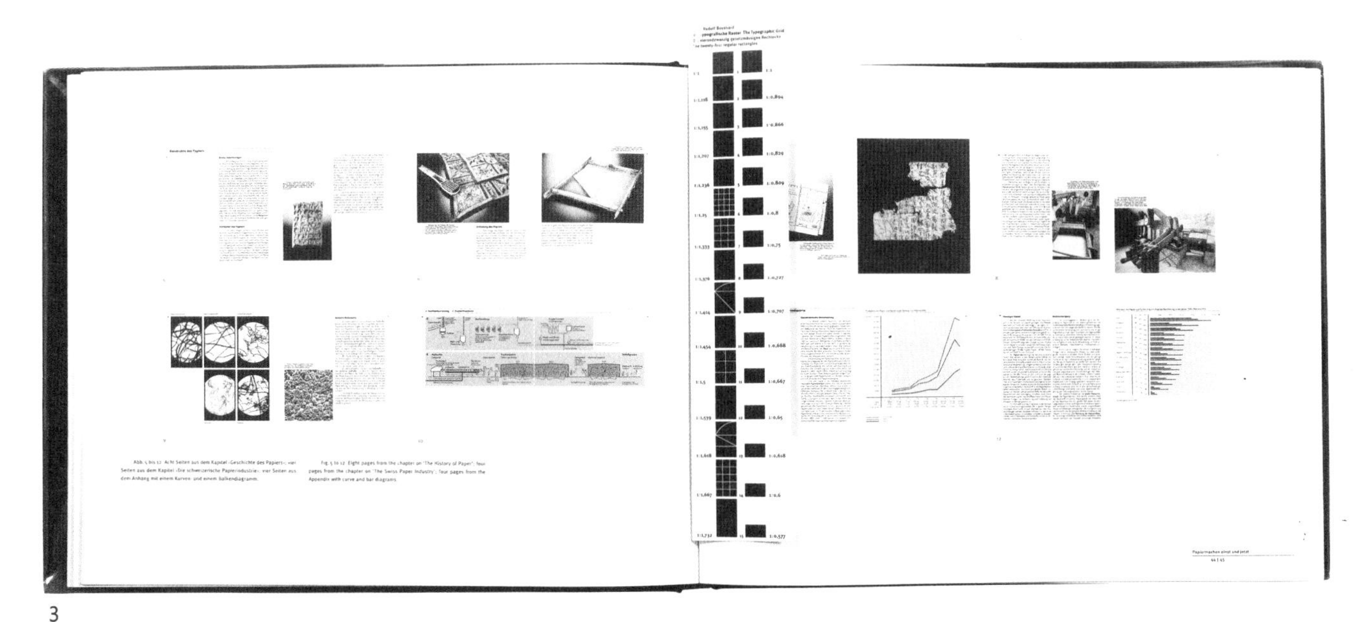

3

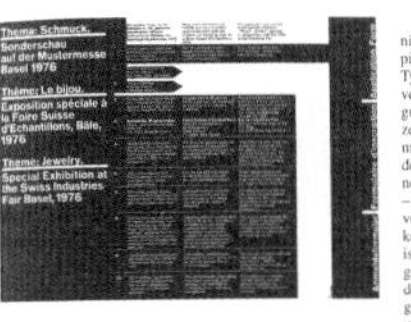

4

3 汉斯·鲁道夫·波斯哈德的《版面设计网格构成》(*The Typographic Grid*, 2000)以横向版式示范了各种四栏网格的页面。例子中的文字排列都是两端对齐的，从视觉上强化了网格构架。这本书还附赠了一枚非常实用的书签，上面是各种各样的书籍版式。

4 沃夫冈·魏因加特(Wolfgang Weingart)的《我的版面设计之路》(*My Way to Typography*, 2000)中的一个跨页，展示了几个不对称编排的例子，虽然这个跨页本身是以正常的四栏网格进行编排的。文字区域两端对齐强化了文字栏位。左右两页的页码都印在了右页三分之二高度的位置——这样便于在查寻索引时翻找页面。

运用现代主义理念建构网格

按照现代主义理念所设定的网格，行文栏可以划分出任意数量的图片单元，但是栏数一般在 2—8 之间。设计师确定基线网格的时候，必须先确定字体、字号和行距。接着再设定能够符合每个模度数值和每个栏位的行文行数，包括行间距。如果设计师打算把每一栏分为 6 个图片单元，每栏以选定的字号排成 53 行，那么每个图片单元的行数就等于栏内行数（53）减去图片单元之间的空行数（5），再除以图片单元数（6）。比如，如果每栏排 47 行，减去空行数 5，等于 42，再除以图片单元数 6，就等于每个图片单元内排 7 行。如果一页有 4 栏，则每页有 24 个图片单元，一个跨页就有 48 个图片单元。

建构一个现代主义网格

1 选定版式（竖开本或横开本）和开本大小，在本例中，采用的是公制的 A 度标准。

2 大概确定留白的宽度，依据内容设定文字区域（图中以青色的线表示）。

3 按照预计栏数，初步定下版心位置，并画出栏间。

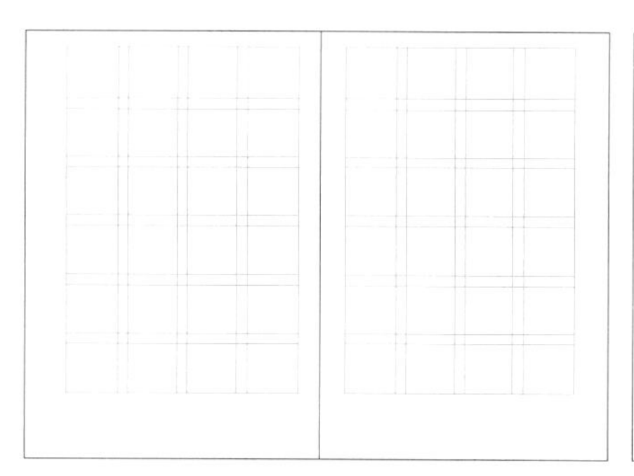

4 大致区分出均等的图片单元，并空出间隔。

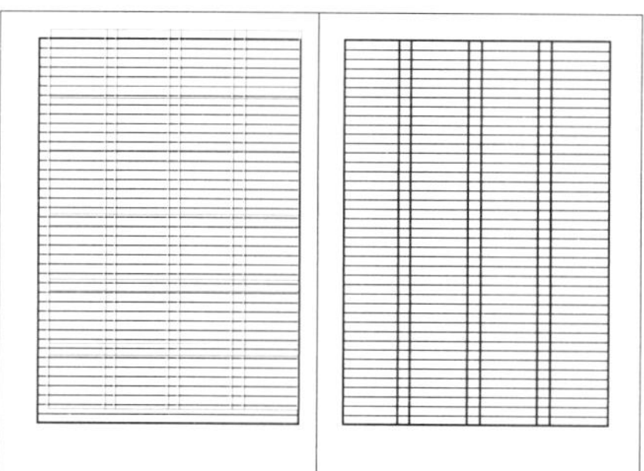

5 确定字号大小和行距大小，据此进一步修正之前粗略设定的网格（右边的黑色线框）。在这个例子中，每一个栏位分为 6 个图片单元，每栏 41 行。栏内的行数（41）减去图片单元与图片单元之间的 5 行，再除以图片单元数（6），即（41-5）÷ 6=6，等于每图片单元 6 行。这样就可以把留白考虑进去。

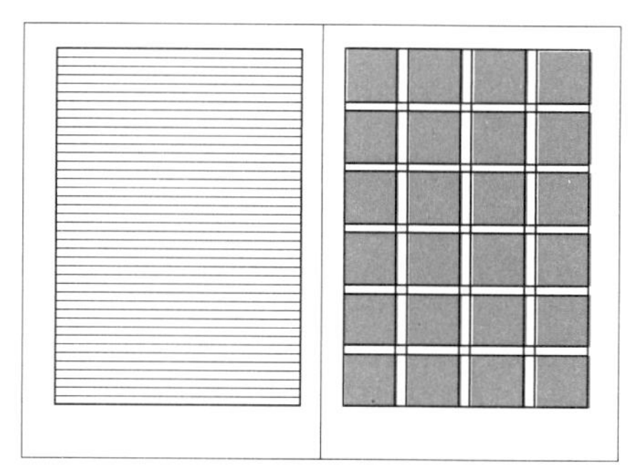

6 水平的基线网格与垂直的栏位重叠（以青色表示）。第一行的上边缘靠齐图片单元的最上方，栏位的下边缘靠齐最后一个图片单元的底部。这种让基线一致对应图片单元的编排方式，可以在行文中使用不同字号。

第一次尝试这种方法，可能不大容易做得像例子中那样干净利落。很可能要到最后，你才发现多出了许多小数点。要避免不足行的问题，设计师必须尽可能找到最接近而且能够被 6（即每栏内的图片单元数）整除的数字。比如，每栏 47 行减去空行数 5，等于 42，42 除以 6 等于 7，即每个图片单元内包含 7 行。

为了配合每个栏位内的行文行数，可能需要稍微调整一下字号大小或者行间距的数值，或者改变文字框的高度，或者还需要调整留白的宽度，甚至调整版式。许多运用现代主义理念做法的设计师都喜欢让页面和基线网格完全吻合。

完成了基本网格的构建之后，设计师接下来要考虑的就是如何整合正文以外的其他文字元素，包括标题、图注、页码、脚注、注释。米勒－布罗克曼认为，这道程序与设定好的基线网格直接相关。他用基线网格确定页面上其他所有文字元素的字号和行间距。页面上字号最小的文字，比如图注的字号可能为 7pt，行距为 1 pt；正文的字号为 10 pt，行距为 2 pt；较大的标题字号为 20 pt，行距为 4 pt。这三种字号数加上它们的行距数之后，都是 24 的因数。

下图： 在米勒－布罗克曼的网格体系中，所有的网格区块都是由基线分割出来的。网格内可以放入各种字号的字体，但字号和行距之和必须符合每一条线的深度。这种视觉结构是靠改变行距来做调整的。

连接行文与网格区块

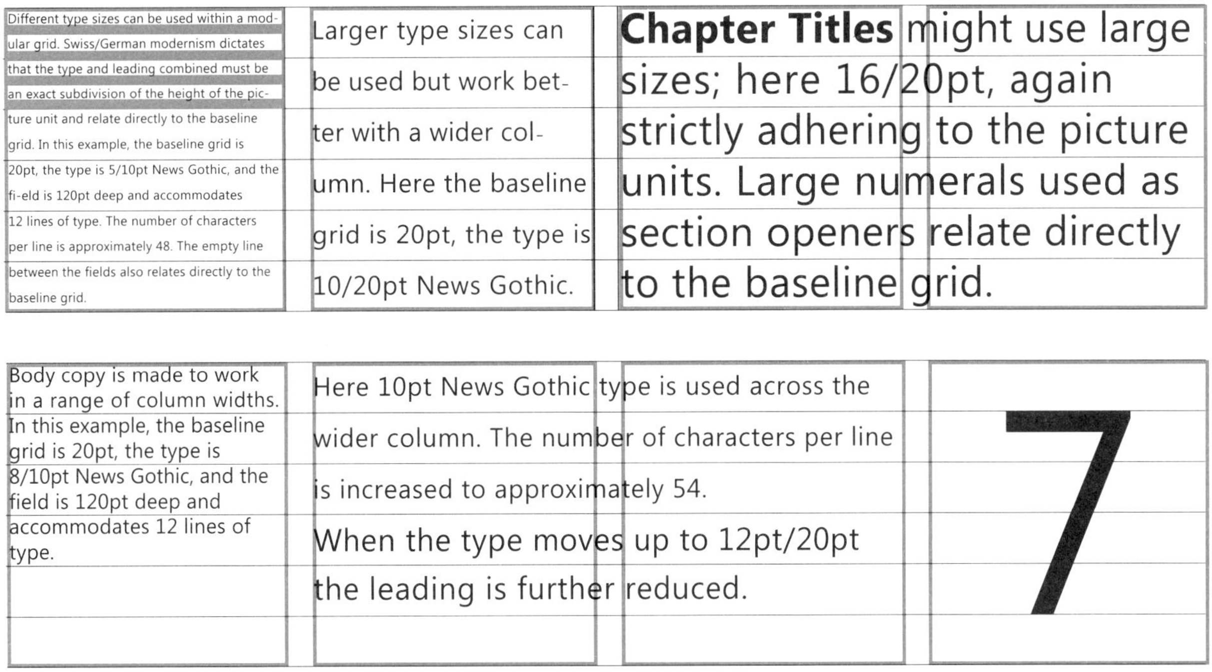

Different type sizes can be used within a modular grid. Swiss/German modernism dictates that the type and leading combined must be an exact subdivision of the height of the picture unit and relate directly to the baseline grid. In this example, the baseline grid is 20pt, the type is 5/10pt News Gothic, and the fi-eld is 120pt deep and accommodates 12 lines of type. The number of characters per line is approximately 48. The empty line between the fields also relates directly to the baseline grid.

Larger type sizes can be used but work better with a wider column. Here the baseline grid is 20pt, the type is 10/20pt News Gothic.

Chapter Titles might use large sizes; here 16/20pt, again strictly adhering to the picture units. Large numerals used as section openers relate directly to the baseline grid.

Body copy is made to work in a range of column widths. In this example, the baseline grid is 20pt, the type is 8/10pt News Gothic, and the field is 120pt deep and accommodates 12 lines of type.

Here 10pt News Gothic type is used across the wider column. The number of characters per line is increased to approximately 54.

When the type moves up to 12pt/20pt the leading is further reduced.

7

网格区块

现代主义的网格构建方法为设计师在页面上放置图片和文字时提供了精确的位置。网格区块可以适用于各种形状的图片：网格中区块的数量分得越多越细，能够适应图片形状的范围就越大。若采用这种方法，要让图像完整填入图片单元区块内，就必须按照实际情况裁剪图片或者增加网格区块，而不能像其他方法那样去对齐最接近的基线。

单一版式内的复合网格

即使内容最简单的书籍也可能使用不止一套网格。以一本字数较多的文字书为例，章节部分可能采用一套网格，词汇表和索引部分则各自采用另外一套网格。正文部分或许从头到尾看上去差不多，但其栏位数和字号可能不同。

多层次网格

网格结构越复杂，编排时可变动的范围越大。瑞士设计师卡尔·加里斯纳（Karl Gerstner）在 1962 年为自己所供职的《都会》（*Capital*）杂志特别设计了一个网格系统，在纵向矩形版面上使用了正方形文字框。每一页上的单一文字框可以再分为 2、3、4、5 和 6 图片单元的倍数，就可以产生 1、4、9、16、25 和 36 个图片单元。由于文字框是正方形的，其高度和宽度完全可以等量划分，垂直和水平各自等分为 58 份。

多层次网格的理念与早期主张简洁的现代主义理念已经有所分歧。今天，许多书系现代主义理念的设计师也开始探索更复杂、更具装饰效果的网格结构，逐渐形成某种几何学的巴洛克风格。在历史上，网格原本是印刷工艺上的一种重要工具，但如今已经逐步进化，成为独立于作品之外，可供各种实验作品发挥的空间。

对于一些设计师来说，将这种方法推到极致颇为荒谬，因为这样不啻无限提升设计师的重要性，甚至凌驾于作者想要传达的讯息之上。对于纯粹主义者来说，虽然有许多值得诟病的地方，但是复杂的网格的确可以促进视觉的丰富性。

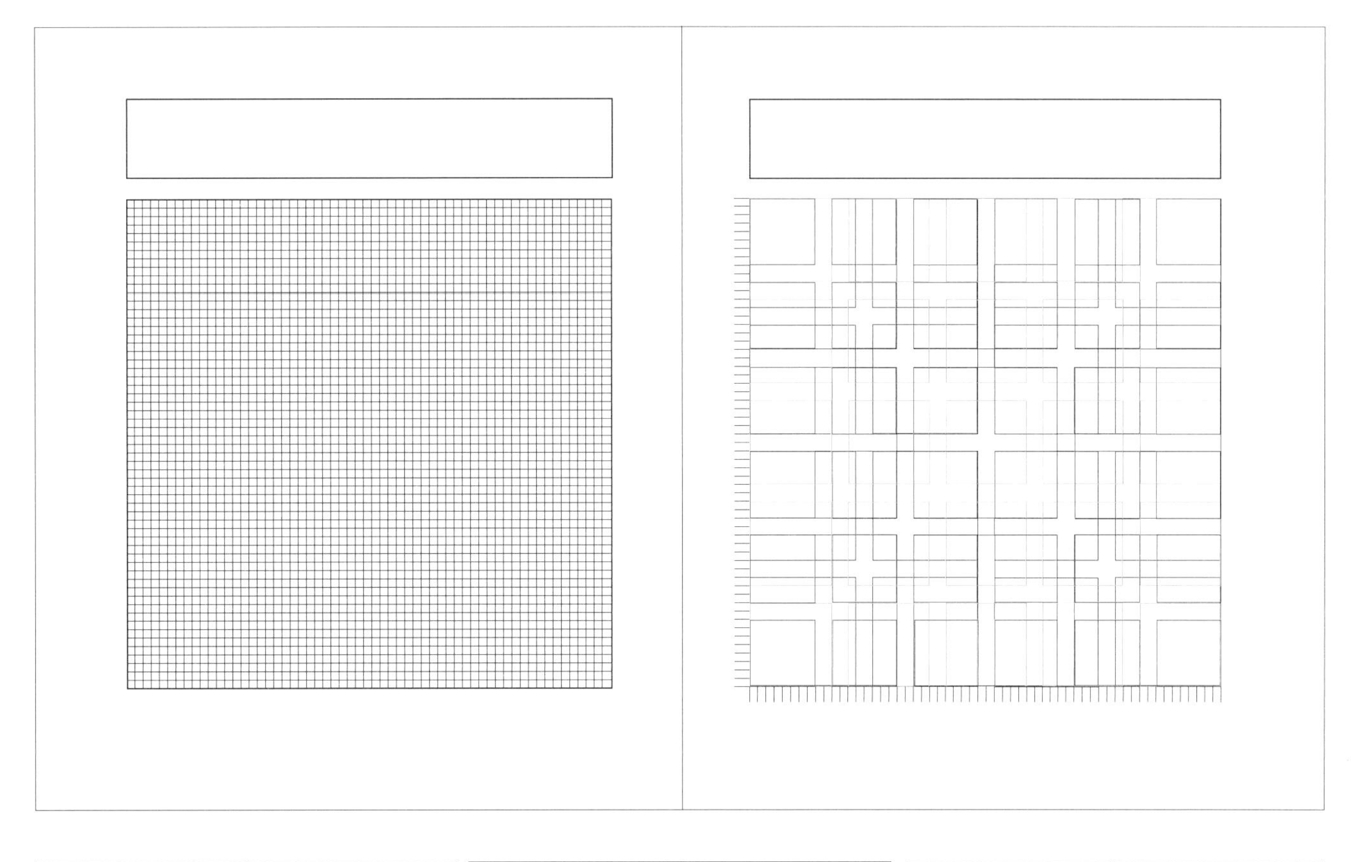

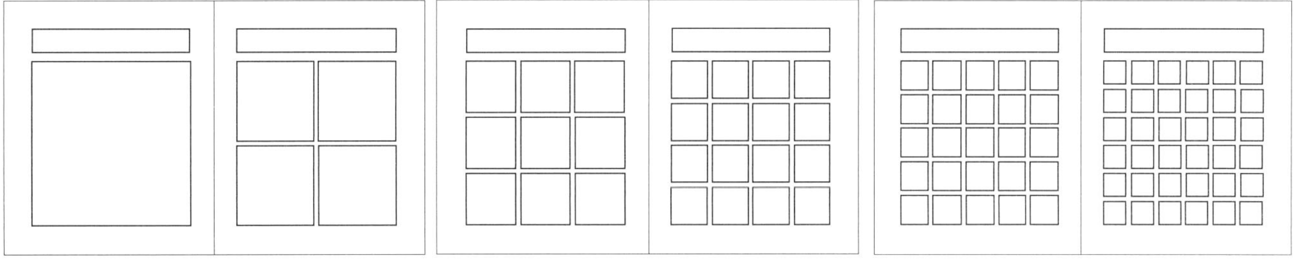

单一网格区块
58

4 等份网格区块
28 + 2 + 28 = 58

9 等份网格区块
18 + 2 + 18 + 2 + 18 = 58

16 等份网格区块
13 + 2 + 13 + 2 + 13 + 2+ 13 = 58

25 等份网格区块
10 + 2 + 10 + 2 + 10 + 2 + 10 + 2 + 10 = 58

36 等份网格区块
8 + 2 + 8 + 2 + 8 + 2 + 8 + 2 + 8 + 2 + 8 = 58

上图：卡尔·加里斯纳为《都会》杂志建构的网格体系非常灵活，可以适用于各种栏宽并且始终保持相同的图片单元间距。运用这个方法，就算严格按照网格裁切图片，但因为区块数量可多可少，图片形状和大小还是可以有各种变化。加里斯纳将这种网格称为“矩阵”（matrix），上图的矩阵是由 58 × 58 个图片单元区块构成。

对现代主义网格的评价：图片单元区块网格的局限

尽管现代主义网格的设计手法理性、适用于各种各样的图片形状，但如果设计师严格遵循此法，难免要修整某些图片的格式。摄影和绘画作品本身有各种各样的尺寸规格，并非全部都能完全不经裁切地符合现代主义的网格区块。许多摄影师并不同意设计师为了满足网格构架而裁切他们的摄影作品。面临这个难题时，有些严格遵循现代主义网格原则的设计师会将图片单元区块当作浮动的网格，为了让图片的高度或宽度符合网格模度，允许未经裁切的原片的另一边突破网格限制。

如果照片的形状比例全部一致，或者设计总监能在事前针对某一书籍规定某种规格，让摄影师按照这种规格进行拍摄，设计师就可以根据照片规格来规划网格和图片单元。由北方设计事务所设计的《RAC 手册》（*The RAC Manual*，参见 61 页上图）就是一个例子，书中以横向 35mm 胶片的规格为基础构建网格单位。

网格系统迫使设计师不得不裁切图片，因此不适用于需要呈现作品全貌的绘画作品图册。因为绝大部分画作形状尺寸不一也无法裁切，无法将它们强行套入某个图片单元架构中去。如果遇到这种情况，设计师就必须要采用更灵活、没有那么多限制的网格体系。

下图：照片的几种标准规格：35mm，中画幅：6×6（60mm×60mm）、6×7（60mm×70mm）、6×9（60mm×90mm），大画幅：5×4（5in×4in）和 10×8（10in×8in）。

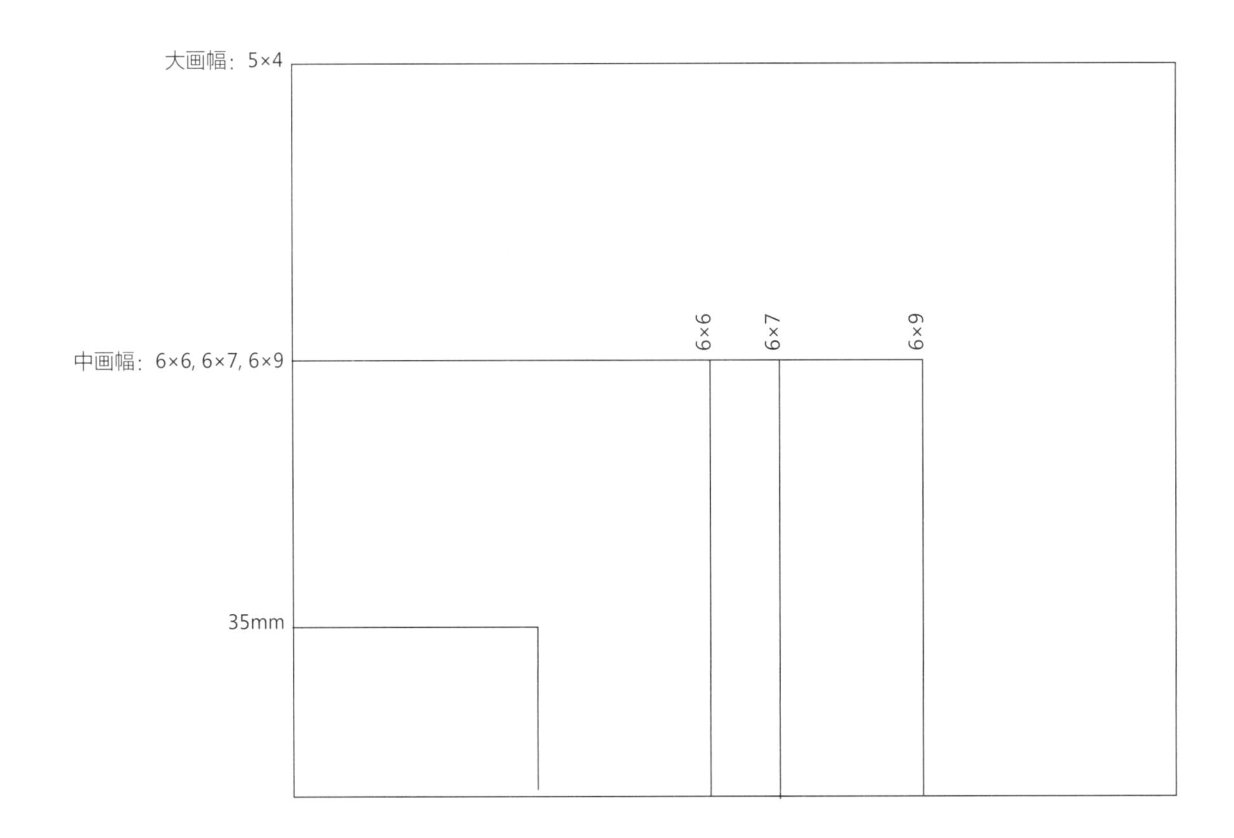

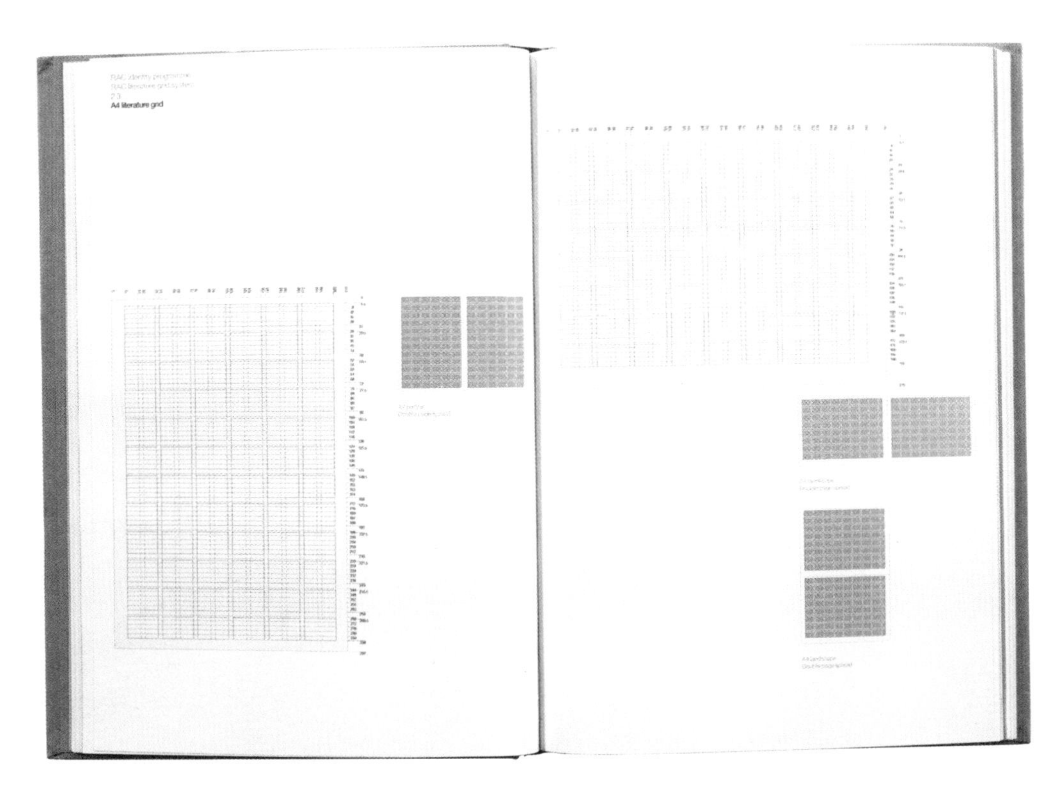

左图：北方设计事务所设计的《RAC 手册》以 35mm 胶片的规格为基础构建网格单位。从这个例子中，你可以清楚地看到这种排版方式是如何调解照片格式与网格体系的差异，但是米勒 - 布罗克曼在他的《平面设计中的网格系统》（1981，97 页）一书中提出了更严格的限制："先在相机的取景框里画出网格，摄影师再据此取景……这样一来，拍出来的照片就能符合网格了。"

左图：同一本书中的另一个跨页，右页中的小图片单元完全符合尺寸为 35mm 照片的规格，左页则显示了可以将这些小图片单元合并成图片单元区块，然后根据这些区块裁切较大的图片，使其符合网格架构。注意右页最下方的图片，它的图片单元其实转了 90°，突破了网格的限制。

根据版面元素构建的网格

之前已经分析过的各种网格系统都是由外而内——先确定版式，再处理文字细节；在选定的版式上运用各种方式安排文字区域和留白宽度，接着再根据需要将文字区域划为多栏。但是有一些设计师，特别是有活字排版和手工排印经验的设计师，则反其道而行之，他们更喜欢“由内而外”构建网格，根据内容的需要，先确定适合行文和图片所需的栏位数，再确定留白的宽度。

因数阶乘网格

许多网格系统都是建立在页面宽度、栏位数量和栏间距的因数阶乘关系之上。用数学术语来说，“因数”就是可以用整数除尽的数字，比如，16 可以被 2、4、8 整除。这种原理经常也被称为“分割”（partitioning）。许多网格系统用它来分割空间。设计师能够看到网格内的各种栏位数所需的图片单元数目。因数阶乘表上，数字与数字之间是数学关系而不是实际长度，因此，一旦确定了某种栏位数所需要的图片单元数目，设计师就能以毫米、点数等单位确定图片单元的实际宽度。

因数阶乘网格：用栏间数列建立分栏

对页上的栏间数列表可以用来设定任何一个页面上的栏位和栏间数量。图表上的每一排都由实心色块（代表可用的栏宽）和空白（代表栏与栏之间的间隔）连接而成。图表左侧的黑色数字表示这一排栏位宽度所使用的单位数，每组数列的第一排代表最小栏宽。比如，第一排的栏宽为 2 单位，栏间距则为 1 单位宽；第二行表示栏宽为 3 单位，但栏间距仍为 1 单位宽。青色色块所在的位置表示，同一组数列中有其他排也符合相同的总宽度。青色数字代表能够被栏数和栏间距之和整除的数值。以第一组栏间数列中的 71 为例，它可以被下列单位数整除：2 单位（24 栏，23 栏间）、3 单位（18 栏，17 栏间）、5 单位（12 栏，11 栏间）、7 单位（9 栏，8 栏间）、8 单位（8 栏，7 栏间）、11 单位（6 栏，5 栏间）。如果选择第一组的 71 为页面宽度，就有以上这六种分割栏位的方式。至于长度单位，可以使用点数、派卡（pica）、迪多点数、毫米等任一单位。无论采用哪种长度单位，其因数阶乘关系结构都不变。同样以第一组栏间数列的 71 为例：如果将这一单位定为 2mm 宽，则版心宽度为 142mm（71 × 2mm），栏间距为 2mm（1 × 2mm）宽，最小栏宽为 4mm（2 × 2mm），最大栏宽则是 22mm（11 × 2mm）。偶数栏位的栏间数列还可以产生双倍宽的栏位，比如，11 单位 + 2 单位栏间 + 11 单位，就是 24 单位栏宽。

单一栏间数列
2 3 4 5 6 7 8 9 10 11 12
两倍栏间数列
2 3 4 5 6 7 8 9 10 11 12
三倍栏间数列
3 4 5 6 7 8 9 10 11 12
四倍栏间数列
4 5 6 7 8 9 10 11 12
0 10 20 30 40 50 60 70 80 90 100 110 120 130 140 150 160 170 180

铅字网格体系

在铅字排版中，网格很容易用铅字字号大小所占据的方正区域加以区分，这种方正区域称为“全身”（em）或“满格”（quad）（“em”这个名称来源于早期铸造大写M字母的铅字方块）。简单的空间划分方法是：交替排列全身字母与间隔，构成一组“12满格”（12-quard）的样式。以全身空铅块作为行宽或栏宽的标准单位，叫作“几个全身”宽。由于这套规则源自英制测量单位，英美两地的排字工人通常都以12满格作为网格的基本单位。因为12可以分为1、2、3、4、6栏，而如果使用十进位的公制单位，则数字10的因数只有1、2、5。

若采用铅字网格体系，设计师通常会在先设定一个页面版式和大概的开本尺寸。只需要挑选合适的空铅块，设计师就能轻松推演出一套多栏网格。页面上的所有元素都可以由空铅块表示：基线网格、行长、栏高、留白，甚至版式。设计师德里克·博索尔进一步将这种源自英制的排版体系引入公制领域，创造出了“公制铅字网格”（metric quad grid system）。

右图： 12个12点满格铅块搭配11个全身间隔共276点。14点铅块搭配14点空铅块间隔，共322点；如果用18点铅块则为414点。

公制铅字网格体系

探讨版式时（参见39页）时，我曾提出，在版式规划时，英制与公制单位在计量时会互斥。建构铅字网格体系的时候，同样的问题也会发生。页面的开本尺寸往往都是以毫米为计量单位，而内部的铅字网格却使用点数。德里克·博索尔在他的杰作《书籍设计笔记》（*Notes on Book Design*，2004）中解释了他历时50年的实践终于成功地将公制测量单位运用到了英制铅块体系上。博索尔提出的方案介于英制与公制之间，同时保留了两者的优点。首先，设定页面外部和内部都使用相同的测量单位，之前的全身方格和间隔则以公制单位的方格代替，例如：4mm × 4mm，5mm × 5mm。以公制单位表示的方格也可以命名为“满格”，但基本组合模式仍然是12，而不是10，以保持较多的栏数可能。这一规则虽然可以以12为基本组合，但实际上可以适用于任何数字。

一旦规划出版心的基本栏位与间隔的网格，设计师接着就要设四周的留白，然后就可以得到版式。所有页面元素全部依照公制满格设定，方法同铅字网格体系。页面的垂直和水平部分都用公制单位划分，而基线网格、行间距、字号也都用毫米表示，但也可以用点数。现在的年轻设计师都已经习惯用毫米表示字号，但是老一辈的设计师还是坚持采用点数制。很明显，这种网格规划法是由内而外进行的，从个别的满格方格逐步推演出页面的版式和开本。

设定公制铅字网格

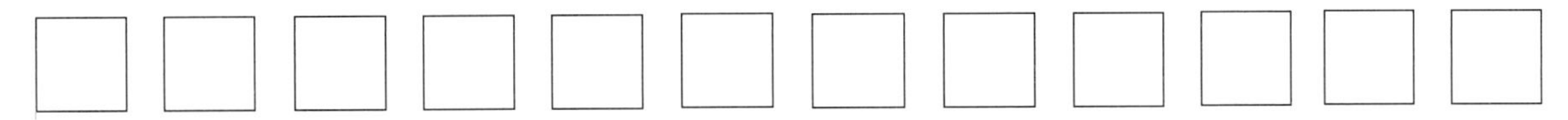

1 初步选定一款版式和开本，设定适合内容所需的行文栏数，比如双栏、三栏或四栏。根据字体风格、粗细和字号大小设定行长。

2 设定每个公制满格单位：此处所示为一满格 10mm 配上 4mm 栏间组成的 12 满格宽的行长。这些满格铅块决定了行文范围的宽度、栏位数和栏宽。这个范例表示为单栏，栏宽 164mm（12 满格 ×10mm+ 栏间 4mm×11）

双栏、栏宽各为 80mm（6 满格 ×10mm+ 栏间 4mm×5）

三栏、栏宽各为 52mm（4 满格 ×10mm + 栏间 4mm×3）

四栏、栏宽各为 38mm（3 满格 ×10mm+ 栏间 4mm×2）

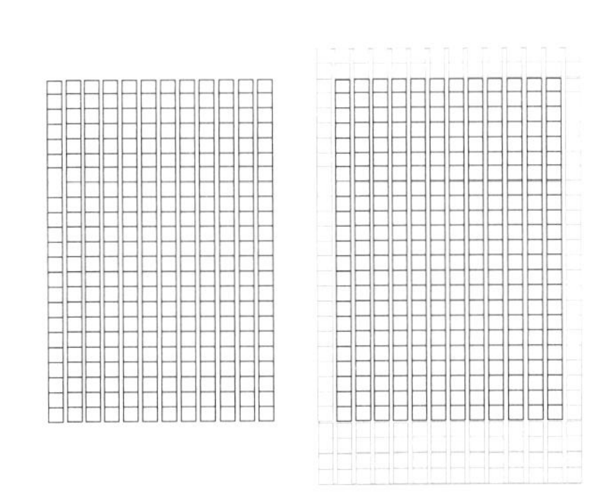

3 以满格为单位设定栏高：这个例子中，左页为 23 满格 =230mm，再以满格表示出留白，博索尔特别偏爱“让两侧留白等宽……我喜欢左、右页的留白占用相同的基本网格”。铅字网格体系可以适用于任何一种留白宽度的测定法，也可以用来对应以裁纸方式制定的版式。这个例子中的右页，订口留白和前切口留白分别插入了 1 单位的满格和间隔：10mm×2+4mm×2=28mm。版心加上两侧的留白，页面的总宽度为 192mm。天头留白插入 2 满格，地脚留白插入 4 满格，合计 60mm，页面高度为 290mm。

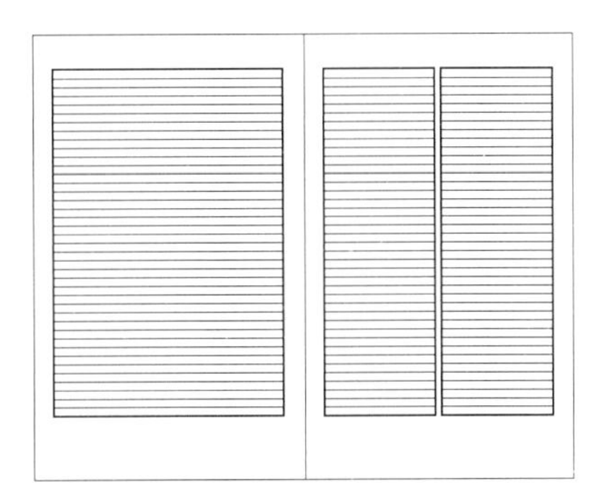

4 左页：单栏、栏宽 164mm（12 满格、11 栏间），

右页：双栏、栏宽各为 80mm（6 满格 ×10mm+ 栏间 4mm×5）。

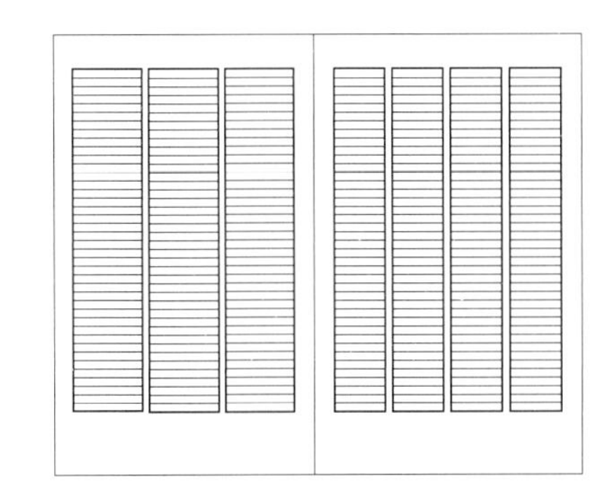

5 左页：三栏、栏宽各为 52mm（4 满格 ×10mm+ 栏间 4mm×3），

右页：四栏、栏宽各为 38mm（3 满格 ×10mm+ 栏间 4mm×2）。

这个体系的铅块通常都是用以设定行文基线，但也可以只用来设定页面版式、开本大小和所需的栏位数。

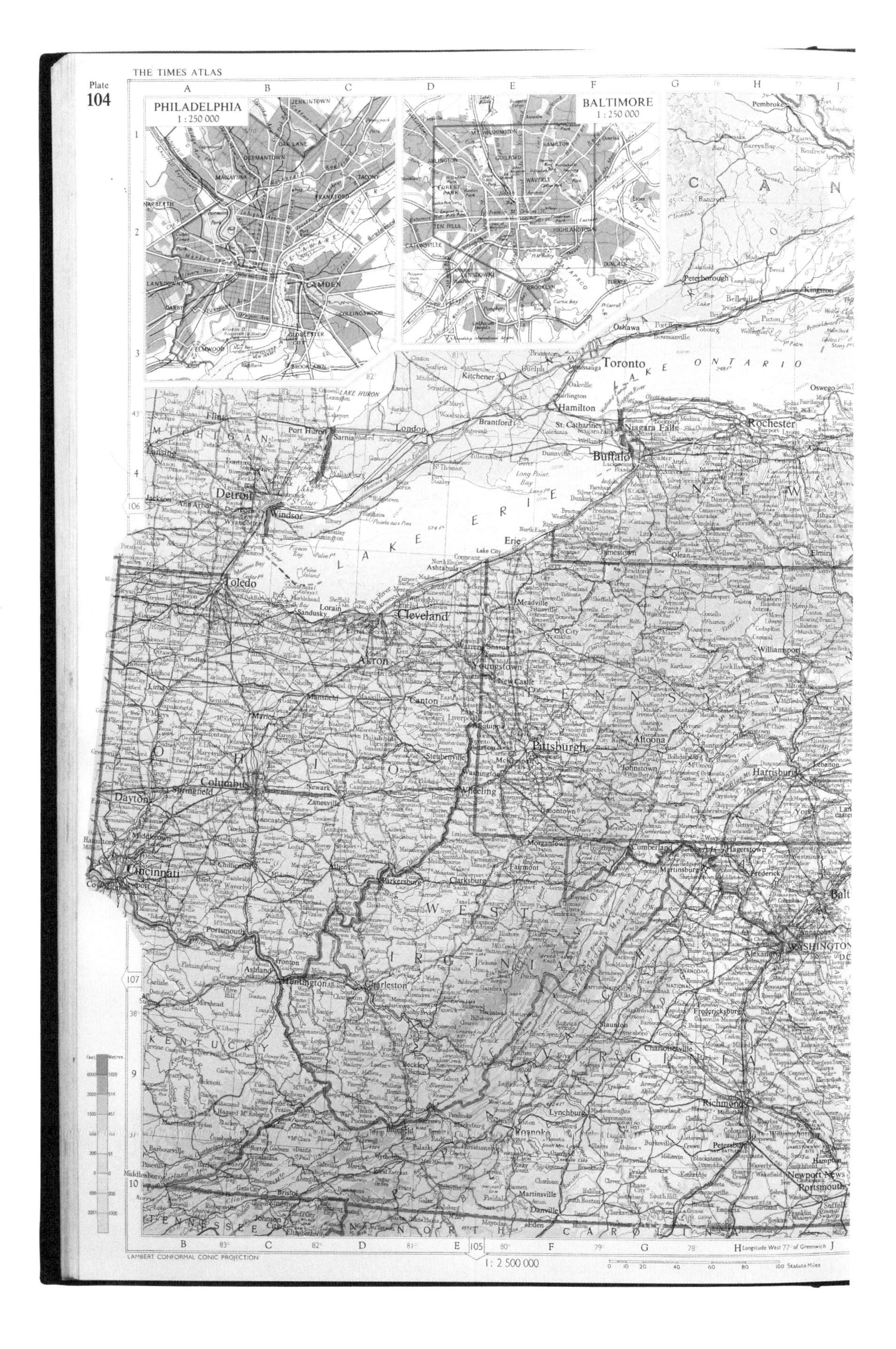
THE TIMES ATLAS
Plate
104
PHILADELPHIA
1 : 250 000
BALTIMORE
1 : 250 000
LAKE ONTARIO
LAKE ERIE
LAKE HURON
Toronto
Hamilton
Buffalo
Rochester
Detroit
Windsor
Toledo
Cleveland
Akron
Youngstown
Pittsburgh
Columbus
Dayton
Cincinnati
Harrisburg
Washington
Richmond
Charleston
Huntington
Roanoke
Lynchburg
Norfolk
Portsmouth
MICHIGAN
OHIO
WEST VIRGINIA
VIRGINIA
KENTUCKY
TENNESSEE
NORTH CAROLINA
PENNSYLVANIA
LAMBERT CONFORMAL CONIC PROJECTION
1 : 2 500 000
Longitude West 77° of Greenwich
Statute Miles

网格方框的延伸运用：区域、制图和地图

以正方形为基础的网格体系并非仅适用于纯文字书籍，制图师绘制地图时也是以正方形网格作为基本架构。地理网格的方框网格结构有两大功能：一是呈现地理区域测绘结果的比例，二是当作查找特定位置的坐标依据。

网格方框的延伸运用：时间

在地图中，网格结构是以区域延伸为基础，其他几种系统网格的延伸也可以通过类似的编排方式，来传达其他不同类型的内容。按照连续线性时间进行的书籍，也可以利用方正格局。比如，网格可以作为每十年或者每个世纪的单位，讲述古代文明史或者服装的历史，或者按照每月、每周，甚至每日来交代婴儿成长的过程。把垂直空间作为时间演进的轨迹，各个发展阶段都可以在上面排列。如果该书只有单一的时间推移流程，这些由基线网格组合而成的简单栏位就是现成的网格结构，正适合用于交代时间的推移。如果是比较复杂的内容，要让发生在同一时间点上的事物与概念可以直接相互对照，就需要用到横跨页面的水平空间。网格于是变成了某种形式的矩阵结构，横跨页面的水平轴交代时间的进行，其他内容则分门别类从上而下列出。设计时间递进式网格的方法和制图师按照网格比例绘制地图几乎一样。设计师规划这种网格架构并不是因为美感，而是要按照时间进程，把内容放到相应的位置。

对页图：《泰晤士地图集》（*Times Atlas*）运用方正的线框来呈现地理空间，方框网格同时也是查找特定区域和地点的索引工具。

衍生网格

衍生网格的重点在于让网格结构更精确地贴近书籍内容。如果某本书的内容是以图像为主，其网格形式就可以考虑直接视内容来确定。比如，一本关于舞台设计的书，可以运用舞台的形状作为网格的基础；一本建筑专著可以用建筑物的轮廓。以建筑专著这个例子作进一步说明：可以将这本书右手页的网格设定成建筑的正立面，后侧立面可以用来做左手页的网格。这个例子还可以进一步地延伸，如果该书分成好几章，不妨以一系列的立面图、楼层平面图或剖面图作为基础，为每一章设置一款网格。按照这种方法，该书的网格就能和建筑师的设计图稿内容紧密相扣。建筑物的形态决定了该书的网格架构。这种方法恰恰和早期现代主义设计师刻意消除模度网格的个性，将其视为清楚传达内容、整理复杂信息的功能性设置的观念相悖。衍生网格不受内容被动控制，而是整体设计中的主动元素，可以凸显内容形式与书籍形式之间的关系。但是如果只是一味地依葫芦画瓢，反而会让设计师陷入令人生厌的网格中难以自拔，网格也成了内容传递与接收之间的障碍，干扰读者阅读。

动态网格

到目前为止，本书所介绍的大部分网格系统都是以一种稳定、隐而不显的方式呈现的。但是，动态网格则是随着书页的进行随时变动，与此同时，内容元素的位置也跟着变化。简单的动态网格可能只有标题、页码在书中逐渐变动，复杂的动态网格可能会牵动版面上的所有元素。这个原理和动画相似，从表面上看，好像每个页面上的影像都一样，但是一动起来，图像位置的细微变化就能连贯成动态。运用这种网格，全书的每一页都自成一格，虽然从头到尾版面上都出现相同的元素。

这种方法为设计师们打开了一个新世界。一本书里的每个章节都可以设定稍有差异的起始点，因为运用动态网格可以在每个页面上做不同的设计。各章节的序号可以出现在不同的页面高度，章节内的页码、页眉也可以随着页面逐渐位移。也有许多设计师质疑这种方法太过随意了，而且与书籍内容几乎没有关联性。但也有很多人认为，这种方法与任何一种固定不动的网格一样好用，因为固定网格也常常与内容没有关联性。对于读者来说，刚开始接触时，可能有点儿搞不清楚状况，但只要多读几页，看出它的规律之后，可能会喜欢这种微妙的变化。

不设置网格的书籍

许多儿童绘本在设计时不用网格。一旦确定了版式和内容，负责制作图像的人往往会根据页面的形状比例来绘制插图或进行设计，为所有元素安排构图。至于文字部分（无论是手写体还是印刷体），都是配合插画来放置，而不遵循任何网格结构。无论内文的文字部分是采用手写体还是印刷体，其基线、字距都与图像结合，被当成图像的一部分来处理。

上图：上面这幅跨页完全没有运用网格，而是按照一张与跨页宽度相等的插画进行布局。这幅笔触粗犷的插画出自奥利维尔·多佐（Olivier Douzou）与弗雷德里克·贝特朗（Frédérique Bertrand）合作的《我们不抄袭》（*On ne copie pas*），由Editions du Rouergue出版。

studio of artistic invention.
Its 70 year history of success is rooted
in a special form of education within an "Academy"
and the practice, focus and discipline of ten
Artists-in-Residence who lead their programs
as vibrant professionals. The faculty members
live and work at Cranbrook. Their studios
are adjacent to the departments they lead.
Their energy is the fuel of the Academy.
Their presence and their practice
create continuity that is unique
in graduate education.

6

An Academy offers a special form of education based in the co-existence of
faculty and students committed to learning—together. The department heads
carefully select their students to form a tribe of complementary artists.
Individuality and creativity is highly valued at the Academy, and nurtured.
The intensity of the educational experience is discovered in the questions
posited by the work of all participants. All voices count; all ideas are debatable.
Intelligent resistance is welcome and essential.

One visit to our campus will reveal the memorable nature of this
special setting that melds the genius of Eliel Saarinen's architecture within
a 315-acre environment of woods, lakes, paths and landscaped courtyards. In many
ways the place is a world apart—a quiet retreat, a place to work, a place of reflection
and personal discovery, a place to insert one's own imagination. It's amazing how generations
of young artists have performed brilliantly in this place wherein past and present are dynamic
agents, simultaneously pressing forward.

Today, all departments are benefiting from expanded studio space and new
facilities, the result of extensive renovations and a New Studios Building
by renowned Spanish architect Rafael Moneo. An evolving Media
Lab, new tools, and the expanded student-run Forum Gallery
brings students' work to the public at a prestigious institution,
the Cranbrook Art Museum. A growing museum program brings
the best of contemporary art exhibitions to the campus, including the
Network Gallery of current work by alumni. In 2001, the museum
welcomed an important gift, the Shuey Collection of 46 artworks
by important post World War II era artists such as Warhol,
Rauschenberg, and Riley.

Near Cranbrook, the city of
Detroit is an exceptional phenomenon in postindustrial America. Its diverse cultural resources,
its museums, universities and colleges and 300-year history offer a wealth of inspiration that is
quintessentially American. Detroit's manufacturing sector also affords abundant opportunity for
outsourcing or collaboration. The extent of one's reach is determined by one's appetite. The menu
is rich and varied.

I invite you to discover Cranbrook's identity through this catalog, our Website
(www.cranbrookart.edu), or walking the grounds. Come visit! On behalf of our
Artists-in-Residence, Academy and Museum staff, and current students, we
look forward to hearing from you and perhaps even working with you
to mutual benefit.

Gerhardt Knodel, Director

7

上图： 克兰布鲁克艺术学院（The Cranbrook Academy of Art）2002 年的纪念册，设计师在书中使用了流动的行文，没有使用网格。对于一所以引领时尚、勇于创新为宗旨的艺术教育机构来说，这样的处理是很合适的。

随着数字技术的发展，排印已经不像过去那样必须完全依靠几何网格了。数字技术解决了自 1455 年古登堡发明活字印刷术以来存在已久的文字、图像之间无法兼容的问题。中世纪书法家笔下的手写字非常具有个性化，排起来行云流水；为了方便排印，现在的印刷字体都是笔画统一，但是要排成自由的图形或者恪守工整的网格都不成问题。

排版

从网格结构考虑页面排版迫使设计师必须思考如何通过分段的方法表达文义，行文该如何去对齐网格，以及如何安排书中的垂直与水平空间。无论采取哪一种网格体系，重要的是让读者有信心继续阅读下去，使内文能够顺畅进行。

栏高

进行书籍设计时，页面上的栏高可以从以下两个方面考虑：1. 行高（正文的字号和行间距之和），可以用点数、派卡、迪多点数，或者毫米作为单位（依照设定网格时采用的什么单位来决定，参见第一章）；2. 栏内的正文行数，取决于字号大小和行间距。设定栏高的时候应该将栏宽、栏间距、订口以及版式的比例都列入考虑，尤其在设计师期望读者能连续阅读不中断之处。虽然我们早已习惯报纸上的长文字栏，但阅读报纸和阅读书籍完全是两回事。尽管我们都知道如何阅读报纸上多达 96 行的文字栏，但是单独一篇报道文章往往会将内容拆分成几个较短的栏。阅读报纸时，我们会根据标题或者作者名挑选出自己感兴趣的段落，自然而然分出轻重差别，在各个版面之间进进出出。因此，面对长长的报纸行文栏时，我们的阅读模式会自动将其切分，而不像阅读小说时那样，需要从头到尾全神贯注，一口气读完。许多标榜印刷精美、设计优秀的书籍，每栏大约会排 40 行，很多小说也是这样设计的，让人可以连续不断往下阅读。自从约翰尼斯·古登堡印刷了 42 行和 38 行的《圣经》以来，采用相近的行数印制书籍以利于持续阅读便成了西方书籍约定俗成的传统。非虚构类书籍的文字栏或许会比较长，但会利用小标题分成若干个较短小的段落。大部分参考书和工具书的栏高也很可观，比如字典 68 行，词典 70 行，电话黄页甚至高达 132 行。百科全书的文字部分行数也很多，《大英百科全书》每栏排 72 行，但是，这类书籍的栏内行文通常会安插许多小标题，将段落划分开。为了节约篇幅，书籍索引部分的栏内行数往往更多。《泰晤士地图集》的索引页就排了 134 行。对于连续文字的长栏，可以加大行距，这样阅读起来更加舒适、顺畅。

96 *L'exil et le royaume*

moi. Il faut manger. » L'Arabe secoua la tête et dit oui. Le calme était revenu sur son visage, mais son expression restait absente et distraite.

Le café était prêt. Ils le burent, assis tous deux sur le lit de camp, en mordant leurs morceaux de galette. Puis Daru mena l'Arabe sous l'appentis et lui montra le robinet où il faisait sa toilette. Il rentra dans la chambre, plia les couvertures et le lit de camp, fit son propre lit et mit la pièce en ordre. Il sortit alors sur le terre-plein en passant par l'école. Le soleil montait déjà dans le ciel bleu ; une lumière tendre et vive inondait le plateau désert. Sur le raidillon, la neige fondait par endroits. Les pierres allaient apparaître de nouveau. Accroupi au bord du plateau, l'instituteur contemplait l'étendue déserte. Il pensait à Balducci. Il lui avait fait de la peine, il l'avait renvoyé, d'une certaine manière, comme s'il ne voulait pas être dans le même sac. Il entendait encore l'adieu du gendarme et, sans savoir pourquoi, il se sentait étrangement vide et vulnérable. A ce moment, de l'autre côté de l'école, le prisonnier toussa. Daru l'écouta, presque malgré lui, puis, furieux, jeta un caillou qui siffla dans l'air avant de s'enfoncer dans la neige. Le crime imbécile de cet homme le révoltait, mais le livrer était contraire à l'honneur : d'y penser seulement le rendait fou d'humiliation. Et il maudissait à la fois les siens qui lui envoyaient cet Arabe et celui-ci qui avait osé tuer et n'avait pas su s'enfuir. Daru se leva, tourna en rond sur le terre-plein, attendit, immobile, puis entra dans l'école.

L'Arabe, penché sur le sol cimenté de l'appentis, se lavait les dents avec deux doigts. Daru le regarda,

L'hôte 97

puis : « Viens », dit-il. Il rentra dans la chambre, devant le prisonnier. Il enfila une veste de chasse sur son chandail et chaussa des souliers de marche. Il attendit debout que l'Arabe eût remis son chèche et ses sandales. Ils passèrent dans l'école et l'instituteur montra la sortie à son compagnon. « Va », dit-il. L'autre ne bougea pas. « Je viens », dit Daru. L'Arabe sortit. Daru rentra dans la chambre et fit un paquet avec des biscottes, des dattes et du sucre. Dans la salle de classe, avant de sortir, il hésita une seconde devant son bureau, puis il franchit le seuil de l'école et boucla la porte. « C'est par là », dit-il. Il prit la direction de l'est, suivi par le prisonnier. Mais, à une faible distance de l'école, il lui sembla entendre un léger bruit derrière lui. Il revint sur ses pas, inspecta les alentours de la maison : il n'y avait personne. L'Arabe le regardait faire, sans paraître comprendre. « Allons », dit Daru.

Ils marchèrent une heure et se reposèrent auprès d'une sorte d'aiguille calcaire. La neige fondait de plus en plus vite, le soleil pompait aussitôt les flaques, nettoyait à toute allure le plateau qui, peu à peu, devenait sec et vibrait comme l'air lui-même. Quand ils reprirent la route, le sol résonnait sous leurs pas. De loin en loin, un oiseau fendait l'espace devant eux avec un cri joyeux. Daru buvait, à profondes aspirations, la lumière fraîche. Une sorte d'exaltation naissait en lui devant le grand espace familier, presque entièrement jaune maintenant, sous sa calotte de ciel bleu. Ils marchèrent encore une heure, en descendant vers le sud. Ils arrivèrent à une sorte d'éminence aplatie, faite de rochers friables. A partir de là, le plateau dévalait, à l'est, vers

上图：阿尔贝 · 加缪（Albert Camus）《放逐与王国》（*L'exil et le royaume*）的内页版面，显示了典型的小说内文的栏高。

厘清文义：分段

段落由若干句子组成，其中每句话相互连贯。设计师运用排版惯例区隔段落，尽可能使作者的文义能够清晰地传达给读者。随着时代的演进和书写传统的变化，许多区分段落的方式衍生出来，包括插入空行、分段号缩排、段首缩排、悬挂缩进、插符号缩排和降行。

插入空行（Line breaks）

插入空行是打字传统中最基本的分段方法，但是连续性的叙事性文字（比如小说）如果采用这种方法，很可能会让行文看起来支离破碎，而且可能增加书籍的页码数。对于技术类书籍，由于读者需要更多时间思考文中所包含的复杂概念，运用插入空行的分段法，可以将整段同主题内容分为几个较短的段落，更容易阅读。

A priest says

Almighty God, the Father of our Lord Jesus Christ,
who desireth not the death of a sinner,
but rather that he may turn from his wickedness and live;
and hath given power, and commandment, to his ministers
to declare and pronounce to his people, being penitent,
the absolution and remission of their sins:
he pardoneth and absolveth all them that truly repent
and unfeignedly believe his holy gospel.
Wherefore let us beseech him to grant us true repentance,
and his Holy Spirit,
that those things may please him which we do at this present;
and that the rest of our life hereafter may be pure and holy;
so that at the last we may come to his eternal joy;
through Jesus Christ our Lord.

All **Amen.**

or other ministers may say

Grant, we beseech thee, merciful Lord,
to thy faithful people pardon and peace,
that they may be cleansed from all their sins,
and serve thee with a quiet mind;
through Jesus Christ our Lord.

All **Amen.**

All **Our Father, which art in heaven,
hallowed be thy name;
thy kingdom come;
thy will be done,
in earth as it is in heaven.
Give us this day our daily bread.
And forgive us our trespasses,
as we forgive them that trespass against us.
And lead us not into temptation;
but deliver us from evil.
For thine is the kingdom,
the power and the glory,
for ever and ever.
Amen.**

64 *Morning Prayer (BCP)*

¶ *Morning Prayer*

The introduction to the service (pages 62–64) is used on Sundays, and may be used on any occasion.

These responses are used

O Lord, open thou our lips

All **and our mouth shall shew forth thy praise.**

O God, make speed to save us.

All **O Lord, make haste to help us.**

Glory be to the Father, and to the Son,
and to the Holy Ghost;

All **as it was in the beginning, is now, and ever shall be,
world without end. Amen.**

Praise ye the Lord.

All **The Lord's name be praised.**

Venite, exultemus Domino

1 O come, let us sing unto the Lord :
let us heartily rejoice in the strength of our salvation.

2 Let us come before his presence with thanksgiving :
and shew ourselves glad in him with psalms.

3 For the Lord is a great God :
and a great King above all gods.

4 In his hand are all the corners of the earth :
and the strength of the hills is his also.

5 The sea is his, and he made it :
and his hands prepared the dry land.

6 O come, let us worship, and fall down :
and kneel before the Lord our Maker.

7 For he is the Lord our God :
and we are the people of his pasture, and the sheep of his hand.

Morning Prayer (BCP) 65

分段号（Paragraphy pilcrow）

分段号缩排可能源自古希腊时代的书写传统，当时古希腊人设计出"¶"这个图形符号，用来表示新起的一系列相关想法。但是，也有人认为分段号发明于中世纪（曾出现在15世纪40年代的手稿中）。分段号早期是插在连续行文之中，往往以红色表示。随着时间的推移，人们开始采用另起一行的方式分段，分段号便统一列在文字栏的左侧。印刷时，每段文字的黑色文字会缩排，留出左侧的位置，等印刷完成之后，再逐一手工填上红色的分段号。但是，后来分段号逐渐显得累赘，因为随着印刷技术的发展，印刷速度越来越快，以手工填写分段号显得多此一举。不过，这个符号仍然保存在许多字体中，喜欢中世纪书法和排版传统的人仍然会使用，因为它可以在整齐排列的文字区域内起到点缀作用。电脑上的文字处理软件中也有用到隐藏的分段号，作为编辑和设计师的复制功能之一。

上图： 为迎接千禧年的到来，德里克·博索尔受英国教会礼拜委员会（Liturgical Commission of the Church of England）委托设计的新版英文祈祷书《英国教会仪式与祷言》（*Services and Prayers for the Church of England*）。书中的字体选用的是Gill Sans，设计师兼作家菲尔·班尼斯曾形容该字体"一笔一画都充满了英式风格"。在该书中，博索尔运用分段号的方法肯定会受到字体设计师埃里克·吉尔（Eric Gill, 1888—1940）的赞同，吉尔本人在自己的作品中也频繁地使用分段号。

段首缩排（Indents）

段首缩排源自取消分段号之后空出来的空间，是现在最普遍使用的分段方式。大多数传统的排版工人以“全身”（一个完整字符的方框大小）作为缩排空间。这种操作习惯通用于手工拣字和机械排字。但是，进入数字排版时代之后，由于设定或微调任何数值都很方便，设计师便自行发展出各种缩排方法。由于全身缩排并不把行间距计算在内，所以从整体上看起来，版面上就像空出了一个竖直的矩形空白。许多设计师喜欢按照各行文字基线的相对距离来决定行首缩进的长度，让缩进的空间从视觉上看可以保持正方形。还有一些设计师喜欢把缩排的设定和页面的网格结构结合起来。如果设计师使用黄金比例规划版式和文字框，可能会将同一套规则套用在页面上的其他小区域上，让缩排的空白空间在基线之间呈现黄金分割。使用比例级数或者斐波那契数列的设计师则参照其选择的网格，以等比例缩小的数值作为缩排的依据。极端的现代主义设计师可能会视单一图片单元区块的划分，另行调整其缩排。

悬挂缩进（Hanging indents or exdents）

悬挂缩进对调了段落首行和其他行文的相对关系，第一行突出于该段其他行文字形成的左侧栏线，伸入了留白范围。悬挂缩排的长度可大可小，但是设计师通常会在该段落的表现形式和网格结构之间找到一个合理数值，或者根据字号的大小来设定。

接排符号（Run-on with symbol）

这种方法完全不使用任何空白来表示段落，而是在一个段落最后一句的句号之后与下一段第一个字之前放上一个符号。这一方法用于早期文字区域非常紧实，左右两边都清楚地画出了栏位界线的手写书。在印刷术刚刚被发明出来的时候（大约 1455—1500 年），印刷工人往往仿照手写字体的形态设定印刷用字，所以也一并沿用了这一分段方法。使用的符号可能是分段号“¶”（可能以另外一种颜色印刷）；也可能是一条垂直的竖线“｜”（可能印成另外一种颜色）；还可能是某个图像元素，比如 Ω——它是希腊字母最后一个符号，表示“段落结束”；或者是一个装饰性的菱形图案；一组有别于正常行文粗细的数字“**6.7**”；另外一种字体或者不同颜色的数字“**6.7**”。这种做法适用于较短的章节，论文的留白或者会议备忘录上就经常这样做。也可以将符号插入正文中，但是要避免和其他行文符号或者脚注、注释的符号相互混淆。

一些包豪斯（Bauhaus，德国艺术学院）出身的早期现代主义设计师曾质疑19世纪的书写与排版传统。因为他们认为要最大限度减少装饰性元素的数量，并且减少一个页面上的内部分层，所以他们主张每一个字符，就像人一样，其价值应该均等，于是他们去掉了所有用于示意的符号，让行文变成这样：thissortofexperimentisusefultodayasitforcesustoconsiderwhatpurposethesymbolicelementstrappedwithinthephoneticcodeserve［*this sort of experiment is useful today as it forces us to consider what purpose the symbolic elements trapped within the phonetic code serve.*（译文：这种实验至今强迫我们思考夹在语码之间的象征元素究竟有什么作用。）］。字词之间的空格可以提高个别单词的辨识程度，同时也让读者阅读起来更容易。句号表示一个句子的末尾与另外一个句子的起始。一些现代主义人士索性合并了两种做法：省略句号后的空间并取消每个句首的首字母大写，但这种方式并不常用，因为这样处理在视觉上会造成分层。分段则简化成插入空行。这些实验还包括将句首的首字母加粗。字母加上颜色则代表段首，但如果采用活字凸版印刷，这种处理方式会降低印刷速度、效率变低，跟不上现代机器的节奏。不过就算采用现在的平版印刷方式，也很难用于多种文字并列的书籍，因为每种新的颜色都要额外增加一个印版。

降行（Drop lines）

还有一种分段的方式就是降行。

所谓降行，就如此处所示：新段落行首的第一个字始于前一段行尾最后一个字的位置，直接垂降一行。

以这种方式处理行文，阅读起来非常流畅。但是由于每一段行文的末行长度不一，页面上会出现许多空白区块。如果一个页面上的总字数很多但每段文字很短，这一页排下来会比其他分段法（除了插入空行）占用更多的行数，而且因为总是受到从留白处延伸侵入的白色区块的干扰，所以文字区域显得参差不齐。

行文对齐方式

对齐文字的四种基本方式是：左对齐、右对齐、居中对齐、两端对齐。同一本书，可能会分别在书名页、目录、篇章页、内文、标题、解释注释和索引上使用不一样的对齐方式。不同的对齐方式各有其长，支持不同的内容、不同的页面编排。当读者阅读某本书，会受限制、进而渐渐习惯该书特有的设计元素与行文对齐方式。19 世纪的书籍，书名页大多采用居中对齐，索引则是左对齐——前者是出于视觉美感，后者则是出于功能性考虑。

左对齐（Ranged left）

下面这段所示范的对齐方式就是左对齐，在英国被称为“ranged left”，在美国被称为“ragged right”（右侧不齐）或者“flush left”。在印刷书籍书历史上，这种做法出现得很晚。行文沿着栏位的左边靠着边缘；若栏宽比较窄，右侧的行尾就会显得参差不齐。如果采用这种对齐方式，通常会配合使用连字符号，减少长短不一所造成的视觉冲击（参见 81 页）。

右对齐（Ranged right）

下面这段所示范的对齐方式就是右对齐，在英国被称为“ranged right”，在美国被称为“flush right”。这种做法会造成行文区域左侧参差不齐，不利于连续性的文本内容。每行的长度都不一样，眼睛不易于找到每行起始的固定落点，所以阅读过程屡屡被打断。如果加大行距、增加栏宽使每行足以容纳 45—70 个字母，虽然可以稍微改善这个问题，但仍不能完全解决。配合连字符断字法虽然可以减少左侧行首不齐的情况，但是这种做法总归还是要逐行寻找起点，增加了阅读的麻烦。如果要考虑到易读性，这种行文方式非常不适合刚开始学习阅读的读者，所以少儿读物很少采用这种方法排列书中的内文。

右对齐搭配图片（Linking text and image）

右对齐的排法经常运用于较短的句子，或者当成图注，让它的缺陷不那么显著。当某段图注文字放在一幅正方形图片的左边，文字右对齐反而成了一种优势，文字的右侧和图片左侧显得干净利落。用这种排法，右对齐的文字和图片之间会留下一道清楚的界线。

居中对齐（Centred）

这段就是采用的居中对齐，通常用在书名页。每行文字的中间点对齐栏位的垂直中轴线，虽然不可能百分之百完全左右对称（因为中轴线两边的行文不可能做到完全镜面对称），只能是看起来差不多对称，而对称正是古典书籍设计传统中特别珍贵的特征，传统的书名页几乎都采用这种对齐方式。居中对齐的大段文字通常会排成花瓶形状。要排出这种效果，虽然说起来不难，实际上却很难控制，因为需要考虑内容的合理从属结构，还必须同时兼顾阅读的顺畅、行长的限制、字号的大小、笔画的粗细等因素。铸造字很工整，这一特点很符合居中对齐的排法，但是如果换成手写体的页面，就需要反复试排每一行、调整行长，才能把它们放在正确的中轴线上。一行以活字排版或者电脑排版的文字，可以在两边插入相同数量的空格，轻易实现居中对齐。不过这种对齐方式也很少出现在正文中，原因和右对齐一样——阅读时，换行后不容易找到行首。

两端对齐（Justified）

这段文字采用的是两端对齐的排列方式，和居中对齐一样，行文沿着栏位的中轴线呈左右对称。这种衍生自古埃及卷册文字栏的排列方式，一直是书籍行文的主要形态。在书籍设计领域，很长一段时间以来一直沿用这一传统做法，直到现代派挑战对称理念，并抛弃宣扬古典的美感为止。每一段的左侧和右侧形成两道平行线。和左对齐、右对齐与居中对齐不同，两端对齐的行文内字间距并不一致。大多数的铸造字字体，包括打字机使用的定宽单键字母，各个字母的实际宽度都不一样。如果把每一行的行文都设定为一致的字母间距和字词间距，每行的长度一定会出现不同，也就破坏了两端对齐行文应该有的栏位两侧平行。要维持整齐平行的外观，只有两种解决方法：使用连字号断字，或者调整字间距。如果是手工排字，这道程序就全靠排字工人的技术，由他来决定如何断字和在字间插入间隔，让各行行文保持相同的长度。现在的电脑排版程序中自带这种功能，通过“连字及对齐”（Hyphenation & Justification，简称H&J）程序，可以自动调整字间距和不同的行长。

分散对齐（Forced）

分散对齐是两端对齐的另外一种方式。顾名思义，这种由排版软件操作的对齐方式是将行内的文字拉成均等距离，当该行符合设定的最小字数或 者 设 计 师 按 下 了 换 行 键 ，
就 自 动 将 整 行 拉 成 了 分 散 对 齐 ；
显然，这种对齐方法会严重干扰连续阅读，所以在书籍设计中很少用这种对齐方法。

渐缩居中（Tapered centring）

在印刷术发明的早期，有些书是运用的这种渐缩居中的对齐方式。令人意外的是，这种对齐方式比整段居中的行文方式更易于阅读：因为眼睛会根据白纸上暗色区域的形状，自动找到每行文字的开头和结尾，流畅地换行阅读。行文始终保持对齐中轴线，但每行容纳的字数越往下越少。很多古书中就是用这种方法来处理段落收尾。对称的左右跨页，行文各自渐缩到页面底部，这时会出现一大两小共三条对称线：分隔跨页的垂直中轴线是大对称线，左、右两页又各有一条供文字居中对齐的小对称线。这种渐缩居中的对齐方式是印刷术出现早期的印刷工人发明的，后来由“艺术与工艺运动”（Arts and Crafts Movement）的重要推手威廉·莫里斯（William Morris, 1834—1896）复兴。时至今日，大众出版物中已经很少采用这种对齐方式了，但它仍可见于一些诗集中，或者是某些具有纪念意义的书籍中。渐缩居中对齐会形成一个比纹饰更高明的简单倒立三角形、倒置的哥特式尖顶；页面的空白区域像羽翼一样包裹着文字，就像天使的翅膀在文字间展开！

†

ΩΩΩΩ

水平间距（Horizontal space）

书籍设计师设定行文的水平间距时，必须考虑以下六个因素：行长、行容字数、字间距、字宽、减小字距、紧排。

行长（Line length or measure）

行长是由栏宽的大小决定的。标题的位置、篇章页和索引很可能没有按照网格设定来放置。行长可以比照页面上的其他文字元素，用点数、派卡、西塞罗点数加以测定；或者，按照页面外边缘形状，用英寸或者毫米、厘米来测定。

行容字数（Characters per line）

考虑到阅读流畅，每行65个英文字母是公认最适宜的行容字数。在书籍排版中，每行45—75个字母是最为常见的。平均而言（不含比较长的专业术语），这种行容字数大约可以容纳12个词；对于其他语种，比如有许多复合字、复合词的德文，每行可容纳词量会更少一些。若行长很长，往往需要更大的行间距，否则无论怎么排版都会很难阅读，因为每换一行阅读，目光都必须横移一大段距离。

长文排成短行读起来也会很辛苦，但大多数现代人可能都已经看惯了报纸上的短栏、手机短信，等等。短行往往会按照词汇来断句；

however,	**然而，**
if the writing	如果文章
is short,	并不是很长，
pithy,	简明
& to the point,	扼要，
and	*而且*
the designer	设计师
& writer,	与作者
work together,	通力合作，
phrasing &	**不但**
meaning,	**可以**
can be	**维持原本**
retained	**的文义**
or even	*甚至*
emphasized.	**更为彰显。**

活字排印的字间距（Inter-word space: metal type）

在活字排印中，每个全身（em）铅字衍生出来的空间单位决定了每个字词之间的距离。为什么叫“em”呢？是因为无论哪种字体、什么字号的大写 M 字母，正好可以填满一个方格空间。一个 6 点的全身方格是 6pt × 6pt，一个 8 点的全身方格是 8pt × 8pt，以此类推。字间距由设计师或者排字工人决定，分为三分（thick）、四分（mid）、五分（thin）三种，插入行文，分隔字词；这几种间隔区分是根据笔画粗细和字宽而定，通常等于该字体小写 i 字母的宽度。

全身插空铅（Em square）：以点数为单位

This line is inter-word space using em square.

（此行的字间空格使用的是全身插空铅方块。）

半身插空铅（En square）：全身插空铅的一半，也可以表示为 2-to-em

This line is inter-word space using en square.

（此行的字间空格使用的是半身插空铅方块。）

三分之一全身插空铅（Thick）：全身插空铅的三分之一，也可以表示为 3-to-em

This line is inter-word space using thicks square or 3-to-em.

（此行的字间空格使用的是三分之一全身插空铅方块。）

6
8
10
12
14
18
24
36
48
60
72

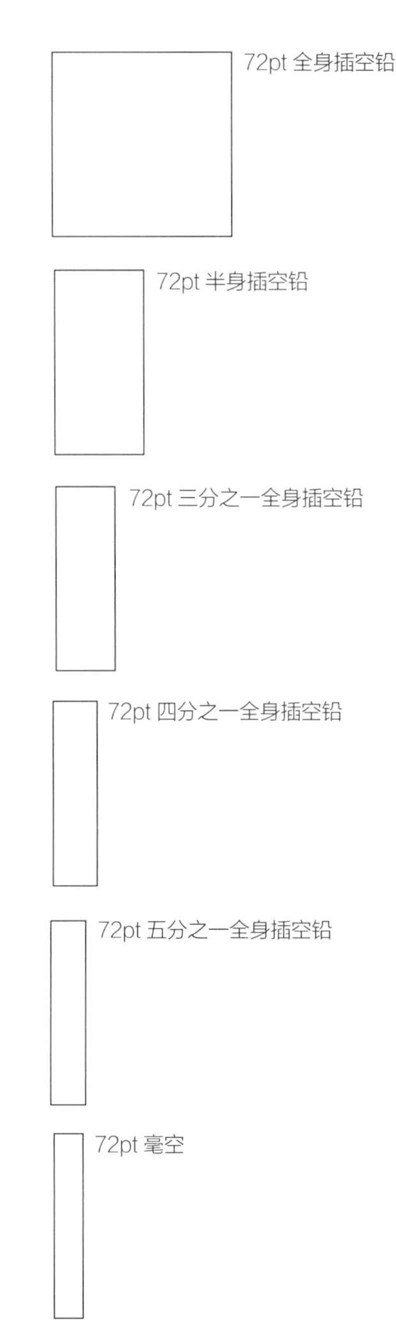

上图：使用 72pt 全身插空铅切割的各种字间距。

四分之一全身插空铅（Mid）：全身插空铅的四分之一，也可以表示为 4-to-em

This line is inter-word space using mids square or 4-to-em.
（此行的字间空格使用的是四分之一全身插空铅方块。）

五分之一全身插空铅（Thin）：全身插空铅的五分之一，也可以表示为 5-to-em

This line is inter-word space using thins square or 5-to-em.
（此行的字间空格使用的是五分之一全身插空铅方块。）

在数字时代到来之前，极小插空铅（hair space，毫空）的大小随着铅字字号的大小变化而变化。当字号小于 12pt 时，毫空为全身插空铅的六分之一到十分之一，字号为 12pt 或者 12pt 以上，则为十二分之一。这中间的差异只是粗略估算，因为一枚 6pt 铅字的十二分之一（非常窄的铅块）很薄，排字的时候不仅难以捡取，也很容易弯折、断裂。

毫空（Hair）：全身插空铅的六分之一，也可以表示为 6-to-em

This line is inter-word spaced using hairs of 6-to-em in 6pt.
（此行的字间空格使用的是 6pt 字号的六分之一全身插空铅方块。）

毫空（Hair）：全身插空铅的十分之一，也可以表示为 10-to-em

This line is inter-word spaced using hairs of 10-to-em in 9pt.
（此行的字间空格使用的是 9pt 字号的十分之一全身插空铅方块。）

毫空（Hair）：全身插空铅的十二分之一，也可以表示为 12-to-em

This line is inter-word spaced using hairs of 12-to-em in 12pt.
（此行的字间空格使用的是 12pt 字号的十二分之一全身插空铅方块。）

以上所列出的各种空格单位可以在行文过程中混合使用，视字号大小调整字间距。如果是活字排印，由于字母之间的实际距离实际上取决于字肩（shoulder）的宽度或者侧边距（side-bearings），因此字母和字母之间只能增加空间（不可能缩减空间）。也就是说，字体设计师和铸字工匠已经在每个字号的字体中，设定了最小排字距离，设计者只能在各个铅字模块之间增加空间。

电脑排版的字间距（Inter-word space: digital type）

电脑排版的字间距取决于字体设计师，他为每种字体的各个字号按比例配置适合的间距。字间距大约是每个字大小的四分之一：比如，10pt 大小的字，其字间距为 2.5pt，宽度约为同一字体字号小写字母 i 的字宽。电脑排版设定字间距时，和铅字排版一样，也是依据该字体字号的全身方格；但是，不像铅字排版那样将全身空格分为固定的六个等级，电脑排版可以将一个全身空格细分成无限多等份。全身空格所占的空间始终随着字号大小等比例变化，如果将字间距设定为 40 等份（一个全身空格为 200 等份），无论行文用 6pt 的字，还是换成 8pt、10pt、12pt，甚至 72pt，其字间距在比例上都是完全一致的。

6 point with 40-unit inter-word space

8 point with 40-unit inter-word space

10 point with 40-unit inter-word space

12 point with 40-unit inter-word space

金属活字只能提供几个固定的字号，但是电脑排版就不一样了，如果用 QuarkXPress 软件来排版，设计师可以设定 2pt 到 720pt 之间的任一字号。由于有前面提到过的“全身等分”这种简便的字间距设定功能，设计师可以自由设定各种大小的“衍生字号”，字间距会自动随着字号大小的变化而变化，一直保存恒定的比例。

用电脑排版，字间距的大小还可以任由设计师微调。设定“断字齐行”功能，排版软件就会自动增加或者减少空格的大小。排版软件中的 Hyphenation & Justification（H&J）功能可以帮助设计师控制字间距的大小以及断字方式。设计师可以运用排版软件设定：1. 是否需要用连字号断字？2. 断字的原则是什么？ 3. 两端对齐设定下的最大和最小字距分别是多少？4. 左对齐设定下的恒定字间距是多少？

是否需要用连字号断字

口语中不存在连字号，对于语言文字来说，连字号起不到增加文采的作用，也不能令行文更顺畅。有的排版人员认为连字号这一设定不妥。连字号将行尾一个完整的字词拆成两部分，虽然读者可以从上下文推断出是哪个词，但这种做法仍有打断阅读之嫌。支持用连字号断字的人，他们关注的是编排上的美观，没有考虑阅读和理解的问题。当文字块也作为一个页面视觉元素考虑时，如果不使用连字号断字，左对齐时各行的右侧行尾就会显得参差不齐，看上去很乱。不使用连字号会造成版面视觉上的缺陷，但使用连字号又影响阅读的流畅，好像的确很难做到两全其美，设计师必须根据经验，按照内容的性质和篇幅、考虑该书的读者层次，找到一个最佳处理方式。例如，儿童书，由于要兼顾阅读能力高低不一的小读者，最好就不要用连字号。如果读者对象是阅读经验丰富的成年人，连字号断字就不是问题。

如果行文设定为两端对齐，连字号的作用就显得更为重要了，因为设计师可以借此调整各行的字间距，避免整块文字区域出现大大小小斑驳不一的白色空白块。

如何断字

如果行文设定为两端对齐，运用连字号断句可以使行文看起来更美观。如果是用活字排版，如何断字就是由编辑或者排字工人决定。在英国，断字

The necessity of the H&J settings is clearly illustrated when a justified alignment is used in combination with a short measure (here 20mm) or narrow column that contains few characters and no hyphenation. There are insufficient word breaks to compensate for the short line length and the inter-word spacing becomes irregular. The white space between words begins to form rivers or pools within the text, which is spotty at best.

The same justified text set to a wider column (35mm) has some of the same deficiencies, but the spacing issues are significantly reduced. The necessity of the H&J settings is clearly illustrated when a justified alignment is used in combination with a short measure or narrow column that contains few characters and no hyphenation. There are insufficient word breaks to compensate for the short line length and the inter-word spacing becomes irregular. The white space between words begins to form rivers or pools within the text, which is spotty at best.

左图：当行文的行长或栏宽很短（20mm），每行可容纳的字词非常少，如果又不能断字，那么 H&J 设定就非常必要了。行长过短会导致没有足够的字词间距可供调节，字词间距也会显得或大或小，显得很不统一。字词和字词间的空白也会在整栏行文中形成沟壑，看上去不美观。

上图：以同样的行文方式，另外以较宽的栏位（35mm）编排同一段文字，还是会出现相同的问题，但是缺空的问题已经得到了很大程度改善。

是遵循字源学（etymology）的原则来断字（许多英文单词都是由若干具有含义的短词组成的），美国则是按照音节来断字。带有拼写提示的字典和词典就是现成的参考范本。一些出版社自创了一套断字原则或者说规范，据此断字。

内置简易辞典的排版软件，会针对常用字自动设定断字点。设计师也可以修改软件中的基本设定，自行控制断字点（以免本来字母就很少的单词被拆断）、断字后的上一行要保留几个字母、换行后至少有几个字母等。在断字这个问题上，设计师应该征求编辑的意见，毕竟，连字号使用得是否正确，首先要从编辑的角度考虑。

调整字词间距（Regulating the inter-word space）

字体设计师在设计字体时已经预先设定了字母间距和词间距，但是书籍设计师仍然可以不管原始设定，自行调整字母间距和词间距。美国字体设计师乔纳森·霍夫勒（Jonathan Hoefler）曾这样描述这道字体设计程序：“设计一种字体就像制造一件产品，而且这是一件用于制造其他产品的机器。”这一“机器”视具体情况不同在不同的书上，要做出相应的调整，调整字距的同时也要维护这种字体的完整性。书籍设计师可以自由调整字与字之间的空白距离。词间距从极大到极小用百分比来表示，从中设定最合适的数值。如果词间距大于百分之百，行文会显得非常松散；采取左右对齐这种对齐方式时，稍微缩小间距，可以让行列看上去更紧实。如果要运用排版软件中的 H&J 设定，应该将字体、字体粗细、字号、行长等因素一并列入考虑。

调整字母间距（Regulating the letter space）

当行文采用自动左右对齐的方式时，你也可以通过排版软件中的 H&J 设定来控制字母间距。和字间距一样，字母间距也用百分比来表示其极大、极小和最佳距离。

H&J 设定中的字母间距和字词间距之间有联动效应：只要调整其中任何一项，都会对另外一项造成直接影响。字词间距的百分比的大小会让行文呈现黑（文字）白（间距）交替；字词间距太紧，会让字词难以辨认。字母间距排得太松的话，行文会显得拖沓，瓦解了个别字词的结构；如果再加上字词间距太紧，易读性就会严重受影响。

改变字词间距和字母间距，还会对页面产生另外一个显著影响。页面的“颜色”会随着黑色的文字与白色的纸页所占的面积比例而改变：空白越大，页面显得越亮；空白越小，页面显得越暗。

许多文字处理和排版软件可以让设计师调整字体的垂直（此处拉长至150%）与水平（此处拉平至150%）比例。字体的形状因此完全改变，但这并不是调整左右对齐行文空间的恰当做法。拉长或拉平虽然可以强迫文字占用较少或者更多的空间，但也会彻底改变文字的形态。此处行文的字间距虽然没有改变原始的设定值，但改变后的字母就占据了更多空间，而且文字也逐渐变形了。

垂直间距（Vertical space）

手工排字是根据字体的大小和行与行之间的铅片厚度来调整行文的垂直空间（这就是英文行距“leading”一词的由来）。行距的大小通常以点数或迪多点数表示。最小的单位是半点，如果要加大行距，直接插进去更多铅片即可。铅字排版也可以不设行距，这种做法叫作“密排”（set solid）。前一行文字下方的空间，加上下一行文字上方的狭小空间，就是所谓的“铅字坡度”（beard），即行文密排时每行直接的实际间距。下段文字以10pt字号密排，即“字高10pt，行高10pt”，也可以表示为“10pt/10pt”。

大多数行文字体都需要设定行距，因为行与行之间的间距可以让行文更清晰，增加易读性。下段行文的字号为10pt、插入2点的行距，可以表示为“字高10pt，行高12pt”或者“10pt/12pt”。

Most text faces require leading, as white space between the lines clearly aids readability. Here 10pt type is set with 2 points of leading, which can be expressed as 10 on 12, or 10pt/12pt.

使用X字高较高的字体，或行幅、栏宽较大时，通常需要更大的行距，借此增加行与行之间的空白区域。下面这段行文“字高11pt，行高14pt”。

Typefaces with tall x-heights and therefore relatively short ascenders and descenders, or longer measures and wide columns, generally require more leading to create sufficient white space between lines. Here the type is set 11pt/14pt.

Most text faces require leading, as white space between the lines clearly aids readability. Here 10pt type is set with 2 points of leading, which can be expressed as 10 on 12, or 10pt/12pt.

Typefaces with tall x-heights and therefore relatively short ascenders and descenders, or longer measures and wide columns, generally require more leading to create sufficient white space between lines. Here the type is set 11pt/14pt.

H&J word space and character space work in combination; adjustments to one have a direct visual effect upon the other. Broad tolerances between maximum and minimum word space percentages present words as dark spots separated by white space, while extremely tight tolerances in word space make it difficult to identify the word shapes on each line. Large tolerances within the maximum inter-character space have the effect of tracking a word, destroying the word shape; if coupled with tight inter-word spacing readability of the setting can be severely compromised.

上图：H&J设定中的字母间距和字词间距之间有联动效应：只要调整其中任何一项，都会对另外一项造成直接影响。字词间距的百分比的大小会让行文呈现黑（文字）白（间距）交替；字词间距太紧，会让字词难以辨认。字母间距排得太松的话，行文会显得拖沓，瓦解了个别字词的结构；如果再加上字词间距太紧，易读性就会受到严重影响。

左图：前段行文以10pt铅字、10pt行高密排，后半段则插入2pt行距，排成“10pt/12pt”。与下方显示的电脑排版一样，其都是使用Baskerville字体。要注意同样的字体会因为雕工、铸造单位、生产年代不同而不同。

测定放置行文的基线网格可以使用测深标尺（depth scale）。以点数或迪多点数测量出基线与基线之间的距离，即行文与行距所占的空间。要特别注意的是，用测深标尺测量印刷成品的基线网格时，并不是测量字号的大小，而是文字与行间两者合并之后的垂直范围。

用电脑软件排版，垂直间距可以随意设定。之前讨论过，设计网格时若使用与测量版式（而不是测量字级）相同的单位，会有很多优势。电脑排版软件中的字体不会像铅字那样有实体的限制，不仅能够设定为密排，甚至还能处理成负数行距。下面这段文字“字高 11pt，行高 6pt”。各行文字在行间相互重叠，虽然降低了易读性，但是对于短篇幅的文章来说，可以营造出某种图像效果。

Vertical space in digital type can be specified in any measurement. I have already discussed some of the advantages of being able to design grids in units that relate to the format size rather than the type size. Digital type has no physical parameters, unlike its metal predecessor, and can therefore be set not merely solid but with negative leading – here 11pt/6pt. The letterforms are now touching between the lines and although the readability is severely compromised this form of pattern-making is often effective with short texts.

下图：测深标尺可以用来测量印刷成品上的行文基线到基线之间的距离，这一工具在设定行距时非常有用。

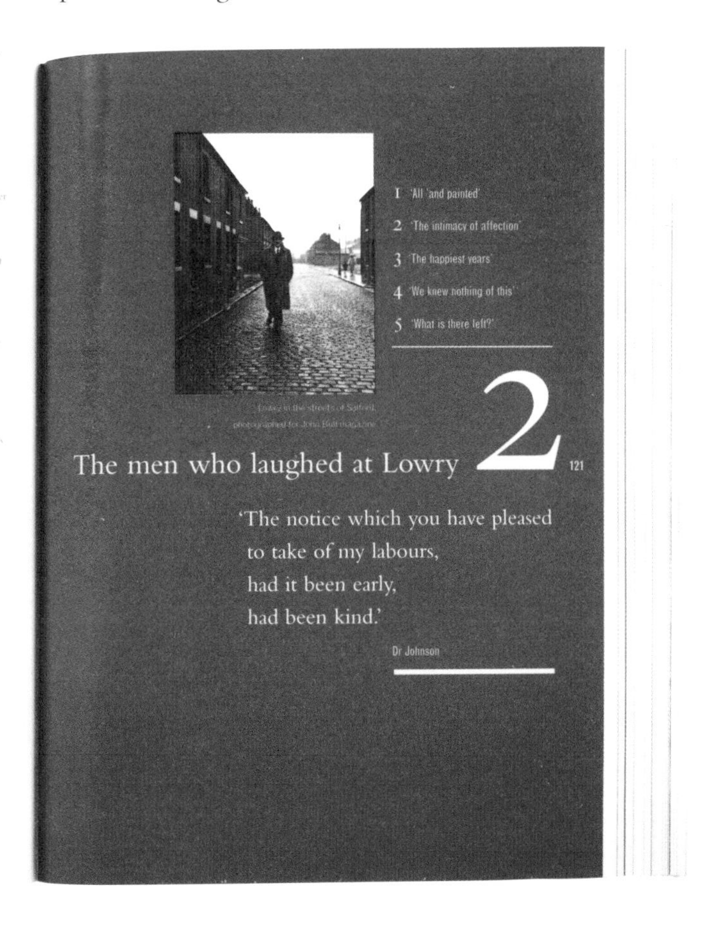

普通基线（Common baselines）

采用多栏位排版的书籍，往往会将网格设计得适应各种文字内容的不同字号。有些书很可能所有的栏位都套用同一套基线网格，比如以双语对照排版的书。如果设计师选择使用单一基线网格，当运用不止一种字号大小的文字时，他可能会利用它安排内文的层次和页面的相关颜色。

普通基线（Common baselines）

采用多栏位的排版的书籍，往往会将网格设计得适应各种文字内容的不同字号。有些书很可能所有的栏位都套用同一套基线网格，比如以双语对照排版的书。如果设计师选择使用单一基线网格，当运用不止一种字号大小的文字时，他可能会利用它安排内文的层次和页面的相关颜色。

递增基线（Incremental baselines）

设计师可能会碰到同一个版面上必须用到各种不同的字号和不同行距的情况。只要细心规划，他就能够设计出能够排列不同字号、不同行距的栏位基线。需要用到递增基线的方法，例如，行文字号为 10pt，设定行距为 2pt，基线就是 12pt；当另一个栏位改用较小字号时，比如字号为 7pt、行距为 1pt，基线就是 8pt。如果两栏行文从相同的页面高度开始排列，那么两栏行文每隔三行就会共用一道基线。

递增基线（Incremental baselines）

设计师可能会碰到同一个版面上必须用到各种不同的字号和不同行距的情况。只要细心规划，他就能够设计出能够排列不同字号、不同行距的栏位基线。需要用到递增基线的方法，例如，行文字号为 10pt，设定行距为 2pt，基线就是 12pt；当另一个栏位改用较小字号时，比如字号为 7pt、行距为 1pt，基线就是 8pt。如果两栏行文从相同的页面高度开始排列，那么两栏行文每隔三行就会共用一道基线。

还有一种情况，不同栏位的行文放在一起反而无法体现出内容的精神，例如，两段内容针锋相对的参照行文，如果平行排列于相同的基线上，各自的意义强度便会相互抵消；比较好的处理方式是，设计一款能从视觉上凸显两者分歧的基线。

下图：这张圣诞贺卡由本书作者设计，使用多容基线交错排列三种不同的引文，分别以不同字号、不同颜色和不同的对齐方式呈现。

3 48 I am that bread of life.

1 4 **'In him was life;**

49 Your fathers did eat man-na in the wilderness, and are dead.

2 'In two thousand and five the **8 men** of the **G8 summit,**

50 This is the bread which cometh down from heaven, that a man may eat thereof, and not die.

and the life was the

51 I am the living bread which came down from heaven: if any man eat of this bread, he shall live for ever: and the bread that I will give is my flesh,

have the opportunity,

which I will give for the life of the world.

to save the **lives** of,

Do they know it's christmas?

800 million people'

light of men.'

1 St. John Chapter 1 verse 4 King James Version
2 Bob Geldof
3 St. John Chapter 6 verses 48 to 51 King James Version
4 Members of the G8 Summit

字体

版式（format）决定了页面的外部形状，而网格（grid）则用来界定页面内单个的字母、标点符号与数字就是页面上最小的元素。本章将深入分析字号的各种计量单位，还要探索构成一款字体的笔画粗细和形态，最后则要讨论的是为一本书选择字体、字号的策略。

字号

字号大小表示有以下三种标准单位：在欧洲广泛使用的迪多点数，英美常用的点数，Adobe 和苹果公司的点数单位。

迪多点数是现存最古老的字号表示单位。迪多点源自 18 世纪“法国皇家寸法”（French Royal Inch），一个迪多点为七十二分之一法国皇家寸，实际长度略大于英美点数。每 12 个迪多点等于 1 个“西塞罗”（cicero）。欧洲铸造铅字历来是以迪多点数为单位。作为单位的“迪多点”（Didot point）也常常被称为“迪多点数”（Didot points）。

至于英美标准，1 点略小于七十二分之一英寸（1 英寸略小于 1 法国皇家寸）。12 点等于 1 派卡（pica）。英美地区铸造铅字也都以英美点数为标准。

进入电脑排版时代，以前测量铅字字号的标准必须转化成电脑可用的单位。1985 年，苹果公司和 Adobe 公司经过磋商，决定改进英美点数，让 1 点刚好等于七十二分之一英寸。

随着数字时代的到来，许多测定字号大小的单位都已经被排版软件采用，可以表示页面大小和字号大小。

上图：以三种标准单位测定相同点数（皆为 114pt）的不同结果。
1 Adobe / Apple 点
2 英、美点数
3 迪多点

测量的是字身（body）而不是字体（type）

字号是设计师需要考虑的一个重要问题，因为它是影响页面设计以及决定整本书篇幅规模的重要因素。无论是用铅字排还是电脑排版，字号设定都是针对其“字身”（以金属活字而言，即铸面所在的金属块；电脑排版的话，则是指字型设计师为该字所设定的虚拟方块范围）。例如，14pt 的 Baskerville 字体与 14pt 的 Helvetica 字体的字身大小相同，但因为笔画设计上的差异，两种字体在纸上所占的面积并不一样。因此，用测深标尺无法测量印刷成品上的字号大小，只能测量出基线到基线之间的距离（可能包括行距）的距离。为了解决这个问题，有的造字工坊会发布一份字体范本，详细列出自己生产的每种字体的字号、基线、x 字高（x-height）、大写字母高度（cap height），等等。

UNIVERS MEDIUM CONDENSED 690 (5 to 48 Didot)

16 Didot (on 18 pt. body)

ABCDEFGHIJKLMNOPQRSTUVWXYZ&ÆŒ
abcdefghijklmnopqrstuvwxyzæœ
ABCDEFGHIJKLMNOPQRSTUVWXYZ&ÆŒ
abcdefghijklmnopqrstuvwxyzæœ
£1234567890.,:;-!?–''([— *£1234567890.,:;-!?''([*

22 Didot (on 24 pt. body)

ABCDEFGHIJKLMNOPQRSTUVWXYZÆŒ
abcdefghijklmnopqrstuvwxyzæœ
ABCDEFGHIJKLMNOPQRSTUVWXYZÆŒ
abcdefghijklmnopqrstuvwxyzæœ
£1234567890.,:;-!?–''([— *£1234567890.,:;-!?''([*

用点数测量金属活字

排字工人通常将小于14pt的字体叫作“书籍字号”（book size），大于14pt的叫作“标题字号”（headline size）。由于排字技术日新月异，运用热铸法制造的金属活字（hot-metal）可以被开发出更多不同字号的字体，能够生产更小、介于原有字号之间的“衍生字号”——这些字号都在早期手工铸字时期的固定字号之外。

有些字体虽然是根据迪多点数测量标准来设计的，但为了方便英美设计师使用，设计者便将原有的迪多字号字体铸在英美点数测定的字身上，这样一来，英国或者美国的设计师也可以使用欧洲的字体了。

电脑字体的字号

电脑排版不像金属活字排版，受制于活字实体，如果使用QuarkXPress排版软件，字号可以在2pt—720pt之间随意设定，书籍设计师也因此可以摆脱过去的种种束缚，有更大的自由。电脑排版可以使用英美点数、派卡、英制单位、公制的厘米或者毫米，或者迪多点数、西塞罗点数为单位来设定。

上图：莫诺铸字公司（Monotype）的Univers Medium Condensed 690字体的范本说明简单明了，上面列出了混合测量单位的对照。上半部分是16迪多点数（铸在18pt的字身上），下半部分是22迪多点数（铸在24pt的字身上）。这一做法对它的瑞士设计师阿德里安·弗吕提格（Adrian Frutiger）来说很重要，因为他希望这套字体可以如其名称那样，举世通行（universal），那么它就必须适应不同的测量单位。

如何确定字号？

决定行文字号的时候，应该将读者、内容、目的、版式等因素一并列入考虑。先从文本的主体入手可能比较简单，毕竟它们是阅读过程中最重要的大头。供成年人阅读的小说一般采用 8.5pt 到 10pt 之间的字号，因为肉眼最容易捕捉到由这种大小的字母构成的个别字词，进而令阅读过程更加流畅。一旦初步选中某种字体、字号，也设定好了其他诸如版式、开本、栏位等元素，不妨先以预设好的行长试排一小段内文，能排出整个跨页版面可能更好，然后再以几种不同字号的字体分别试着做几分样稿。将文字排入设定好或者预设的页面上，打印出来看一看，对于最后的决定也很有帮助。大多数书籍设计师都觉得从电脑屏幕上看，很难对字号做出正确判断，所以，最好能够准备一台可以打印高品质样稿的输出设备。黑色的文字印在白色的纸上，可以最清楚地看出使用某一字号的效果。就算样稿上会印出页面裁切线，多余的白色区域还是会造成干扰，影响我们判断字号和页面的真实比例，所以我总会把输出后的样稿裁切成正确的版面尺寸。如果印刷时，文字将以某种色彩印刷或是反白，字号可能还应该加大若干点数，才能符合原本期望的实际视觉效果，或者也可以按照实际印刷效果打样，再根据实物做出最终决定。

大多数书籍都包含不止一种字号的字体。在选择正文以外的字号、网格、字体和笔画粗细，要考虑编排的层次。为各个页面元素设定字号时，包括标题、图注、脚注、标识与页码等，设计师需要判断各个要素的重要等级。标题字体通常比正文要大，笔画也要更粗重些，但是只要布局合适，层次编排合理，再加上笔画粗细、文字颜色运用妥当，标题字号比内文小也是可以的。

根据模度级数设定字号

设计师设定版式与网格时，如果是根据斐波那契数列模度级数，选择字号时也很可能继续沿用相同的方法。如果原来的渐增数值间隔太大，可以自行划分更细的级数，例如半距、三分之一距、四分之一距等。当设计师选用相同单位（毫米、英寸或者点数）的比例级数，页面内部就会显得协调，就像同一个和弦中可以容纳许多音符一样。

一个简单的斐波那契数列字号层次：

3 4 7 11 18 29 47

按照这套字号大小体系，18pt 或许可以适用于篇章名，但是用来作次标题就显得太大了；11pt 用作正文字号显得太大了，但下一个可用的级数 7pt 又显得太小了。由此可知，这一套级数显然不够用，必须进一步再划分出半距、三分之一距、四分之一距甚至五分之一距，细分之后的级数字号难免包含小数点，不过，如果用电脑来排版的话就不成问题。

插入半距后的字号层次变成这样：

3 3.5 4 5.5 7 9 11 14.5 18 23.5 29 38 47

使用加入半距级数之后的层次来设定字号：

Major headings could be established at 14.5pt
subheadings at 11pt
body text at 9pt
and footnotes at 7pt

主标题字号可以设定为 14.5pt
副标题为 11pt
正文为 9pt
脚注为 7pt

插入四分之一距后的字号层次变成：

3 3.25 3.75 4 4.75 5.5 6.25 7 8 9 10 10.5 11 12.75 14.5 16.25 18 20.75 23.5 26.25 29 33.5 38 42.5 47

使用加入半距级数和四分之一级数之后的层次来设定字号：

Major headings could be established at 12.75pt
subheadings at 10.5pt
body text at 9pt
labels at 8pt
and footnotes at 7pt

主标题字号可以设定为 12.75pt
副标题为 10.5pt
正文为 9pt
标示为 8pt
脚注为 7pt

尤其需要注意的是，编排层次并不仅仅只有运用不同字号来设定这一种方法，还可以灵活换用其他字体：

Major headings could be established at 12.75pt
subheadings at 10.5pt
body text at 9pt
labels at 8pt
and footnotes at 7pt

主标题字号可以设定为 12.75pt
副标题为 10.5pt
正文为 9pt
标示为 8pt
脚注为 7pt

图片单元区块内的字号

严格的现代主义网格架构中，遵循基线网格划定的图片单元，往往比可以无限细分的比例级数更缺乏弹性。其中最主要的局限来自栏位的数量（栏位的数量决定行长）、基线网格的级数阶层和每个图片单元内的行数。

如果依据比例级数选择字号，虽然可以得出协调的字号，但如此一来，也要相应地按照比例级数来设定行距。相对而言，现代主义网格中最基本的统合元素是基线的倍增，各个字号大小可以不相关。

许多设计师决定字号大小时，并不参照任何一种规则，而是根据经验，用肉眼去衡量标题和内文字号的大小关系。

字体家族：印刷字体的粗细度和宽度

如果“字体家族”是指共用一个名称、式样相近的一整组字体（但并不一定都是出自同一位设计师之手），字型（font）则是某个字系内所包括的全套字符。整套字型都要符合 ISO（国际标准化组织）认可的 Set 1 标准：标准键盘上的 256 个字符，其中包括大、小写字母，重音符号，数字，标点，双母音字母，&，各种运算和货币符号。外文集（expert sets）甚至会收录不齐线数目字、分数，以及小体大写字母（small cap）。如果一本书中有多种语言，那么肯定需要选用非常齐备的字体，许多现有的字体都达不到这么严苛的标准。

右图：符合 ISO Set 1 标准的 256 个字符一览。杰里米·坦卡德（Jeremy Tankard）设计的 Enigma 字体的基本字符。注意其中的欧文符号，经常被用在很多古老的书籍封面中。

ENIGMA REGULAR

ABCDEFGHIJKLMNOPQRSTUVWXYZ

abcdefghijklmnopqrstuvwxyz&0123456789

ÆÁÀÂÄÃÄÅÇðÉÈÊËÍÌÎÏŁÑŒÓÒÔÖÕØÞšÚ

ÙÛÜýŸŽæáàâäãåçŁéèêëfiflíìîïŠñœóòôöõøþ

Ýßúùûüµýÿž¤£€$¢¥ƒ@©®™ªº†‡§¶*!¡?¿.,;:

‘’“”‚„…'"‹›«»()[]{}|/\-–—_•´ˆ¨˙`˚˜˘·ˇ˝¸˛

#%‰¼½¾=−+×÷~<>±≤≥¬°^/·¦¹²³

设计书籍时，最好能选用能够提供各种笔画粗细的字系。除了基本的正体（roman）、斜体（italic）、粗体（bold）之外，你可能还会用到细体（light）、中粗（demi-bold）或半粗（semi-bold）、压长或者拉长（compressed/condensed）、压平或者拉平（extended/expanded）的字体。大多数字体都是先设计出正体字，然后再逐渐发展出其他各种笔画粗细。在大部分比较古老的字系中，正体字和后来衍生的各种粗细体之间并没有一套固定的变化规则。有的字体的两种相近笔画粗细可能非常不一样。因为许多古老的字系不是出自同一人之手，而是经年累月、经许多人之手，为不同的铸字工坊工作的集体劳动结果。当阿德里安・弗吕提格（Adrian Frutiger, 1928—）设计Univers字体时就特别注意了这个问题，于是他按照笔画轻重、宽窄，以统一的布局为Univers字体设定了多达21种不同粗细，并且使用一套合理的编号系统表示个别粗细的字体。这款字系衍生自Univers 55，和其他五种以5作为开头编号的字体一样，它们的笔画粗细相同。以3、4开头的是笔画较细的字体，较粗的字体则分别以6、7、8开头。这种字体的编号系统完全印证了弗吕提格对这款字体的宏观看法，因此能被全世界接受。

左图：阿德里安・弗吕提格于1955年设计的Univers字体原型。此字型范本引自威利・坎兹（Willi Kunz）的《版面之美：巨・细・靡・遗》（*Typography: Macro-+Micro-Aesthetics*），坎兹在书中解释了为什么他坚持使用Univers字体。

书籍行文的颜色可能是指印刷该字体油墨的颜色，或是指字体本身因为每个字的笔画粗细不同所呈现的明暗色调，文字部分在印刷者眼中往往代表“灰色物质”（grey matter）。字体笔画的配置与粗细会形成整体行文的明暗值，笔画越密或者越粗，字体在页面上就显得越暗。行文的水平间距与 H&J 设定，以及由文字的 x 字高与行距构成的垂直间距也会影响文字的明暗值。**整体文字块如果显得暗会比较显眼，如果文字块越淡，看起来和纸的背景越接近。不同的明暗值也可以用来区别各个编排元素，例如主标题不妨比正文稍微重一些，各元素的色调对比可以依照内容的重要性，逐次调整、设定，反之亦然。字体之间的不同色调（或颜色）对比，可以更好地凸显内容的层次关系。**

字体的颜色、对比度和层次

书籍行文的颜色可能是指印刷该字体油墨的颜色，或是指字体本身因为每个字的笔画粗细不同所呈现的明暗色调，文字部分在印刷者眼中往往代表“灰色物质”（grey matter）。字体笔画的配置与粗细会形成整体行文的明暗值，笔画越密或者越粗，字体在页面上就显得越暗。行文的水平间距与 H&J 设定，以及由文字的 x 字高与行距构成的垂直间距也会影响文字的明暗值。整体文字块如果显得暗会比较显眼，如果文字块越淡，看起来和纸的背景越接近。不同的明暗值也可以用来区别各个编排元素，例如主标题不妨比正文稍微重一些，各元素的色调对比可以依照内容的重要性，逐次调整、设定，反之亦然。字体之间的不同色调（或颜色）对比，可以更好地凸显内容的层次关系。

字体（Typeface）

当为某本具体的书挑选字体字号时，设计师的决定会受许多因素的影响，其中包括这本书的内容、创作的缘由和时代、之前的先例、目标读者群、书中是否有多种语言、实际阅读过程中的易读性、该套字体是否能提供各种粗细笔画，以及预期印数等。

因为这些问题的变数很大，所以你很难制定出一套明确的字体字号选择策略，但是还是有几项经常左右决定的根本因素值得你下工夫仔细考虑（而且在做决定之后，也还需要再三考虑、修正、改进）。

字体的民族性

许多年代久远的排印手册会建议排字工人依据作者的国籍挑选字体，比如法国字体用于法国作者。因为早年的书籍，无论是书写、印刷，还是出版，都局限在单一国家范围之内。再加上以某种欧洲的文字编排，字体因而渐渐沾染了特定民族的色彩。现在，有些设计师仍然沿袭了这个传统，有时候是出于民族主义心态，有时候纯粹只是遵循历史惯例而已。

字体代表文化

历代的字体设计师反复研究历史纹样，从中演绎出新的风貌。许多例子证明，设计师借由书中使用的字体推动并阐释其文化理念。英国的威廉·莫里斯（1834—1896）与“艺术与工艺运动”的同行们讲书籍设计、字体与编排当作他们复兴中世纪工艺传统的一环，并借此抵御缺乏人文关怀的工业化浪潮。莫里斯于 1890 年设立了凯尔姆斯科特出版公司（Kelmscott Press），书籍设计与字体设计自此成为他政治观与审美观的延伸：精心挑选的字体在书籍的整体装帧中占有不可或缺的重要地位。对于现在的一些设计师而言，选择一款字体就是以视觉形式体现自我——字体是设计师观念的核心。

And over-al diapred and writen
With ladies and with bacheleres,
Ful lightsom and ful glad of cheres.
These bowes two held Swete-Loking,
That semed lyk no gadeling.
And ten brode arowes held he there,
Of which five in his right hond were.
But they were shaven wel and dight,
Nokked and fethered aright;
And al they were with gold bigoon,
And stronge poynted everichoon,
And sharpe for to kerven weel.
But iren was ther noon ne steel;
For al was gold, men mighte it see,
Out-take the fetheres and the tree.

THE swiftest of these arowes fyve
Out of a bowe for to dryve,
And best yfethered for to flee,
And fairest eek, was cleped Beautee. Beautee
That other arowe, that hurteth lesse,
Was cleped, as I trowe, Simplesse. Simplesse
The thridde cleped was Fraunchyse, Fraun-
That fethered was, in noble wyse, chyse
With valour and with curtesye.
The fourthe was cleped Companye, Com-
That hevy for to sheten is; panye
But whoso sheteth right, ywis,
May therwith doon gret harm and wo.
The fifte of these, and laste also,
Fair-Semblaunt men that arowe calle, Fair-
The leeste grevous of hem alle; Semblaunt
Yit can it make a ful gret wounde,
But he may hope his sores sounde,
That hurt is with that arowe, ywis;
His wo the bet bistowed is.
For he may soner have gladnesse,
His langour oughte be the lesse.

FYVE arowes were of other gyse,
That been ful foule to devyse;
For shaft and ende, sooth to telle,
Were al so blak as feend in helle.

THE first of hem is called Pryde; Pryde
That other arowe next him bisyde,
It was ycleped Vilanye; Vilanye
That arowe was as with felonye
Envenimed, and with spitous blame.
The thridde of hem was cleped Shame. Shame
The fourthe, Wanhope cleped is, Wanhope
The fifte, the Newe-Thought, ywis. Newe-

THESE arowes that I speke Thought
of here,
Were alle fyve of oon manere,
And alle were they resemblable.
To hem was wel sitting and able

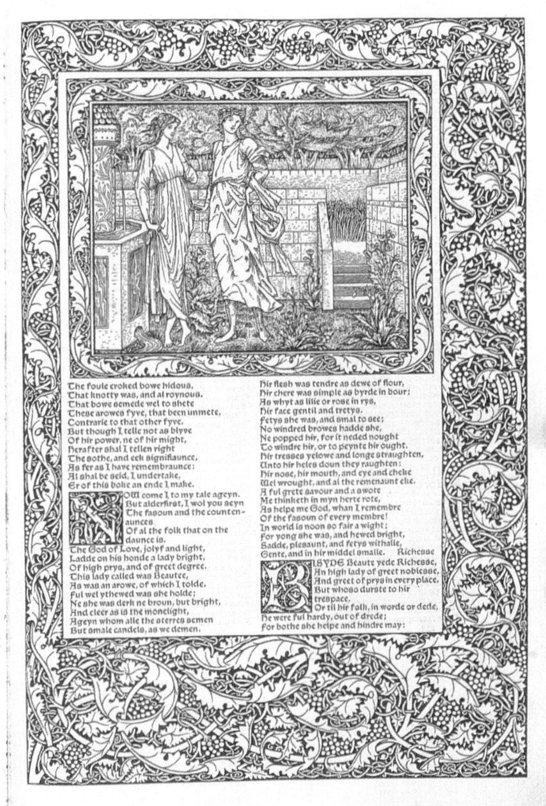

The foule croked bowe hidous,
That knotty was, and al roynous.
That bowe semede wel to shete
These arowes fyve, that been unmete,
Contrarie to that other fyve.
But though I telle not as blyve
Of hir power, ne of hir might,
Herafter shal I tellen right
The sothe, and eek signifiaunce,
As fer as I have remembraunce:
Al shal be seid, I undertake,
Er of this boke an ende I make.

NOW come I to my tale ageyn.
But alderfirst, I wol you seyn
The fasoun and the counten-
aunces
Of al the folk that on the
daunce is.
The God of Love, jolyf and light,
Ladde on his honde a lady bright,
Of high prys, and of greet degree.
This lady called was Beautee,
As was an arowe, of which I tolde.
Ful wel ythewed was she holde;
Ne she was derk ne broun, but bright,
And cleer as is the monelight,
Ageyn whom alle the sterres semen
But smale candels, as we demen.
Hir flesh was tendre as dewe of flour,
Hir chere was simple as byrde in bour;
As whyt as lilie or rose in rys,
Hir face gentil and tretys.
Fetys she was, and smal to see;
No windred browes hadde she,
Ne popped hir, for it neded nought
To windre hir, or to peynte hir ought.
Hir tresses yelowe and longe straughten,
Unto hir heles doun they raughten;
Hir nose, hir mouth, and eye and cheke
Wel wrought, and al the remenaunt eke.
A ful grete savour and a swote
Me thinketh in myn herte rote,
As helpe me God, whan I remembre
Of the fasoun of every membre!
In world is noon so fair a wight;
For yong she was, and hewed bright,
Sadde, plesaunt, and fetys withalle,
Gente, and in hir middel smalle. Richesse

BISYDE Beaute yede Richesse,
An high lady of greet noblesse,
And greet of prys in every place.
But whoso durste to hir
trespace,
Or til hir folk, in worde or dede,
He were ful hardy, out of drede;
For bothe she helpe and hindre may;

上图：威廉 · 莫里斯设计的凯尔姆斯科特版《坎特伯雷故事集》（*Kelmscott Chancer*，1896）显示了他在书籍设计领域对于复兴中世纪装饰传统的浓厚兴趣。

复古字体

威廉 · 莫里斯复兴中世纪字体源于他对早期工艺的崇拜和政治意识，他也借此塑造了一个可以发扬个人理念的耐久媒体。现在某些不大重视历史传统的设计师选用古代字体，完全是出于其视觉效果的考虑。采用古代字体或许可以引导一本完全符合其主题的书的走向。然而，一个频频运用复古手法的设计师也可能会因为缺乏历史背景知识，而做出错误的判断，从而误导读者对书的认知。对于书籍设计师和字体设计师而言，运用古典形式已经成为摆脱俗套的便捷方法。

今天的字体

一些设计师认为，这种复古的做法不好，字体应该充分体现时代的特点。他们主张：字体是时代的产物，当然应该反映时代面貌。这种想法其实贯穿了 550 年的字体设计历史。以意大利印刷商贾巴蒂斯达 · 波多尼（Giambattista Bodoni, 1740—1813）为例，他打造的字体沿袭自法国的皮耶 · 弗尼耶（Pierre Fournier, 1712—1768），但他随后全身心投入于设计一款可以呼应其所身处的浪漫主义时代的新字体，试图寻找一种明快轻盈、令人耳目一新、可以展现精湛雕工的风格。这种新字体出现在波多尼 1818 年推出的《排印手册》上，新字体的诞生有赖于各种新技术的发展，比如铸字流程的优化、纸张质量的提高、上墨技术以及印刷机压力的提升。

如今，许多设计师都沿袭相同的原则，一直在不断地开发新颖的字体。设计师们渴望新字体，再加上运用电脑设计比以前铸字容易许多，以及互联网的便利性等原因，各种各样的新字体源源不断地被开发出来。互联网上销售字体数量激增，互联网没有国界，平面设计届也吹起一股全球化的浪潮。老旧、具有明显国家民族色彩的字体已经不符合网页浏览的需求了；每当一款新的几何造型出现，不管设计地点是在巴西还是瑞士巴塞尔，看上去都没有什么区别。其连锁效应也反映在书籍设计领域，人们已经很难将书籍的装帧设计放在文化发展、国家认同或者设计流派的脉络中。将作品发表在互联网上的字体设计师越来越多，他们志趣相投，形成了一批破除地理分隔、超越国家的族群。

国际主义的字体

德国字体设计师扬·奇肖尔德认为文字编排和书籍设计都应该反应时代特征。他在其划时代著作《新版面设计》中号召设计师们支持反映机器化时代精神的几何造型。受左翼思潮启发的许多早期的现代主义设计大师将设计（design）当作突破国家和民族藩篱的统合工具，作为国家传统延伸的排版（typography）却被认为是分裂的因素。第二次世界大战之后，这种跨越国界的理念再度兴起：文字排版促成了企求某种视觉中立、无特定风格字体的蓬勃发展，设计师则隐身在字体、书籍所传达信息背后。阿德里安·弗吕提格设计的 Univers 字体（1955）和瑞士字体 Helvetica（1957）是当时新一波现代全球化思潮的代表。对于某些设计师而言，这种无国界的现代主义理念依然方兴未艾，虽然这几种字体远远不能算“现代”（都是五十多年前的产物），但却依然无损其现代性的象征地位。相反，许多年轻一代的设计师意识到这些字体属于另一个时代，不能表现新时代现代主义的热情。对年轻人而言，字体的含义或者关联不再是一成不变的。

设计师刻意借由某种字体传达的思想可能无法得到读者的共鸣，随着时间的推移，这种情况当然也会有所改变。一本书的寿命可能比作者、设计师更长，十年、甚至百年后的读者可能完全会以另外一种态度看待其文本与设计。书籍是平面设计领域中极少数寿命堪比建筑的项目：通过字体的选择，一本书不仅面对当下的购买者，而且与未来的读者也建立了直接的联系。

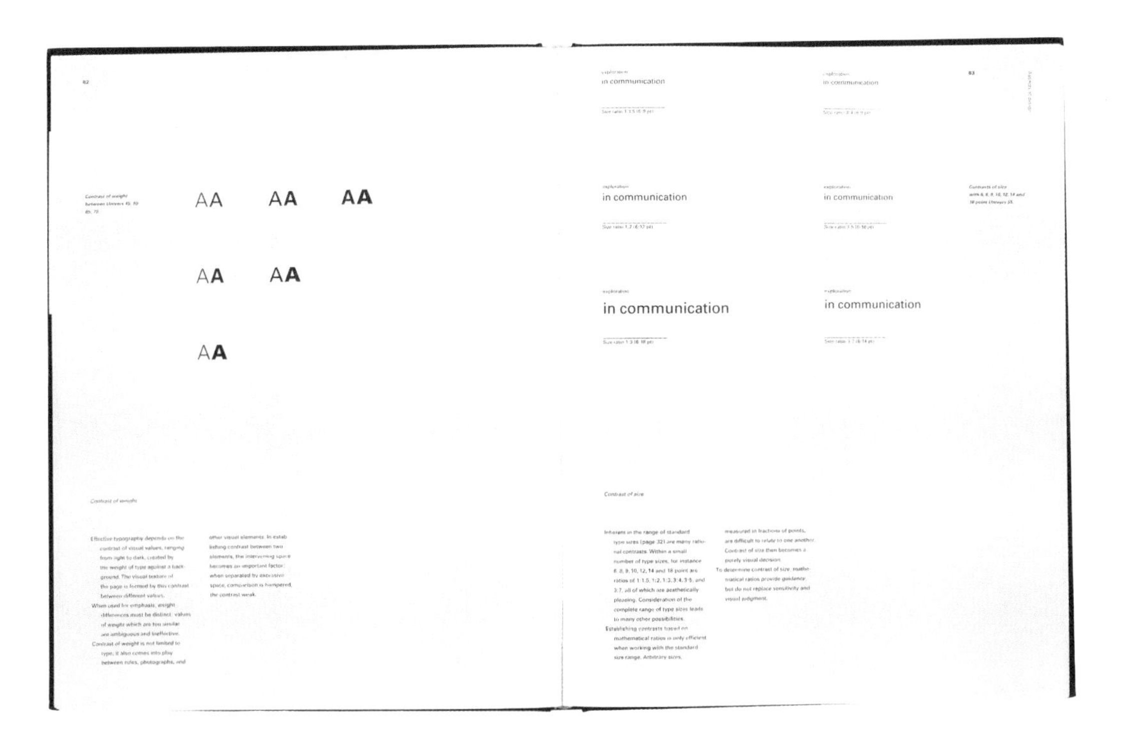

AA AA AA

AA AA

AA

Contrast of weight

Effective typography depends on the contrast of visual values, ranging from light to dark, created by the weight of type against a background. The visual texture of the page is formed by this contrast between different values.

When used for emphasis, weight differences must be distinct: values of weight which are too similar are ambiguous and ineffective.

Contrast of weight is not limited to type; it also comes into play between rules, photographs, and other visual elements. In establishing contrast between two elements, the intervening space becomes an important factor: when separated by excessive space, comparison is hampered, the contrast weak.

in communication

in communication

in communication

in communication

in communication

in communication

Contrast of size

Inherent in the range of standard type sizes (page 32) are many rational contrasts. Within a small number of type sizes, for instance 6, 8, 9, 10, 12, 14 and 18 point are ratios of 1:1.5, 1:2, 1:3, 3:4, 3:5, and 3:7, all of which are aesthetically pleasing. Consideration of the complete range of type sizes leads to many other possibilities.

Establishing contrasts based on mathematical ratios is only efficient when working with the standard size range. Arbitrary sizes, measured in fractions of points, are difficult to relate to one another. Contrast of size then becomes a purely visual decision.

To determine contrast of size, mathematical ratios provide guidance, but do not replace sensitivity and visual judgment.

以独特的字体传达独特的信息

电脑设计字体的发展，伴随着对新字体的探索，已经超过 15 年（本书的英文原版出版于 2006 年，距今又已经过去十几年了——译者注）。电脑设计字体的便利性令设计师考虑为某本书或者杂志开发新字体成为可能。设计新字体需要耗费极大脑力和极长的时间；为书籍设计一款呼应其内容的字体是一项很花费时间的劳动。20 世纪 90 年代初期，许多设计从业者和学生就受这种想法的启发，尽管许多人甚至不了解书籍出版是怎么一回事，就开始设计新字体。设计新字体并非完全不可能，这个念头似乎也吸引着担心全球化趋势的设计师们。他们希望自己能够基于对内容的理解，为每一本书创造出一种独特的风格。电脑则成为完成这一念头的利器，也是重组原有字体的工具。一些专业设计杂志，比如《Emigre》和《Fuse》等，便大量运用这种方法。

上图：威利 · 坎兹的《版面之美：巨 · 细 · 靡 · 遗》使用了 Univers 字体和严谨的网格，体现了现代主义“一种字体全世界通用”的理念。

对页图： 劳里·罗森沃尔德（Laurie Rosenwald）的《纽约笔记》（*New York Notebook*）运用了各种字体，通过文字的编排和色彩变化，组成了一幅鲜活生动的曼哈顿景象。

忠于内容的字体

许多设计师在选择字体时会结合书籍的内容，既不刻意强行加入自己的想法、民族文化色彩、政治观点，也不贸然追求最时髦的字体。他们考虑字体是否能反映书籍的内容。这种做法也就意味着设计师可以运用各种各样的字体制作各种各样的书籍。这种顺应原作、展现多样性的设计风格或许比较不易辨认，但是这样一来，不论在字体的选择、编排或者整体风貌上，都可能会更贴切地传达内容。

字体的未来

没有人能明确预测字体将来会演变成什么样的形态，但是毫无疑问，字体的进化肯定会持续不断地进行下去，一些书籍仍然会沿用传统的样式。因为随着技术的进步和整合，未来字体将会出现更剧烈的变革。写书和设计都将以电脑为唯一平台，它同时具备处理和编辑声音的能力。逐步改进中的语音辨识系统，可以将声音直接转成文字。一段录音访谈不必靠敲打键盘就能转化成文字。专门为网页和电脑显示屏设计的电脑字体可以以动画的形式实时呈现。设计师与程序专家正在研发一种语音与文字同步的连接，不是通过逐格动画实现，而是通过编程来实现。某个人的声音可以对应一种字体。这种原本以屏幕作为平台的技术，或许也能运用在书籍上。一旦字体能体现对话、腔调、音量、速度、节奏等特性，又可以显现作者或者读者对文本的理解，将影响甚大。这种文字将大大改变我们现在对图文排版（一律使用制式字体）的认知，回到每个字都不一样的手稿形态书籍的用字模式。

我们目前习以为常的键盘和鼠标可能会消失，取而代之的是连接排版软件的语音识别系统，而这也将深刻改变书写的方式。说与写的语言符号将完全一致。由作者或演员通过说话排版，将很可能为书籍设计开拓更多全新的可能。

i was born in **manhattan** a really long time ago. incidentally, being born in manhattan is now OUT. * manhattan isn't supposed to be hip any more. these reverse **snobs** don't make tee shirts that say "manhattan." it's always "brooklyn."yeah, right! i say the hell with it. why pretend to be down to earth?

I feel sorry for people who come to new york and don't know anybody who lives here who could show them around. manhattan is still what we think of when we say "new york." i see them hanging around midtown, which is very boring, although that tour of radio city is pretty cool. and you know it!

I WANT TO TAKE THEM TO THE PLACES I REALLY LOVE IN MY CITY.

THIS BOOK IS THE CLOSEST I COULD GET. a hundred guide books have ten thousand new york shops and restaurants. especially restaurants. HOW CAN ANYBODY POSSIBLY TELL ?

and those **HIP** GUIDES are even worse; all those TRENDY design-y places, all over the world, look just alike and attract the very SAME CROWD. you know, the museum cafe type. i mean, WHY TRAVEL? it's more fun to mix it up: GENERIC places and cheap places and fancy traditional ones and hip ones and just plain silly ones.

i once saw a poster from the 20s that said, "I HAVE FORGOTTEN TO FORGET-TOOTS PAKA." i have no idea what it was about but i have forgotten to forget it. i keep a list of everything i've forgotten to forget, plus addresses, telephone numbers and random thoughts that connect to each other in a right-brain, non-linear way. i locate my friends and keep track of appointments without using alphabetical order or page numbers, which explains a lot. i go by how the pages look: the doodles and variations in handwriting. i thought other people might want to draw and write in a book with stuff already in it. a white page is so scary! so i left out a few things to make room. as of today, my list is 489 pages long. i also keep doodles my father robert drew in 1967, tickets and labels of all kinds, postcards of kittens dressed as rabbis, and the new york times obituary of georges de mestral, the man who invented velcro. (what a sad day!)

NEW YORK NotEbook IS AN INEVITABLE smushing TOGETHER of a lifetime of living in new york plus juicy bits from these lists and different pieces of garbage i found particularly attractive. i hope you dig it. and if anybody knows anything about toots paka, please contact me at the earliest opportunity.

this book is manhattan-centric and downtown slanted, because that's what i know about. the NEW YORK-iest ones. it isn't an accurate, fair, comprehensive guide at all. **it's personal.**

以实用为原则选择字体

以上循序渐进地分析了所有的字体选择原则。尽管设计师不一定要从头到尾看完一本书，但是务必要领会该书的要点。你不妨以下列这些问题分析一本书的内容。

字体选择二十一问

— 这本书的主题是什么？

— 作者是谁？

— 写作时代？

— 创作背景设置在哪里？

— 读者对象：谁会读这本书？

— 内文是否包含了多种语言？

— 以单一角度叙述还是多角度？

— 是否包含独立成篇的文章？

— 有无图注，有的话，是什么样的形式？

— 是否有大段的引文段落？

— 行文中是否有注释？是脚注、旁注，还是引用注？

— 从属阶层要如何划分清楚？是章、节，还是段？

— 是否有序言、导言？

— 是否有大篇幅的附录？

— 是否有表格或年表？

— 是否有专业术语列表？

— 索引的形式是什么样的？

— 产品价值是什么样的？印刷、用纸和装订形式是什么样的？

— 文字要呈现什么样的色调比重？

— 文字要以什么样的颜色印刷？

— 预计该书的零售价格是多少？

无论如何挑选字体，认真思考以上问题一定会大有裨益。设计师如果一开始决定全书只用某一种字体，做着做着可能会发现：内文中包含了许多日期、分数、专有名词，等等。如果选定的那种字体没有完备的专业符号或者小型大写字母，可能会不够用，这样一来，设计师就只能考虑换字体，或者搭配使用几种不同的字体。

III Type and image 文字与图像

文字与图像

这一部分检视了图和文如何通过各种各样的方式，将书中的信息传达给读者。接下来的内容讨论了编排形式如何与内容结构互相结合，运用图表、图像表达视觉信息的方法，页面的组织与编排以及封面设计。

封皮（Binding）

封底（Back cover）
- 宣传语（该书的内容介绍和宣传文案）
- 评论
- 同一书系的其他书
- 国际书号
- 条码
- 作者简介
- 图像

书脊（Spine）：书名，作者名，出版社 logo，图像

封面（Cover）
- 书名
- 作者名
- 出版社 logo（如果没有放在封底）
- 宣传语（内容简介或其他文案）
- 评论
- 图像

环衬（Endpapers）
- 可以完全空白，或印上单一片色，或印上与书内容相关的装饰性的图案，有时也用来放置具有实际功用的内容，比如地图集往往会把索引列表放在这里

前辅文（Frontmatter）

卷首页（Frontispiece）（前置页，只使用右页）
- 有时并未计入前置页页序
- 简短列出作者名、书名、出版社以及书系名称
- 图像，通常不带标题

如果能加上以下几项更好：版权声明、图书在版编目（CIP）、ISBN、印厂名称；这些内容也可以放在致谢之后；如果有需要的话，可以在这里加上封面、卷首页使用图片的图注

书名页（Title page）（前置页，使用单一右页，左页留白，也可以同时使用跨页）
- 作者名
- 书名、副书名
- 出版单位
- 出版地
- 出版年份
- 图像

目录页（Content page）（前置页）
- 书名
- 目录
- 章节序号和章节名
- 次章节名和排序
- 页码，可能也会包括以罗马数字（或字母）排序的前置页
- 该书内容所有具备标题的项目；可能会包括前置页的内容，但往往会另起页码

前言（Preface）（右页）
- 简短介绍本书的中心思想，作者的创作缘由，可能会占好几页

序（Foreword）（右页）
- 简单交代本书宗旨、介绍创作动机，非作者本人写的

可能会有**空白页（Blank page）**（当前言或序结束于右页时）

参考书目和延伸阅读（Bibliography and recommended reading）
- 书籍、单篇文章、论文、网站等
- 包括每本书的作者、书名、出版单位、出版时间、出版地点，必要时可以列出书号
- 列延伸阅读书单时可以简单介绍该书内容

附录（Appendix）（后附）
- 与某特定章节内容相关但独立成篇的重要延伸资料，另外做成附录可以避免打断正文

其他（Others）
- 书中出现的图片、照片、插画的作者、出处等详细资料
- 作者对于参与或协助写作的人的致谢
- 其他致谢、题献对象
- 索引

编辑结构

书籍版面中的每个编排元素都各自具备特定的功能。本书将探讨这些元素如何与编辑内容相互呼应。以下示范的版位图可以供编辑和设计师们在编排一本书的结构和做版面设计时参考。

空白页（Blank page）（前置页）
— 整页空白，虽然没有标页码，但通常会计入页码排序

简书名页（Half-title）（前置页，只使用右页，左页空白）
— 按惯例比书名页低调，内容可包括作者、书名、副书名、出版单位名称、出版单位logo、出版地（通常会标出版单位所在城市，比如柏林、纽约、伦敦等）、卷号、册序，可能还包含一些装饰性的文字元素、线条等，图片、照片、插画或图表等元素

书名页对页（Title Verso）（左页，前置页）
— 如果书名页只占用右页，这一页上可能会放上以下内容：出版单位logo、出版单位名称、共同出版或其他参与合作的单位等，出版时间、版权声明、出版单位的地址与详细联系方式，例如电话、传真号、电子邮箱、网址等资料

内容提要（Synopsis）（前置页）
— 基本上不会被列入目录页

作者名录（List of authors）（也可以置于最后）
— 经常见于诗、文选合集等由多人联合编撰的书籍，通常按照姓氏字母顺序排列

题献页（Dedication）（右页）
— 列出本书的题献对象，通常是作者的家人和朋友；如果题献对象已经去世，也许会列出其生卒年

内容本身（Body of the book）

章节名页（Chapter opener）（只使用右页，左页留白，或者使用左右跨页）
— 章节名，如果列出章节的序号，有时会以罗马数字表示
— 列出次章节条目，有时会加上以十进位数字的章节序号
— 引文
— 图片，可附上图注
— 这一页往往是暗码

章节结尾（Chapter close）
— 可包括章节名那一页上的所有项目
— 使用单一右页（当章节内文结束于左页时）
— 占用跨页（当章节内文结束于前一右页时）
— 引用注
— 参考书目
— 使用照片列表
（以上三项也可以放在后辅文中）

后辅文（Endmatter）

注释出处（Source-notes）
— 引用来源或者参考资料，也可以放在附录或者各章节之后

上图：可能有一些书在安排内容材料时与以上范例次序不同，但基本结构就是这样。

导览全书：目录和页码

Índice

1　　2

1 亚利山德罗·亚曼巴（Alejandro Amenabar）与梅迪奥·吉尔（Mateo Gil）合著的《Mar Adentro》一书的目录页。页码数字以右对齐的方式排列，章节名使用大小写字母，接上等距、靠右排列的点状线段，再列出页码数字。

2 安德烈·鲍里斯（Andreu Balius）的《书刊设计中的字体运用》（*Type at Work: the Use of Type in Editorial Design*, 2003）西班牙文版由作者自己设计。其目录页（作者在书中将之称为“索引”）采用分镜脚本（storyboard）的形式呈现。目录页上缩小了的跨页图是设计师处理过的该章节的起始页。注意，页码统一放在了右页，例如图中右下角的“12 · 13”。这种目录形式适合视觉导向的书籍；读者进入正文前，浏览目录页就已经先浏览了内文了。

目录

目录页并非仅为读者而设，也是印刷工在印刷时的检查清单。一本书在装订前，必须先按照顺序排好所有的印帖，目录就可以方便印刷工检查书页排列顺序是否正确。

按照传统惯例，目录一般印在右页，不过，某些工具书的目录页也经常采用跨页的形式，因为其目录包含许多琐碎的细分类等延伸内容。

先列页码还是先列章节名?

编排目录页之前，必须先决定是将章节名放在前面，还是页码数字放在前面。如果先列出章节名，表示强调的是内容，先列出页码则注重的是查找内容的便利性。章节的副标题可以另起一行，列在章节名主标题之下，或用不同的字号，直接列在章节主标题后。考虑到各章节标题字数不同、长短不一，传统的做法是使用点状虚线或者连续的省略号连接页码，页码数字统一靠右对齐。

目录和页码

书籍页码编排的惯例是将偶数页设为左页，奇数页在右页。某些出版物会将前封面视为第一页，并将环衬和前置页也一并计入页序，从头到尾只用一套排序数字串联起全书。但是前封面、前置页的页码都以“暗码”（blind）方式处理（只记页序但不上页码）。另一种排页码的方法则是从位于右页的简书名页算起。许多比较古老的书都是使用两套页码排序：前置页以罗马数

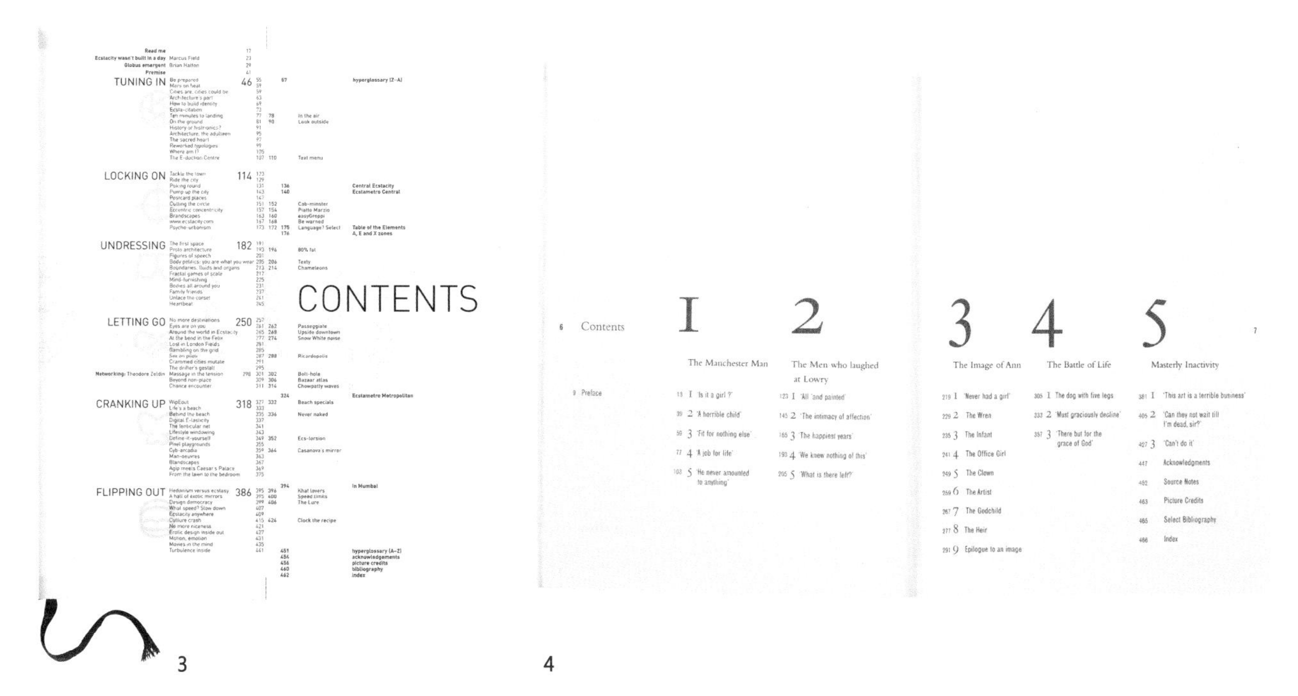

3

4

字或其他数字表示。今天，仍然有部分出版社沿用这种排页方法，让编辑、设计师和印制部门在校对时不受编制索引、图片版权声明等后续工作的影响。

一些科技类图书、操作手册或者学术书可能会采用一种更细致的十进制编目方法，代替一般书籍常用的以大小标题分出章节段落的做法。比如，将第五章表示为“5”，第五章的第一节就是“5.1”，而第五章第一节的第三段就表示为“5.1.3”。若使用这种编目方法，必须注意章节代码和页码的数字不要弄混淆了。

页码

一本书的每一个页面上通常都会印上页码，由“1”开始，从一个右页开始计，第一个跨页则是“2”和“3”，按这样排下去，偶数页在左，奇数页在右，按照顺序串联起整本书。有些设计师会在按照这样的页码编排方法的大原则下，只列出右页的页码数字；有的设计师将左右两页的页码一并表示在右页。前附内容的页码往往会使用字母或者罗马数字编排。页码数字可以放在页面上的任何位置，不过以置于页面外边缘最为常见。放页码的位置应该符合该书的属性并且保持该书设计的一贯逻辑。如果该书为单栏，传统上会将页码放在页面地脚的居中位置（并非硬性规定）。如果该书页数较多，而且需要频繁地利用索引查找内文，把页码放在天头有助于迅速翻到要查找的页面。如果把页码放在前切口留白的半高处，当读者快速翻阅该书时，由于页码的位置正好就在拇指附近，读者可以立即看到（本书就是采用的这种做法）。

3 介绍建筑师奈杰尔·科茨（Nigel Coates）作品的书《狂喜城市》（*Guide to Ecstacity*，2003），由 Why Not Associates 负责设计，其目录页运用了颇为复杂的层次系统。页面上排满了大大小小的元素，乍看之下仿佛是信用卡账单上复杂难懂的数字代码，但其中自有一套逻辑和阶层关系。虽然读者必须自己在交错的栏位之间跳读，但相对应的章节名标题与页码数字都使用相同的字号、粗细和颜色的字体。

4 本书作者为谢利·罗德（Shelley Rohde）写的传记《洛利传》（*L. S. Lowry: A Biography*，2000）所设计的简洁的跨页目录，运用水平轴线对应页码位置。该书以双色印刷，分成五部分，红色的 Bembo 字体数字下各自又细分为若干章节编号（使用的字号较小的同一种字体）。页码位于章节编号之前，章节标题则置于章节编号之后。

结构：建立视觉层次

1

2

1 谢利 · 罗德的《洛利传》，章节页的开始用的是右页。章节名和章节序号对齐页码数字排列；这样的做法方便读者从目录直接找到该章，这种做法常见于学术书籍，休闲读物也可以采用这种方法。该章各个小节的标题和序号以较小的字号列出。整本书利用各种字号和字体形成了一套自己的阶层系统，令阅读更加流畅。

2 卡洛 · 兹维克（Carola Zwick）、布卡德 · 施密茨（Burkard Schmitz）和科尔斯汀 · 库德尔（Kerstin Kuedhl）合著的《网络与其他数字媒体的色彩设定》（*Colores digitales para Internet y otros medios de communicación*，2003）篇章页开始的分章方式，采用放大网点的图案作为跨页底图。

章节结构

章节是一本书内容结构中最主要的段落区隔。许多非虚构类书籍，每一章的内容都是各自独立的，读者可以不按照章节次序自己选择先阅读哪一章。为了凸显每一个新章节的开始，你可以利用视觉手法强调。篇章开始处可以使用整个跨页或单个右页；若使用单个左页当作篇章起始，其效果通常较差，因为翻动书页时很容易忽略左页。

章节名页眉

章节名页眉通常置于书页的天头，但也可以放在留白处或者地脚，称为章节名地脚页眉。

标题阶层

每本书或多或少都会用到段落标题，工具书、非虚构类书籍更是经常会用到整套标题阶层。和选择字体的程序一样，设计师应同时考虑内容的属性和形式。用标题将内文分出段落，可以帮助读者在阅读时更有方向感，不至于摸不着头脑。传统的做法是让标题单独占一行，字号加大或者改变字体的粗细，或者使用另外一种字体。

引文

引文是一段特别为读者标出的独立行文段落。如果引文很短，直接加上引号就可以了。英式惯用单引号（‘ ’），美式惯用双引号（“ ”）。

‘Magazines often make use of ‘pull quotes,’ enlarging a section of text to draw the reader into a particular article.’

引文

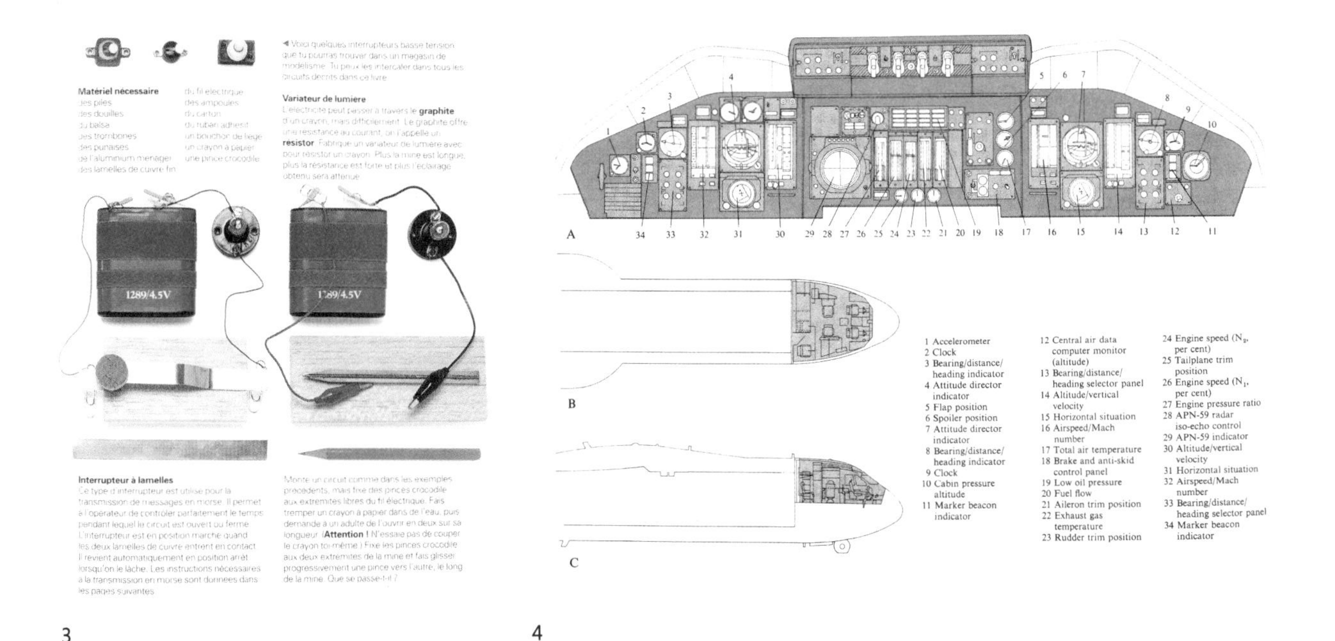

3　　4

注释

一本书中的大部分插图、照片、图表、地图通常都需要配上某种形式的解说，例如，加上一段图注、标签说明，或者指示线。在编辑与设计技巧上，有许多方式可以营造出这类图与文的连接。以下是一些比较常见的处理注释的方法。

图版与图片的说明

早期的图书因为图片与内文必须在不同的印张上印刷，所以并不使用图注；图版上会标注编号或者字母，让读者自己对照着内文阅读。加注图号的方式现在已经很少见了，但一些学术书、艺术类书、展览图录，如果另外有印帖印制了图片，仍然会采用这种图文对照方法。若采用编排图号的方法，图版最好安排在该图所对应的内文之后。

一幅图片配一则图注

最简单明了的图注方式就是按照网格将文字说明放在图片旁边。当图文相邻时，不一定要在图注前附上方位指示（如“上图”“下图”等说明文字）。

图片与图注分离的情况

当图片与图注没有放在一起时，仍可运用一图一注的方式。如果右页有一幅满版出血的图片，左页上的图注可以加上“对页图”。如果是占满整个跨页的出血图片，则图注可以放在最近的页面，加注“次页图”“前页图”（或者“上页图”）即可。

3 创作少儿科普书《动手做！》系列时，我们认为一幅图搭配一段说明文字最为恰当。这里的例子来自《动手做！电》（*Make it Wort! L'Electricité, Sélection du Reader's Digest*, 1995）这本书，它运用了双栏网格，将每幅图置于各自相对应的文字上方。

4 BDD Promotional Books 出版的《飞行知识大全》（*The Lore of Flight*, 1990）书中的一页，图片以 A、B、C 编序，同一页面上还以 1—34 编号在图上加注释说明。图上的编号用以参照集中排列在另外一处的对应说明，如果把那些说明内容全部当作注释放在图片上，就会显得非常拥挤。这种加注释的方法必须搭配连续的字母或者数字编序。这则图注也是采用的“另处集中图注”的方式编写，以整个跨页为范围编号排序，而不是用文字说明方位。

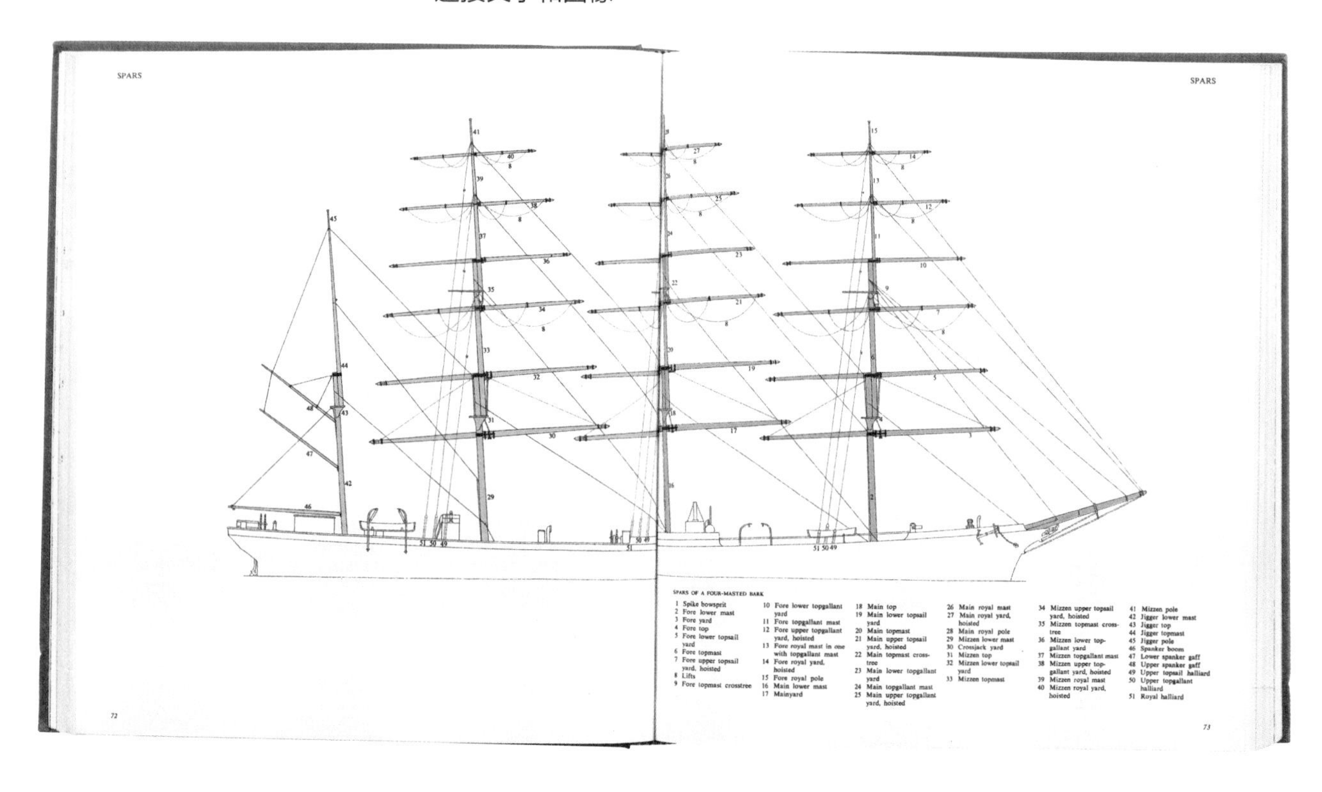

上图：由 A. B. Nordbok 出版的《船舶知识》（*The Lore of Ships*,1975），跨页插图上的标签图注与图片分开，并一一编号。图片与页面显得干净舒朗。如果加上指示线，肯定与图片上桅杆上的绳子形成混乱；直接把图注说明放在图片上也会导致版面显得很乱。在维持基本跨页版面编排的前提下，将这两个元素排得稍微近一些，读者查找对应元素时会比较容易。

集中图注

如果设计师想要营造干净清爽的页面，方便读者仔细观察图片，比如，一本绘画作品集，如果在每幅图片下面放太长的图注，势必会破坏版面编排，这种情况下，就可以运用集中图注栏，再以方位指示标明对应图片的位置。杂志编辑处理图注的时候喜欢用“顺时针”或“逆时针”的排序方式，往往很容易造成混淆；图注阶层的行文方式和字体都需要考虑；如果版面空间允许，每条图注可以分别加上编号，另起行。如果多条图注连续行文不分段，编号或者方向指引的字体必须加粗或者改为斜体，才足以区隔出段落。

图注压图

图注也可以在图片上叠印或者反白显示出来——这种方式经常运用在杂志上。采用这种方法需要考虑以下这几点。就印刷而言，如果在图片上放反白文字，将来如果更换出版语种，则需要重新制版。所以，如果该书已经决定要推出其他语种的版本，图注反白反而会提高印刷成本。在图片上叠印黑色或者其他颜色则只需要一次制版费。采用图注压图，事前必须仔细考察一下底图的情况，文字必须放在图片最易于阅读的区域，即明暗色调连续、色彩平滑均匀的区域。无论是叠印还是反白，文字与底图的对比度反差至少要在 30% 以上。彩色底图上的反白字体则必须笔画足够粗，还要有清晰的衬线（serifs）和字谷（counters），这样才可以避免笔画被周围的油墨吃掉。

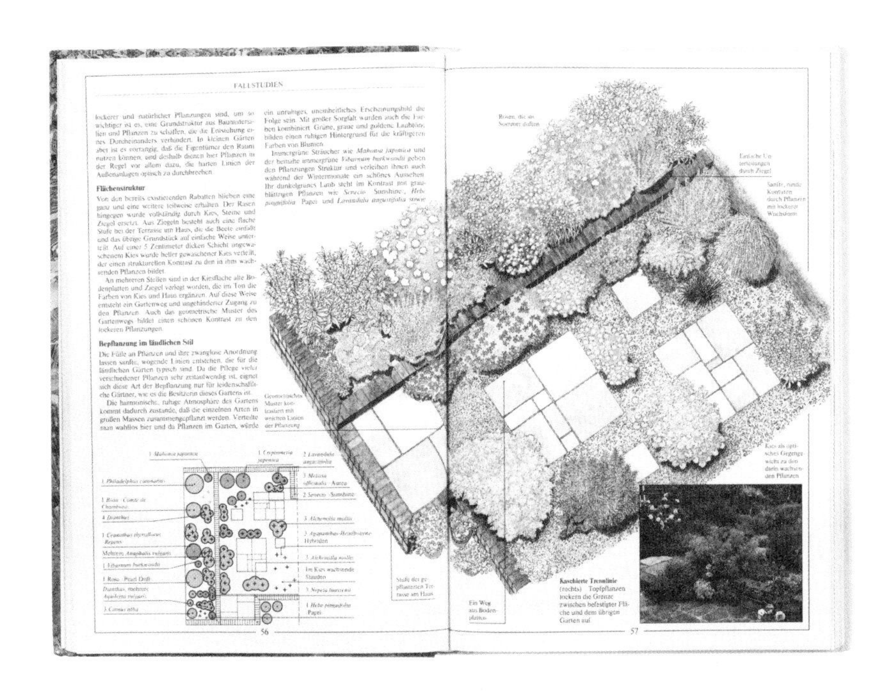

FALLSTUDIEN

lockerer und natürlicher Pflanzungen sind, um so wichtiger ist es, eine Grundstruktur aus Baumaterialien und Pflanzen zu schaffen, die die Entstehung eines Durcheinanders verhindert. In kleinen Gärten aber ist es vorrangig, daß die Eigentümer den Raum nutzen können, und deshalb dienen hier Pflanzen in der Regel vor allem dazu, die harten Linien der Außenanlagen optisch zu durchbrechen.

Flächenstruktur

Von den bereits existierenden Rabatten blieben eine ganz und eine weitere teilweise erhalten. Der Rasen hingegen wurde vollständig durch Kies, Steine und *Ziegel* ersetzt. Aus Ziegeln besteht auch eine flache Stufe bei der Terrasse am Haus, die die Beete einfaßt und das übrige Grundstück auf einfache Weise unterteilt. Auf einer 5 Zentimeter dicken Schicht ungewaschenem Kies wurde heller gewaschener Kies verteilt, der einen strukturellen Kontrast zu den in ihm wachsenden Pflanzen bildet.

An mehreren Stellen sind in der Kiesfläche alte Bodenplatten und *Ziegel* verlegt worden, die im Ton die Farben von Kies und Haus ergänzen. Auf diese Weise entsteht ein Gartenweg und ungehinderter Zugang zu den Pflanzen. Auch das geometrische Muster des Gartenwegs bildet einen schönen Kontrast zu den lockeren Pflanzungen.

Bepflanzung im ländlichen Stil

Die Fülle an Pflanzen und ihre zwanglose Anordnung lassen sanfte, wogende Linien entstehen, die für die ländlichen Gärten typisch sind. Da die Pflege vieler verschiedener Pflanzen sehr zeitaufwendig ist, eignet sich diese Art der Bepflanzung nur für leidenschaftliche Gärtner, wie es die Besitzerin dieses Gartens ist.

Die harmonische, ruhige Atmosphäre des Gartens kommt dadurch zustande, daß die einzelnen Arten in großen Massen zusammengepflanzt werden. Verteilte man wahllos hier und da Pflanzen im Garten, würde ein unruhiges, uneinheitliches Erscheinungsbild die Folge sein. Mit großer Sorgfalt wurden auch die Farben kombiniert. Grüne, graue und goldene Laubtöne bilden einen ruhigen Hintergrund für die kräftigeren Farben von Blumen.

Immergrüne Sträucher wie *Mahonia japonica* und der beinahe immergrüne *Viburnum burkwoodii* geben den Pflanzungen Struktur und verleihen ihnen auch während der Wintermonate ein schönes Aussehen. Ihr dunkelgrünes Laub steht im Kontrast mit graublättrigen Pflanzen wie *Senecio* 'Sunshine', *Hebe pinguifolia* 'Pagei' und *Lavandula angustifolia* sowie

上图：德文版《小型庭院》（*The Small Garden,* John Brooke, 1989），书中以俯瞰插图解说花园结构。另配一幅平面图来解说园内植物的名称。读者阅读时先看主插图，从中找到自己感兴趣的植物，从平面图上找到相应位置，再顺着指示线找到植物名称。

图注列表

有的图片包含许多需要逐一详细说明的细节，比如学校的集体照。这种照片可以按照位置区域分成几组：上排左起、中排左起、前排坐者等，再分别详列。但是，当照片上同时出现好几排、上百人时，这种方法就太不切实际了。这时，可以在照片上加注编号，但是这样肯定会影响画面；另一个办法就是绘制一幅较小的轮廓线图，再把编号加在轮廓线图上，用来对应图注。

标签

许多图表、插图或者相片为了特别说明图版上的各个局部，往往需要加上标签说明。可以直接在图像上加入标签，但这只适用于标签不多，图像简单的情况。如果标签说明文字很多，会影响画面，可以改用占用面积较小的数字。

可以在标签说明和图片上相对应的特定位置之间拉一道指示线。指示线的粗细要与图中已有的线条区分开来，线条上最好不要加箭头。说明文字与指示线的逻辑关系应保持一致，比如指示线对齐说明文字的行文基线或字高中段。而且标签说明和指示线的距离也要保持一致。一些设计师会自己设定一套指示线标签的规则，比如每一道指示线都以相同的角度呈现，让所有的标签说明都可以排列在网格的基线上；这种做法看似合理但其实有问题，因为一旦指示线太多太密，它们会比图片本身更抢眼。对于标签数量非常多的图片，比如解剖图或者机械图，最好是以合并使用指示线和数字编号的方式处理。

脚注、肩注、资料注释、尾注

将注释文字放在页面底部，称为“脚注”，“肩注”则是列在页边的留白处。“出处注”是注明某段内文的来源而不是直接引用。这些注释资料也可以全部列在该章节的最后，或者全书的最后，这时则统称为“尾注”。一旦书中出现这样的注释形式（常见于非虚构类或者学术书），就需要在行文中加上小编号、字母或者各种注释符号的角标，用以表示内文中特定的注释位置。如果注释数量不多，可以按照顺序使用几种标准符号，比如星号★、短剑号†、双短剑号‡等。如果以数字作为注释角标，通常是各章重新编序。如果行文中同时有脚注与出处注，可分别用字母和数字来做角标。角标必须参考正文的字体，设定成与正文相匹配的字号。如果该书的注释非常重要，角标可以用加粗的数字来表示，可以在页面上形成明显的视觉焦点，吸引读者的注意力。这种做法很少见，一般用于需要频繁对照其他专业见解的学术报告中。一般来说，数字角标轻于正文字体，表示后者在视觉上优先于前者。毕竟，应该让读者读完完整的文句后，再去阅读注释。有的设计师会让角标的数字与正文使用相同的字体，仅仅缩小字号，让角标数字的字号刚好在行文大写字母的顶线与 x 字高线之间，这样处理似乎很恰当，但对于正文字号较小、x 字高较大的场合却不一定适用。

— 角标数字为正常行文字号的一半：[1]（此处所示为 5pt）

— 角标数字介于行文的大写字母顶线与 x 字高之间：[2]（此处所示为升幂线以上 4.5pt）

— 如果行文采用短升幂字体，角标数字可以用另外一种颜色或者突出大写字母顶线与 x 字高之间

章节号

自罗伯特·艾斯蒂尼（Robert Estienne）于 1588 年在日内瓦运用章节号（verse numbers）印行《圣经》以来，随后印行的各种版本的《圣经》都沿用了这种做法。在行文中加入段号非常实用，任何一位参与读经的教徒都可以借由段号轻松地找到经文特定段落的起始位置。这种在章节内进一步细分段落，加上编号的做法也常见于某些法条类书籍和科学报告。有几种版本的《圣经》将章节号排在经文之外，单独成一栏，这种处理方式比将章节号单独插入经文中更便于查找。在大部分现代版的《圣经》中，由于赞美诗通常是用于吟诵的，因此它的编号被列在经文的行文之外。

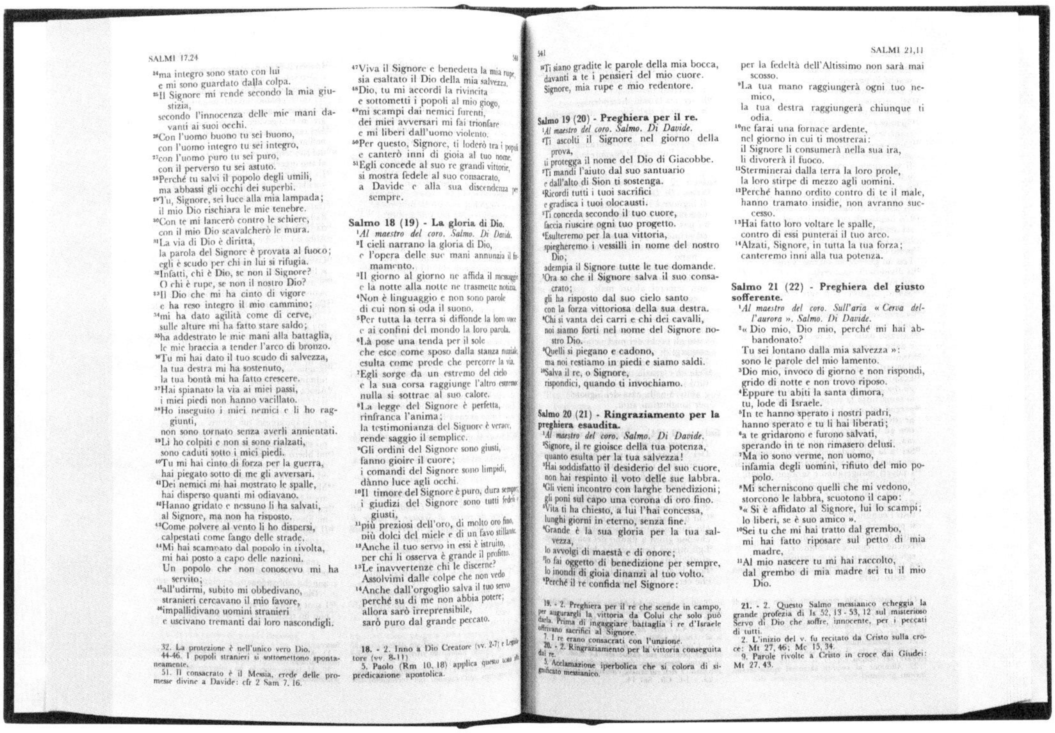
SALMI 17,24 — 540

[24]ma integro sono stato con lui
e mi sono guardato dalla colpa.
[25]Il Signore mi rende secondo la mia giustizia,
secondo l'innocenza delle mie mani davanti ai suoi occhi.
[26]Con l'uomo buono tu sei buono,
con l'uomo integro tu sei integro,
[27]con l'uomo puro tu sei puro,
con il perverso tu sei astuto.
[28]Perché tu salvi il popolo degli umili,
ma abbassi gli occhi dei superbi.
[29]Tu, Signore, sei luce alla mia lampada;
il mio Dio rischiara le mie tenebre.
[30]Con te mi lancerò contro le schiere,
con il mio Dio scavalcherò le mura.
[31]La via di Dio è diritta,
la parola del Signore è provata al fuoco;
egli è scudo per chi in lui si rifugia.
[32]Infatti, chi è Dio, se non il Signore?
O chi è rupe, se non il nostro Dio?
[33]Il Dio che mi ha cinto di vigore
e ha reso integro il mio cammino;
[34]mi ha dato agilità come di cerve,
sulle alture mi ha fatto stare saldo;
[35]ha addestrato le mie mani alla battaglia,
le mie braccia a tender l'arco di bronzo.
[36]Tu mi hai dato il tuo scudo di salvezza,
la tua destra mi ha sostenuto,
la tua bontà mi ha fatto crescere.
[37]Hai spianato la via ai miei passi,
i miei piedi non hanno vacillato.
[38]Ho inseguito i miei nemici e li ho raggiunti,
non sono tornato senza averli annientati.
[39]Li ho colpiti e non si sono rialzati,
sono caduti sotto i miei piedi.
[40]Tu mi hai cinto di forza per la guerra,
hai piegato sotto di me gli avversari.
[41]Dei nemici mi hai mostrato le spalle,
hai disperso quanti mi odiavano.
[42]Hanno gridato e nessuno li ha salvati,
al Signore, ma non ha risposto.
[43]Come polvere al vento li ho dispersi,
calpestati come fango delle strade.
[44]Mi hai scampato dal popolo in rivolta,
mi hai posto a capo delle nazioni.
Un popolo che non conoscevo mi ha servito;
[45]all'udirmi, subito mi obbedivano,
stranieri cercavano il mio favore,
[46]impallidivano uomini stranieri
e uscivano tremanti dai loro nascondigli.
[47]Viva il Signore e benedetta la mia rupe,
sia esaltato il Dio della mia salvezza.
[48]Dio, tu mi accordi la rivincita
e sottometti i popoli al mio giogo,
[49]mi scampi dai nemici furenti,
dei miei avversari mi fai trionfare
e mi liberi dall'uomo violento.
[50]Per questo, Signore, ti loderò tra i popoli
e canterò inni di gioia al tuo nome.
[51]Egli concede al suo re grandi vittorie,
si mostra fedele al suo consacrato,
a Davide e alla sua discendenza per sempre.

Salmo 18 (19) - La gloria di Dio.
[1]*Al maestro del coro. Salmo. Di Davide.*
[2]I cieli narrano la gloria di Dio,
e l'opera delle sue mani annunzia il firmamento.
[3]Il giorno al giorno ne affida il messaggio
e la notte alla notte ne trasmette notizia.
[4]Non è linguaggio e non sono parole
di cui non si oda il suono.
[5]Per tutta la terra si diffonde la loro voce
e ai confini del mondo la loro parola.
[6]Là pose una tenda per il sole
che esce come sposo dalla stanza nuziale,
esulta come prode che percorre la via.
[7]Egli sorge da un estremo del cielo
e la sua corsa raggiunge l'altro estremo:
nulla si sottrae al suo calore.
[8]La legge del Signore è perfetta,
rinfranca l'anima;
la testimonianza del Signore è verace,
rende saggio il semplice.
[9]Gli ordini del Signore sono giusti,
fanno gioire il cuore;
i comandi del Signore sono limpidi,
dànno luce agli occhi.
[10]Il timore del Signore è puro, dura sempre;
i giudizi del Signore sono tutti fedeli e giusti,
[11]più preziosi dell'oro, di molto oro fino,
più dolci del miele e di un favo stillante.
[12]Anche il tuo servo in essi è istruito,
per chi li osserva è grande il profitto.
[13]Le inavvertenze chi le discerne?
Assolvimi dalle colpe che non vedo
[14]Anche dall'orgoglio salva il tuo servo
perché su di me non abbia potere;
allora sarò irreprensibile,
sarò puro dal grande peccato.

32. La protezione è nell'unico vero Dio.
44-46. I popoli stranieri si sottomettono spontaneamente.
51. Il consacrato è il Messia, erede delle promesse divine a Davide: cfr 2 Sam 7, 16.

18. - 2. Inno a Dio Creatore (vv. 2-7) e Legislatore (vv. 8-11).
5. Paolo (Rm 10, 18) applica questo testo alla predicazione apostolica.

541 — SALMI 21,11

[15]Ti siano gradite le parole della mia bocca,
davanti a te i pensieri del mio cuore.
Signore, mia rupe e mio redentore.

Salmo 19 (20) - Preghiera per il re.
[1]*Al maestro del coro. Salmo. Di Davide.*
[2]Ti ascolti il Signore nel giorno della prova,
ti protegga il nome del Dio di Giacobbe.
[3]Ti mandi l'aiuto dal suo santuario
e dall'alto di Sion ti sostenga.
[4]Ricordi tutti i tuoi sacrifici
e gradisca i tuoi olocausti.
[5]Ti conceda secondo il tuo cuore,
faccia riuscire ogni tuo progetto.
[6]Esulteremo per la tua vittoria,
spiegheremo i vessilli in nome del nostro Dio;
adempia il Signore tutte le tue domande.
[7]Ora so che il Signore salva il suo consacrato;
gli ha risposto dal suo cielo santo
con la forza vittoriosa della sua destra.
[8]Chi si vanta dei carri e chi dei cavalli,
noi siamo forti nel nome del Signore nostro Dio.
[9]Quelli si piegano e cadono,
ma noi restiamo in piedi e siamo saldi.
[10]Salva il re, o Signore,
rispondici, quando ti invochiamo.

Salmo 20 (21) - Ringraziamento per la preghiera esaudita.
[1]*Al maestro del coro. Salmo. Di Davide.*
[2]Signore, il re gioisce della tua potenza,
quanto esulta per la tua salvezza!
[3]Hai soddisfatto il desiderio del suo cuore,
non hai respinto il voto delle sue labbra.
[4]Gli vieni incontro con larghe benedizioni;
gli poni sul capo una corona di oro fino.
[5]Vita ti ha chiesto, a lui l'hai concessa,
lunghi giorni in eterno, senza fine.
[6]Grande è la sua gloria per la tua salvezza,
lo avvolgi di maestà e di onore;
[7]lo fai oggetto di benedizione per sempre,
lo inondi di gioia dinanzi al tuo volto.
[8]Perché il re confida nel Signore:
per la fedeltà dell'Altissimo non sarà mai scosso.
[9]La tua mano raggiungerà ogni tuo nemico,
la tua destra raggiungerà chiunque ti odia.
[10]ne farai una fornace ardente,
nel giorno in cui ti mostrerai:
il Signore li consumerà nella sua ira,
li divorerà il fuoco.
[11]Sterminerai dalla terra la loro prole,
la loro stirpe di mezzo agli uomini.
[12]Perché hanno ordito contro di te il male,
hanno tramato insidie, non avranno successo.
[13]Hai fatto loro voltare le spalle,
contro di essi punterai il tuo arco.
[14]Alzati, Signore, in tutta la tua forza;
canteremo inni alla tua potenza.

Salmo 21 (22) - Preghiera del giusto sofferente.
[1]*Al maestro del coro. Sull'aria « Cerva dell'aurora ». Salmo. Di Davide.*
[2]« Dio mio, Dio mio, perché mi hai abbandonato?
Tu sei lontano dalla mia salvezza »:
sono le parole del mio lamento.
[3]Dio mio, invoco di giorno e non rispondi,
grido di notte e non trovo riposo.
[4]Eppure tu abiti la santa dimora,
tu, lode di Israele.
[5]In te hanno sperato i nostri padri,
hanno sperato e tu li hai liberati;
[6]a te gridarono e furono salvati,
sperando in te non rimasero delusi.
[7]Ma io sono verme, non uomo,
infamia degli uomini, rifiuto del mio popolo.
[8]Mi scherniscono quelli che mi vedono,
storcono le labbra, scuotono il capo:
[9]« Si è affidato al Signore, lui lo scampi;
lo liberi, se è suo amico ».
[10]Sei tu che mi hai tratto dal grembo,
mi hai fatto riposare sul petto di mia madre,
[11]Al mio nascere tu mi hai raccolto,
dal grembo di mia madre sei tu il mio Dio.

19. - 2. Preghiera per il re che scende in campo, per augurargli la vittoria da Colui che solo può darla. Prima di ingaggiare battaglia i re d'Israele offrivano sacrifici al Signore.
7. I re erano consacrati con l'unzione.
20. - 2. Ringraziamento per la vittoria conseguita dal re.
5. Acclamazione iperbolica che si colora di significato messianico.

21. - 2. Questo Salmo messianico echeggia la grande profezia di Is 52, 13 - 53, 12 sul misterioso Servo di Dio che soffre, innocente, per i peccati di tutti.
2. L'inizio del v. fu recitato da Cristo sulla croce: Mt 27, 46; Mc 15, 34.
9. Parole rivolte a Cristo in croce dai Giudei: Mt 27, 43.

上图：这部意大利文《圣经》的章节号排在各栏经文的左边，而不是插进行文中的。由于诗篇的文句都是用来吟唱的诗歌，大多以一句一行的方式排列。页面最下方的脚注则列出与该段诗文相关的其他章节。

版权页

版权页上有作者、出版者、出版时间等事项，以前的书一般印在全书的结尾处，但是现代书籍一般将这些内容印在一本书的开头、简书名页之前，或者全书的最后，当作书后附录的结束。

术语表

许多非虚构类书籍的最后，会列出一份与该书相关的专业用语词汇表（glossary），这些词汇通常按照字母顺序排序，但是某些科学书籍会在字母顺序的原则下，额外增列延伸词汇，分门别类并入属性相近的字词群组内。就像任何列表编排一样，它必须根据条目属性区分出从属关系的轻重。它通常会以笔画粗细或者运用大小写加以区别；有的书会用线条区隔；有的则会在主条目下加上底线，让它成为小标题。

索引

一本书的内页排版没有完成之前，是无法进行索引编制的。书最前面的目录可以供读者了解该书的整体框架，而索引则让读者可以轻松地找到某一特定内容或者某幅图。索引的编制者根据编辑的要求，设定该书的索引要做到何等精细、深入的程度，然后仔细翻查已经排好的内页，逐一标出关键词词条所在的页码。图片索引则以该图的主题为准。许多索引编制者与设计者往往会另外用一种字体格式表示图片索引条目的页码，方便读者查找图片所在的位置。

图解法 9

图解法

这一章所探讨的许多概念不仅仅用于书籍设计；如果要为这一章下一个更恰当的标题，应该是“信息设计”（information design）。即使我们在这里将这些内容纳入书籍的范畴来讨论，依然是秉持着广义的设计理念，即设计师在一本书中，不仅仅负责页面编排，还要尽力将作者想要传达的信息以最妥当的方式传递给读者。因此，书籍设计师面临的是一个更大的挑战——不仅要把版式做得美观，还要肩负消化理解全书内容、规划书籍形式等任务。大多数作者都习惯于用文字传达自己的意思，对于设计和图解的手法往往不像对遣词造句那样熟练，其实，有时候使用图像说明反而可以让想要传达的信息更简明易懂。

统计数据图形化

数据内容的图解形式通常包含三个元素：数据、图表和图注。读者最需要获知的信息就是数据，所以，任何违背这一主旨的多余设计都应该摈弃。信息设计大师爱德华·塔夫特（Edward Tufte）非常反感“图表垃圾”（chartjunk）：“图表内部的多余装饰除了耗费油墨之外，根本不能向读者提供任何信息。尽管装饰的原因五花八门——让图表看起来更科学、更精确，呈现更活泼的视觉效果，让设计师有机会可以发挥等。不管是基于什么理由，全是无用的，是多此一举，其结果就是形成图表垃圾。”［引自《数量信息的视觉化展示》（*The Visual Display of Quantitative Information*, 1990, 107 页）］

如果从比较宽泛的传播学策略来看，塔夫特这样严苛的论调也不无疑义。因为任何信息要想成功传递，为受众所接收和吸收，作者与读者双方必须使用相同的“语言”，并具备相似的文化背景。换句话说，无论这个“语言”是以书写还是图像的方式呈现，设计师和编辑都必须尊重。信息必须通过某种我们所熟悉的形式或语言呈现，我们才能够察觉、理解并且吸收。对于那些在日常生活和工作中经常接触各种数据和表格的读者们来说，他们熟悉图表和表格的表达惯例，用简洁的方法来比较和参照数据的做法就很有用。但是，我们不能忽视的是，许多读者并不熟悉干净简洁的统计表现方法；假如表达形式让人感到费解，他们就会对图表采取一种拒绝的态度，进而无法接受图表中对他们有用的信息。如果目标读者的文化水平较低，或者不具备学术背景，也不熟悉常用的图解形式，简洁的图表可能就行不通了。碰到这种情况，简洁的图表反而可能会传递出一种让读者觉得自己被漠视的感觉，这样一来，就更谈不上“接收”和“吸收”了。以下几节的内容将要探讨的是如何以各种不同的图像形式来传达信息内容，包括图表（charts）、示意图（graphs）、地图（maps）和图解（diagrams）。

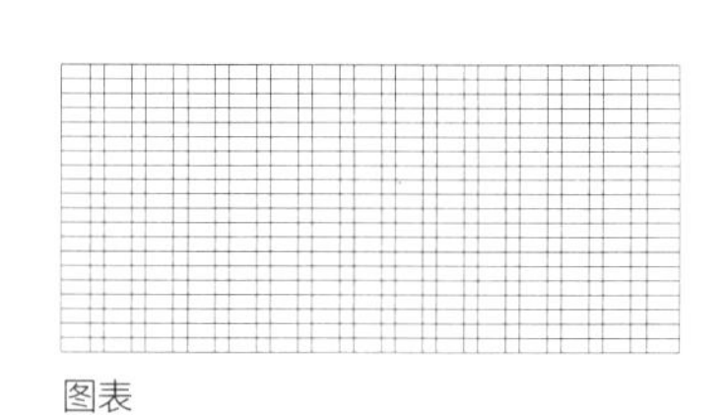

图表

数据

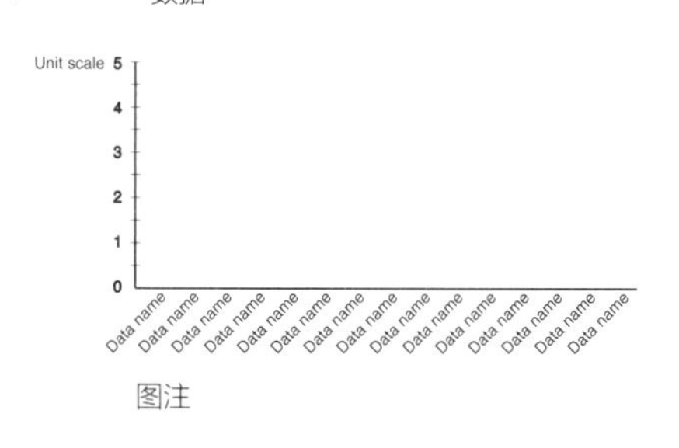

图注

上图：大部分资料性图表的内容可以分为三大元素：图表、数据和图注。此处将一幅简单的图表一一拆解开来。

Fig. 112 Comparative silhouettes of British Warships and Auxiliaries (2)

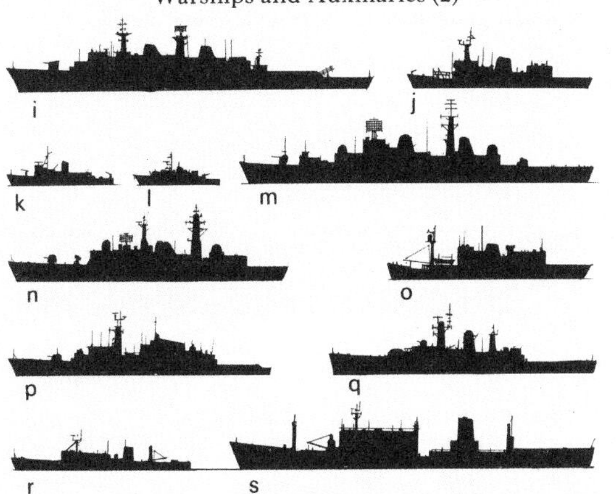

t u
v w x
y z
aa bb
cc dd
ee ff

Type of warship or auxiliary Name of ship or class In commission, on reserve or fitting out	Number in class	Dates of com-pletion	Displ't tonnage	Length (metres)	Page ref.
i Guided Missile Destroyer County class	6	1963–70	5,440 6,200	159	113
j Survey Ship *Hecla* class	4	1965–74	1,915 2,733	79	155
k Mines Countermeasures Ship Ton class	31	1950s	425	46	151
l Patrol Vessel Bird class	4	1975–77	190	37	
m Guided Missile Destroyer *Bristol* Type 82	1	1972	7,100 6,750	154	139
n Guided Missile Destroyer Type 42 *Sheffield* class	6	1974+	3,150 3,660	125	139
o Ice Patrol Ship *Endurance*	1	1956	3,600 gt	93	—
p Frigate Type 21 *Amazon* class	8	1974–78	3,250	117	143
q Frigate *Leander* class	26	1963–72	2,800/ 2,900	113	143
r HQ & Support Ship and Minelayer *Abdiel*	1	1967	1,500	80	151
s RFA Stores Ship Ness class	3	1966–68	16,500	160	161
t Frigate Type 12 *Rothesay* class *Whitby* class (Trials etc.)	 8 1	 1960–61 1956–60	 2,380 2,800	113	143

118

Type of warship or auxiliary Name of ship or class In commission, on reserve or fitting out	Number in class	Dates of com-pletion	Displ't tonnage	Length (metres)	Page ref.
u Frigate Type 81 Tribal class	7	1961–64	2,300 2,700	110	143
v Frigate *Lynx* (Reserve)	1	1957	2,300 2,520	100	143
w Target Boat *Scimitar* class	3	1970	102	30	—
x Frigate *Lincoln* (Reserve)	1	1960	2,170 2,400	100	143
y RFA Replenishment Ship *Fort* class	2	1978/79	17,000	183	161
z Survey Ship *Bulldog* class	4	1968	1,088	60	—
aa Royal Yacht *Britannia* convertible to Hospital Ship	1	1954	4,961	126	162
bb Landing Support Ship *Sir Geraint* class	6	1964–68	5,550	126	158
cc Fleet Submarine *Valiant* & *Sovereign* classes	12	1963–71 1973+	4,900 4,500	87 83	147
dd Patrol Submarine *Oberon* & *Porpoise* classes	16	1958–67	2,410	90	147
ee RFA Helicopter Training Ship *Engadine*	1	1967	9,000	129	161
ff Patrol Vessel Island class	7	1977–79	1,250	60	—

119

信息识别

图像（image），无论是照片、手绘图还是图表，都扮演着帮助读者识别物件、人或概念的关键角色。许多参考书特别注重这个目的，比如介绍名人的《名人录》（*Who's Who*）、提供大量图解的视觉百科。各种观测手册可以供读者辨认星体、飞行器、古董家具、动物、蝴蝶，等等。在为这类书籍做图解时，必须遵守以下几个基本原则：视角、轮廓、比例、精确、细节、颜色、花纹。要达到准确无误的辨识，往往需要依靠一连串验证的步骤。例如，以轮廓方式进行图解，需要借助比例、颜色、大小等其他方式验证。

上图：《船舶观察图鉴》（*The Observer's Book of Ships*，1953）中船只的侧影图一律只显示水平面以上的船身轮廓，因为船只的龙骨部分本来就看不到。但是如果用这种轮廓辨识法描绘飞行器，则以底部描绘为佳，因为两者的观看角度不同。有趣的是，此图没有使用数字，而是以一个或者两个字母作为标签，可能是考虑到数字标签会与某些船只型号中的数字造成混淆［例如，“42 型驱逐舰”（Type 42 Destroyer）］。

识别：运用视觉线索

1 这本《鸟类图鉴》（*Fuglei Felten*，1999）以跨页图呈现了观测者从下方观察飞翔中的猛禽。插图展现了幼鸟与成鸟的轮廓、羽毛颜色，并辅以通用的绘制比例，更有助于读者辨识。各个小图旁边有性别符号标签，以区分雄鸟和雌鸟。

1

2

2 《布氏船舶旗帜和烟囱标志》（*Brown's Flags and Funnels*，1951）收录了商船的各种标志。图片是按照船上烟囱的主要颜色加以编排，这一页上的是红色的。颜色是辨识烟囱的关键，读者可以通过颜色迅速对比所有红色烟囱的船只，如果按照字母顺序排列，对照起来可能就不那么方便了。这本书是按照海员的观测习惯而设计的，同时还运用了一系列验证的步骤：“我发现了一艘红色烟囱的船”——翻查书中红色烟囱的部分，“烟囱顶部有一截黑色，还挂着一面红色的三角旗”。

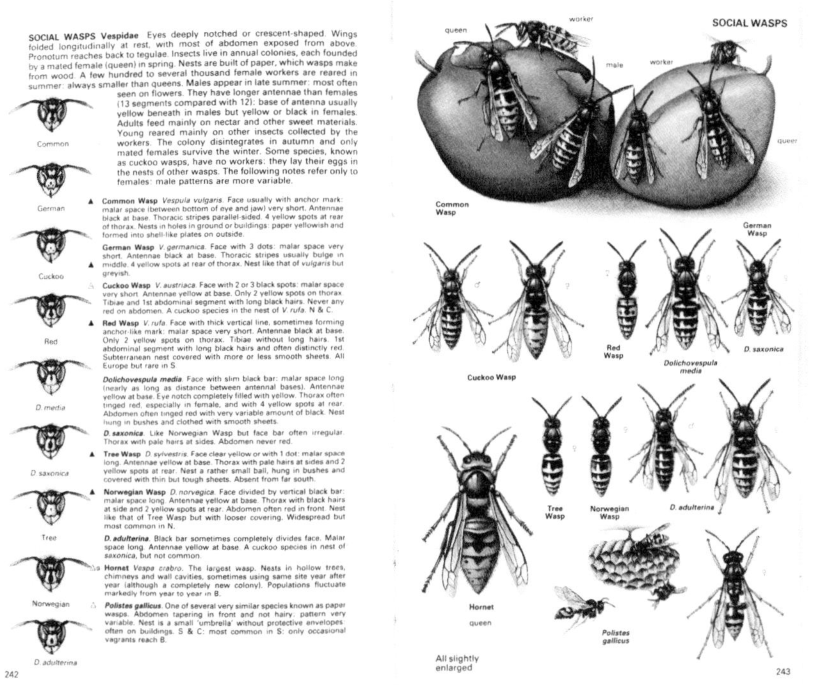

SOCIAL WASPS Vespidae Eyes deeply notched or crescent-shaped. Wings folded longitudinally at rest, with most of abdomen exposed from above. Pronotum reaches back to tegulae. Insects live in annual colonies, each founded by a mated female (queen) in spring. Nests are built of paper, which wasps make from wood. A few hundred to several thousand female workers are reared in summer: always smaller than queens. Males appear in late summer: most often seen on flowers. They have longer antennae than females (13 segments compared with 12): base of antenna usually yellow beneath in males but yellow or black in females. Adults feed mainly on nectar and other sweet materials. Young reared mainly on other insects collected by the workers. The colony disintegrates in autumn and only mated females survive the winter. Some species, known as cuckoo wasps, have no workers: they lay their eggs in the nests of other wasps. The following notes refer only to females: male patterns are more variable.

▲ **Common Wasp** *Vespula vulgaris*. Face usually with anchor mark: malar space (between bottom of eye and jaw) very short. Antennae black at base. Thoracic stripes parallel-sided. 4 yellow spots at rear of thorax. Nests in holes in ground or buildings: paper yellowish and formed into shell-like plates on outside.

▲ **German Wasp** *V. germanica*. Face with 3 dots: malar space very short. Antennae black at base. Thoracic stripes usually bulge in middle. 4 yellow spots at rear of thorax. Nest like that of *vulgaris* but greyish.

△ **Cuckoo Wasp** *V. austriaca*. Face with 2 or 3 black spots: malar space very short. Antennae yellow at base. Only 2 yellow spots on thorax. Tibiae and 1st abdominal segment with long black hairs. Never any red on abdomen. A cuckoo species in the nest of *V. rufa*. N & C.

▲ **Red Wasp** *V. rufa*. Face with thick vertical line, sometimes forming anchor-like mark: malar space very short. Antennae black at base. Only 2 yellow spots on thorax. Tibiae without long hairs. 1st abdominal segment with long black hairs and often distinctly red. Subterranean nest covered with more or less smooth sheets. All Europe but rare in S.

Dolichovespula media. Face with slim black bar: malar space long (nearly as long as distance between antennal bases). Antennae yellow at base. Eye notch completely filled with yellow. Thorax often tinged red, especially in female, and with 4 yellow spots at rear. Abdomen often tinged red with very variable amount of black. Nest hung in bushes and clothed with smooth sheets.

D. saxonica. Like Norwegian Wasp but face bar often irregular. Thorax with pale hairs at sides. Abdomen never red.

▲ **Tree Wasp** *D. sylvestris*. Face clear yellow or with 1 dot: malar space long. Antennae yellow at base. Thorax with pale hairs at sides and 2 yellow spots at rear. Nest a rather small ball, hung in bushes and covered with thin but tough sheets. Absent from far south.

▲ **Norwegian Wasp** *D. norvegica*. Face divided by vertical black bar: malar space long. Antennae yellow at base. Thorax with black hairs at side and 2 yellow spots at rear. Abdomen often red in front. Nest like that of Tree Wasp but with looser covering. Widespread but most common in N.

D. adulterina. Black bar sometimes completely divides face. Malar space long. Antennae yellow at base. A cuckoo species in nest of *saxonica*, but not common.

△ **Hornet** *Vespa crabro*. The largest wasp. Nests in hollow trees, chimneys and wall cavities, sometimes using same site year after year (although a completely new colony). Populations fluctuate markedly from year to year in B.

△ ***Polistes gallicus***. One of several very similar species known as paper wasps. Abdomen tapering in front and not hairy: pattern very variable. Nest is a small 'umbrella' without protective envelopes: often on buildings. S & C: most common in S: only occasional vagrants reach B.

3

3 麦克·齐内里（Michael Chinery）的《柯林斯昆虫图鉴》（*Collins Guide to Insects*, 1991）的这一页标题为“群居的黄蜂”，这一跨页上呈现的辨识重点是昆虫身上的花纹。左页以实物大小描绘了九种不同的黄蜂，并从头部花纹的细小差异加以辨识。所有的黄蜂都是以实际大小描绘，雌蜂和雌蜂则以性别符号区分。

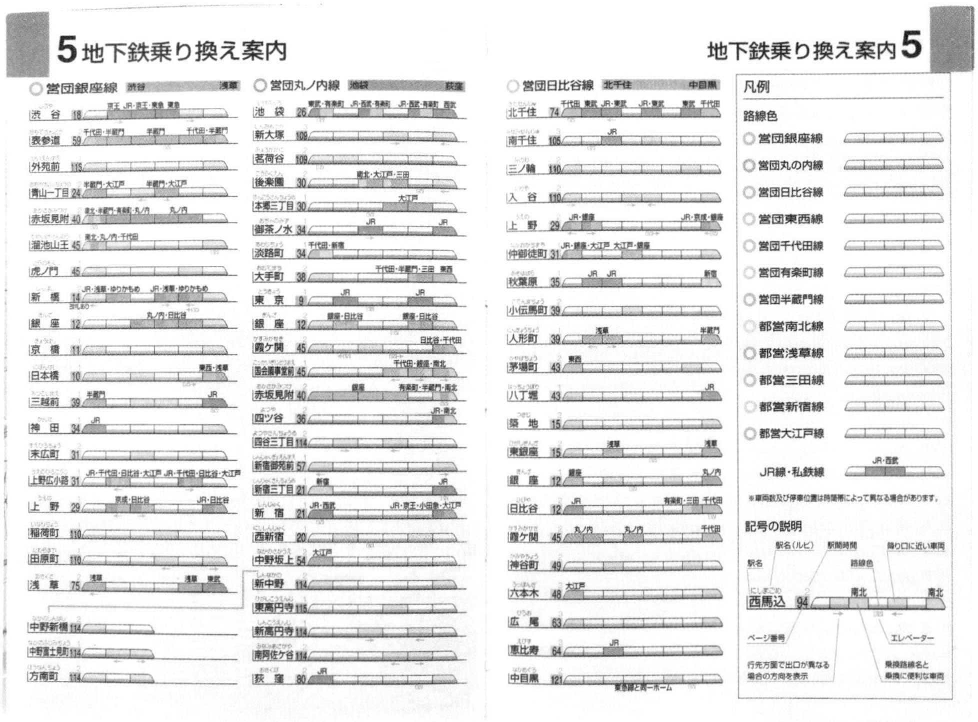

5 地下鉄乗り換え案内

営団銀座線　渋谷 — 浅草

- 渋谷 18　京王　JR·京王·東急　東急
- 表参道 59　千代田·半蔵門　半蔵門　千代田·半蔵門
- 外苑前 115
- 青山一丁目 24　半蔵門·大江戸　半蔵門·大江戸
- 赤坂見附 40　南北·半蔵門·有楽町·丸ノ内　丸ノ内
- 溜池山王 45　南北·丸ノ内·千代田
- 虎ノ門 45
- 新橋 14　JR·浅草·ゆりかもめ　JR·浅草·ゆりかもめ　改札あり
- 銀座 12　丸ノ内·日比谷
- 京橋 11
- 日本橋 10　東西·浅草
- 三越前 39　半蔵門　JR
- 神田 34　JR
- 末広町 31
- 上野広小路 31　JR·千代田·日比谷·大江戸　JR·千代田·日比谷·大江戸
- 上野 29　京成·日比谷　JR·日比谷
- 稲荷町 110
- 田原町 110
- 浅草 75　浅草　浅草　東武

営団丸ノ内線　池袋 — 荻窪

- 池袋 26　東武·有楽町　JR·西武·有楽町　JR·西武·有楽町　西武
- 新大塚 109
- 茗荷谷 109
- 後楽園 30　南北·大江戸·三田
- 本郷三丁目 30　大江戸
- 御茶ノ水 34　JR　JR
- 淡路町 34　千代田·新宿
- 大手町 38　千代田·半蔵門·三田　東西
- 東京 9　JR　JR
- 銀座 12　銀座·日比谷　銀座·日比谷
- 霞ケ関 45　日比谷·千代田
- 国会議事堂前 45　千代田·銀座·南北
- 赤坂見附 40　銀座　有楽町·半蔵門·南北
- 四ツ谷 36　JR·南北
- 四谷三丁目 114
- 新宿御苑前 57
- 新宿三丁目 21　新宿　JR
- 新宿 21　JR·西武　JR·京王·小田急·大江戸
- 西新宿 20
- 中野坂上 54　大江戸
- 新中野 114
- 東高円寺 115
- 新高円寺 114
- 南阿佐ケ谷 114
- 荻窪 80　JR
- 中野新橋 114
- 中野富士見町 114
- 方南町 114

地下鉄乗り換え案内 5

営団日比谷線　北千住 — 中目黒

- 北千住 74　千代田　東武　JR·東武　JR·東武　東武　千代田
- 南千住 105　JR
- 三ノ輪 110
- 入谷 110
- 上野 29　JR·銀座　JR·京成·銀座
- 仲御徒町 31　JR·銀座·大江戸　大江戸·銀座
- 秋葉原 35　JR　JR　新宿
- 小伝馬町 39
- 人形町 39　浅草　半蔵門
- 茅場町 43　東西
- 八丁堀 43　JR
- 築地 15
- 東銀座 15　浅草　浅草
- 銀座 12　銀座　丸ノ内
- 日比谷 12　JR　有楽町·三田　千代田
- 霞ケ関 45　丸ノ内　丸ノ内　千代田
- 神谷町 49
- 六本木 48　大江戸
- 広尾 63
- 恵比寿 64　JR
- 中目黒 121　東急線と同一ホーム

凡例

路線色

- 営団銀座線
- 営団丸の内線
- 営団日比谷線
- 営団東西線
- 営団千代田線
- 営団有楽町線
- 営団半蔵門線
- 都営南北線
- 都営浅草線
- 都営三田線
- 都営新宿線
- 都営大江戸線
- JR線·私鉄線　JR·西武

※車両数及び停車位置は時間帯によって異なる場合があります。

記号の説明

4

4 这本日文版东京导游手册收录了地铁各路线的运行时刻表，分别以各种颜色表示距离各节车厢最近的出口或换乘其他线路最便捷的停靠点。站名统一排在图表左侧，乘客可以据此提高旅途中的效率。

表格和图表

非虚构类书籍中很多都有用来辅助说明、阐释作者观点的资料。某些资料如果单纯罗列出来，需要花很长时间才能读懂。但是表格和图表则将这些资料图像化，方便读者轻松阅读理解。读者能够迅速了解图表中所要呈现的模式、顺序以及所占比例。要表示统计数字、数字范围、百分比等信息，有许多惯用的方法，这一节我们将一一介绍。

条形图（Bar Chart）：用以对比数量

条形图，或者叫作柱状图（histogram），是用来比较多项同类项的。它通过一组柱状线段代表加总之后的数据资料，显示其间的变化。条状线条可以以垂直或者水平方向排列，通常是在其中一边的轴线上显示度量比例，另一边则分出类别项目。绘制条形图通常不必加图框，有时甚至可以省略水平网格线。

绘制条形图

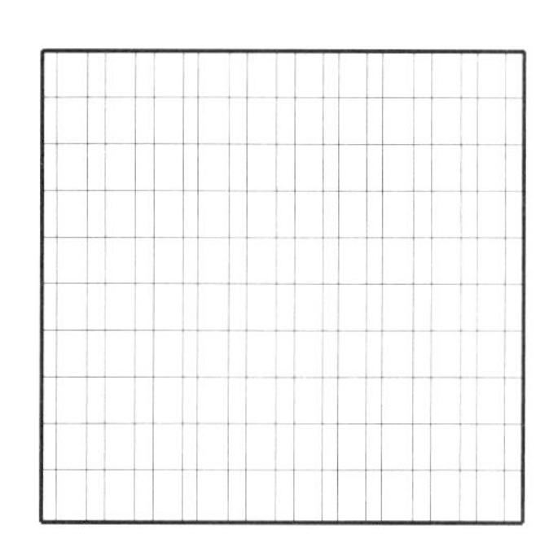

1 所有的条形图都是在建议的网格线上，一般都以垂直轴线由下而上作为数量区间，要对比的项目则列在水平轴线上。网格的增量取决于数据的整体变动范围。

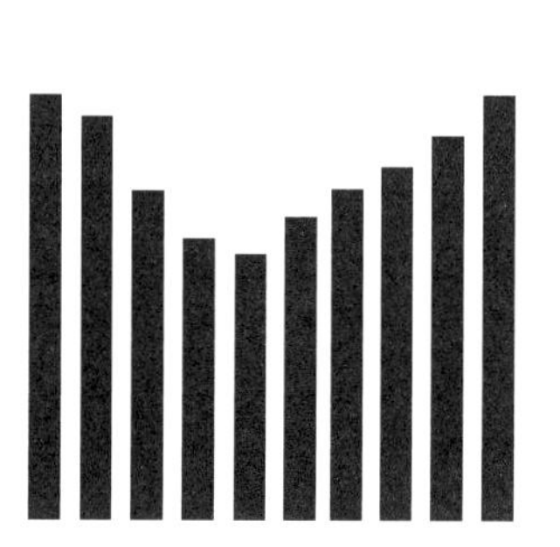

2 垂直轴线上的增量幅度要足够大，才能显示出各数据条之间的高低差。如果需要对比的数据之间的落差范围非常大，比如从 5–500，可能就必须降低增量幅度。

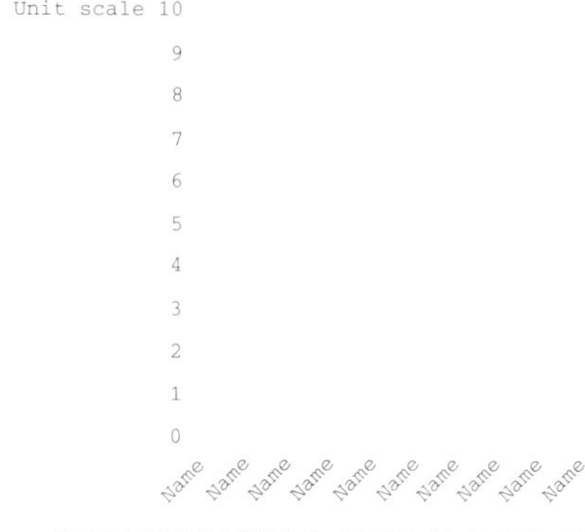

3 图表两侧的说明文字不要太过明显；说明文字的字号应小于数据，但位置必须精确对应垂直轴线上的数据增量与水平轴线上的项目类别。在上图的例子中，标签说明以 45° 齐右靠水平轴线。

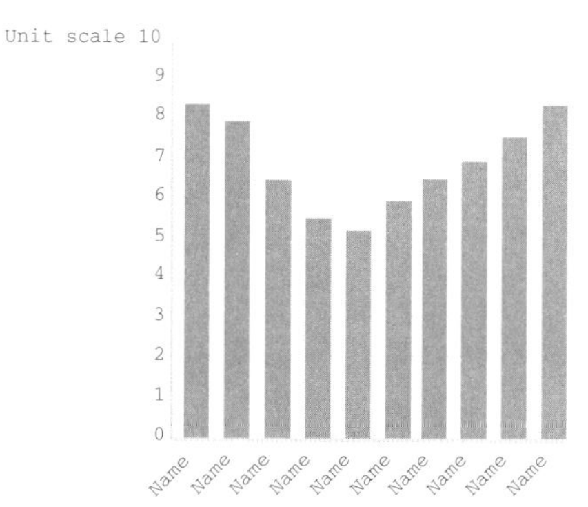

4 可以调整网格线（明暗对比度为 20%）、数据条（50%）和文字说明（100%）的明暗对比，让整幅条形图看起来更清楚。

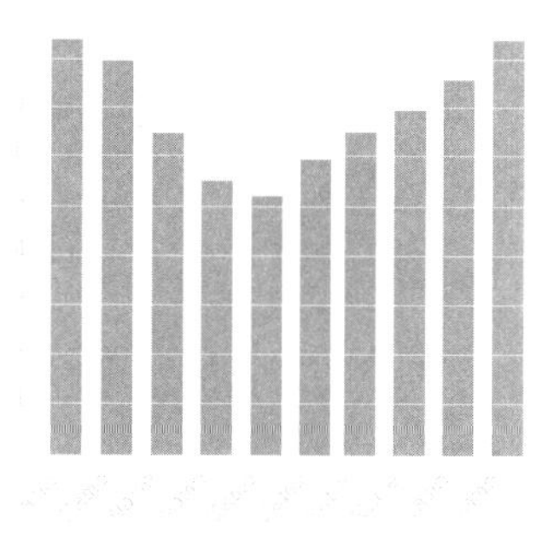

5 去掉网格线、垂直轴线与水平轴线，整幅条形图看上去更加清晰。

箱形图 / 盒形图（Box plot）：界定数值的分布

和简易条形图一样，箱形图也是在一条增量轴线、一条分类轴线上以直线形式呈现数据，也可以画成垂直或者水平。箱形图主要是用来呈现最大值、最小值、四分位数值、中位数值和四分位数间距。

饼形图（Pie chart）：呈现整体之中所占的百分比

饼形图通过分割整体面积的方式传递信息。一个完整的圆形（360°）代表 100%，180° 代表 50%，90° 代表 25%，36° 代表 10%。连续几幅饼形图可以表现各项数据的变化情况，也可以显示时间进展。饼形图最好以正圆形表示，因为一旦经过倾斜处理，改成椭圆形，某些区域的形状就会发生改变，进而产生角度误差。与其他各种统计图表相比，以切块形式呈现的饼形图看起来稍微吃力一些，不过通过分区上色可以改善这个问题。但是一些统计学家认为一旦上了不同的颜色，读者的注意力难免被颜色所吸引，影响了获得相关信息的优先顺序。

绘制饼形图

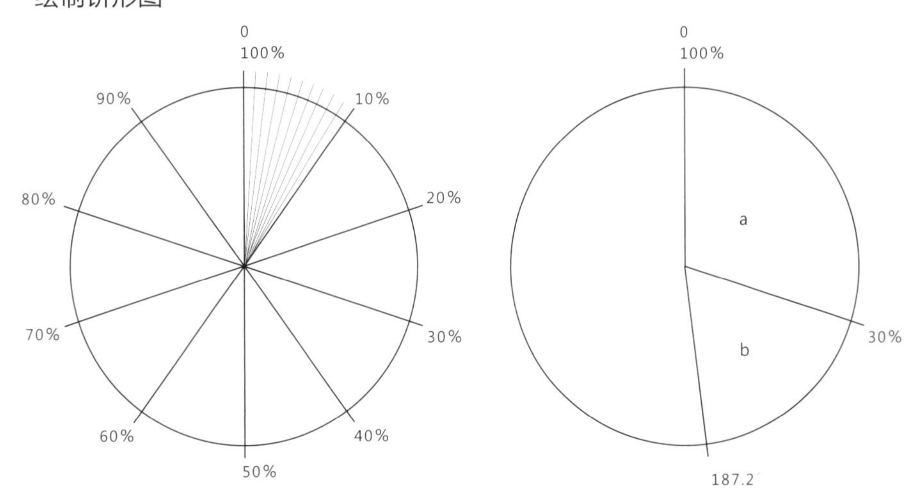

1 一幅简化的饼形图将一个完整的圆形以百分比划分。一个完整的圆形可以分为 360°，于是 1% 等于 3.6°，以此类推，10% 就等于 36°。

2 将完整的圆形按 3.6° 分为 100 份，即可得出数值该占多少面积。30% 就是 3.6°×30=108°（a）；22% 就是 3.6°×22=79.2°（b）。两个切块所占的位置就是：79.2°+108°=187.2°。

曲线图（Line graph）：显示数值随时间变化而变化

曲线图用来显示数值随时间变化而变化的。曲线可以沿垂直或者水平方向发展，不过一般都是在页面上呈横向的。理论上，曲线可以无止境地发展下去。不像条形图或者饼形图，曲线图可以同时显示当下和历史发展。根据现在与过去的演进状态，它可以帮助统计者推断未来的数值走向。简单地说，根据某年度雨伞销售的曲线图，从该年 11 月到第二年 4 月，销售数量明显增加，而后逐渐下滑，到下一年的 11 月又再度上升，如果连续三年都显示相同的曲线变化，便可以依据这个结论，推测来年的销售曲线也会是这样。用曲线图呈现单一资料项目的过程演变非常简单，但是同一组网格可以用来同时显示多项资料，从中对比各个项目随着时间变化的差异。

一幅简易的曲线图也可以用来记录某件事或人随着时间推移的变化。唱片畅销榜单可以追踪榜首单曲的变化，综合连续数周排行的前一百名，便可以记录某张唱片在销售排名的升降。许多绘图器材都以曲线图的方式描绘信息，并且能够实时输出，比如心电图机、地震仪、测谎仪等。

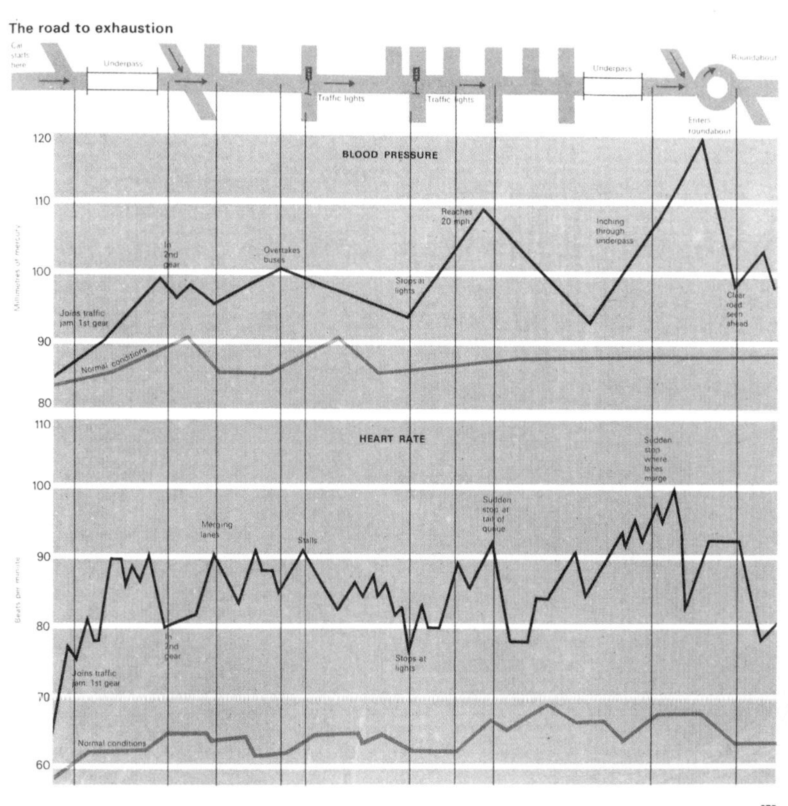

右图：《汽车大全》（*AA Book of the Car*, 1970）书中的曲线图显示驾驶过程受行车状况的影响。页面最上方是某段道路的示意图，下方有两幅曲线图。第一幅显示了驾驶者血压的变化，第二幅显示了心跳数。穿过两幅曲线图、间断出现的垂直线指向特定路段的路况。图中较淡的棕色曲线分别代表正常状态下的血压和心跳，黑色曲线则代表驾驶员在面对塞车时的压力。

散点图（Scatter plot）：密度与频率

如果要对比不同类型的信息，可以采用散点图。信息群组以集聚或者分散显示两组数据之间相互关联的形态，比如温度升高与冰激凌销量之间的关系。如果两者的关系呈正相关，两组数据在图表上会出现相符的状态；而温度升高与热饮之间则是负相关。图上两组数据的散点会形成相互交错，当其中一组数值增高，另外一组数值则降低。相反，温度升高与狗粮的销量之间是没有关联性的。所谓“最佳拟合线”即散点图上的点状分布大致方向均相符。

时间轴（Time line）：呈现历史

一个简单的时间轴可以展现单线进展，事件按照时间顺序排列其上。书上的时间轴线通常都是横向穿越页面，但是垂直排列也是可以的。运用不同的比例尺，我们可以区分不同长度范围的时间，从最遥远的地质演化到最短的音速。复杂的时间轴线可以供读者交叉对比各个事件发生的时间节点。轴线上的条目可以自成体系、分出群组，比如一条表示 20 世纪艺术发展的时间轴线，可以按照流派或国籍分别列出几组艺术家，甚至可以运用某套编码系统，同时交代各个画家的流派和国籍。许多时间轴线都会采取插画的形式，需要注意的是，每则条目对应的插画和文字说明必须保持一贯的对应关系，否则很容易乱作一团，无法标定正确的时间点。轴线上资料分布的比率应该保持恒定，确保所有内容都能互相比对。但是，由于隔断时间范围内所要交代的内容、条目数量可能并不均匀，比如可能某段时间范围内需要交代的内容很多，而另外一些地方内容却很少，显得很空。如果时间轴线上的信息具备某种循环周期（比如关于种植的内容），可以改用环形的时间轴线。环形轴线虽然不利于进行对比，但是对于查询某个单项内容的时间段却非常方便。

图像时刻表（Graphic schedule）：显示时间与距离的关系

传统的火车时刻表上总是充满了文字和数字。来自法国巴黎的工程师查尔斯（Charles Ydry）设计了一款新式的图像时刻表。这种时刻表上不仅列出列车的行驶时间，还能够显示距离。图像时刻表上除了列出了班车出发与抵达的时间，同时还以图像说明在特定的车速下，各停靠站之间的距离。对于一般读者来说，这种时刻表可能看上去太复杂了，使用起来并不方便，但是全世界许多铁路管理部门都用它设置火车时刻。

视觉化表现时间

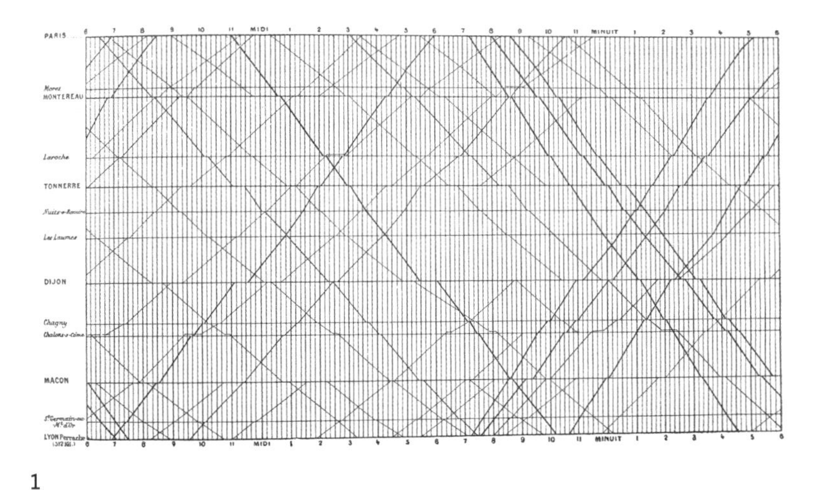

1

1 马氏时刻表（Marey Schedule）的水平轴线代表时间的进行；垂直轴线则表示各站之间的相对距离。错综交叉的斜线表示班车的运行情况，从左上方开始，跨越代表时间和距离的网格线。如果各站之间的线条越陡越短，表示火车行进的速度越快；线段越长越平缓，代表该列火车的行驶速度较慢。而斜线与斜线之间的水平线代表班车正停靠在该站，只显示时间而距离为零。如果两道下降斜线在表上交叉，就表示后发的班车超过了前一班列车。

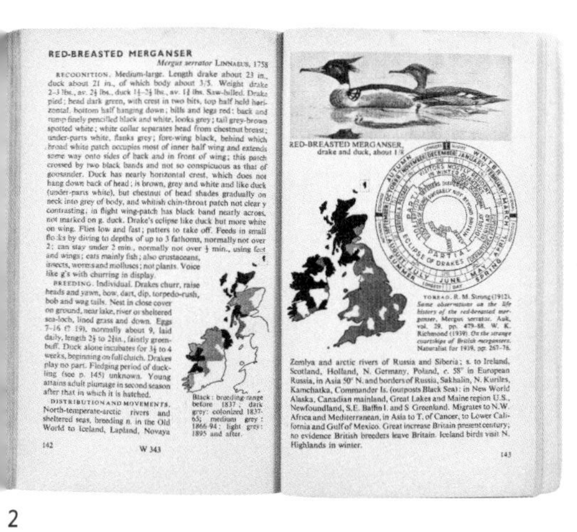

2

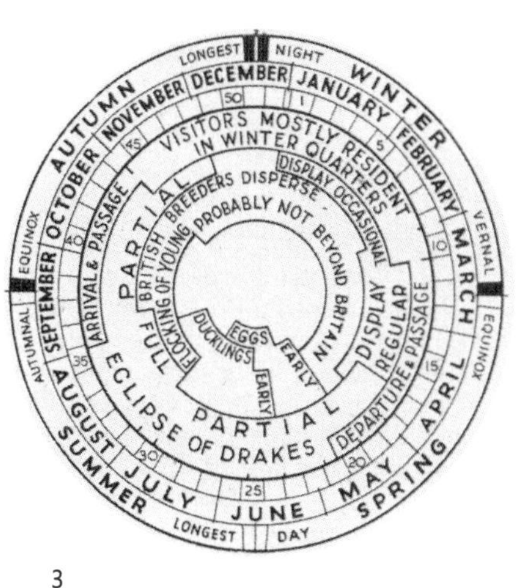

3

2 詹姆斯·费舍尔（James Fisher）的《鸟类识别手册》（*Bird Recognition*，Pelican，1951），书中以一幅环状图表现了鸟类活动一整年的周期变化。

3（图 2 的局部）以原尺寸大小（宽 5.7 厘米）呈现的环状时间轴线。在不同的时间区块内共有 65 个说明文字，说明鸟类一整年的活动情况。这张图的基本格线将一年分为了 52 周，9 个同心圆。从最外圈开始，第一圈是四个季节，同时标出了最长和最短白昼出现的时间点；第二圈是 12 个月；第三圈的 52 等份代表的是 52 周；第四圈和第五圈描述了夏羽和冬羽；第六圈是候鸟迁徙的周期；第七圈、第八圈和第九圈则是产卵和孵化幼鸟的时间。

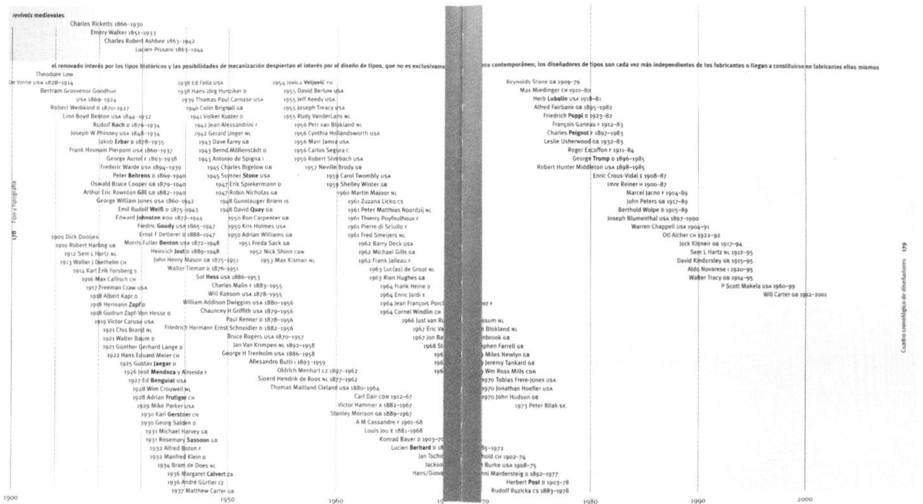

4

4 出现在西班牙语版《字体与排版》中的一幅跨页时间轴线图，上面列出了多位字体设计师的生卒年份。在左页上，以 50 年为一个时间单位，右页上则改以 10 年为一个时间单位。资料内容的排列方式分为两种：已经去世的设计师以去世的年份时间点为准靠右对齐；还在世的设计师则以出生年份时间点为准靠左对齐。用这样的方法，在一个跨页上列出了 148 位设计师的名字和生卒年，版面仍然保持清爽明晰。

地理投影法：视觉化呈现区域

地图测绘师们发明了各种各样的方法，试图在二维平面上描绘出三维立体球体，这些制图法被称为“投影法”。三维空间的球体表面并不能直接铺成一个连续的平面，只有把球切成几瓣，才能画成平面的地图。

“投影”（projection）这个词与光源有关，投影图的原理是假设一盏灯从球体的内部穿透球面，让经纬线的影子投射在摊平的纸上。简单地说，各种投影法的差别在于光源与纸面、光源和球体之间的相对位置不同。比如，柱面（tangent cylinder）投影法是将假想光源放在球体内部正中心，沿着球体外面的圆周（即赤道线）投射到纸上。

无论使用哪一种投影法绘制地图，难免会有一些变形。所有的投影法都无法百分之百精确地呈现球体上的所有信息：距离、位置（以“度”为计量单位）、面积。任何一种投影法都只能保有三大关键数值中的一项：等距（equidistance），正形（conformality，球面上的方向正确），等积（equivalence，球面上的相对面积正确）。有几种投影法不具备以上任何一项的准确性，但我们还是可以根据约定俗成，选用其中误差最小的方法。由于每种投影法都各有优缺点，有的制图师便会同时使用好几种不同的投影方式，开发出所谓的“混合投影法”（hybrid projections）。

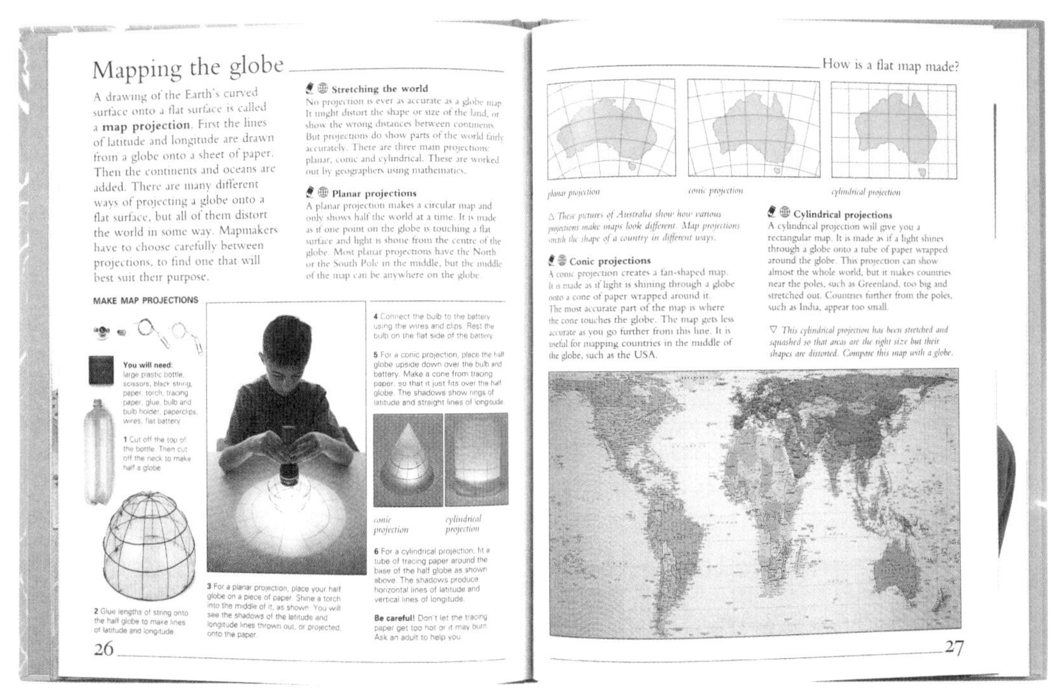

Mapping the globe

A drawing of the Earth's curved surface onto a flat surface is called a **map projection**. First the lines of latitude and longitude are drawn from a globe onto a sheet of paper. Then the continents and oceans are added. There are many different ways of projecting a globe onto a flat surface, but all of them distort the world in some way. Mapmakers have to choose carefully between projections, to find one that will best suit their purpose.

Stretching the world

No projection is ever as accurate as a globe map. It might distort the shape or size of the land, or show the wrong distances between continents. But projections do show parts of the world fairly accurately. There are three main projections: planar, conic and cylindrical. These are worked out by geographers using mathematics.

Planar projections

A planar projection makes a circular map and only shows half the world at a time. It is made as if one point on the globe is touching a flat surface and light is shone from the centre of the globe. Most planar projections have the North or the South Pole in the middle, but the middle of the map can be anywhere on the globe.

MAKE MAP PROJECTIONS

You will need: large plastic bottle, scissors, black string, paper, torch, tracing paper, glue, bulb and bulb holder, paperclips, wires, flat battery

1 Cut off the top of the bottle. Then cut off the neck to make half a globe.

2 Glue lengths of string onto the half globe to make lines of latitude and longitude.

3 For a planar projection, place your half globe on a piece of paper. Shine a torch into the middle of it, as shown. You will see the shadows of the latitude and longitude lines thrown out, or projected, onto the paper.

4 Connect the bulb to the battery using the wires and clips. Rest the bulb on the flat side of the battery.

5 For a conic projection, place the half globe upside down over the bulb and battery. Make a cone from tracing paper, so that it just fits over the half globe. The shadows show rings of latitude and straight lines of longitude.

conic projection *cylindrical projection*

6 For a cylindrical projection, fit a tube of tracing paper around the base of the half globe as shown above. The shadows produce horizontal lines of latitude and vertical lines of longitude.

Be careful! Don't let the tracing paper get too hot or it may burn. Ask an adult to help you.

26

How is a flat map made?

planar projection *conic projection* *cylindrical projection*

△ *These pictures of Australia show how various projections make maps look different. Map projections stretch the shape of a country in different ways.*

Conic projections

A conic projection creates a fan-shaped map. It is made as if light is shining through a globe onto a cone of paper wrapped around it. The most accurate part of the map is where the cone touches the globe. The map gets less accurate as you go further from this line. It is useful for mapping countries in the middle of the globe, such as the USA.

Cylindrical projections

A cylindrical projection will give you a rectangular map. It is made as if a light shines through a globe onto a tube of paper wrapped around the globe. This projection can show almost the whole world, but it makes countries near the poles, such as Greenland, too big and stretched out. Countries further from the poles, such as India, appear too small.

▽ *This cylindrical projection has been stretched and squashed so that areas are the right size but their shapes are distorted. Compare this map with a globe.*

27

左图：这个跨页出自芭芭拉·泰勒（Barbra Taylor）的《动手做！地理篇：地图》（*Make It Work! Geography: Maps*），这一跨页上的内容阐释了地理投影法如何以二维空间呈现三维空间的原理。用细绳做成经线和纬线，粘在代表地球的半透明球体上；灯泡从球体内投射出光纤，桌上便会出现经线和纬线的平面投影。

地图投影法的运用

下图：麦克·克德隆（Michael Kidron）编写、设计的《世界地图集》（*The State of the World Atlas*, 1981）针对世界各国的矿藏、水源、财富等资源，以地图形式进行比较。克德隆还以各国土地的实际面积比例反映数值大小，并将国界简化成几何形状，以加强其量化世界地图的图像效果。

为某一特定目的或一本书选择合适的地图投影法必须慎重，大多数出版商会采纳专业制图师的意见。正如1982年版的《泰晤士地图集》的编辑所言，“做一本地图集时，难免要在面积、比例、投影方式上不断妥协。虽然从理论上说，应该自始至终使用一致的比例和投影法，但是如果真那样做了，效果可能反而不理想。”

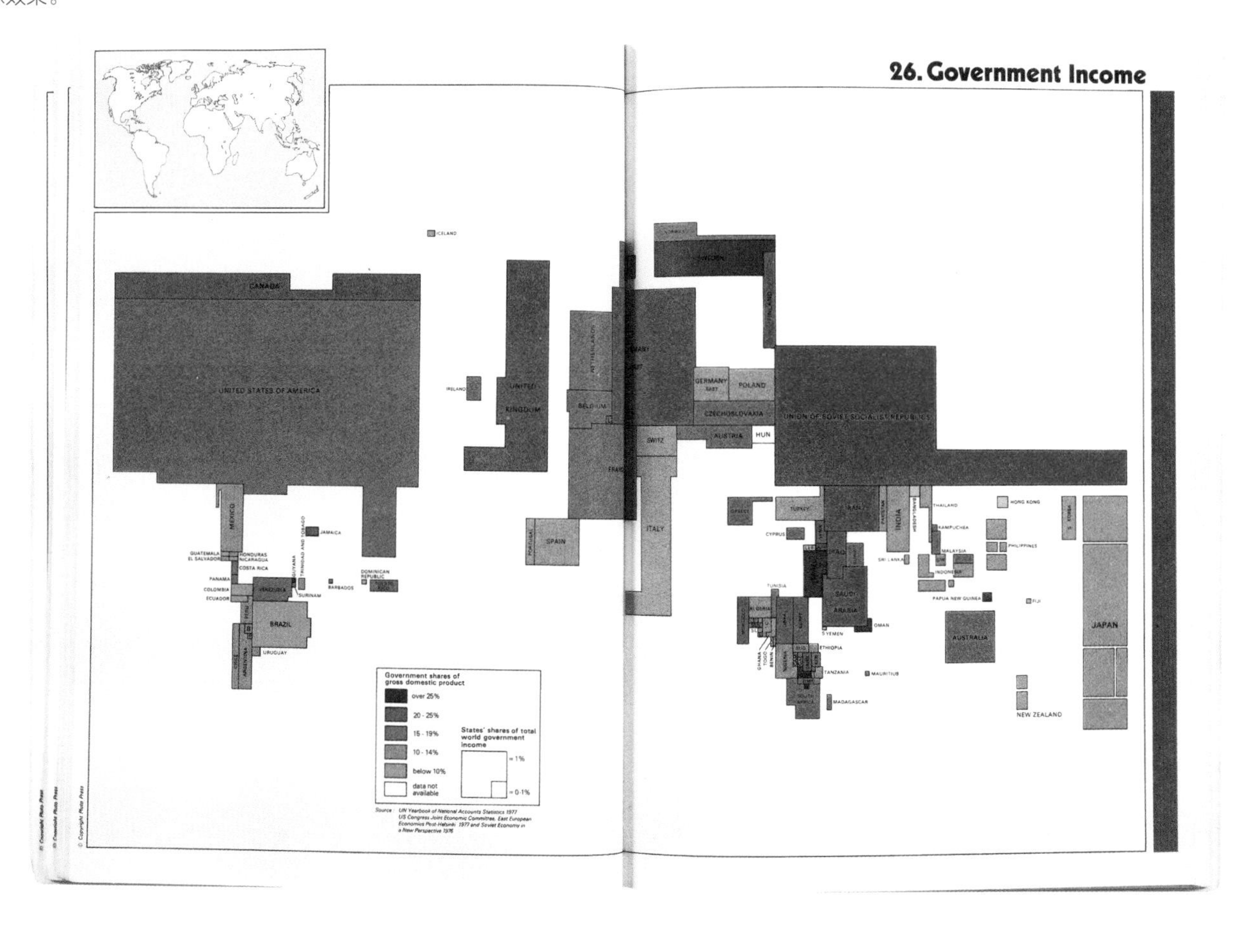

投影法的种类

墨卡托投影法（Mercator projection）又叫“航海图投影法”，是所有地图投影方法中影响最大的，是一种“等角正切圆柱投影”，投影后经线是一组竖直的等距离平行直线，纬线是垂直于经线的一组平行直线。

戈尔投影法（Gall's projection）既非正形也不是等积，其特点是高纬度地区的变形程度比墨卡托投影法轻微。在南半球和北半球45° 地带的面积甚至可以完全正确。

正弦投影法（Sinusoidal projection）属于等积投影，能显示球面上正确的陆地与海洋面积。

摩尔魏特投影法（Mollweide projection）为等积投影，能显示球面正确的海洋和陆地面积，将经度线（球面的垂直圆周线）画成椭圆形。

汉莫尔-埃托夫投影法(Hammer-Aitoff projection)为等积投影，能显示球面正确的海洋和陆地面积，与摩尔魏特投影法不同的是，汉莫尔-埃托夫投影法将纬度线画成弧线，使得圆面外缘的变形弧度较小。

巴氏局部投影法（Bartholomew's Regional projection）属于分瓣投影，将球面分为数瓣，但仍保持大陆板块的完整。

巴氏“泰晤士”投影法（Bartholomew's ‘The Times projection’）将经度线从0° 开始减缓增加弧度，画成平行线，与其他各种圆柱投影法相比，这种制图法能够最大程度降低地形扭曲的程度，同时让地图保持方正的矩形。

动态最大化投影法(Dymaxion projection) 由数学家、设计家R. 巴克敏斯特·富勒（R. Buckminster Fuller，1895—1983）独创的投影法，将世界建构在一个三角形的十二面体上，富勒将之命名为“dymaxion”。这种测绘方式能够迅速将平面变为立体形式，是富勒研究地理测绘的成果之一。

Mercator projection

This is the navigator's projection and the most renowned of all projections. It is conformal and its special merit is that lines of constant bearing (loxodromes) or compass bearings (rhumb lines) plot as straight lines. Since great circles other than meridians and the equator are curves in the Mercator projection a great circle route cannot be plotted directly but it can be transferred from a gnomonic projection and then divided into rhumb lines.

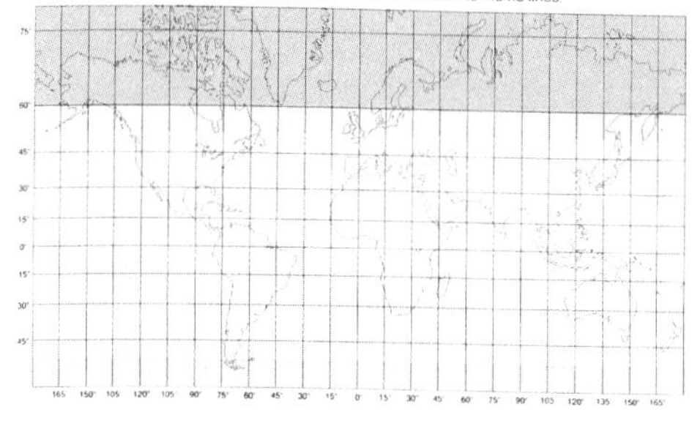

Gall's Stereographic projection

This projection is a stereographic projection from an antipodal point on the equator, on to a cylinder which cuts the Earth at 45°N and 45°S. It is easy to construct and has been widely used for world maps including those showing distribution data. The projection is neither conformal nor equal-area. Its principal merit it that it reduces greatly the distortion in northern latitudes of Mercator's projection, scale being true at 45° latitude N. & S.

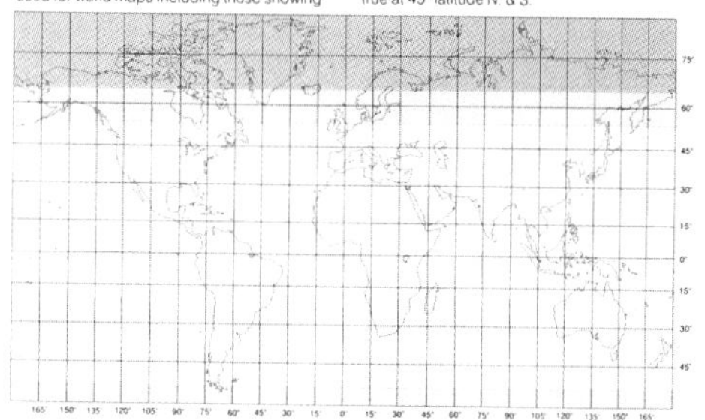

Sinusoidal (Sanson-Flamsteed) projection

This projection is equal-area and is a special case of the Bonne projection in which the standard parallel is the equator made true to scale. The central meridian is half the length of the equator and at right angles to it. Parallels are straight parallel lines, equally spaced and equally subdivided. Meridians are curves drawn through the subdivisions of the parallels.

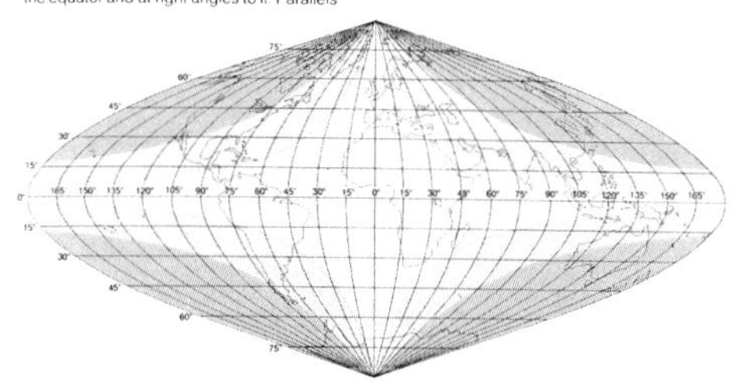

Mollweide projection

In this equal-area projection the central meridian is a straight line at right angles to the equator and all other parallels, all of which are straight lines subdivided equally. The spacing of the parallels is derived mathematically from the fact that the meridians 90° east and west of the central meridian form a circle equal in area to a hemisphere. Meridians are curves drawn through the subdivisions of the parallels. Except for the central meridian, they are all ellipses.

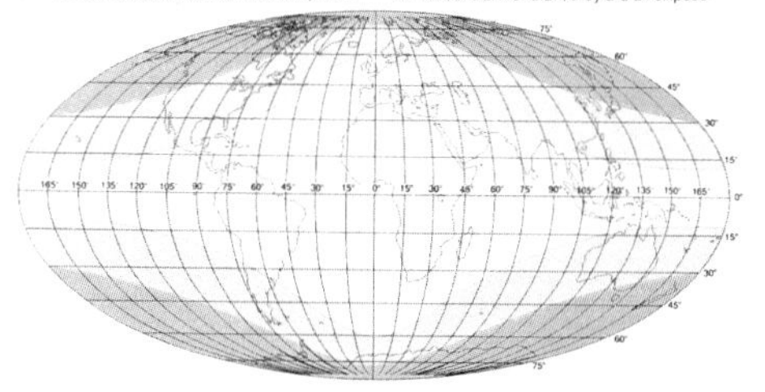

Hammer (Hammer-Aitoff) projection

This equal-area projection is developed from the Lambert azimuthal equal-area but with the equator doubled in length and with the central meridian remaining the same. Because the parallels are curved instead of being straight and parallel there is less distortion of shape at the outer limits of a world map than in the similar-looking Mollweide. This projection has been wrongly named Aitoff's. Aitoff is based on the azimuthal equidistant projection.

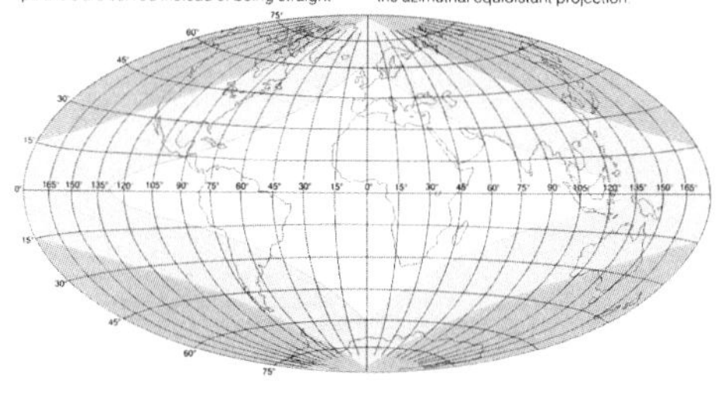

Bartholomew's Nordic projection

This projection is equal area. It is an oblique case of the Hammer projection which is a development of the Lambert azimuthal equal-area. The main axis of the Nordic projection is an oblique great circle passing through 45°N and 45°S. Its equal-area property makes it a suitable base for distribution maps and it is particularly well suited to the depiction of such data in the temperate latitude zones and the circum polar areas.

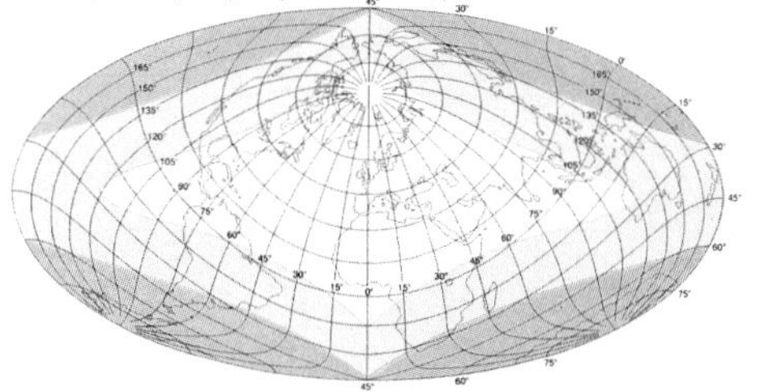

Bartholomew's Regional projection

An interrupted projection which aims to combine conformal properties with equal-area as far as possible. It emphasizes the north temperate zone, the main area of world development. From a cone cutting the globe along two selected parallels symmetrical gores complete the coverage of the Earth. In this modified example Pacific Ocean overlap usually included, has been eliminated to show land areas to the best advantage.

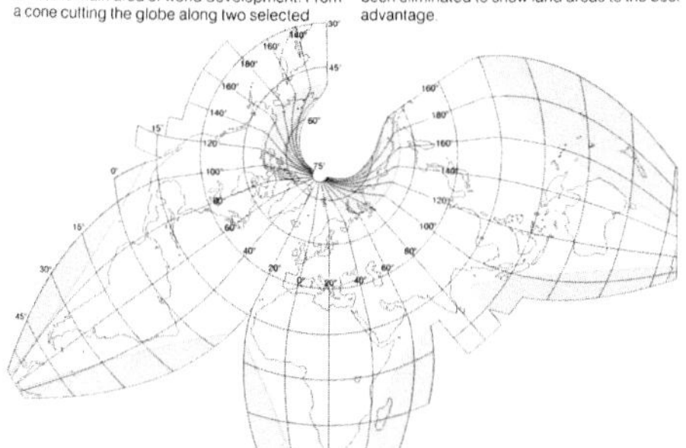

Bartholomew's 'The Times' projection

This projection was designed to reduce the distortions in area and shape which are inherent in cylindrical projections, whilst, at the same time, achieving an approximately rectangular shape overall. It falls in the category of pseudo-conical. Parallels are projected stereographically as in Gall's projection. The meridians are less curved than the sine curves of the sinusoidal projection. Scale is preserved at latitudes 45°N and 45°S.

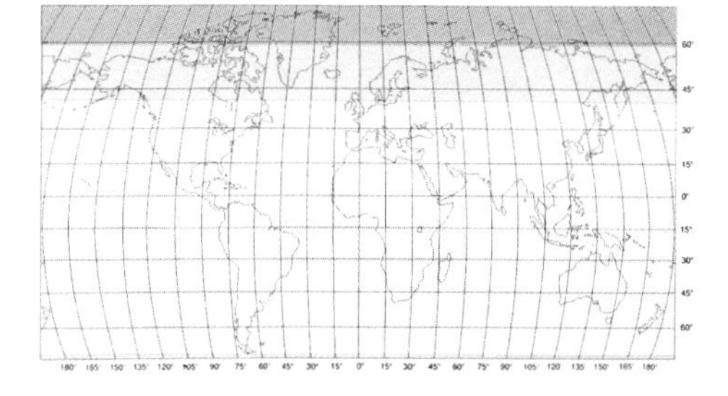

xlv

左图：《泰晤士地图集》（1985 年版）将几种不同的投影法放在同一页上，让读者可以比较不同的投影法之间的差异。经纬线以黑色印刷，棕色线条则代表大陆的海岸线。不同的底色显示各种投影法逐渐变形的趋势：黄色区域代表该地区的变形程度较低，绿色表示变形程度逐渐提高，土黄色则代表该区域已经严重变形了。

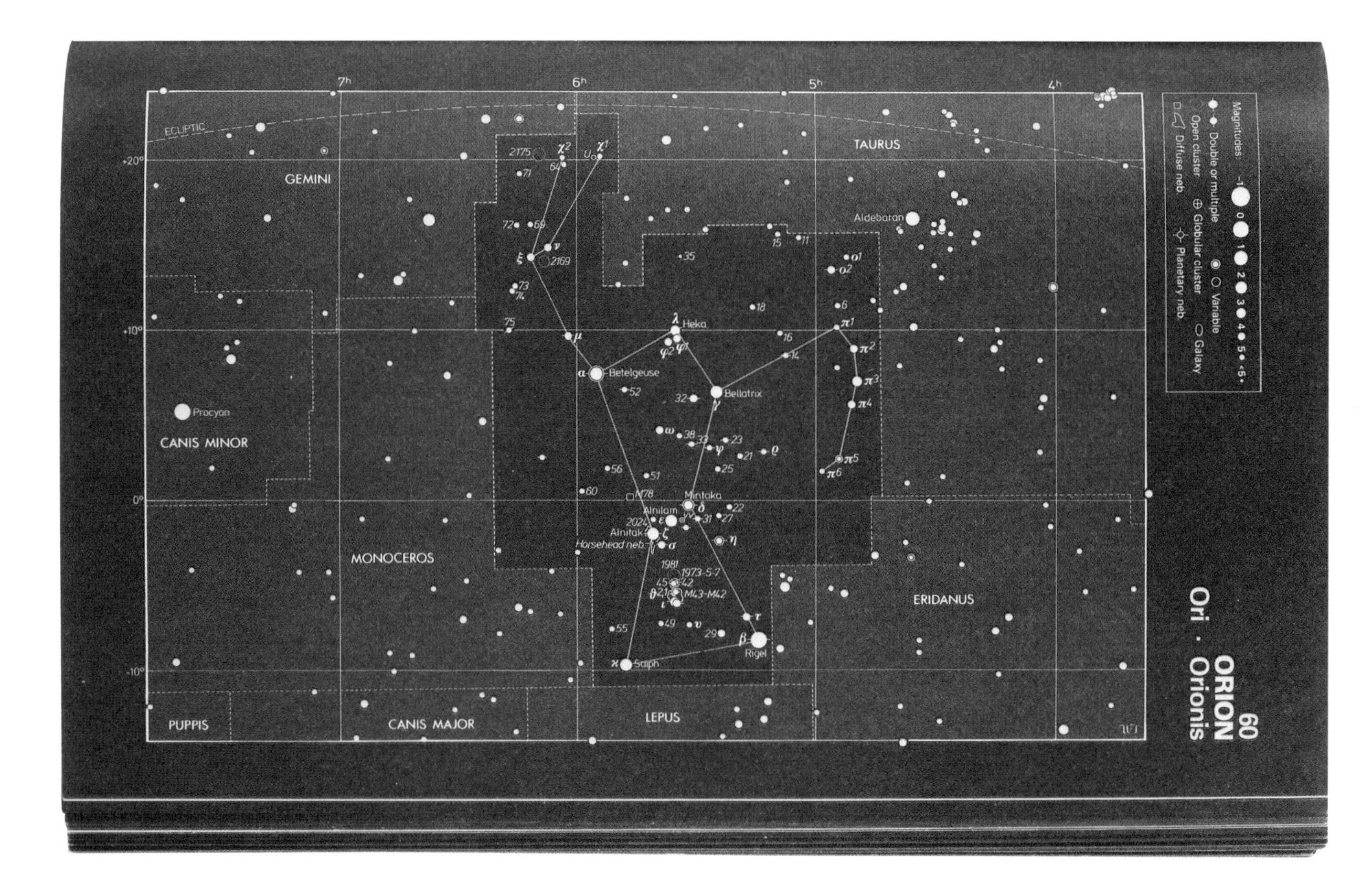

上图：《柯林斯观星手册》（*Collins' The Night Sky/Guide to Stars and Planets*，1984）书中这幅星图表示了恒星之间的相对位置，但这种投影法无法表现出这些星体与地球之间的距离。这幅图以圆点代表各个星体，不同的圆点大小代表不同的亮度或星等，与星体本身的实际大小无关，圆点越大，表示该星体在夜空中显得越亮。

绘制星图

天文学家描绘天空时，与地图测绘师们遇到了相似的问题。他们在绘图时，基于一个这样的假设，假设一颗代表宇宙的大圆球包含着一颗代表地球的小球。对于读者而言，星相图的样子就像是从小球上看大球内侧表面上散布的亮点。天文学家按照星群的分布将天空划分为几个几何区域，而这些区域则无限延展成太空。所有的区域分布排列在两个大圆圈内，一个圆圈代表从北半球仰望星空，一个代表从南半球仰望星空。另有一个狭长的“赤道带”，代表了从赤道地区观测到的星体。不同星等（亮度）的星体在圆面上则分别以亮点的大小加以区分，星等为“0”代表该星体的亮度最大，星等为“5”则最暗。有些星图还会用不同的颜色表示星体的温度。

关系图表

统计学家们发展并借用各种图解方式，来表示各元素或群组之间的关系。如果读者熟悉图解的呈现方式的话，这种图解会非常管用；这对作者和设计师而言也很有用，他们不必再用数字或者文字描述，只需要运用图解，就能说清楚各元素之间的关系。

维恩图（Venn diagram）

维恩图可以显示各元素群组之间的关系。圆圈被用来定义群组，还可以用椭圆形或者其他几何形状。一个圆圈代表一组单项的信息群组，交集区域中则包含两个群组的共有元素。理论上，可以有无数个圆圈代表的群组，但由于篇幅有限，同时需要让读者能够清楚识别交集的位置，群组的数量还是有必要限制。

下图：维恩图将同类元素或者概念集合在一起。按照不同的定义区分出各个群组圆圈。以本图为例，第一幅圆圈的定义为“圆形”；第二幅圆圈的定义为“正方形”；最右侧一幅表示前两组元素形成的交集，前两项定义经过交集产生了新的定义“小形”（small shapes）。

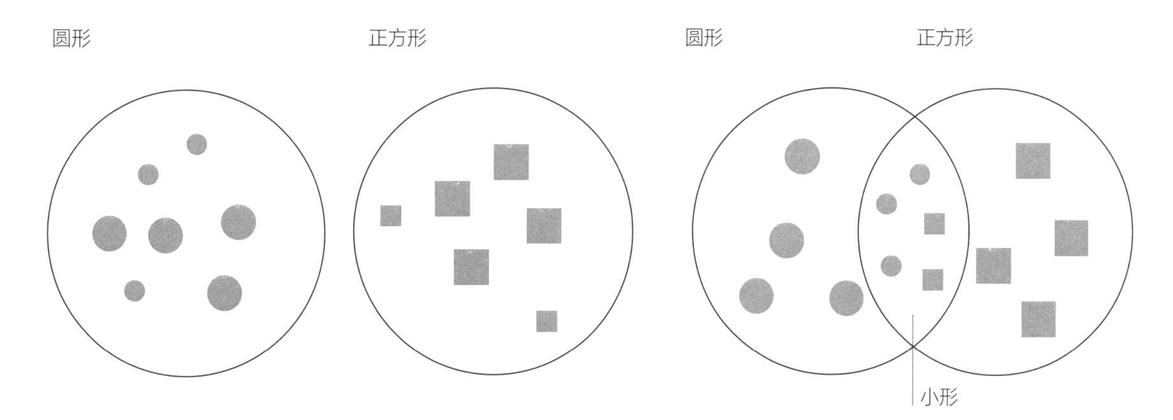

映射图（Mapping diagram）

和维恩图一样，映射图是用来呈现词语或者数值之间的关系。映射图用线段来表示数据之间的关系，通过运算，将信息归纳为群组。

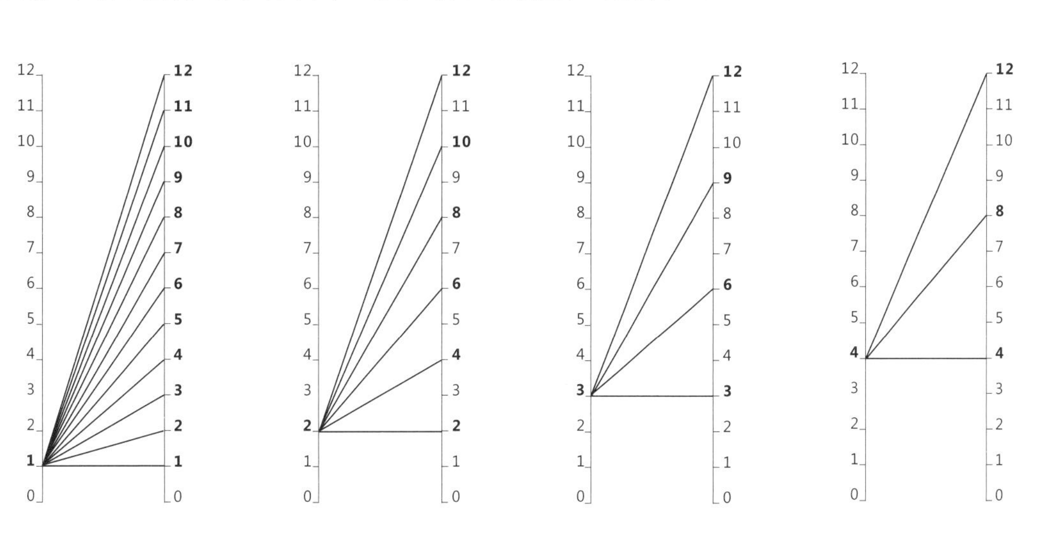

左图：这组映射图显示数字 12 的因数（1、2、3、4）。用粗体字标出对应的因数，可以更清楚地看出其中的关系。这种图可以用来显示数字与数字或者词语直接的对应联系。

右图：《徽章之源、符号及其含义》（*Heraldry Sources, Symbols, and Meaning by Ottfried Neubecker*, 1976）中拉页上的树状图表，描绘了某个法国皇室的族谱。各代世系都成排列出来，但只显示男性王位继承人之间的联系。

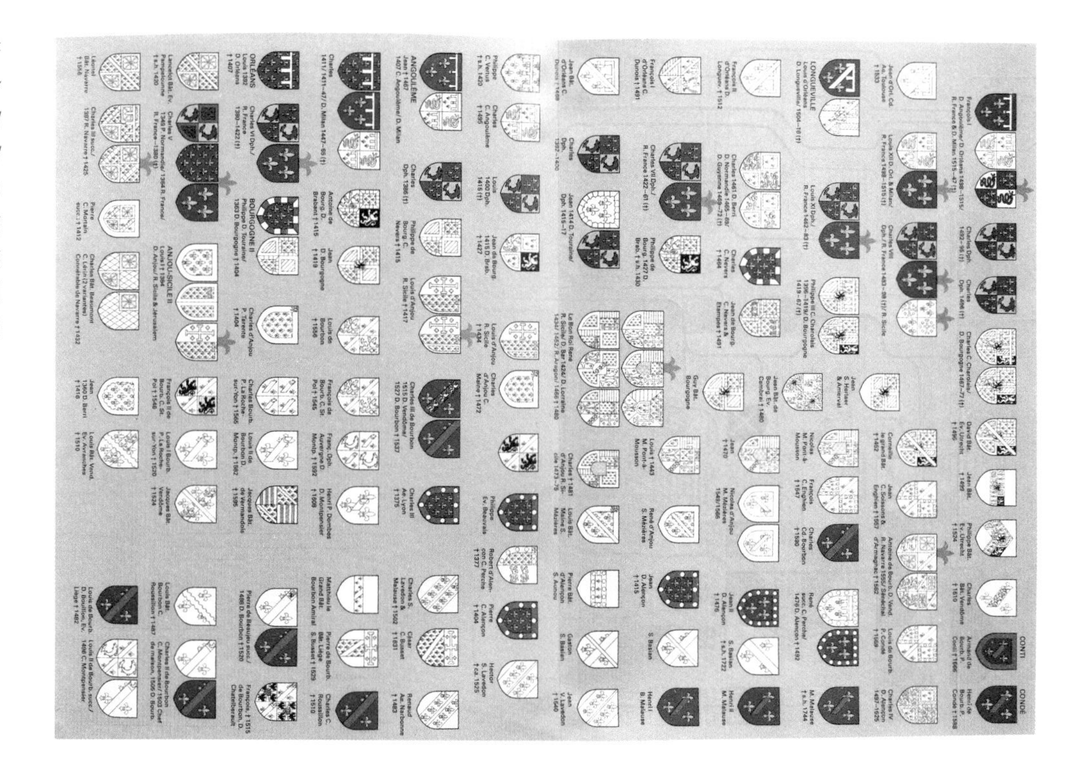

右图：由上而下，逐层细分的倒立树状图，可以用来分析一组信息的组成成分。与前一个族谱范例不同的是，这幅出自西班牙语版的《字体与排版》（参见118页）树状图是一组封闭、完整的信息。其按照文法结构逐一拆分每一个句子，再分门别类标示其功能和属性。

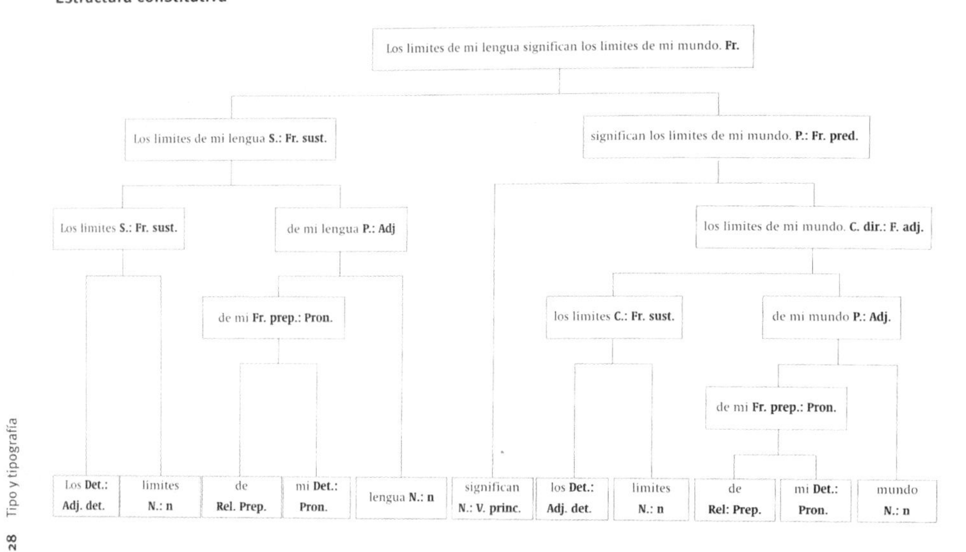

树状图（Tree diagram）

树状图是用来呈现某些物件、概念或者人物之间的相互关联性或彼此的从属关系。树状图的最佳范例就是族谱。这种树状图看起来就像是一株倒着长的树，分枝不断从代表世系源头的各个节点往下发展。树状图可以用来表示音乐、哲学或者绘画的各个流派、各种理论的演化关系。

这种图解描绘出了不断增加的信息，每增加一代，图解的复杂程度也随之增加。增加信息的树状图逐层延展，但也要考虑到页面的高度和宽度。树状图同样也可以表示逐层递减的信息，从页面最上方开始呈现各个要素如何逐渐组合成整体。这种图解也可以用来当作分析思路的工具，让读者验证信息内容的组成元素。

路线图（Linear diagram）

路线图并不是地图，因为路线图主要呈现的是节点与节点之间的联系，而不是地理上的实际方位。这种图一般用不同颜色代表不同的线路，让读者可以在错综复杂的线条之间辨认各路线的不同路径。电路、管线的配置，地铁和火车的营运线路都可以用这种方法呈现。

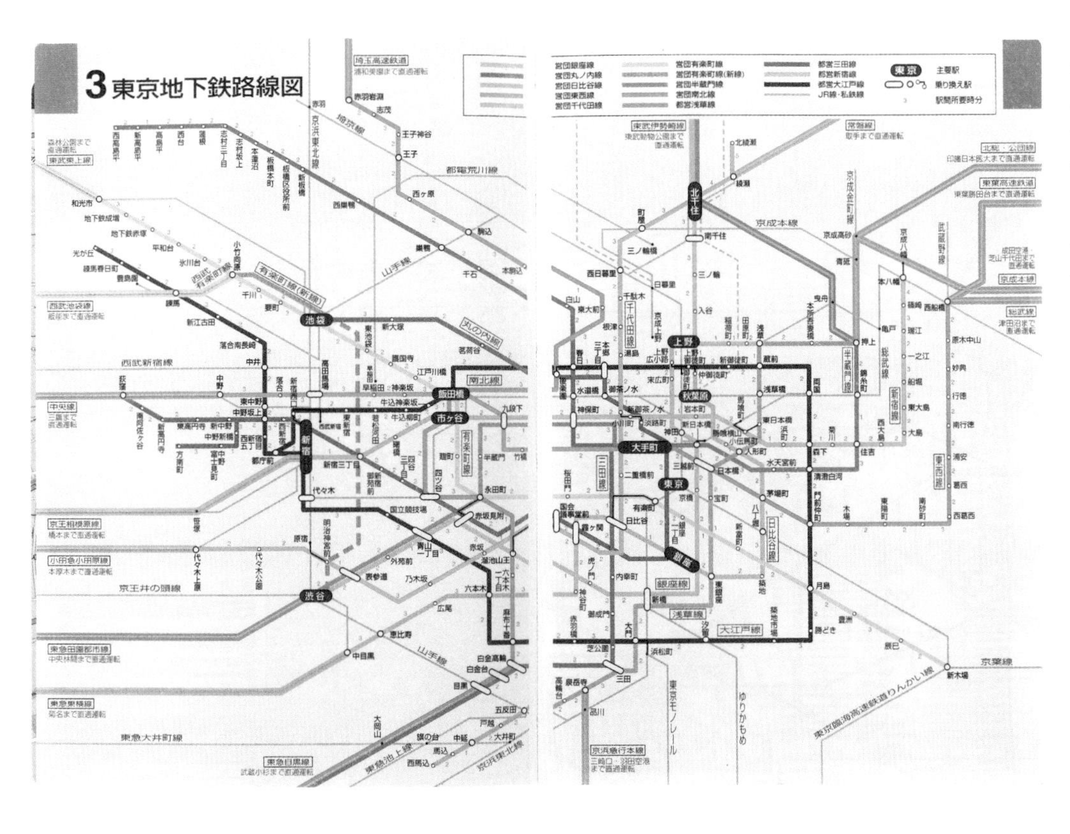

左图：这幅东京地铁路线图上可以清楚地让人看到每个车站的排列关系。不同线路以不同的颜色表示。线路图的目的是呈现节点与节点之间的联系，不用像地图那样标清楚实际的地理位置。

三维空间的二维表达

建筑师、工程师和造船师经常会运用二维空间呈现复杂的三维空间的绘图方式。这种按照比例，将立体的物体和空间表现在二维空间上的绘图技法由来已久。了解这种图示的惯用技法，对于书籍设计师和美术总监的工作会很有帮助，因为科技类书籍中的插图很多都是根据工程制图的原理来绘制的。

正投影绘图法（Orthographic drawing systems）

工程制图是一套在二维平面上描述三维立体物体的全图像语言，这种制图技术可以清晰地交代任何三维立体物体的位置、大小和形态。虽然书上常见各式各样的工程图，但是正投影绘图法影响是最大、最常见、最普遍的。许多科技类书籍插图的绘制者经常运用这种方法来绘制与工程、机械无关的概念和内容。

绝大多数物体的表面都是由若干线条和边角组成的。在空间概念中，边角可以定义为“点”。正投影绘图法就是在空间中界定点的确切位置，以及点与点之间的连接线。它往往需要通过两幅或两幅以上的图示来呈现同一个点在空间中的位置。以正确角度在垂直面和水平面两个平面来呈现同一个点，透过交互对照，便可确定该点在空间中的实际位置。

互切的垂直立面和水平面可以将空间划分为四个象限。这四个象限可以分为第一、第二、第三和第四象限角。正投影绘图法在任何一个象限角内都成立，但一般只利用第一和第三象限角作为投影角度。第一象限和第三象限角会影响三组基本图示的呈现顺序：前视图、侧视图和俯视图。这些图示可以任意用不同的比例绘制，不过最好还是按照相同的比例，才能显示正确的长度。辅助视图可以交代物体的细节部分。对该物体进行精确的截面，可以记录按照比例绘制的正确长度。

轴测投影绘图法（Axonometric projections）：同时呈现物体的三面

这是一种能够同时呈现物体三面的工程制图法，不像正投影图必须分别用三幅图呈现三个面。由于轴测投影图不显示透视，所呈现的物体面貌和我们肉眼所见并不相符，但这种图很容易读懂。

轴测投影绘图法通常用来综览某处景观或建筑，也适合与截面图搭配，画成连续的图示，呈现其演变历程。

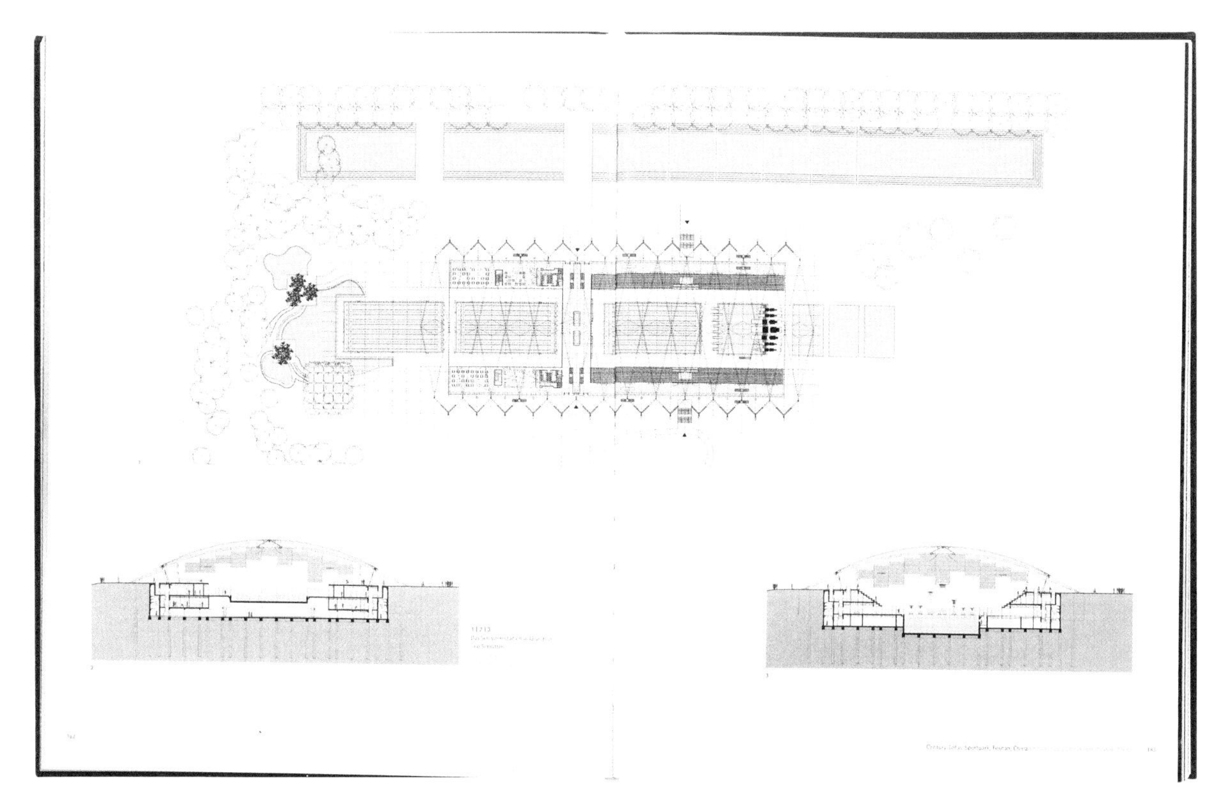

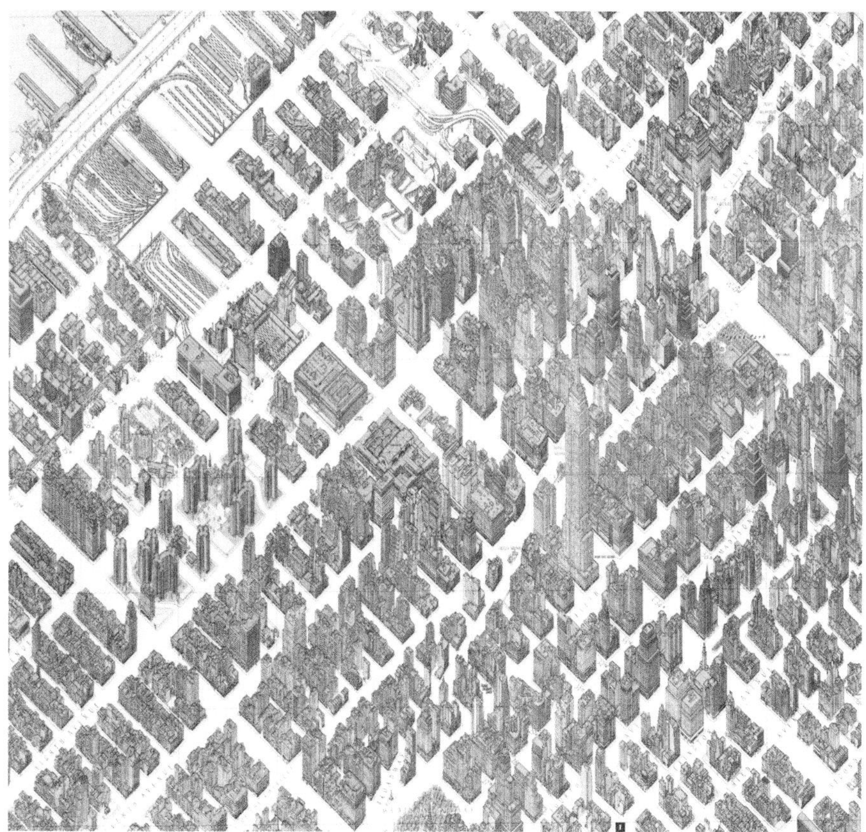

上图：《体育馆和运动场》（*Stadium und Arenen*, 2006）书中的一幅跨页插图，显示了体育馆各个面的正投影。按照惯例，正投影绘图都以前视、侧视和俯视三种视角呈现物体。

左图： 赫尔曼·波尔曼（Hermann Bollmann）以等角透视法绘制了纽约市的轴测投影图，图上的物体全部以 45° 角呈现。这个范例同时显示了街道分布与曼哈顿大楼的高度，不但看起来美观，信息也得以清楚地呈现。

右图：《海恩斯汽车维修手册》（*Haynes car manual*）中使用拆解式透视图，展示了帕萨特3（1999年的车型）减震装置中各个零件相互连接和组装的方式。请注意，图中使用的是指示线和编号的标示，再按照编号逐一解说的方式；编号的顺序并非完全按照图像排列，而是按照零件组装的顺序。

Suspensions et direction 10•7

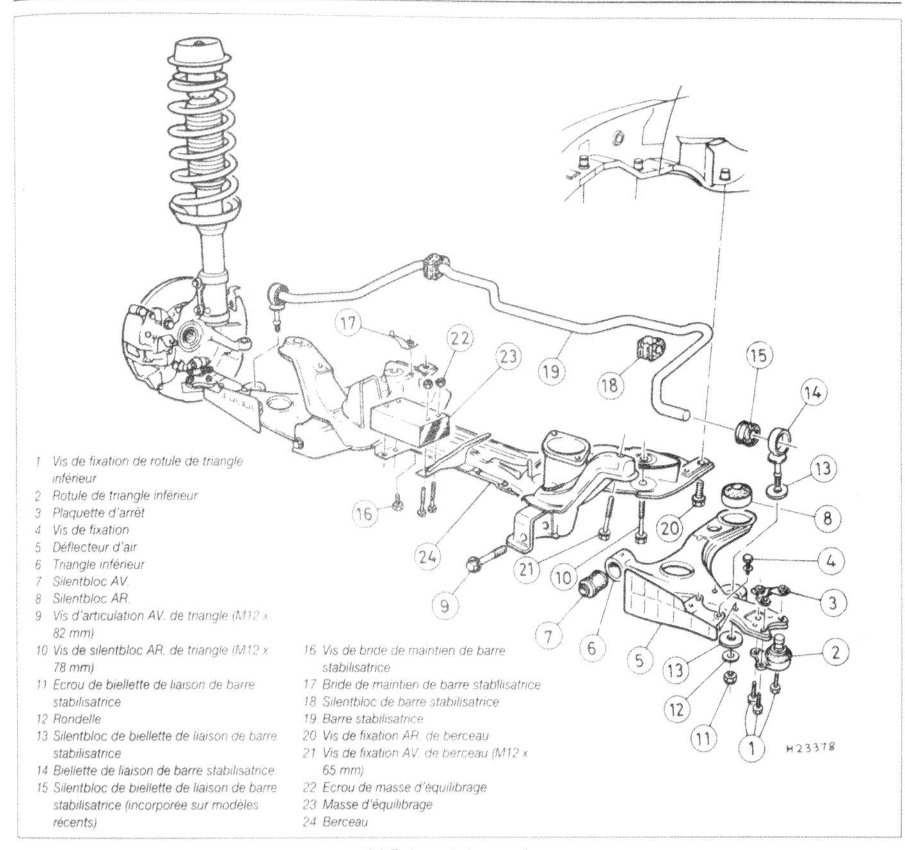

6.4 Train avant et suspension

9 Dégager le triangle inférieur en le manœuvrant vers le bas tout d'abord à partir de son articulation avant puis vers le bas et l'intérieur depuis le pivot porte-moyeu et enfin vers l'avant depuis son silentbloc arrière. Si besoin est, abaisser légèrement le berceau pour pouvoir dégager le triangle au niveau de son silentbloc arrière. Utiliser un levier approprié pour libérer le triangle de ses silentblocs en veillant toutefois à ne pas endommager les pièces attenantes.

Démontage

10 Après l'avoir déposé, nettoyer le triangle inférieur.

11 Vérifier que sa rotule ne présente pas de signes d'usure exagérée et que les silentblocs d'articulation ne sont pas abîmés. S'assurer également que le triangle n'est pas endommagé ni déformé. Changer si nécessaire la rotule et les silentblocs.

12 Pour procéder au remplacement de la rotule, repérer sa position de montage exacte sur le triangle, ce qui est impératif compte tenu que la position respective du triangle et de sa rotule a été ajustée en usine et il y a lieu de respecter ce réglage lors du montage d'une rotule neuve. Desserrer ses vis de fixation et dégager la rotule avec la plaquette d'arrêt. Monter la rotule neuve en observant le repère de montage effectué à la dépose puis serrer les vis de fixation au couple prescrit. En cas de montage d'un triangle neuf, centrer la rotule par rapport aux trous oblongs.

13 Pour changer le silentbloc avant du triangle, l'extraire à l'aide d'un boulon long muni d'un tube métallique et de rondelles. Monter le silentbloc en utilisant la même méthode, en le trempant au préalable dans de l'eau savonneuse pour faciliter sa mise en place.

14 Le silentbloc arrière du triangle peut être extrait en faisant levier mais dans certains cas, il y aura lieu de couper ses parties en caoutchouc et métallique pour le chasser ensuite. Cette dernière solution n'est en principe nécessaire qu'en cas de difficulté à dégager le silentbloc du fait de la corrosion.

10

分解图（Exploded drawing）：呈现组成部分

这种图可以用轴测法或透视法呈现，显示该物体的所有组合零件，就像将它一一拆散开。分解图的前提是，所有零件必须与其组装部位保持一样的角度。每个零件一定要按照同样的视角加以描绘，也必须逐一安排在适当的位置，看起来才不会显得奇怪。不过，如果该物体本身十分复杂（比如汽车发动机），各个零件难免会发生互相重叠的情况。这种图可以呈现正确的全貌、显示各部位的结合方式，并说明组装的步骤。汽车维修手册和各种 DIY 手册常常运用这种图示方法。

透视图（Perspective drawing）：以固定的视角呈现物体

透视图是在同一个视角呈现三维空间的绘图法。与正投影绘图法不同的是，透视图并不能真实地表现物体的大小和长度；这种图示法是在固定的位置以单眼观察物体，根据观察描绘物体的形貌。在意大利文艺复兴开始的时候，佛罗伦萨的建筑家菲利波・布鲁内莱斯基（Filippo Brunelleschi, 1377—1446）制定了透视图的数学法则。

人用双眼看时间，再通过大脑将两眼所看到的不同影像加以组合。透视图法的原理是以一个单点（即“视点”）进行观测。靠近视点的物体会显得大，距离越远越小。当我们站在海边眺望海平面，眼前会出现一道横贯整个视野的水平直线——地平线。假如是站在火车铁轨的中间望向铁道的尽头，两道平行的轨道最终会在地平线上交汇成一个点——消失点。透视法就是设置好视点、物体、地平线、消失点之间的相互关系，并将它们全部画在一张可见的“画面”（picture plane）上，就像把所有景物呈现在一张横在视点与对象之间的纸上。

三维立体绘图程序（Three-dimensional drawing programs）

三维立体绘图程序可以帮助插画师在一个线框中构建虚拟的三维立体物体或者景观。与传统绘图方式不同的是，立体绘图过程中可以任意变化视角，可以实时从各个角度观看该虚拟物体。动画制作、动态影像和建筑展示中经常利用这种分割画面、多重视角的技术，但这种方法还没有充分运用在书籍设计领域。

Paso 6. Instale el cartucho de impresión

Utilice este procedimiento para instalar el cartucho de impresión. Si el tóner cae en su ropa, límpielo con un paño seco y lave la ropa en agua fría. El agua caliente fija el tóner en el tejido.

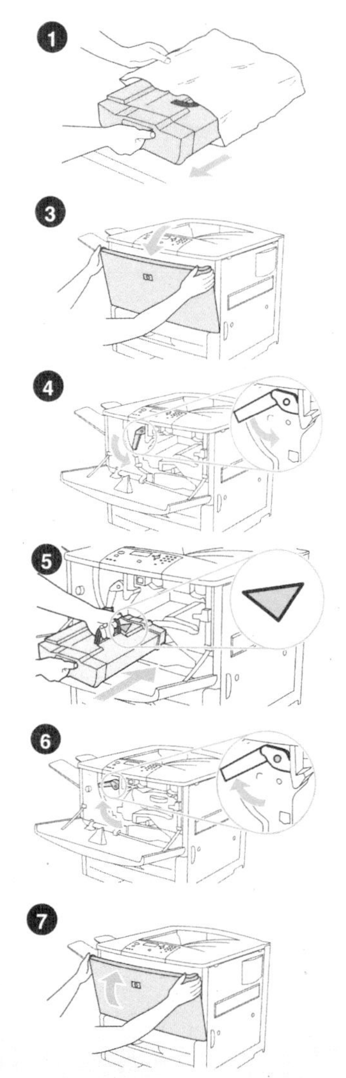

Para instalar el cartucho de impresión

1 Antes de quitar el cartucho de impresión de su embalaje, colóquelo en una superficie firme. Saque con cuidado el cartucho de impresión de su embalaje.

PRECAUCIÓN
Para evitar que el cartucho de impresión se dañe, utilice las dos manos al manejarlo.
No exponga el cartucho de impresión a la luz más de unos minutos. Tape el cartucho de impresión cuando esté fuera de la impresora.

2 Mueva el cartucho de impresión con cuidado de delante hacia atrás para que el tóner se distribuya correctamente en su interior. Ésta es la única vez que deberá agitarlo.

3 Abra la puerta delantera de la impresora.

4 Gire la palanca verde hacia abajo hasta la posición de apertura.

5 Sujete el cartucho de manera que la flecha se encuentre en el lado izquierdo del mismo. Coloque el cartucho tal y como se muestra, con la flecha del lado izquierdo apuntando hacia la impresora y alineado con las guías de impresión. Introduzca el cartucho en la impresora tanto como pueda.

Nota
El cartucho de impresión tiene una lengüeta interna para tirar. La impresora quita automáticamente la lengüeta para tirar tras instalar el cartucho y encender la impresora. El cartucho de impresión hace mucho ruido durante varios segundos cuando la impresora quita la lengüeta. Este ruido sólo se produce con los cartuchos de impresión nuevos.

6 Pulse el botón de la palanca verde y gírela en el sentido de las agujas del reloj hasta la posición de cierre.

7 Cierre la puerta delantera.

158 Configuración de la impresora ESWW

上图：这一页出自西班牙文版的惠普打印机操作手册，运用一组分解连续动作的透视图解，加上大量的文字说明，以单一的颜色解说更换墨盒的步骤。

步骤分解图（Step-by-steps）

连续的图解，或者说步骤分解图在出版领域由来已久。连续的图解可以用手绘或者照片的方式，或者运用模型来表现。有的步骤分解图可以不必再另外加文字说明，但是有的加上图注效果更好。

这种图解法需要缜密规划和美术指导的协助。一个通常需要妥协的地方就是，能够满足分解一套流程的图片数不一定能够刚好配合该书版面网格所允许的栏位数。比如，其分成 7 个或 11 个步骤，对于所解说的操作内容正合适，却不能像 6 个或 9 个步骤那样符合六栏网格。

每一页画一个分解的动作，当读者快速连续翻阅时会产生类似动画效果的小书被称为“flick book”。这种形式可以为短的步骤提供快速解释。

如果经过精心的设计和安排，你完全能以步骤分解图（不使用任何注释文字）将过程说明解释清楚；而且不使用文字除了对印行其他语种的版本比较方便，对于要在不同国家销售、随产品附上的说明书也很有利，因为不需要再翻译了。

上图：步骤分解图往往比照片更能清楚说明操作步骤，因为插图师可以对细节部分加以编辑。上面这幅图是如何切火腿的步骤分解图，出自詹妮弗 · 麦克奈特 - 特朗兹（Jennifer McKnight-Trontz）的《如何》（*How To*，2004）一书，插图是单色，但是线条粗细有所不同。四幅插图都是从同样的视角出发，没有文字也能解释清楚整个流程。

步骤分解图

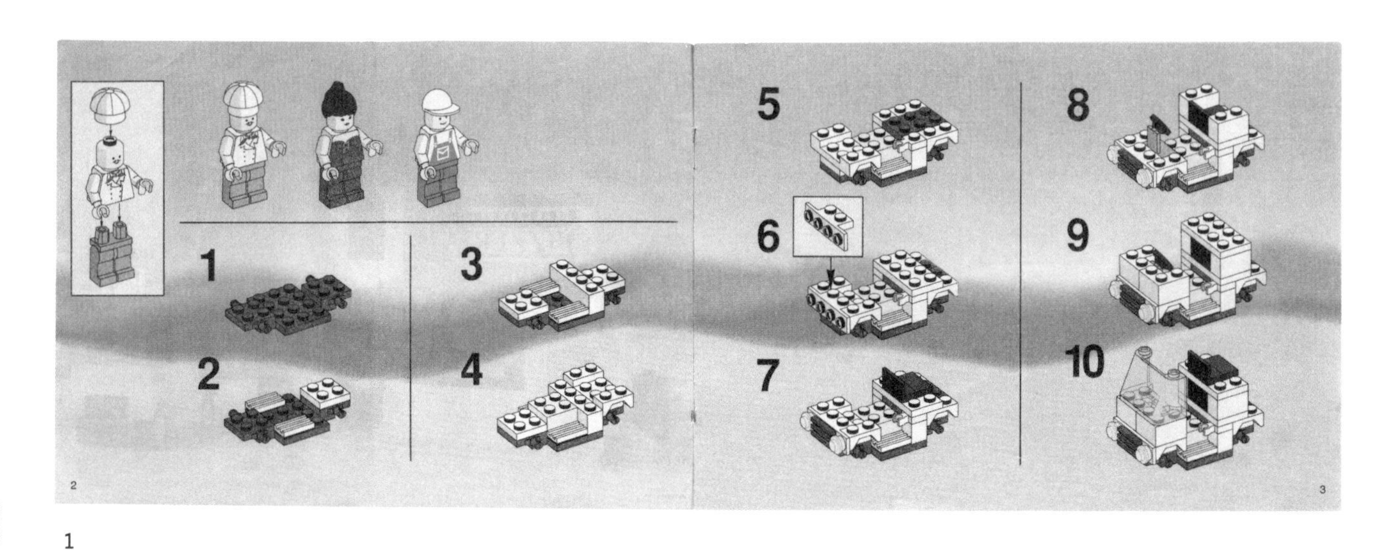

1

1 乐高模型组装图解手册完全没有文字说明，除了方便该产品在全球销售，也因为其主要对象是还未具备阅读能力的儿童。图示以等角立体图呈现。每幅图都是一个连续的组装步骤，每个模型都以相同的视角描绘，但其中的一些细节处会另外加上辅助小图。

Curve condotte e supercondotte

PARALLELO

Pista consigliata
ampia, con pendenza media o ripide;
la neve deve essere battuta e compatta

L'arco delle curve è ampio. Gli sci sono in continua conduzione.
Il ritmo d'esecuzione del parallelo è piuttosto blando. In curva il peso va caricato prevalentemente sullo sci esterno.

1 2 3 4

Nel parallelo l'appoggio del bastoncino avviene nella fase di distensione-traslazione. Anche in questo caso aiuta a mantenere il ritmo delle curve.

98

Curve condotte e supercondotte

CORTO RAGGIO

Pista consigliata
con pendenza media o ripida;
neve ben battuta

Le curve hanno arco breve e sono molto ravvicinate tra loro. Il ritmo d'esecuzione, molto sostenuto, e determinato da una specie di rimbalzo provocato dalla reazione di terreno, sci e muscolatura alla pressione esercitata.

1 2 3 4

Anche in questo caso, l'orientamento del busto rimane sempre verso valle. Il peso è distribuito su entrambi gli sci.

99

2

2 马库斯 · 考博德（Markus Kobold）《滑雪教程》（*Sci da manuale*，2001）的跨页分解图使用编号照片，从上而下逐一解说了滑雪下坡的技巧。照片中滑雪者的身影越来越大，说明滑雪者越来越近。由于纸页和雪地都是白色，或许不必加上个别图框。

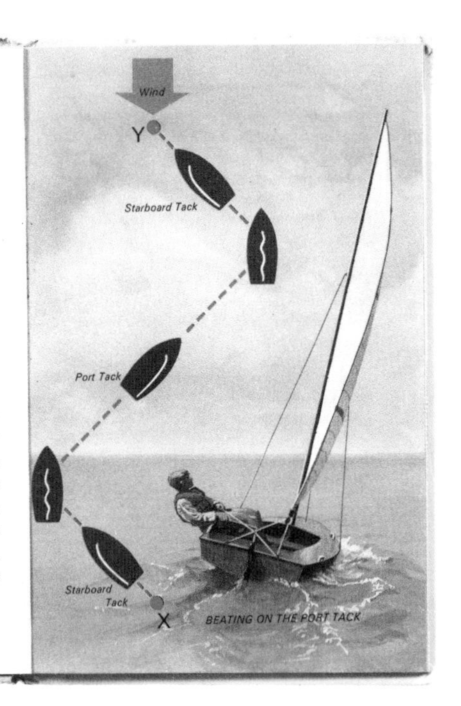

Points of sailing—close-hauling

The first thing we must remember about sailing is that a boat cannot sail directly into the wind. In the head-to-wind position the sail simply flaps and is unable to propel the craft forward. You might ask what happens when you wish to sail from point X to point Y when the wind is blowing from Y to X? The answer is that you must steer a zig-zag course first to one side of the wind direction and then to the other, keeping as *close* to the wind line as you can with the sail full and not flapping. If it starts to flap, the angle of travel must be increased until it fills again. Eventually, after a series of such manoeuvres you will reach your aiming point at Y.

Zig-zagging in the manner described is known as *beating to windward* or *tacking*. While sailing in this way the boat is said to be *close-hauled*, and this is one of the three main points of sailing. When the wind strikes the sail on the port side with the boom angled over to starboard we can say we are on the *port tack*; wind from starboard and boom to port is the *starboard tack*. Normally, an angle of at least forty-five degrees to the wind direction is as close as an average boat will sail.

14

3

3《瓢虫航海图册》（*Ladybird Book of Sailing and Boating*, 1972）尽管是为儿童编写的，但也颇受成年读者喜爱。该书以文图分离的方式进行（文字说明列在左页，插图在右页）。手绘插图上还有另外一幅简单的平面流程示意图，解说了从 X 点到 Y 点，自下而上的连续流程。

4 DK 出版社（Dorling Kindersley）出版的《航海手册》（*The Handbook of Sailing by Bob Bond*, 1980）德文版中的一个跨页，在八栏的版面上，运用说明文字、一幅缩小图和七幅连续分解图进行解说。第一栏的图示使用数字代表其后出现的分解图顺序。每幅图片呈现的视角都经过缜密安排，能够重点突出该动作的细节。如果按照实际情况，随着船越驶越远，船身应该越来越小，但是插画师刻意将七幅步骤图中的船画成一样的大小。

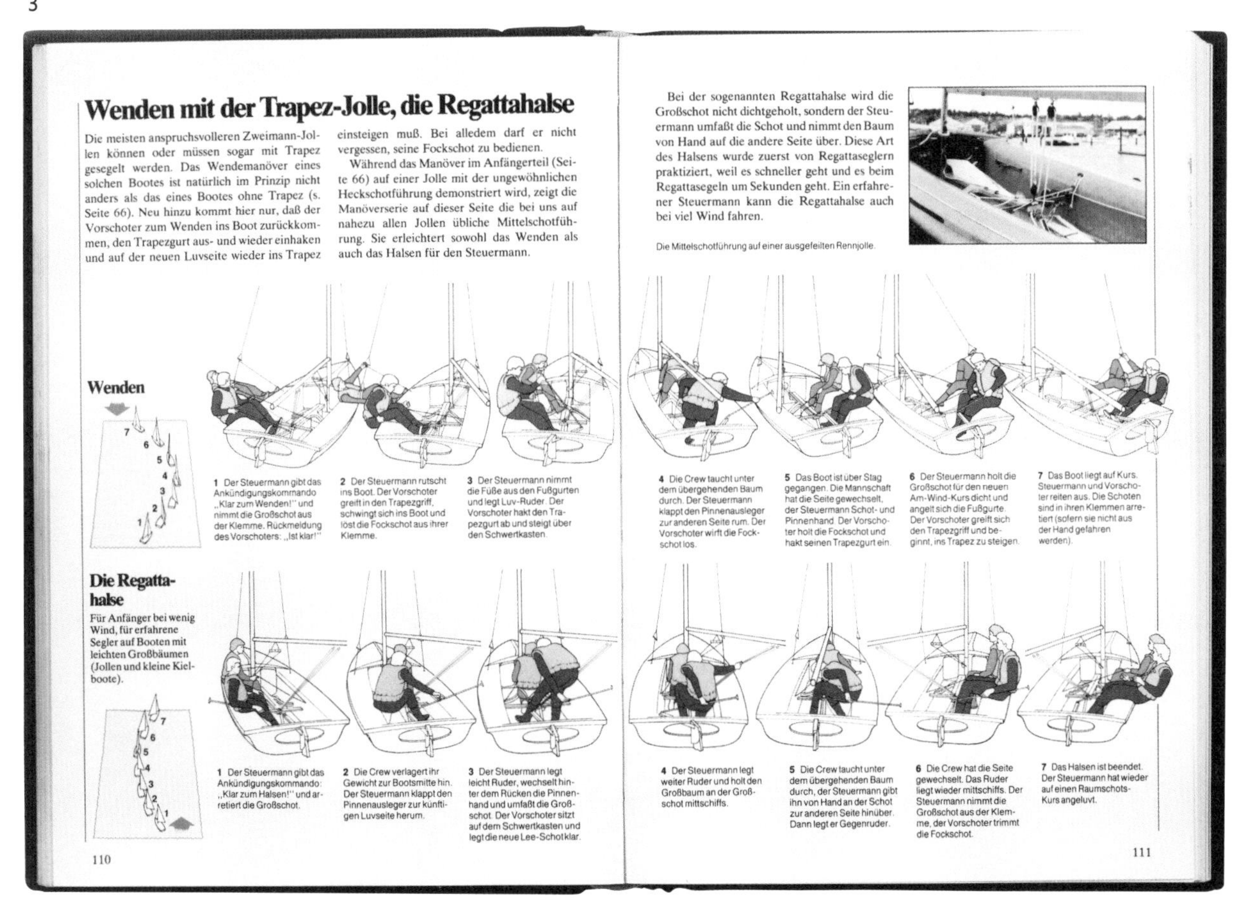

Wenden mit der Trapez-Jolle, die Regattahalse

Die meisten anspruchsvolleren Zweimann-Jollen können oder müssen sogar mit Trapez gesegelt werden. Das Wendemanöver eines solchen Bootes ist natürlich im Prinzip nicht anders als das eines Bootes ohne Trapez (s. Seite 66). Neu hinzu kommt hier nur, daß der Vorschoter zum Wenden ins Boot zurückkommen, den Trapezgurt aus- und wieder einhaken und auf der neuen Luvseite wieder ins Trapez einsteigen muß. Bei alledem darf er nicht vergessen, seine Fockschot zu bedienen.

Während das Manöver im Anfängerteil (Seite 66) auf einer Jolle mit der ungewöhnlichen Heckschotführung demonstriert wird, zeigt die Manöverserie auf dieser Seite die bei uns auf nahezu allen Jollen übliche Mittelschotführung. Sie erleichtert sowohl das Wenden als auch das Halsen für den Steuermann.

Bei der sogenannten Regattahalse wird die Großschot nicht dichtgeholt, sondern der Steuermann umfaßt die Schot und nimmt den Baum von Hand auf die andere Seite über. Diese Art des Halsens wurde zuerst von Regattaseglern praktiziert, weil es schneller geht und es beim Regattasegeln um Sekunden geht. Ein erfahrener Steuermann kann die Regattahalse auch bei viel Wind fahren.

Die Mittelschotführung auf einer ausgefeilten Rennjolle.

Wenden

1 Der Steuermann gibt das Ankündigungskommando „Klar zum Wenden!" und nimmt die Großschot aus der Klemme. Rückmeldung des Vorschoters: „Ist klar!"

2 Der Steuermann rutscht ins Boot. Der Vorschoter greift in den Trapezgriff, schwingt sich ins Boot und löst die Fockschot aus ihrer Klemme.

3 Der Steuermann nimmt die Füße aus den Fußgurten und legt Luv-Ruder. Der Vorschoter hakt den Trapezgurt ab und steigt über den Schwertkasten.

4 Die Crew taucht unter dem übergehenden Baum durch. Der Steuermann klappt den Pinnenausleger zur anderen Seite rum. Der Vorschoter wirft die Fockschot los.

5 Das Boot ist über Stag gegangen. Die Mannschaft hat die Seite gewechselt, der Steuermann Schot- und Pinnenhand. Der Vorschoter holt die Fockschot und hakt seinen Trapezgurt ein.

6 Der Steuermann holt die Großschot für den neuen Am-Wind-Kurs dicht und angelt sich die Fußgurte. Der Vorschoter greift sich den Trapezgriff und beginnt, ins Trapez zu steigen.

7 Das Boot liegt auf Kurs. Steuermann und Vorschoter reiten aus. Die Schoten sind in ihren Klemmen arretiert (sofern sie nicht aus der Hand gefahren werden).

Die Regattahalse

Für Anfänger bei wenig Wind, für erfahrene Segler auf Booten mit leichten Großbäumen (Jollen und kleine Kielboote).

1 Der Steuermann gibt das Ankündigungskommando: „Klar zum Halsen!" und arretiert die Großschot.

2 Die Crew verlagert ihr Gewicht zur Bootsmitte hin. Der Steuermann klappt den Pinnenausleger zur künftigen Luvseite herum.

3 Der Steuermann legt leicht Ruder, wechselt hinter dem Rücken die Pinnenhand und umfaßt die Großschot. Der Vorschoter sitzt auf dem Schwertkasten und legt die neue Lee-Schot klar.

4 Der Steuermann legt weiter Ruder und holt den Großbaum an der Großschot mittschiffs.

5 Die Crew taucht unter dem übergehenden Baum durch, der Steuermann gibt ihn von Hand an der Schot zur anderen Seite hinüber. Dann legt er Gegenruder.

6 Die Crew hat die Seite gewechselt. Das Ruder liegt wieder mittschiffs. Der Steuermann nimmt die Großschot aus der Klemme, der Vorschoter trimmt die Fockschot.

7 Das Halsen ist beendet. Der Steuermann hat wieder auf einen Raumschots-Kurs angeluvt.

110 111

4

揭示物体内部隐藏细节的图表

科技类的插画运用正投影或者轴测投影等绘图法，能够表现无法用照相机拍到的物体内部细节。这种插画常常是在整幅图中综合截面、剖面和略图等技法。科技类插画在绘制前需要确定视点、书页的版式、开本细节，并列出编辑和美编想要加上标签说明的部位清单。插画绘制者必须仔细控制线条的粗细、整体的色调和颜色，最后的印刷成品才能够既能呈现足够的细节又足够清晰。

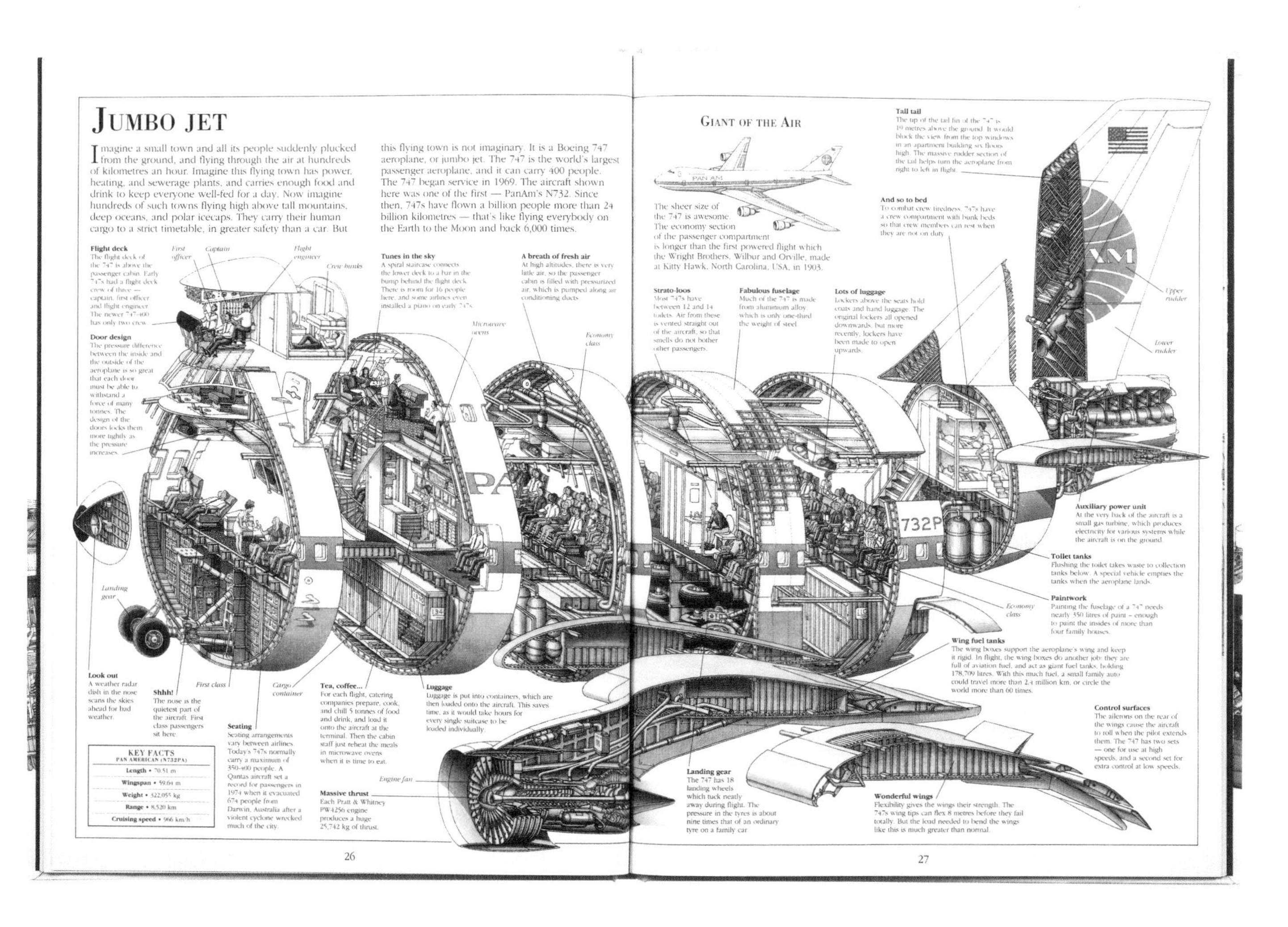

上图： 插画家史蒂芬·贝斯蒂（Stephen Biesty）发明了一种观察物体的巧妙方法，非常适合书籍。如果以剖面方式从机身的侧面描绘整架巨大的喷气式客机的内部，所有的细节将会变得非常小。贝斯蒂将机身切成八节，画出非常细致的内部空间，虽然整体的比例被压缩了，但读者仍然能看出机身的形状。

截面图

截面图就是将切成片状的物体或者建筑物的样子画出来，常用于建筑、机械、地质等领域，因为截面图可以显示该物体的内部结构或者交代其组装过程。除了上述这些专业领域之外，专门解说物体内部构造细节的图书也大量运用这种表现方式。

剖面图

这种图可以从单一视角同时展现人体、物体或者景观的外部和内部。它去除局部的外壳或者壁面，让内部露出来。这种图示法可以让读者对内部的各个组成部分产生整体印象。这种科技类插画可以展示一幅侧视图，和一幅用等角透视法、以四分之三角度呈现的图示。按照这样的绘图方法，人们不仅可以看到物体的正面、顶部表面和侧面，由于去除了外壳，其内部运作也可以显露出来。

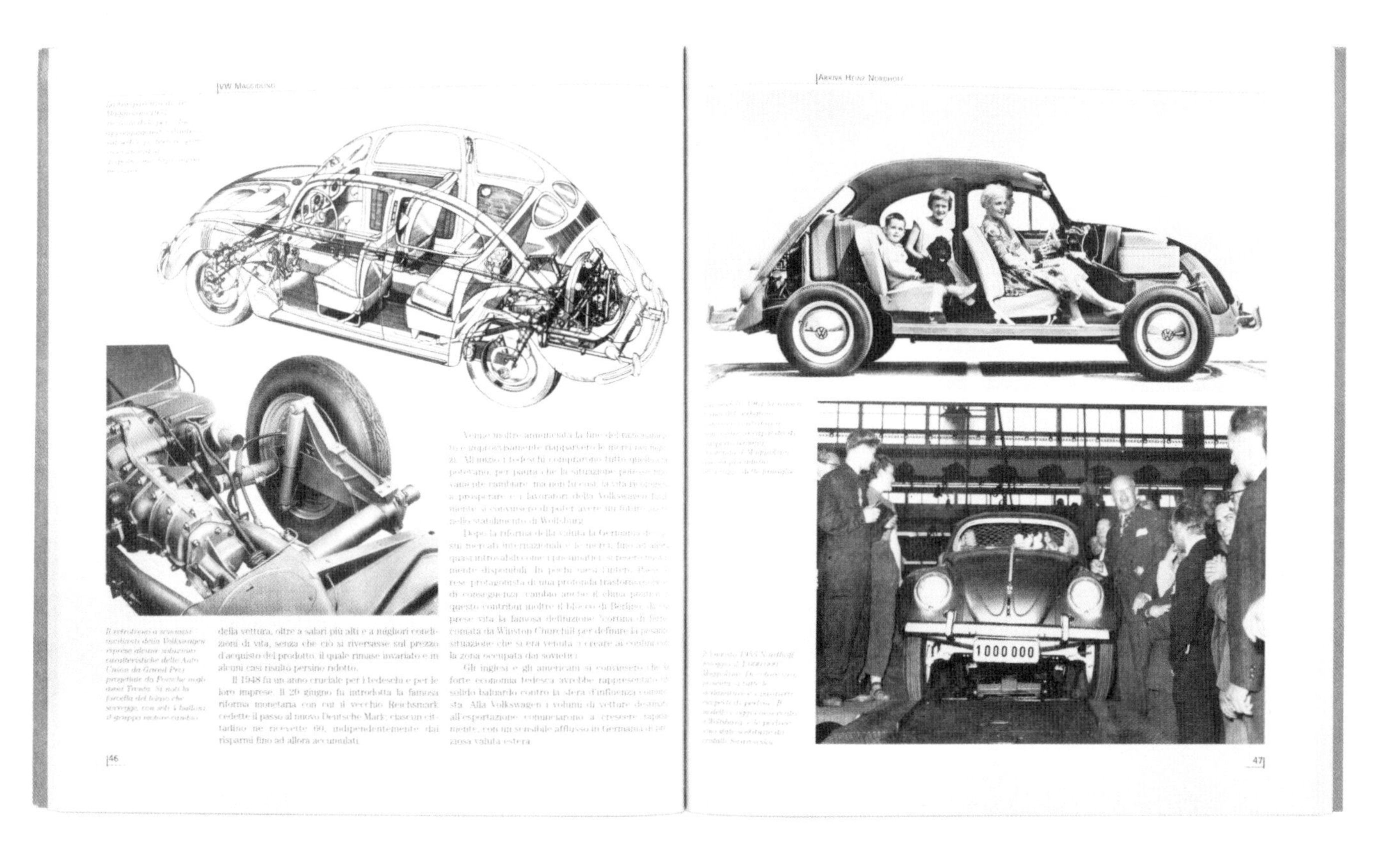
VW Maggiolino

della vettura, oltre a salari più alti e a migliori condizioni di vita, senza che ciò si riversasse sul prezzo d'acquisto del prodotto, il quale rimase invariato e in alcuni casi risultò persino ridotto.

Il 1948 fu un anno cruciale per i tedeschi e per le loro imprese. Il 20 giugno fu introdotta la famosa riforma monetaria con cui il vecchio Reichsmark cedette il passo al nuovo Deutsche Mark; ciascun cittadino ne ricevette 60, indipendentemente dai risparmi fino ad allora accumulati.

46

Arriva Heinz Nordhoff

47

示意图

示意图和截面图、剖面图不同，示意图并不展示所有细节，只解释基本原则。这种图示的目的在于展现通则，而不是来解说某个特定的具体物体。由于这种图解法往往不需要任何文字就可以解释清楚运作原理，不像截面图和剖面图，通常需要另外再加上文字说明，所以这种图示法非常适用于编辑书籍。

上图：《大众汽车手册》（*Volkswagen Maggiolino*, 2006）书中的某幅跨页图，左页以剖面图描绘了一量甲壳虫汽车。精心安排的不同明暗色调让车体显得非常生动，最外面的车壳只用线条勾勒出来。右页上方的甲壳虫汽车广告运用了“剖面图”的技法，将车身的侧面去掉，让车内的引擎、乘客、行李和轮胎都露出来，无论是插画还是照片都没有文字说明。

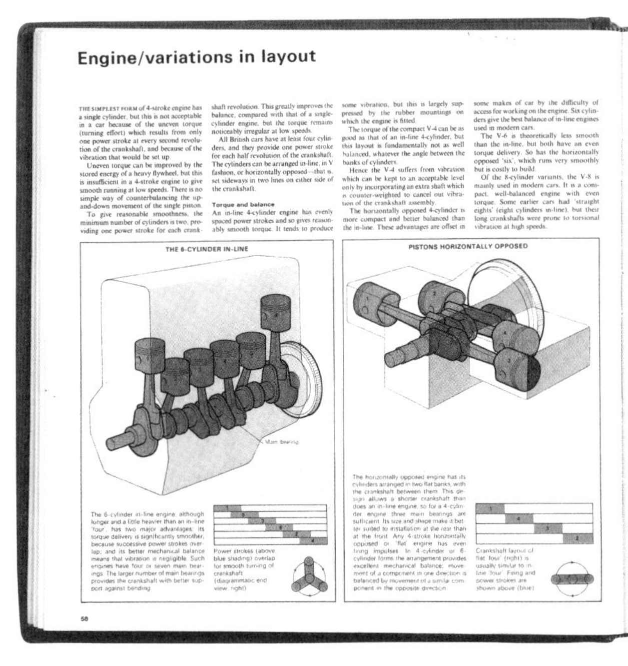

Engine/variations in layout

THE SIMPLEST FORM of 4-stroke engine has a single cylinder, but this is not acceptable in a car because of the uneven torque (turning effort) which results from only one power stroke at every second revolution of the crankshaft, and because of the vibration that would be set up.

Uneven torque can be improved by the stored energy of a heavy flywheel, but this is insufficient in a 4-stroke engine to give smooth running at low speeds. There is no simple way of counterbalancing the up-and-down movement of the single piston.

To give reasonable smoothness, the minimum number of cylinders is two, providing one power stroke for each crankshaft revolution. This greatly improves the balance, compared with that of a single-cylinder engine, but the torque remains noticeably irregular at low speeds.

All British cars have at least four cylinders, and they provide one power stroke for each half revolution of the crankshaft. The cylinders can be arranged in-line, in V fashion, or horizontally opposed—that is, set sideways in two lines on either side of the crankshaft.

Torque and balance

An in-line 4-cylinder engine has evenly spaced power strokes and so gives reasonably smooth torque. It tends to produce some vibration, but this is largely suppressed by the rubber mountings on which the engine is fitted.

The torque of the compact V-4 can be as good as that of an in-line 4-cylinder, but this layout is fundamentally not as well balanced, whatever the angle between the banks of cylinders.

Hence the V-4 suffers from vibration which can be kept to an acceptable level only by incorporating an extra shaft which is counter-weighted to cancel out vibration of the crankshaft assembly.

The horizontally opposed 4-cylinder is more compact and better balanced than the in-line. These advantages are offset in some makes of car by the difficulty of access for working on the engine. Six cylinders give the best balance of in-line engines used in modern cars.

The V-6 is theoretically less smooth than the in-line, but both have an even torque delivery. So has the horizontally opposed 'six', which runs very smoothly but is costly to build.

Of the 8-cylinder variants, the V-8 is mainly used in modern cars. It is a compact, well-balanced engine with even torque. Some earlier cars had 'straight eights' (eight cylinders in-line), but their long crankshafts were prone to torsional vibration at high speeds.

THE 6-CYLINDER IN-LINE

Main bearing

The 6-cylinder in-line engine, although longer and a little heavier than an in-line 'four', has two major advantages: its torque delivery is significantly smoother, because successive power strokes overlap; and its better mechanical balance means that vibration is negligible. Such engines have four or seven main bearings. The larger number of main bearings provides the crankshaft with better support against bending.

Power strokes (above, blue shading) overlap for smooth turning of crankshaft (diagrammatic end view, right)

PISTONS HORIZONTALLY OPPOSED

The horizontally opposed engine has its cylinders arranged in two flat banks, with the crankshaft between them. This design allows a shorter crankshaft than does an in-line engine, so for a 4-cylinder engine three main bearings are sufficient. Its size and shape make it better suited to installation at the rear than at the front. Any 4-stroke horizontally opposed or 'flat' engine has even firing impulses. In 4-cylinder or 6-cylinder forms the arrangement provides excellent mechanical balance; movement of a component in one direction is balanced by movement of a similar component in the opposite direction.

Crankshaft layout of flat 'four' (right) is usually similar to in-line 'four'. Firing and power strokes are shown above (blue)

58

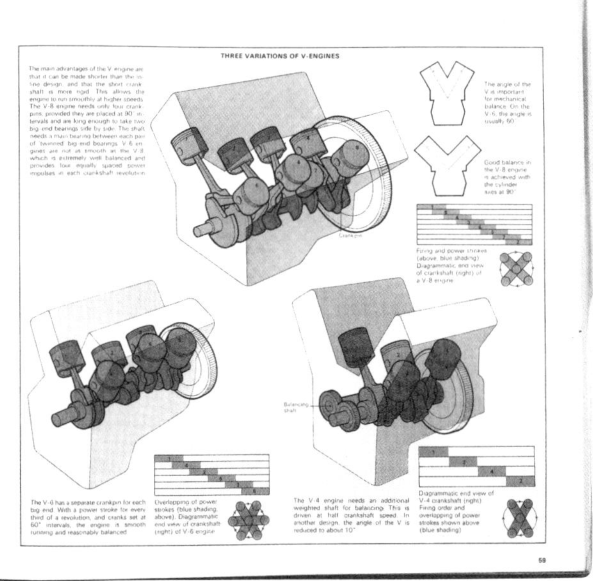

THREE VARIATIONS OF V-ENGINES

The main advantages of the V engine are that it can be made shorter than the in-line design, and that the short crankshaft is more rigid. This allows the engine to run smoothly at higher speeds. The V-8 engine needs only four crankpins, provided they are placed at 90° intervals and are long enough to take two big-end bearings side by side. The shaft needs a main bearing between each pair of 'twinned' big-end bearings. V-6 engines are not as smooth as the V-8, which is extremely well balanced and provides four equally spaced power impulses in each crankshaft revolution.

The angle of the V is important for mechanical balance. On the V-6, the angle is usually 60°

Good balance in the V-8 engine is achieved with the cylinder axes at 90°

Crankpin

Firing and power strokes (above, blue shading) Diagrammatic end view of crankshaft (right) of a V-8 engine

Balancing shaft

The V-6 has a separate crankpin for each big end. With a power stroke for every third of a revolution, and cranks set at 60° intervals, the engine is smooth running and reasonably balanced.

Overlapping of power strokes (blue shading above). Diagrammatic end view of crankshaft (right) of V-6 engine

The V-4 engine needs an additional weighted shaft for balancing. This is driven at half crankshaft speed. In another design, the angle of the V is reduced to about 10°.

Diagrammatic end view of V-4 crankshaft (right). Firing order and overlapping of power strokes shown above (blue shading)

59

上图：《汽车协会白皮书》（*The AA Book of the Car*,1970）中图解了各种不同的引擎装置。跨页上的五幅图并不是代表某特定的车型，而是说明不同的汽车厂商采用的不同的引擎。引擎的外部以简单的黑色轮廓和明暗色调呈现，而活塞顶则描绘得较为精细。每幅主图上的气缸上都有编号，用于对照下方以黑色和蓝色表示的每个活塞的驱动过程；绿色的辅助小图则显示了轴承的运转方式。

符号：象形与表意符号

包含了地图、图表和图示的书经常会使用各种符号或者图案。有时候，用符号取代文字是因为符号比文字更节省版面空间。设计师的职责是尽可能让内容清晰明了、容易辨读，以多语种出版发行的出版物中运用符号可以代表一致的概念（但读者的文化背景不同，对于符号所代表意义的理解也肯定有所不同，所以完全以符号取代文字的想法是不切实际的）。象形符号是把人、物或某个动作画成图案，可以看作是图像化的名词；表意符号则是代表某个动作、概念，可以看作是图像化的动词。象形符号可以用在表格或者条形图中代表数量。用符号取代条形图可以减少文字说明，因为象形符号可以同时传达数量和意义。奥地利的哲学家、教育家奥图·伊拉特（Otto Neurath, 1882—1945）在 1936 年创立了一套名为 Isotype 的体系（Isotype，International System of Typographic Picture Education，国际排版印刷图形教育体系）。伊拉特认为简明的符号不受不同语种的限制，能够让读者理解涉及数量的复杂信息。

连续的一组象形符号也可以用来说明某个操作流程，每个符号各自代表某个特定的物体或者概念，读者一看到图就明白其指代的含义。如果将符号转译成文字，读者就会明白图像词汇的局限所在，比如“the”“of”“it”“as”等在口语和书写中用来连接的虚词就无法用图像表示。

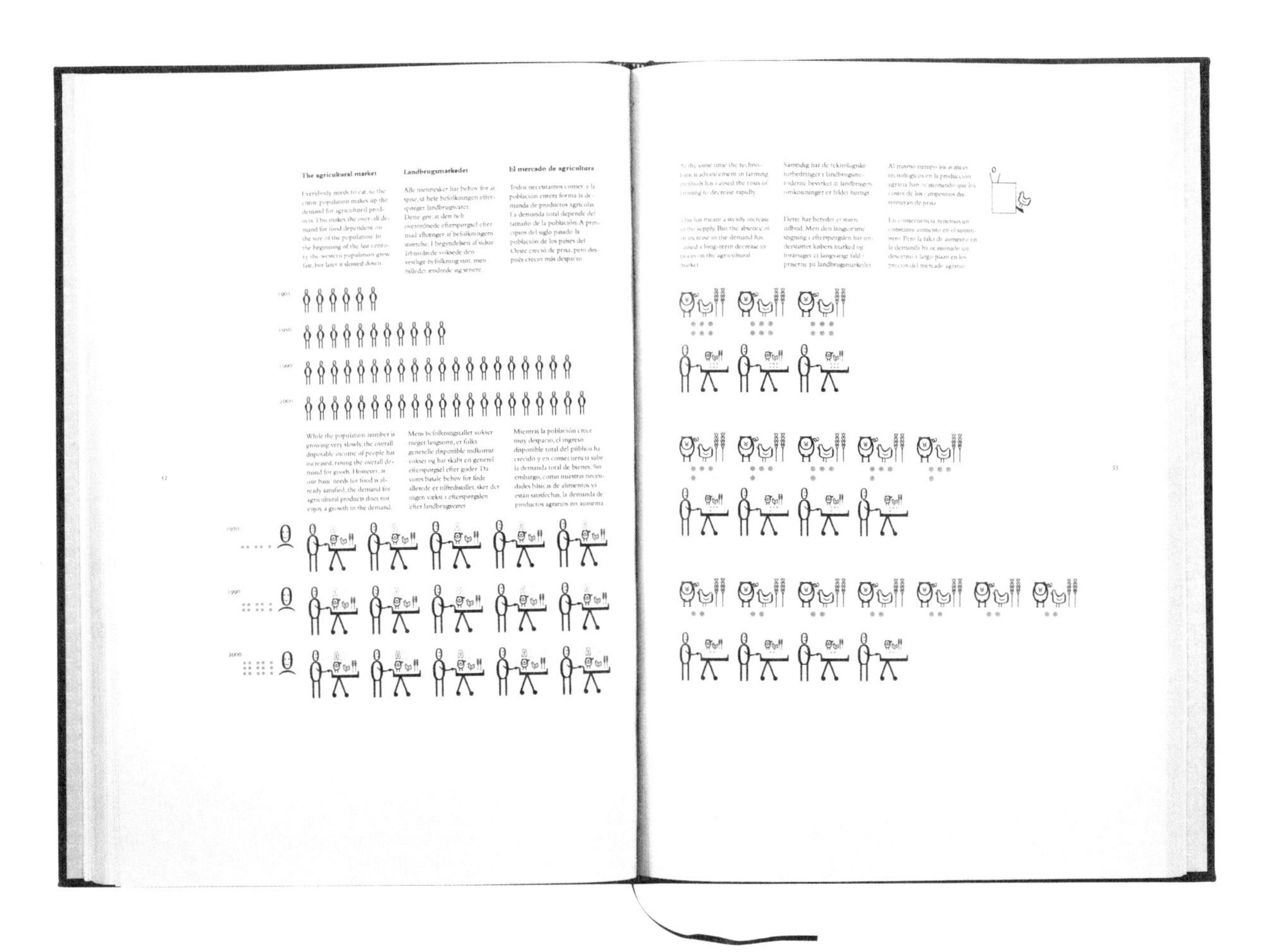

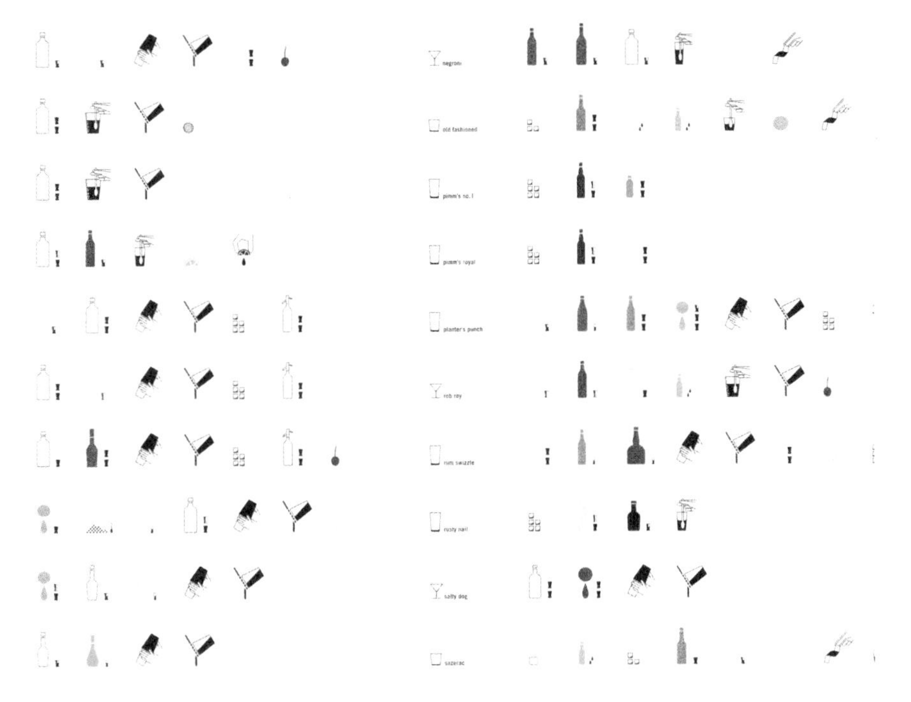

上图：《上市：解析市场经济》（*For Sale: An Explanation of the Market Economy*, *Annegeret Mølhave*, 2003）一书同时以英语、丹麦语、西班牙语出版发行。书中的插画符号是以 Bembo 字体的笔画构成。三种文字以同样的次序排列，插图则置于文字之后。由于符号本身已经包含了数量的含义，所以不用再附上文字的图注。

左图：沃纳·辛格（Werner Singer）的《调酒》（*Pic-a-Drink*，2004）一书中的某页局部，以一连串的符号表示鸡尾酒的调制步骤。这幅图背后隐藏的概念是，不用任何文字解释调配方法，只用不同的瓶身形状和颜色代表某种酒，配合代表分量的小符号。这套符号必须搭配图示说明（本图没有显示），阅读时也是和文字一样，从左到右。

表格与矩形

呈现数据资料的表格可以采用各种各样的形态：按照数字、文字或者图形等方式呈现。表格式的栏位结构让读者对所有信息一目了然。垂直轴线和水平轴线上的说明文字可以让读者轻易找到某个数据所在的位置。例如，火车时刻表通常都是由上而下将各停靠站按照顺序排列在垂直轴线上，而各班次的发车时间则在水平轴线上横向排列。

右图：日本的列车时刻表在页面的最左侧按照顺序列出了所有停靠的站名，发车时间按小时横向排列。使用者先从左边找到出发站的站名，再沿着栏位找到可以搭乘的下一班车时间，时间表使用24小时制表示。

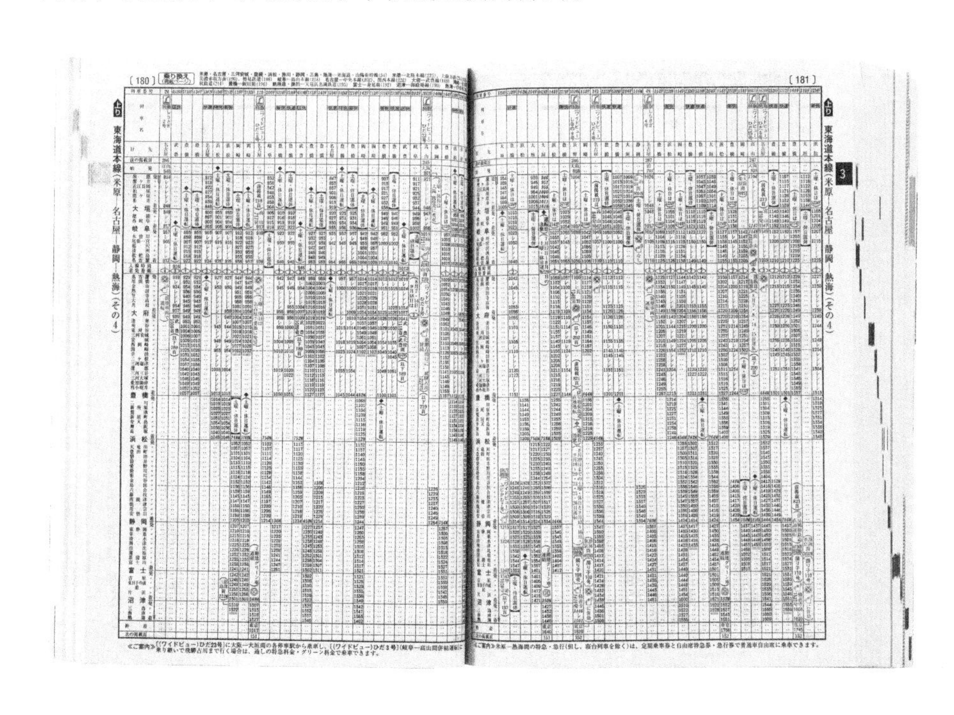

右图：列表格的时候，设计师应该从读者阅读的角度考虑。表格包含大量元素：数据和格线；后者的存在是为了突出数据，增加易读性。假如把两个元素设定为一样的比重，往往就会有损清晰度。线条很多的表格可以铺上一层淡淡的底色以加强线条。为了维持栏位，两字中数据缺的位置都填上了省略号，并且使用两种不同粗细的字体（正体和粗体）。这种区分阶层的方法对于编排时刻表或者需要对比数据的情况非常管用。

398	435	86	975	227	945	879	364	765
25	321	45	859	658	25	369	225	214
398	435	86	975	227	945	879	364	765

以分格方式呈现数据 = 混乱。

398	435	86	975	227	945	879	364	765
25	321	45	859	658	25	369	225	214
398	435	86	975	227	945	879	364	765

格线用来烘托数据 = 清晰。此范例中的横线可确保读者不至于读错行。

398	435	86	975	227	945	879	364	765
25	321	45	859	658	25	369	225	214
398	435	86	975	227	945	879	364	765

垂直线可牢固栏位。

12·00	...	13·00	...	...	...	15·00	16·00
12·13	13·20	...	...	13·56	**14·00**	...	...
12·36	...	...	...	...	**14·22**	15·28	...
13·05	13·40	...	...	14·39	**14·55**	16·05	...

运用铺底色的技巧加强横排的视觉效果，省略号则可加强栏位。

符号系统和书籍

本章简略介绍了许多不同的视觉呈现方法。各种不同类型、不同题材的书籍利用示意图、图表、图解和表格，再加上一些规则，发展出适合书籍印制形式的特定符号。用于记录文字的符号是印刷字体，记录音乐的音符，地图集中可以看到代表各种地形的记号，数学领域有代数符号，化学领域有专用的方程式，建筑领域则是使用的正投影试图，等等。符号系统能将三维立体世界转化成二维的，于是书籍就成为一个非常合适的载体。书籍早已成为储存全世界知识的容器，其保存的方式就是通过各种各样的表记符号。当我们阅读一本书时，就是在“阅读”各种各样的表记符号：文字、乐谱、地图，等等。所有的符号系统都有以下这些特征：

— 可以记录下一段经历、某个物体或者某种抽象关系。

— 运用二维图像表达三维立体空间。

— 让瞬间永恒。

— 可借由读取的过程重建原始历程。

— 可以用作规划或者模拟未来的工具。

下图： 设计师玛丽亚·甘达尔（Maria Gandra）在她的《音乐计数》（*Musical Notation*, 2004）中自创的一套可以记录乐曲创作过程的符号。符号排在代表音阶的格线上，不仅可以当作乐谱来读，也可以供乐手演奏用。

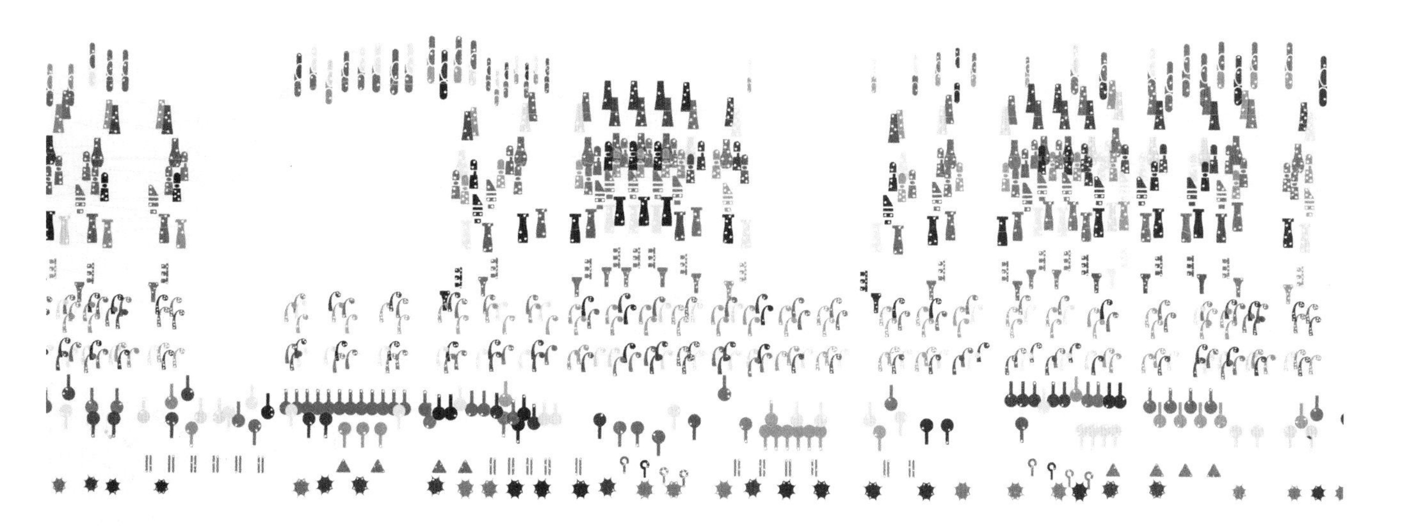

编排

所谓一本书的编排（layout）包括设计师决定所有页面上元素的位置。本章将首先说明设计师是如何借助版位图（flatplans）和故事板（storyboards）了解一本书的内容梗概，接着探讨页面上各个组成元素以及各种版式。排版时需要考虑的两个重要因素分别是文字和图像。文字一般按照阅读顺序来安排，而安排图像时则要结合构图来考虑。编排页面的各种版式模板都是为了让这两大因素达到均衡。

当我们逛书店的时候，总会“预览”书籍，翻一翻内页，大致判断一下一本书的内容、品质和整体感觉。读者对于一本书的第一印象，可能来自它的空间布局、色调或者内页编排；这些因素连同作者一起，传达了书页的整体价值，是文字呈现方式的结果。如果一本书被排得乱七八糟，印刷也不好，就算内容再好，也会大大降低它的价值。如果读者打开一本书，一下子就能感受到清晰的层次和结构，那么就会对这本书充满信心，这本书的文本价值也相应得到了提高。

准备编排的内容：文字与图像资料

进行书籍页面编排之前，必须将所有的内容先整理好。现在，这个步骤是利用 QuarkXPress、InDesign 或者 PageMaker 等软件在电脑上完成。设计师需要拿到一份完整的内文打印稿以及稿件的电子文档，仔细检查整理过的图片文档。最好先花时间检查一下文字是否已经按内容分出段落、章节，编辑是否做好了文字加工工作。开始排版之前，在内文中明确或粗略标出放插图的位置，并且估算各章使用的插图数量，对于作者、编辑、设计师都会很有帮助。将照片的打印稿和电子文档按照使用的顺序排好，顺着章节逐一编号、设定好文档名，可以让设计过程更加顺畅。下面这种情况经常发生，图片编辑还没有拿到某些图片的使用授权，或者摄影工作还没有全部完成，手上的资料中会缺少这些高清晰度的原图。我通常还是会按正确的顺序把图片排列好、打印出来，先空出来缺图的地方，等着随后补齐。电子文档也可以参考这种做法，先把电子文档一一整理、按顺序排列好。

组织编排：内容序列显示图文位置

许多非虚构类书籍的编辑都会和作者一起拟出一份粗略的版位图。版位图是一份按照顺序排列、包含该书所有跨页的图表。如果该书会合并运用双色和四色印刷，或许还会标出各个印张在哪里连接（显示每一帖的印刷范围）以及页面色彩的配置情况。编辑会大概规划出前辅文、各个章节和后辅文分别占用的篇幅长度。

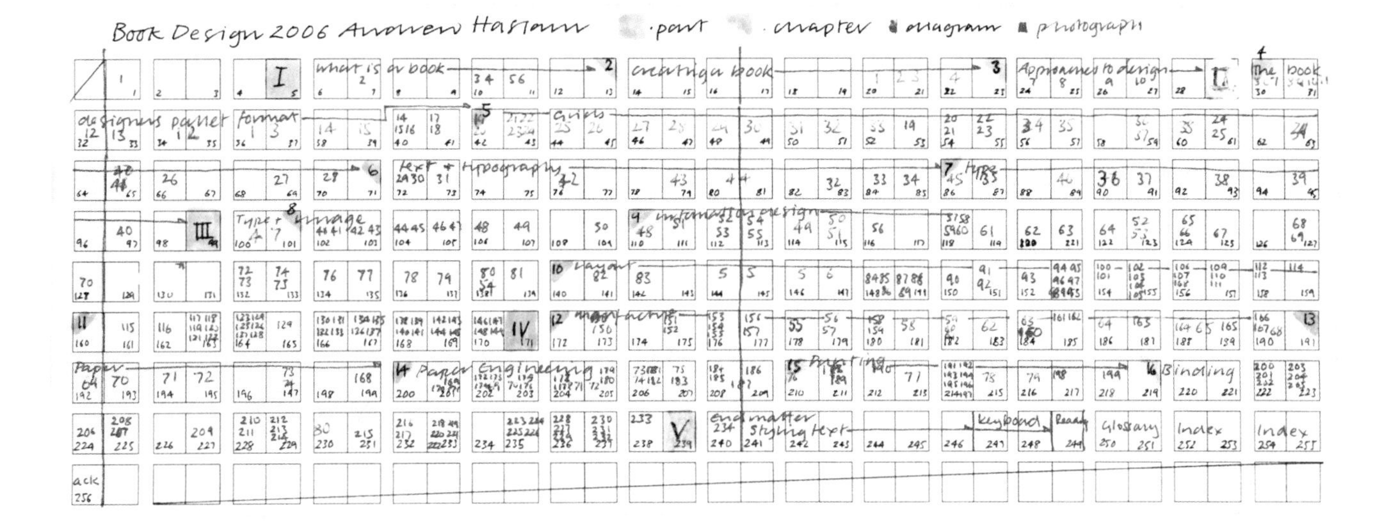

上图：这就是本书粗略的版位图，显示了印张的配置和各章节的分布。我用绿色标出每一部分的起始处，各章的起始点则以绿色三角形标示在该页的左上角或右上角。不同颜色的数字各自代表不同的意义：黑色代表页码，红色为照片编号，蓝色则是图片编号。这些连续不断的编号从小到大，分别按照顺序分布在各部分或各章节中。版位图还可以用来交代图片的位置和全书的色彩配置，甚至书中用纸的转换。

如果编辑没有完成这道程序，设计师也可以根据文稿起草出版位图，或者直接把内文灌入几种版式之内，看看完成灌版后全书的总页数。将设定好字体和字号的文字放入版式的基线网格之后，文字不一定刚好可以填满预设的全书篇幅。比如，预计一本书有 256 页，灌入了所有文字之后占了 121 页，设计师就可以推算得到剩下大约一半的篇幅给图片用。这一步骤也可以以章节为单位进行。第一章仅灌入文字就占了 14 页，加入全书的图文分配比率很平均（比如 1:1），那么这一章就应该会占大约 28 页。如果设计师经过计算，已经知道要留 10 页给前辅文用，而按照规划，所有章节都是右页起，以此类推，就可以在版位图上将第一章的起点定在第 11 页，第一章占 28 页，第一章结束的位置就应该是第 39 页。而第 39 页为右页，右页应该是章节的起始页，此时设计师有两种选择：让这一章“多走”1 页，使这一章在第 40 页结束，新一章的开始就是第 41 页；或者“少走”1 页，让第一章在 38 页结束，第二章就可以从第 39 页开始。

按照章节内容仔细地调整版位图，设计师就能从中清晰地整理出思路，知道应该如何排版才能符合本书预设的篇幅。即使该书中某个段落完全没有配图，或者既定的图文比出现很大的变化，设计师也可以利用版位图上的预留空间进行调整。继续按照上面的例子来说明：第二章或许在完全没有配图的情况下就占了 18 页，于是就可以在版位图上标出，这一章从 39 页走到了第 57 页。如果该书的内容无法填满之前预估的页数，设计师就要和编辑讨论是否要补充一些文字和图片。在编排过程中，如果已经确定哪张图片会出现在哪一页，设计师也可以在版位图上预先草拟这幅图在页面上的位置和大小。

make it work Geography The River ©1995 andrew haslam

18/19 Waterfalls and Rapids

20/21 Underground Rivers

22/23 Canyons

24/25 Lakes and Basins

26/27 Dams and Reservoirs

28/29 Energy from The River

30/31 The Middle River

32/33 The Lower River (The meandering River)

34/35 The Lower River

Make it Work Geography weather

date 27/05/96

andrew haslam

36/37 Weather Recording

38/39 Weather Forecasting

40/41 weather maps

42/43 History of the weather

44/45 How we change the weather

Glossary

Index

故事板：撰写内容和安排图片的依据

前面提到的版位图是设计师拿到一本书“齐清定”的全稿和所有图片之后，着手进行编排之前的准备工作。这种运作模式符合传统的成书流程，也就是由作者完成内容创作是第一步。不过，如果一本书的内容出自出版者、编辑或者设计师之手，版位图也很管用。当我在设计《动手做！》书系的时候，曾在每一本分册的版位图上画出详尽的编排设想图。这些图可以称作“故事板”，其功能和用途就和拍电影前先画下的分镜脚本是一样的。我先敲定该书系的文稿内容，仔细研究每个大大小小的元素，然后画出详尽的版面，包括打算要放入书中的照片，以及稍后要制作的各种模型，甚至连模型要从什么角度拍摄、该分成几个阶段拍摄以显示其演变步骤也都事先一一画好。这份故事板以及详细的内容提纲，让每次编辑会议都有具体的讨论焦点。故事板也是营销的工作：因为《动手做！》系列一共有 26 本书，有意向出版这套书其他语种版本的出版商可以根据这些缩略图推想成书版面。

对页图：《动手做！图解百科：气候篇》部分内容的故事板，画在了缩小的网格版式上。页面上列出准确的行数，这样请作者撰稿时才能控制篇幅。图片所占的比例也准确地呈现在故事板上。我制作模型时，就能按照故事板上描绘、摆放的角度来进行拍摄。

基于文字内容的编版

纯粹以功能考虑的页面设计，是要让读者能够直接接收作者传达的信息。着眼功能的页面编排应取决于内容属性。凡是以文字为主的书籍，阅读的便利性和正确性就是设计的重点。德国设计大师埃里克·史毕克曼（Eric Speakerman, 1947— ）曾明确指出“设计开始于文字”，他想要表达的意思是：内容信息是一本书最重要的。设计师进行页面编排时应该呼应内容，引导读者获得信息。设计师要考虑该书的读者对象，审慎地选择、运用合适的编排手法。这种以阅读功能为优先考虑的页面，其最高境界是不露痕迹，设计师完全不显露设计技巧，读者可以流畅地逐页阅读，专注于作者想要传达的信息。如果设计过度，会让读者分心，甚至在阅读内文时频繁受到干扰，破坏了作者与读者之间的紧密联系。

过于主张功能性和惯例有密不可分的关系，固执地坚持某些旧式的编排技法，也难免有不知变通之嫌。不幸的是，有些设计师就是这样做的，一成不变地复制一些成功的编排案例，并坚称只有某种特定的编排方式才是“亘古不变”的好设计。设计师面对的最大挑战是思考如何结合现代观点，赋予各种规则和惯例以新的意义。

编排方法举例：以文字为主的书籍

在这里依次说明各种编排版式，从页面元素较少，比如只有单栏行文的最简单版式开始，然后再介绍较复杂的案例。页面编排应该遵循的原则是在文字阅读的流畅性和版面构图的美感之间寻求平衡。研究各种不同类型书籍的典型排版方式，可以让我们理解为什么某些版式惯例能够被长期广泛使用，其中许多都是基于一个功能性的前提：方便读者迅速获得信息。

下图：这一页，以及接下来的三页描绘了排版与阅读的直接关系。

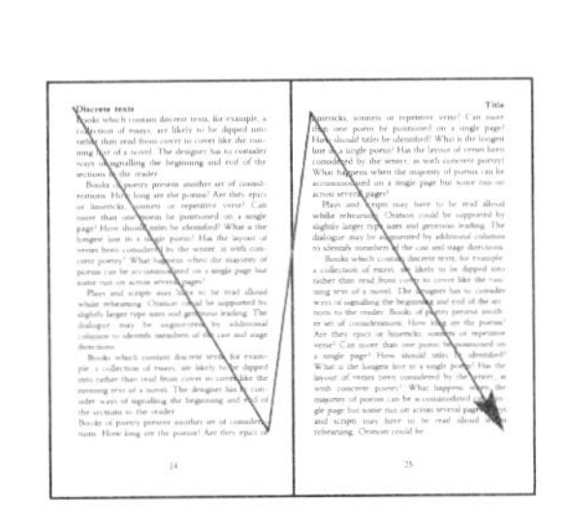

1

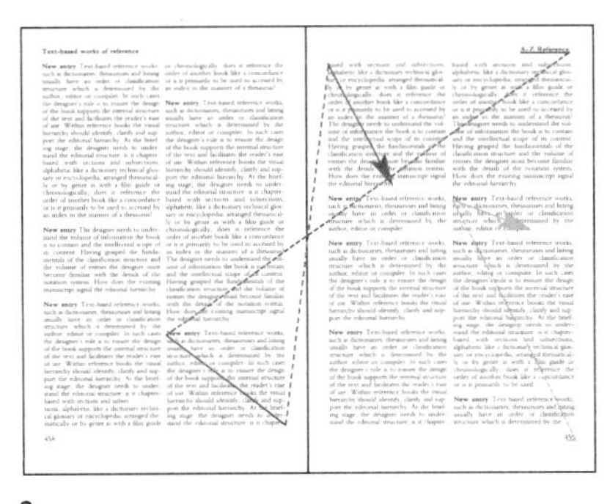

2

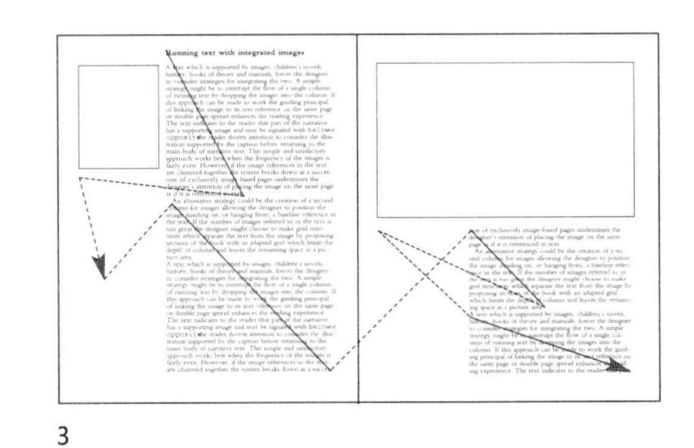

3

1 连续行文的编排

小说中很少有插图，设计时当然是以文字流畅易读为最重要的考虑。一旦设定好版式、网格、留白范围，还有版面上各个编排元素的属性，设计师就可以将文字排进网格。行文从左到右，从上到下逐栏排列。阅读内容的过程应该显得很流畅；栏位内包含的各个文字段落，也要能够清楚地一目了然。

同样地，读者每翻一页，应该能马上看到文稿中的各个段落。在对称页面上，行文沿着一道从上而下的对称线从左到右。不对称页面的编排也与此相似，但无论是左页还是右页，旁注与内文相对应的位置始终是保持一致的。

2 以文字为主的参考书

纯文字的参考书，比如词典、百科全书，或者用列表形式表现内容的工具书，通常会按照作者、编辑或者编者设定的某个分类原则按照顺序排列。对于这种书籍，设计师的任务是确保书籍的设计能够呼应文稿的结构，便于读者使用。以参考书来说，视觉阶层要足以识别、凸显、呼应文字内容的阶层关系。

范例中的文字排成了两栏；红色曲线显示了读者阅读一本以字母排序编排的参考书，查找特定条目的正常程序。先利用页眉翻查，找到相应页面，看一眼页面右上角的页眉，在页面中找到那个条目，再进一步仔细阅读那段文字。

蓝色曲线则代表翻查一本不是以字母排序的工具书，或者是通过目录或者索引进行检索的视觉动线。辞书通常都是以索引为检索路径：先从索引查出特定页面，然后再列出条目。某些以字母排序编排的参考工具书，则有可能会像上图的例子一样，同时并用两种检索系统。

3 以图辅文

一本以大量文字为主体，只包含很少图片的书籍，比如人物传记或者历史书，设计的关键在于如何安排阅读顺序最能让读者理解内容。为了加强图和文之间的关系，可以将图片的位置直接放在对照文字所在的文字栏之后。如果图片比相关文字更早出现，读者可能会摸不着头绪。

几种简单的调整方法：将该图片置于页面的顶端或者底端；利用左右留白空间，将图片放在参照文字旁边；另外以单页或者跨页呈现图片。虽然上图这个例子是不对称网格，但是对称网格也可以按这样的方法处理。

下面跨页的插图以箭头说明视线移动的方向：红色代表内文排列走向，蓝色代表视线从内容转移到图片、边栏或者图注的方向。实线表示阅读文字的动线，虚线表示人眼从一个元素挪到另外一个元素的动线。我按照大多数书籍编排的原则，将基本的移动走向定为从左上到右下。但是，读者也可以按照自己的偏好，自由选择从哪里开始阅读。

设计师安排页面元素时，可以利用这个“原则”，强化原有的阅读动线，或者像下一幅跨页上的图例那样，通过行文区域和图片的大小、位置，营造出几个视觉焦点。

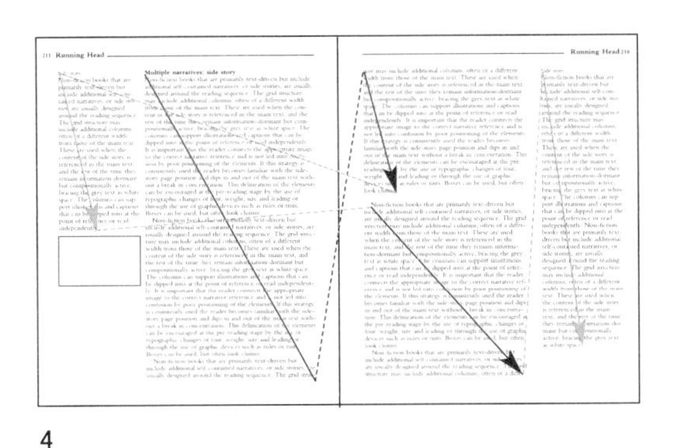

4

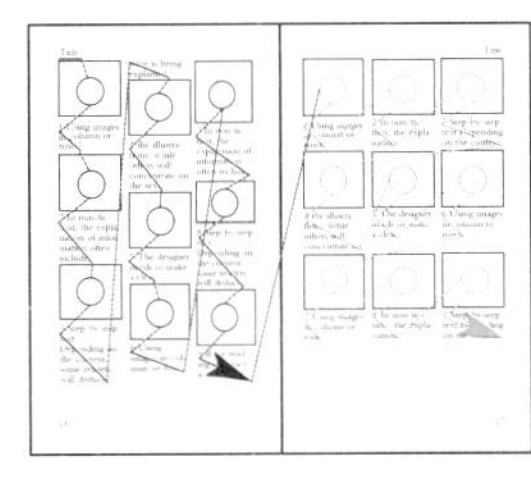

5

6

4 多重叙事：边栏故事

以文字为主但包含多篇完整叙述内容或者侧写故事的非虚构类书籍，往往更需要留意阅读顺序。设定网格框架时可能要预设边栏——栏宽通常与正文部分的栏位不同。当正文提到侧写故事的内容，可以利用边栏适时提供参照，其他时候只当作版面上的灰色块或者空白区域来处理就可以了。

边栏也可以视情况用来放置插图或者图注。让读者知道哪段内文对应哪幅照片，这一点很重要。千万不要因为元素放置的位置不对，而引起读者的困惑。如果能以一个明晰的逻辑编排整本书，读者会逐渐习惯其中的规则，即使在不同的内容之间转换也不会打断阅读的注意力。在设计版式时，可以多换几种不同的字体、字号、行间距，和运用图形，比如加线、平网等小技巧，以达到最佳效果。

5 用直栏位或者横向对齐放置图片

非虚构类的书籍经常以循序渐进的文字配图解说内容。有的读者会根据内容去理解插图，而有的则仅仅专注于文字描写。设计师必须设法让每个元素都相辅相成。如果阅读路径非常重要而且篇幅有限，那么顺着栏位按照顺序排列文字和图片，可以营造出逐栏连续不断的“图 / 文相间”的视觉动线（上图例子中左页的红色曲线），但无法让图片产生连贯性。综览这一页面时会觉得很乱，因为文字和图片没有统一的对齐标准。

如果换成另外一种方式，横向对齐图片的位置，逐一配上各个说明，就可以产生比较自然的视觉动线（上图例子中右页的蓝色曲线），整个页面看上去也会显得比较整齐。页面元素通过对齐和留白的衬托，显得整齐划一。用这种编排方式虽然比较费篇幅，但是可以更清晰地传递内容。这个跨页就是采用成排对齐图片的编排方式呈现的，方便读者比较各种不同的范例。

6 多语种版本

对于多语种版本的书籍，不同的处理方式也会影响编排。纯文字书，如果出版商打算用第二种语言出版该书，就会买下版权，直接翻译。在这种情况下，翻译版的版式、篇幅、封面和编排形式可能和原版完全不一样。

另外一种多语种版本则像上图一样：在页面上同时印刷两种语言，设计师建构的网格必须能够符合两个语种的要求，让不同语种的文字都能纳入一样的栏位。如果书中配有插图，编排时就要让图片的位置能够同时呼应两种行文，无论读者读到哪一个语种的内文，都可以顺利地对应上图片。这种书通常都不会放太多的图注，因为要把原文和译文安排进狭窄的栏位内，再加上图注，版面会显得拥挤杂乱。

非虚构类中的图册类书籍还会采用这样的一种编排方法：通过设计，将所有版本中的彩色，即 CMYK 四色照片都安排在相同页面、相同位置，因为文字部分是单色，印其他语种的版本时，只需要抽换黑版即可。这种编排方式必须考虑其他语种版本行文的篇幅。

编排方法举例：以图片为主的书籍

以图片为主的书籍可能会包含许多元素。这类书籍的跨页版面的复杂程度与其中的阅读动线受设计师编排的影响，往往比以文字为主的书籍更大。设计师必须尽力在页面上营造视觉焦点，引导读者进入跨页版面，就像观赏一幅画一样。次要的图片则是用来衬托出主要的视觉焦点。

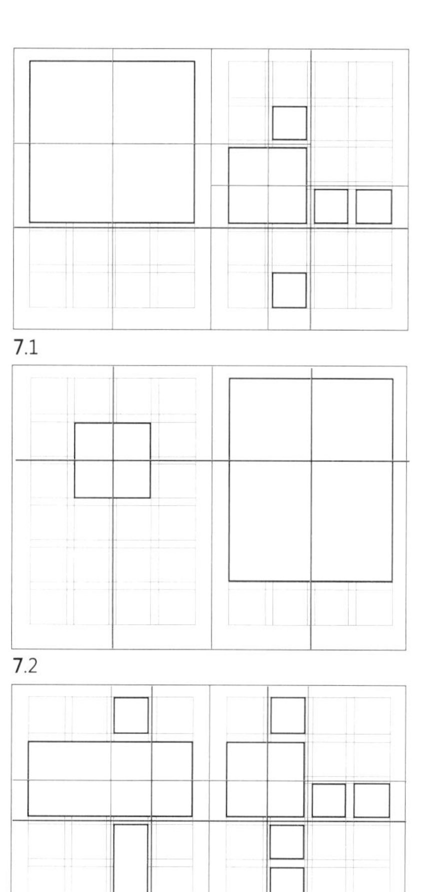

7.1

7.2

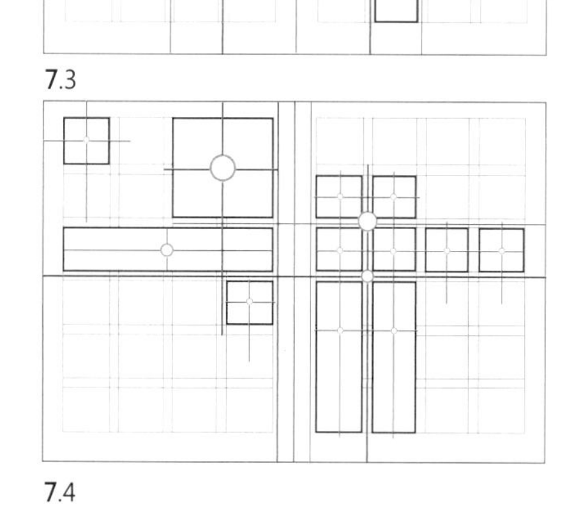

7.3

7.4

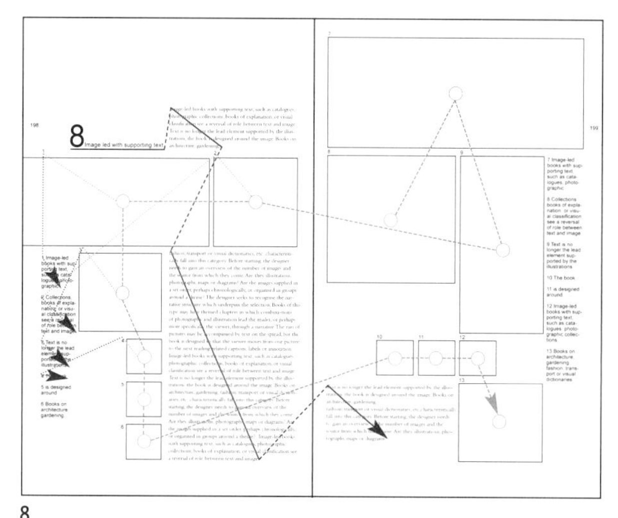

8

7 现代主义网格

现代主义网格（参见 56 页）除了用来辅助整合文字与图像的编排之外，也允许不同，每幅页面在一致的架构下有其独特性。由于图片单元受基线的限制，行文和图片可以整齐地排列。文字和图片都与网格紧密相连。垂直的隔间和水平基线的宽度相同，因此每一页，乃至整本书，区隔各元素的空白间隔都能保持固定。网格体系虽然严格地限定了空间，但仍可以适用于数百种不同的编排手法。

这四个例子展示了一系列编排。主要与次要的对齐线以红色表示。7.1 使用三种不同大小的图框，但是右页的文字与图片区域是左页的一半。7.2 使用了大小对比的形状，居中对称。7.3 使用了四种形状，但有两道沿着订口相互对称的主要对齐轴线，不过这两页的编排并没有对称。7.4 使用了四种形状和不对称的编排。圆圈代表视觉焦点的重要等级；其中有的焦点落在图片正中间，有的则落在图片与图片之间。

8 以文辅图

对于图文书来说，读者的视线会首先被页面上的图片吸引，文字则扮演的是配角。最重要的视觉联系都建立在各个图片相互的关系上。读者按照其页面上呈现的先后顺序串联起图片，传达出一段叙事；或者，让图片自然形成一个主题。

图片的顺序、大小以及裁切方式都会影响内容信息和页面的视觉功能。各种各样现代主义网格都会限制图片的形状和大小，因为所有的图片都必须顺应图片单元。只要运用对齐功能，设计师就可以在页面上安排图片的顺序，并且统一各个原来完全不相关的图片的形状和大小。如果设计师想要合并一组不同形状的照片或者插画，运用对齐并控制尺寸，确保每幅图片放入页面时都不必裁切。

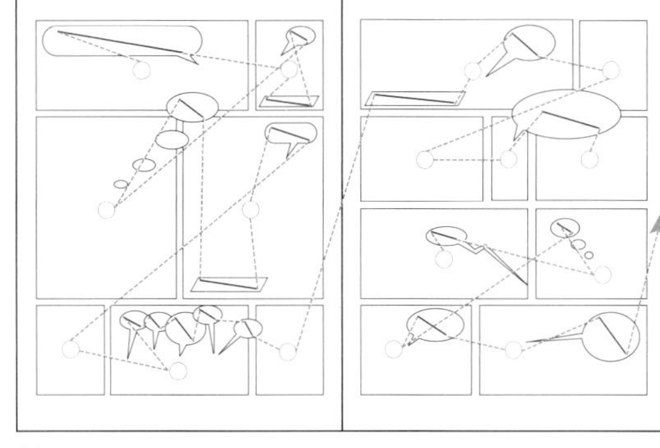

10

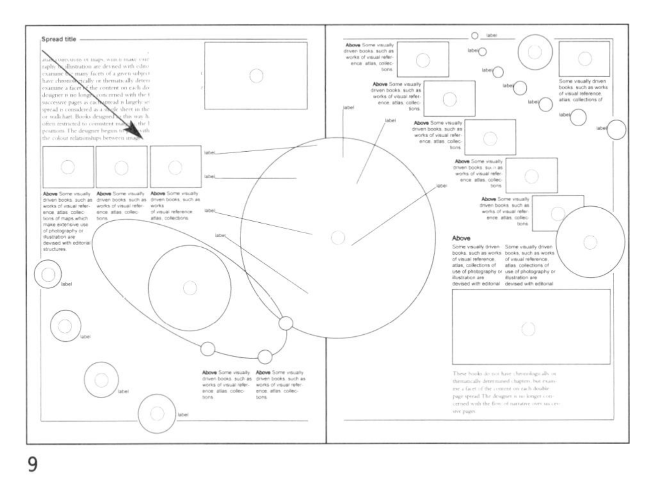

9

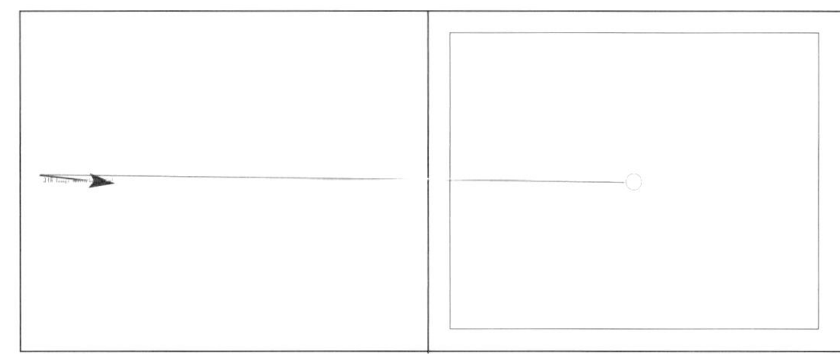

11

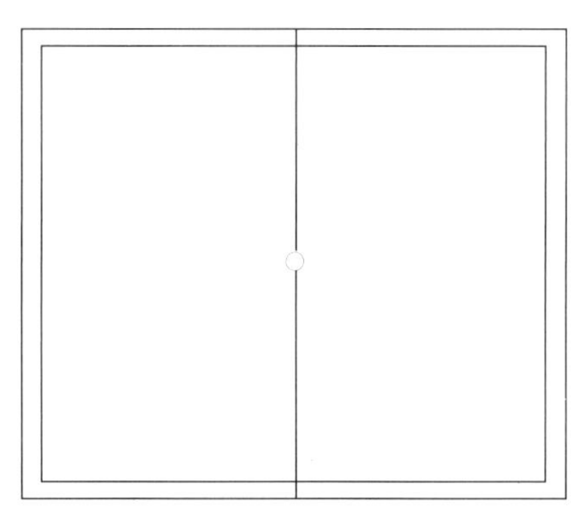

12

9 挂图跨页

假如一幅跨页本身就是独立、完整的内容，不需要考虑信息如何隔页流动的问题。设计这种跨页版面通常不用考虑从左上到右下的传统阅读动线，这也是为什么我没有在这个范例上标示阅读动线的原因。如果去掉正中间的订口，整幅跨页基本上就是一张挂图。阅读动线并不是由设计师设定的，而是由读者的阅读时的视线决定的。出现在版面上的图注和标示都要根据画面的需要摆放，往往没有固定的对齐线，各个图注的位置也不统一。

这种页面编排的重点在于营造出一幅均衡的画面，但很少考虑留白。以这种方式设计的跨页只需要极少的网格，通常只用来设定页面边缘的留白、基线和页码的固定位置。设计师可以尽情运用图片尝试各种元素的配置、比例和配色。假如所有图片都是剪下来的，而不是方正裁切，横跨页面放图片时就必须多花费一些心思考虑如何放置。虽然我们将跨页视为一个整体，但还是需要避免让文字跨过订口。裁成矩形或者正方形的照片或者图片以水平或者垂直方向对齐网格。当图片被剪下来反映物体形状的时候，不规则的轮廓就会和工整的网格形成对比。各图片元素之间的相对大小以及图像与文字之间的关系必须被小心斟酌。

10 连环画和漫画小说

连环画或者漫画小说的编排方式全凭绘者决定，他按照叙事情节，决定跨页上的图框和图画呈现的形式。图画与图框的形状则视故事的需要考虑。对白框可以始终置于图片的框线内，也可以集合两个或两个以上的故事元素。

11 镶边：框线的运用

“镶边”（passe-partout）一词通常用于装裱领域，指的是全画面的设置。这在书籍设计中指的是全版面内部的设置。这种形式常用于为摄影类版式提供简洁规范的结构。

12 满版出血的图片

当图片的某个局部溢出网格、占满了页面边缘，就叫作“出血”。假如一幅图片占满整个页面且四边出血，则称为“满版出血”。用这种方式处理图片是为了营造强烈的视觉冲击，经常会在连续几页出现大量空白的时候用到，这样可以形成鲜明的对比。

将一个页面上的编排设计当作一幅画

文字编排的目的是要让整个阅读的过程能够从左上到右下流畅地进行，如果是图文书，则是“观赏”。在安排页面上的元素时，设计师要仔细考虑图片与文字之间的关系。文字块也被视为由灰色构成的视觉元素，可以用于平衡由相片、图画或插画组成的图像元素。

右图：一本荷兰出版的书《社区住宅》［*Een Huis Voor de Gemeenschap*，作者是珍妮·范·海斯维克（Jeanne van Heeswijk），2003］，示范了在一个页面上照片与文字如何相结合。

1.1

1.2

上图与右图：《集体照的站位》（*Mapping Sitting—On Portraiture and Photography*）一书中的这几幅照片全部以相同比例的跨页呈现。第一个跨页（1.1）题为“团体照”，满版出血的照片中是坐成一排一排拍集体照的人，观者在看的时候自然可以形成一种节奏。对照着看第二个跨页（1.2），右侧出现了另外一幅延伸到下一个页面的集体照（1.3）的局部；然后按照同样的模式，连续进行了 21 个跨页。每一张团体照都紧接着前面那一张，两者之间仅仅隔着 4 毫米的空白。

1.3

延展页面

绝大多数出版物的页面版式都是全书一致的，但如果其中出现了不同的页面形状，比正常页面更窄或者更宽，甚至可以用模切做成特殊的造型，这样可以营造出意料不到的视觉冲击，让读者感到惊奇。这种不同于常规的页面让设计师有更多机会发挥创意，也能改变阅读的节奏。窄页面迫使设计师思考新的页面关系，因为原来的较大页面会有一部分围着较小的页面，形成跨页中的另一个小跨页。此外，缩小的页幅同时还可能缩小宽度和高度，因而大页可以变成小页。图像或者行文可以从正常页面走到窄页面，也可以利用正常页面内容被窄页面局部遮盖，在图像或文字编排上营造特殊的视觉效果。如果右页有模切的缺口，则会稍微露出接下来的内容，读者仿佛透过一扇窗户先看到了下一页；翻过这一页，模切的形状便会移到左页，这样一来，就变成了之前阅读过的内容被加了框。折页、拉页，顾名思义，就是从书的前切口往外展开的延展页面。其形态包括从左页（或者右页）向外拉伸的单幅拉页，在原来的跨页上增添第三个页面，或同时利用两侧形成的双开折页，让跨页的页幅增加 1 倍。折页的页幅必须略小于正常页幅，才能避开订口的缝隙，让读者能够顺利打开。还有更复杂的拉页形式，比如，沿着前切口往外连续反复折叠好几次的拉页。延展页面除了从前切口的方向向外发展外，还可以自上切口向上延伸，形成一整幅沿着中心对折线向垂直或者水平方向扩展，几乎是原面积 4 倍大的页面。

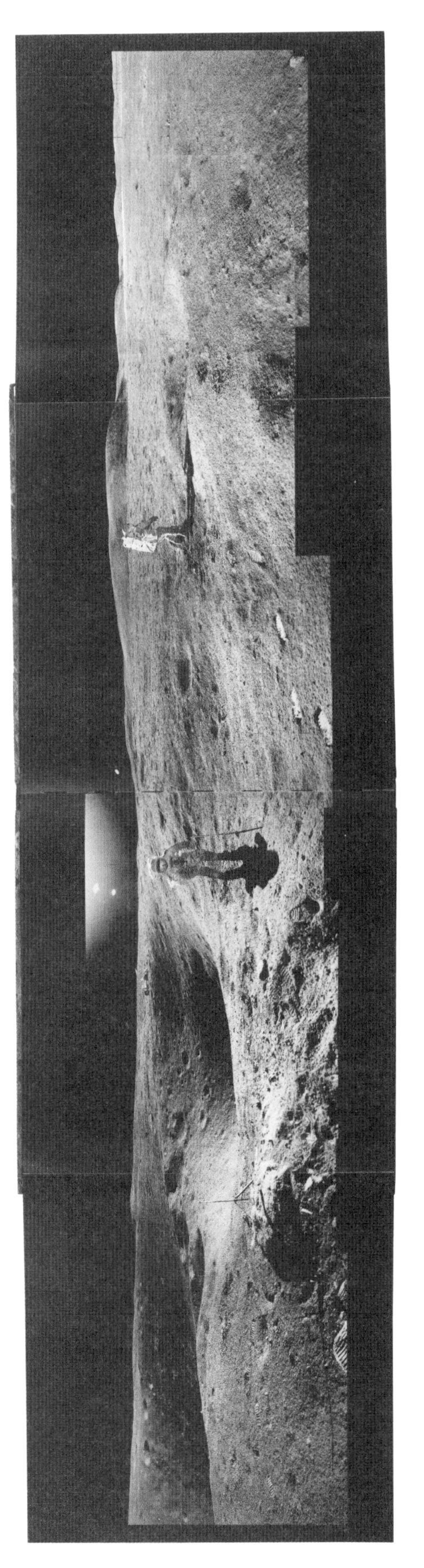

右图：由马克 · 霍尔本（Mark Holborn）和尼尔 · 布拉福德（Neil Bradford）监制，迈克尔 · 莱特（Michael Light）设计的《满月》（*Full Moon*, 1999），书中大量运用了双开折页。该书收录了阿波罗号宇宙飞船上的宇航员拍摄的 6 × 6 中篇幅照片。为了尽可能以全帧重现完整的照片，该书的版式沿用了照片的正方形规格。然而，折页全部展开，则会呈现一幅由七幅照片接成的全景。

融合图片与文字：按照你自己制定的规则工作

本章讨论的编排方式都是以页面和网格结构为原则来考虑的。页面上的文字与图像元素的摆放位置完全由网格决定。近年来，一些设计师开发出许多编排的新创意，这样一来，编排方式与视觉配置脱钩，遵循的是一套内化“规律”的应用系统。设计师先会为所有个别元素设立一套规则或者“行为”，再套用在书上。页面编排便不再是遵循各种视觉标准下的产物，而是由某种内化规则决定的。运用这种方法编排书籍，最重要的就是要考虑该书的内容和陈述方式，谨慎选择其“内化规律”。

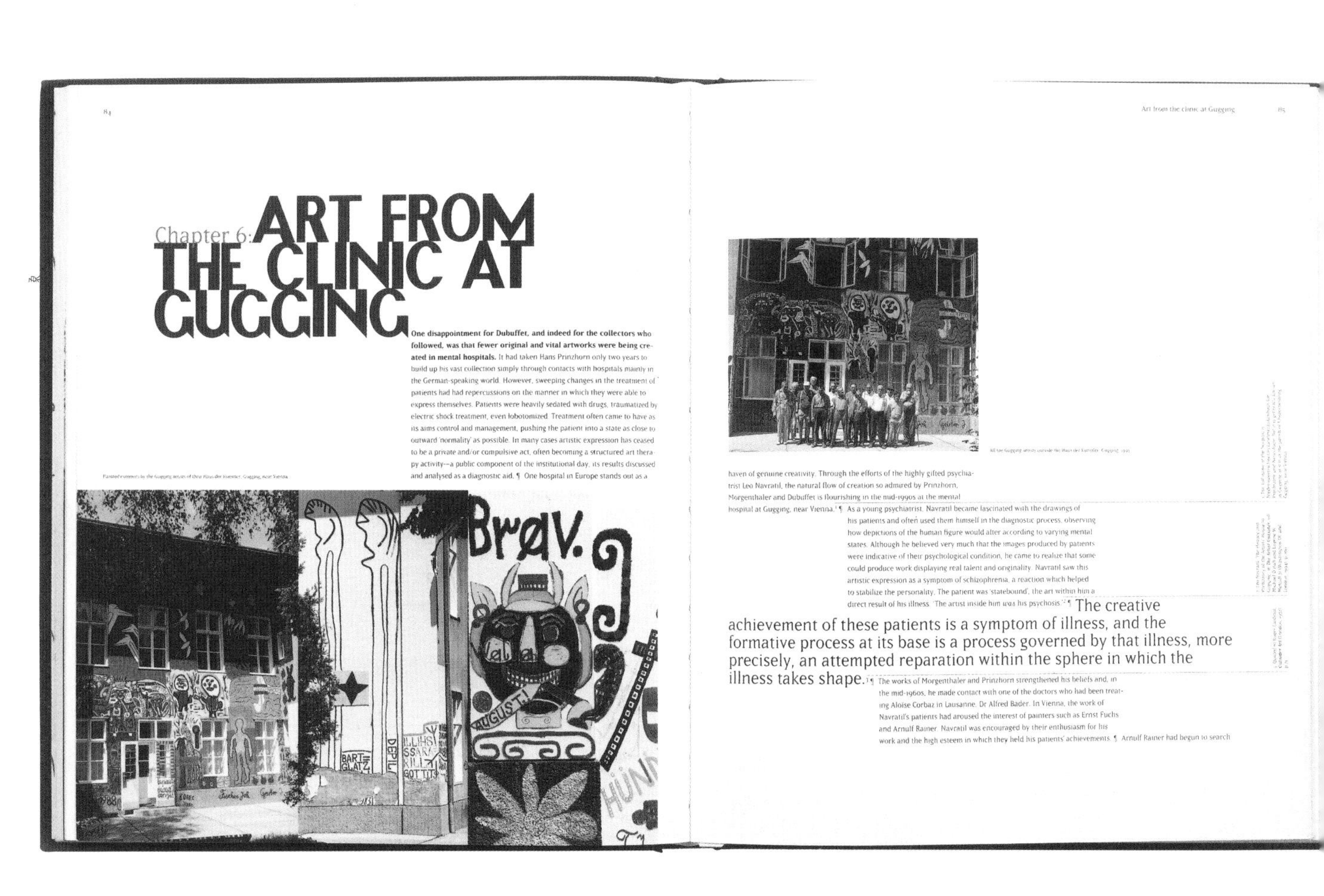

上图：在设计《未加工的创作：艺术之外》（*Raw Creation: Outsider Art and Beyond*，1996）的时候，菲尔·班尼斯以一套自创的“规律”工作。每段新起的一行都对齐前一顿行文的结尾处，图片与相对应的说明文字对齐，图注则置于正文的行间。这种有点儿疯狂的“规律”正好与书中收录的画家作品风格相似。

景深效果：层次

左图：以兰 · 布穆（Irma Boom）的《荷兰邮票》（*Nederlands Postzegels*, 1987）采用非常薄的圣经纸双面印刷。当图片印在纸张反面时刻意印成左右相反的，形成透印的效果，与书页正面产生叠印效果。正反面页面元素的位置就会出现精妙的印刷层次。本书采用的风琴装的装订方式，数字“87”印在第三页的正面（反面空白）；“88”印在第四页的反面，正面则印有飞蛾的图像；第五页上有一组以90° 倒放的文字块。当书页叠在一起的时候，就会形成许多层次。

如果小心控制页面色调的轻重浓淡，图像与文字是可以适度重叠的。这种拼排元素的方法，可以形成层次感，并且营造出景深效果。这种效果可以利用叠印或者纸张的透明度来实现，只要书页的用纸薄到一定程度，印在反面的图像就会隐隐约约透到前一页来。不过一定要确保纸张足够薄，才能实现这种效果。

对页图： 塔尼亚·康拉德（Tania Conrad）于2002年设计的奥斯卡·王尔德《不可儿戏》（*The Importance of Being Earnest*）分角色剧本各册跨页内容的对比。每册的内容都不一样，都只列出了个别角色的台词，但都是按照相同的网格进行编排的。康拉德在黑色字体上运用了复式变体，里面运用的字体变化远比一般剧本所使用的更复杂、多样。读剧本时，这些字体变化可以用来强调台词中的语气。动作提示则以旁注的形式列在边栏。

下图： 由设计团队 Typeaware 制作的歌剧《浮士德》脚本，不但记录了台词对白，也展现了该剧的风格。

剧本：视觉化语言

剧本和小说一样，都可以设计成可供阅读的形式，只是剧本的内容是要念出来的。有些剧本会将内文安排成一出出复杂的戏剧，有的则是按照不同角色进行编排。对白是一种有别于叙述文的叙事文体，其重点是区分清楚每位演员各自该说的台词。大多数剧本的页面都会分成几栏，以此清楚区分不同的角色。某些剧本会将所有角色左对齐，但由于每个名字长短不一，容易造成名字末端到左对齐行文台词内文栏之间出现或长或短、很不整齐的空白间隔。所以，一些剧本干脆让名字栏内的文字右对齐，对白栏内的文字左对齐，并借此缩小两个栏位的间距。许多剧本会排列行号，有的则会省略掉页码；排演时，剧场导演只需要报出第几幕、第几行，表演者就能很快找到相应位置了。一些剧本会记上详细的舞台动作、走位提示，有的则不会；一些剧本会预先留出一个空白栏位，供手写记录。

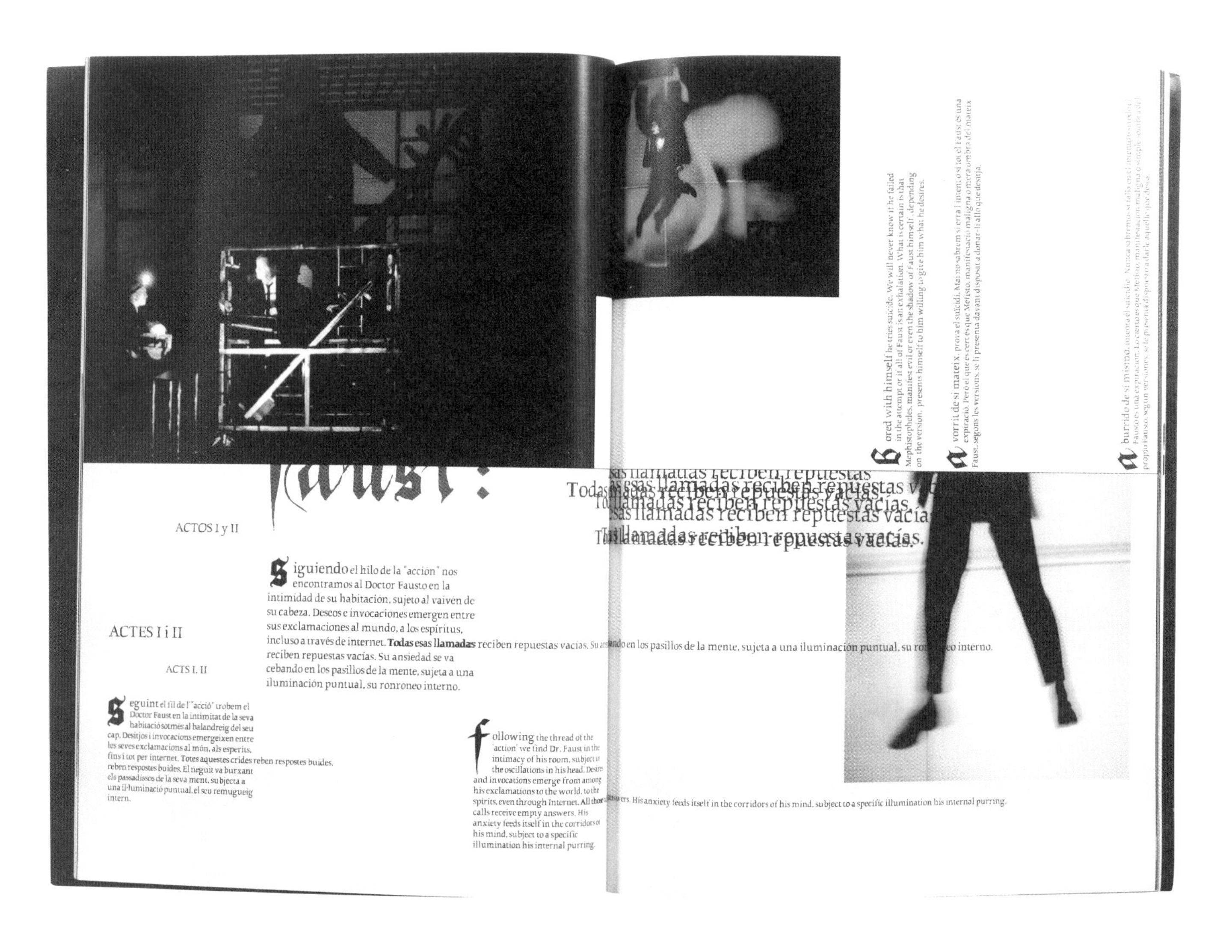

Act 3

This dignified silence does not seem to produce the desired effect. But we will not be the first to speak. Mister Worthing, I have something very particular to ask you. Much depends on your reply.

Yes, if you can believe him.

True. In matters of grave importance, style, not sincerity is the vital thing. Mister Worthing, what explanation can you offer to me for pretending to have a brother? Was it in order that you might have an opportunity of coming up to town to see me as often as possible? I have the greatest doubts upon the subject. But I intend to crush them. Their explanations appear to be quite satisfactory, especially Mister Worthing's. That seems to me to have the stamp of truth upon it.

Then you think we should forgive them? True! I had forgotten. There are principles at stake that one cannot surrender. Which of us should tell them? The task is not a pleasant one. An excellent idea! I often speak at the same time as other people. Will you take the time from me?

For my sake you are prepared to do this terrible thing?

How absurd to talk of the equality of sexes! Where question of self-sacrifice are concerned, men are infinitely beyond us.

Merely that I'm engaged to be married to Mr Worthing, mamma.

Act 3

Quite the reverse.
Certainly not.

Gwendolen, your common sense is invaluable. Mister Moncrieff, kindly answer me the following question. Why did you pretend to be my guardian's brother? That certainly seems a satisfactory explanation, does it not? I don't. But that does not affect the wonderful beauty of his answer.

I am more than content with that what Mister Moncrieff said. His voice alone inspires one with absolute credulity.

Yes. I mean no.

Could we not both speak at the same time?

A-hem. One. Two.

Your Christian names are still an absolute insuperable barrier. That is all!

To please me you are ready to face this fearful ordeal, Mister Moncrieff?

They have moments of physical courage of which we women know absolutely nothing.

Good Heavens!

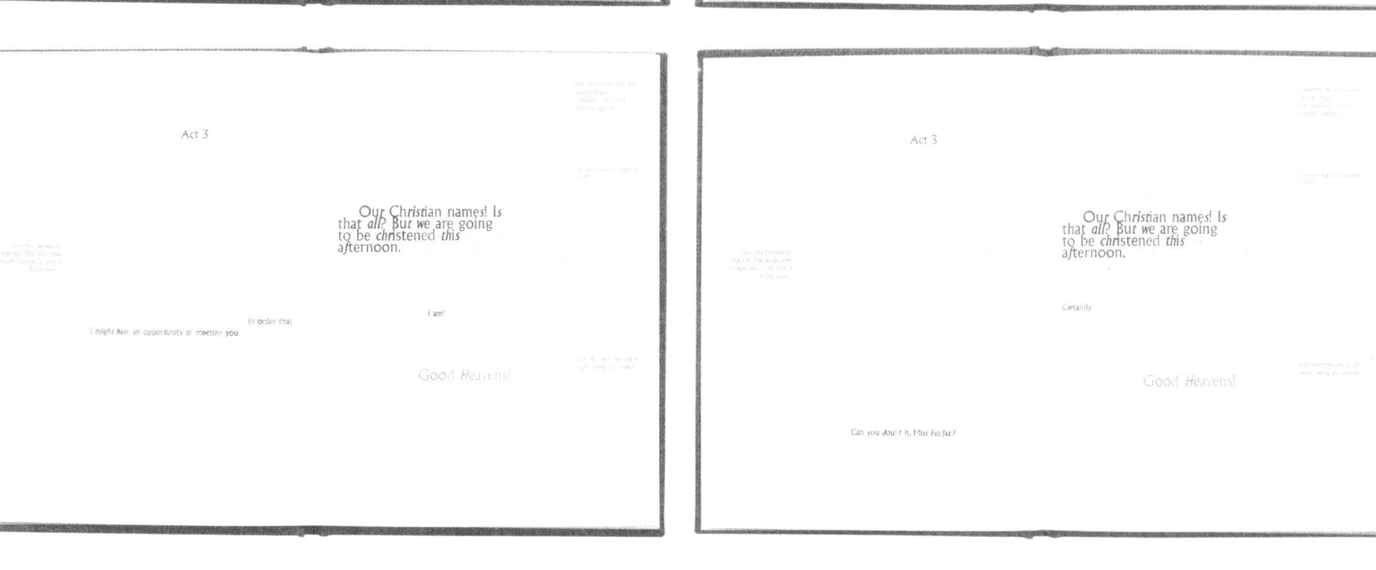
Act 3

In order that I might have an opportunity of meeting you.

Our Christian names! Is that all? But we are going to be christened this afternoon.

I am!

Good Heavens!

Act 3

Can you doubt it, Miss Fairfax?

Our Christian names! Is that all? But we are going to be christened this afternoon.

Certainly.

Good Heavens!

Act 3

Ahem! Ahem!

Lady Bracknell!

Act 3

Gwendolen! What does this mean?

Come here. Sit down. Sit down immediately. Hesitation of any kind is a sign of mental decay in the young, of physical weakness in the old. Apprised, sir, of my daughter's sudden flight by her trust maid, whose confidence I purchased by means of small coin, I followed her at once by a luggage train. Her unhappy father is, I am glad to say, under the impression that she is attending a more than usually lengthy lecture by

关于视觉文化的书籍

近年来，市面上出现越来越多探讨各种视觉文化的书籍：建筑、设计、时尚、家具和艺术，等等。有的属于实用的指南，有的则是单一主题的现代作品集，附有专业的评论文章。艺术家、设计师的个人作品集也越来越多。其中有些出版物会设计成套系形式，有的则是单行本。这个领域可以让设计师大显身手，尽情挥洒创意，同时也将书籍的整体价值发挥到极致。

1.1

1.2

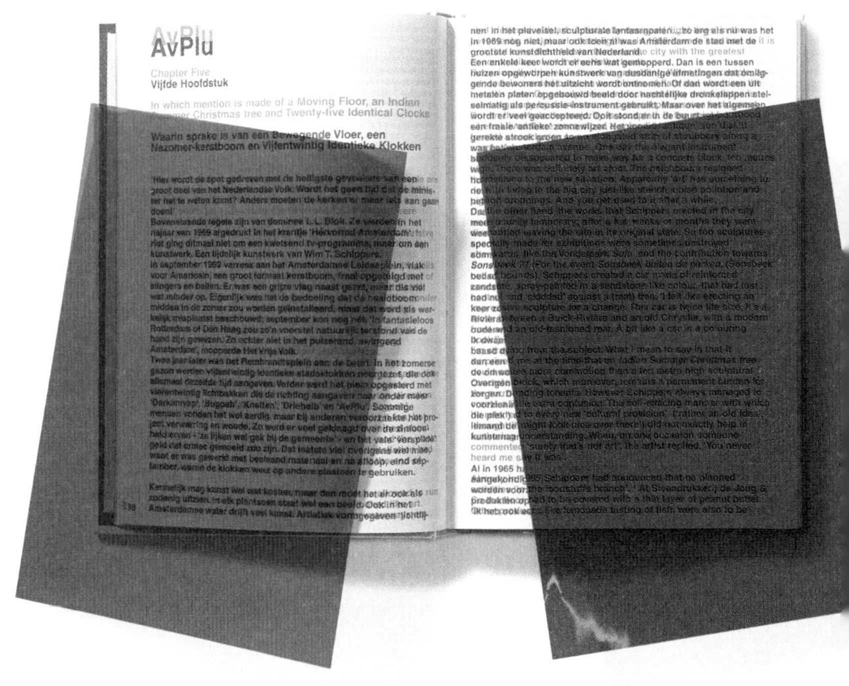

2

1 为了庆祝乔伊斯的名作《尤利西斯》出版一百周年，爱尔兰设计师奥瑞拉·奥·赖利（Orala O'Reilly）提议将书中摘录的句子以喷沙法复制在石头上（1.1），陈列在都柏林市内，并按照石板的尺寸，以横开本的版式印行皮面精装、折页装的《肮脏的都柏林》（*Dirty Dublin*，2004）（1.2）。设计师设计了一款能够呼应乔伊斯哀伤文风的手写体特殊纸，并为书中每一章选配不同的颜色。

2 温·T. 席佩斯（Wim T. Schippens）的《精选集》（*Het Beste Van*，1998）是一部荷兰语的文选，内文以红绿两色相互叠印，所以比逐行对照两种行文节省了一半的空间。阅读时，只需要把滤片放在页面上；绿色滤片会遮住绿色的文字，红字则会显示成黑字；改用红色滤片，可以得到同样的效果，即红色的字看不见了，绿色的字呈黑色。

能够这样尽情挥洒创意的确是设计师之幸，同时也希望读者能感同身受。独立出版社一直都有印行高品质限量版图书的传统，这类出版物往往也会成为收藏品。大型的艺术、设计书出版社也沿用了这个出版传统，他们会另辟副牌社，专门印行非常昂贵——从250英镑到2000英镑不等——的限量版画册。这种书往往都带有作者亲笔签名，并附上原版画片和几件与艺术家相关的周边衍生品。对于购买者而言，他们觉得这并不仅仅是购买了一本关于该艺术家的书，而是拥有了他的艺术作品。

3《德赖斯·范诺顿作品集》（*Dries van Noten Book*，2005）是比利时服装设计师范诺顿出道25周年的纪念画册。这本书有一片包裹型的封面，用一条束腰带裹着；一打开这本书，映入眼帘的是华丽的照片、烫金的书页、金色的环衬。

4由简·米德恩卓普（Jan Middendrop）撰写、设计的《哈，那是我的作品！》（*Ha, daar gaat er een van mij!*，2003）是一本非常漂亮的书，以丰富的图片呈现了1945—2000年海牙的平面设计历史。封面的黄绿两色，也延伸用到了飘带书签上。

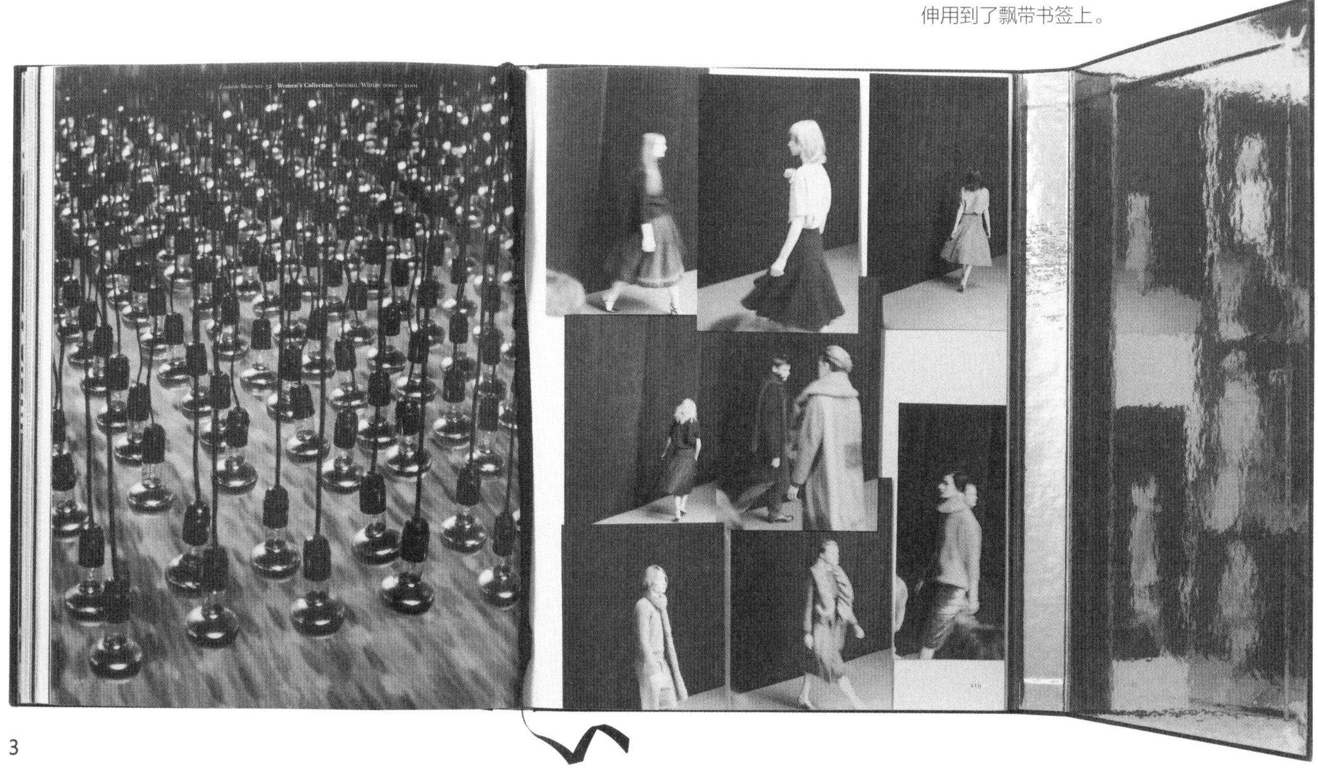

3

4

儿童故事绘本

1 莎拉·法内利（Sarah Fanelli）的《一条狗的一生》（*A Dog's Life*）中妙趣横生的插图，结合了手绘图和拼贴照片。内文以非常随意的方式编排，其中还有很多手写字。翻开前后环衬的折页，整本书就“变成”了一只狗。

2 由查理斯·伯罗（Charles Perrault）撰写故事，露西亚·萨莱米（Lucia Salemi）绘制插图的意大利儿童书《波里契诺》（*Pollicino*）是一本按照传统形式编排的绘本，恪守左文右图的原则。

3 西班牙语儿童书《从A到Z畅游儿童文学》（*Alfabeto Sobre La Literatura Infantil*）使用木刻字体配上胶版插画，尽管版面编排中规中矩，但是充满童趣。

过去二十年来，儿童故事书有很大的发展。以学龄前儿童为读者对象的书通常都是由成人朗读，而其他以少年儿童为读者对象的书则是由他们自己阅读。童书可以开启一个奇妙的世界，故事里面充满了有趣的人物，具有神奇的魔法，能够完成种种不可思议的奇幻旅程；文字与图画两者结合，总能抓住孩子们的想象。许多少年儿童的书籍都是运用了重复原理，让小读者们可以预知情节。

1

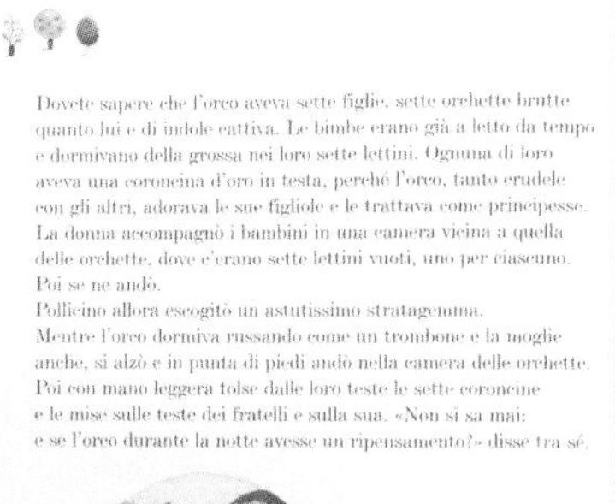
Dovete sapere che l'orco aveva sette figlie, sette orchette brutte quanto lui e di indole cattiva. Le bimbe erano già a letto da tempo e dormivano della grossa nei loro sette lettini. Ognuna di loro aveva una coroncina d'oro in testa, perché l'orco, tanto crudele con gli altri, adorava le sue figliole e le trattava come principesse. La donna accompagnò i bambini in una camera vicina a quella delle orchette, dove c'erano sette lettini vuoti, uno per ciascuno. Poi se ne andò.
Pollicino allora escogitò un astutissimo stratagemma.
Mentre l'orco dormiva russando come un trombone e la moglie anche, si alzò e in punta di piedi andò nella camera delle orchette. Poi con mano leggera tolse dalle loro teste le sette coroncine e le mise sulle teste dei fratelli e sulla sua. «Non si sa mai: e se l'orco durante la notte avesse un ripensamento?» disse tra sé.

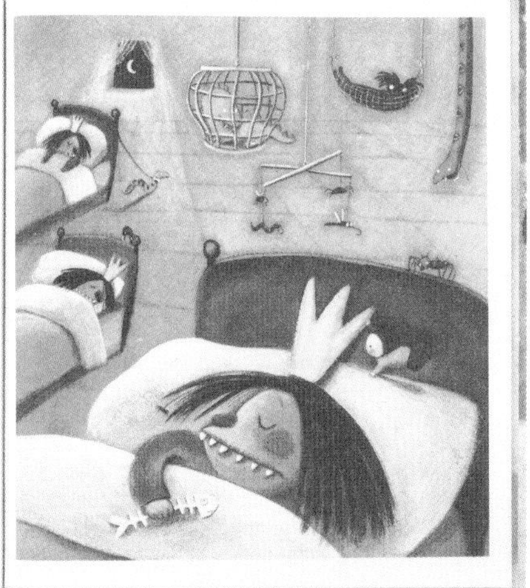

2

3

将动物拟人化，让它们开口说话，行为举止都像孩子一样，是儿童书的特征之一。许多传统儿童故事书的主题都是具有道德教育意义的寓言，能帮助小读者建立自信的故事。很多出版社出版超大开本的经典儿童书，目的是为了让幼儿园的老师可以一面对着孩子们朗读故事，一面向大家展示书上的图片。

4 亚历山大 · 考尔德（Alexander Calder）创作的《马戏团》（*Cicus*），书中的模型人偶由铁丝和木头组成，拍摄和印刷时采用全黑的背景。反白的文字以特别的排列方式结合人偶带出故事内文。页面上的所有元素都是以一整幅跨页图来规划的。

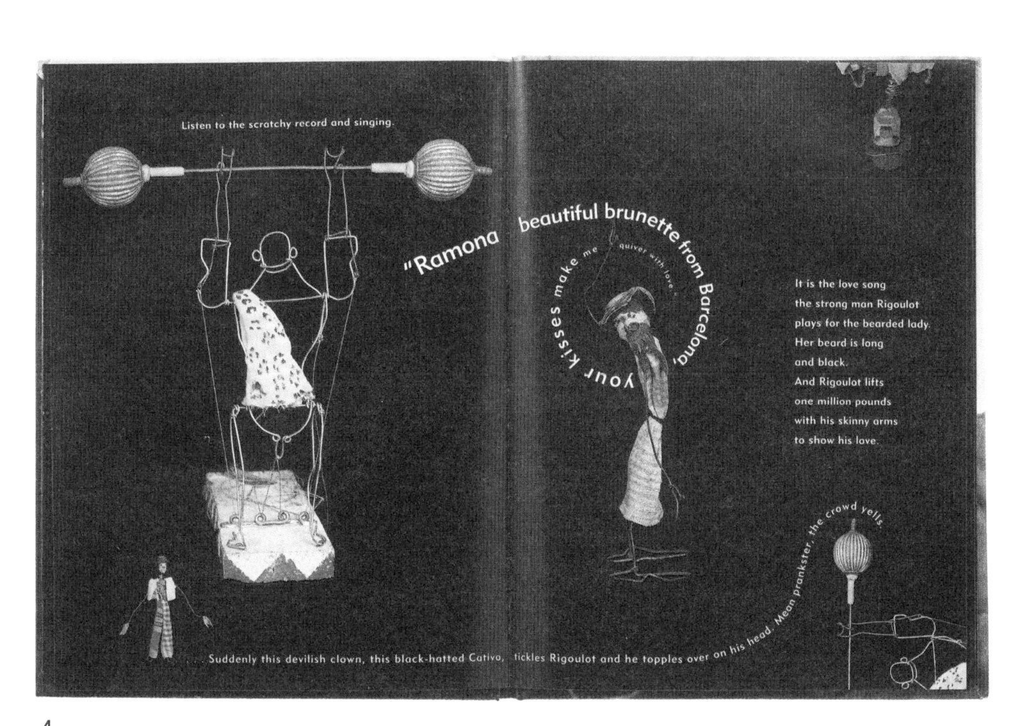

4

5

5 圣埃克苏佩里的《小王子》（*Le Petit Prince*）书中，有简洁的水彩画穿插其中。这些插图与内文彼此交融、贯穿全书。伤感的文字由于这些图片更加动人，这本书也成为儿童文学的经典之作。

6

6《朗趣先生坐飞机》（*Mr. Lunch Takes a Plane Ride*）书中的一个跨页，书中的插图虽然是用电脑绘制的，但是印在了复古的纸上，并仿效 20 世纪 50 年代版画的微妙色泽。它的线条、平涂的色块，加上不准确的透视，让画面充满了童真。

摄影作品书籍

摄影集全靠高超的印刷技术，才能完美呈现摄影师的杰作。设计师需要配合摄影家安排照片的顺序，一起决定每一页上应该安排多少幅作品，哪两幅作品应该配成一对，分别放在跨页的两边。由于放在跨页两边的照片会相互呼应，可以营造某种叙事效果，或者呈现对比关系，处理时一定要特别留心。你也必须注意照片的规格与书的版式之间的关系，因为照片

1 荷兰摄影家林德·布洛克（Leendert Blok，1895—1986）的作品集《郁金香》（*Tulipa*），由威廉·冯·左坦德（Willem van Zoetendaal）设计，封面上没有任何文字，因为图像就是书名。

2 这本摄影集展示了美国摄影家麦克·斯特恩和道格·斯特恩（Mike and Doug Stern）的三幅相关创作。拉页的折痕正好可以呼应作品中支离破碎的影像。

1

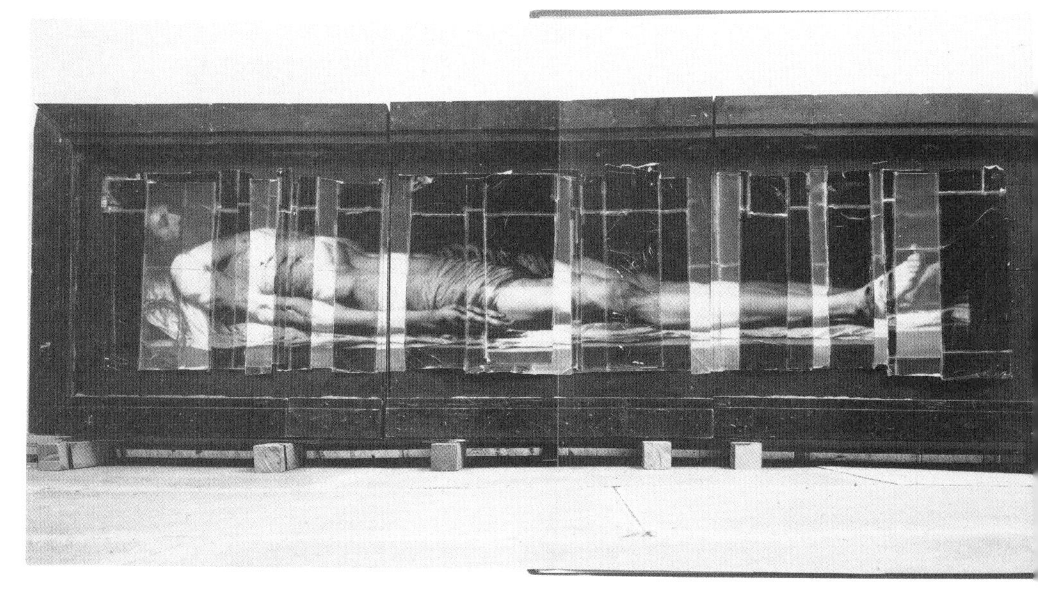

2

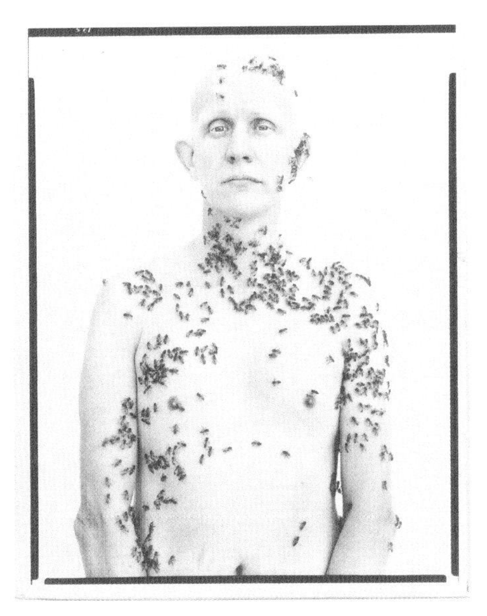

3

竖放或者横放会造成不一样的四边留白。另一个需要考虑的就是页面的颜色，还有照片要不要裁切，要不要出血，这些问题都会影响照片在跨页上呈现的效果。一些摄影照片适合以强烈对比的方式呈现，有的照片衬上黑底后效果特别好，有的则以灰色或者白色作页面底色更好。至于图注文字的位置、字体风格，应该以能够为照片增色，同时不干扰读者的注意力为优先考虑。

3 美国摄影家理查德·艾维登（Richard Avedon，1923—2004）的《肖像集》（2003），装订形式为经折装。这本书没有书脊，只有封面和封底两块灰板；其中一面是一幅照片，另一面则印有一篇说明文章。

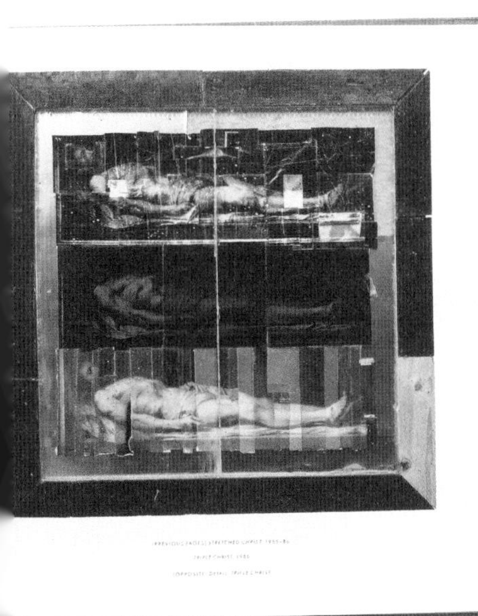

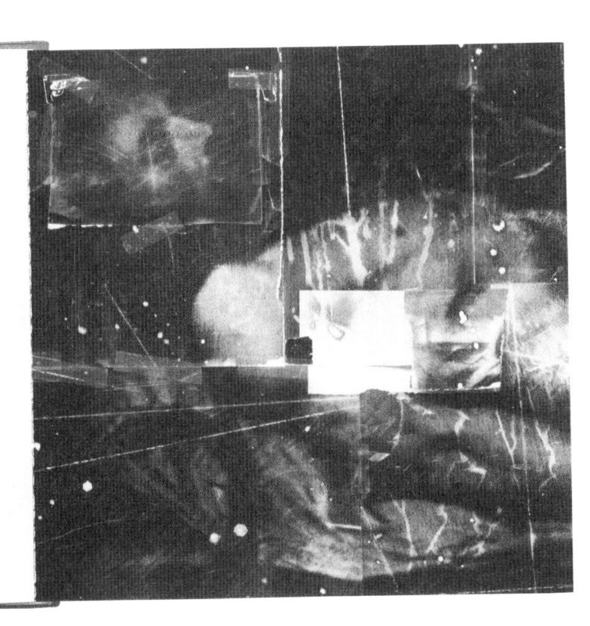

4 詹姆斯·卡提尔（James Cotier）的这本摄影集《布达佩斯的裸体》（*Nudes in Budapest*, 1991）收录了匈牙利老年人的影像。摄影作品一律放在右页，保持了原照片的比例，以双色调（duotones）色彩印刷。左页上印了一个淡淡的色块，和右页的摄影作品相互映射。浅浅的色块让照片中的老年妇人的眼光有了焦点，仿佛眺望着逐渐远去的回忆。

4

封面和护封

一本书的封面有两个作用：1. 保护书页，2. 彰显内容。我会在第 16 章（装订）中再详细探讨第一个功能，在这里先剖析其第二个功能。俗话说得好，不要仅仅凭封面判断一本书的好坏。设计师和插画师们把封面当成一个微缩版海报，通过封面来向读者传达内容。一本书的封面可以看作是出版者代替作者出面，向读者做出承诺。封面的目的在于吸引人们翻开，进而买下这本书。本章将列出可能出现在封面、封底和书脊上的各个元素，并进一步探讨设计封面的各种方法。

按照明确的要求进行设计

封面往往是最容易引起作者、出版者和设计师之间发生争执的环节。作者希望封面上应该传达该书的内容，出版者必须兼顾社内设计总监和发行经理双方不同的看法，而设计师和插画师要遵从策划编辑的要求。明确的设计要求非常重要，设计师应该直接向有决定权的人提交作品。封面设计的效果图往往会被当作营销资料，一般在书还没有付印时，就交给营销部门了。一份设计要求应该包含完整的文案资料清单，并列出关于图片和其他应该加以参考的要素，比如是否从属某个书系，出版者对该书有何期待，等等。

护封样式：单独设计或三面一体化设计

当我们走进一家书店，总能看到书架上陈列的五颜六色、各种各样的书籍。同时通过文字和图像传达一本书的内容，如今已经是大多数出版者惯用的策略。然而，如果我们退回到大约 1900 年，就会发现当时书店里的书籍封面上都清一色的只有文字，压印在皮面或者布面的封面上。从 20 世纪 50 年代到 80 年代，大多数插图也仅仅印在封面上，书脊和封底的处理方式完全不同。现在一些比较老派的出版社仍然沿用这种做法：书脊、卖点和外护封通常使用一套标准的文字格式；后勒口上是作者简介，经常还会附上作者的照片；前勒口上一般会摘引一些评论文字。

现在，封面、封底和书脊都要担负营销书籍的重任。当一本书被人买下，放到书架上，书脊上的书名就成了日常检索的条目，但令人感到惊奇的是，当我们在自己的书架上找某本书的时候，多半是凭印象中书脊的颜色和上面的设计。封面设计的方法不断进步，因为所有出版社都非常重视护封起到的重要营销作用。近年来，许多设计师、插画家逐渐把封面、书脊和封底当成一个完整的画面，而不是立方体上各自分离的三个平面。把护封视为环绕书芯的连续画面，可以让设计师更自由地发挥创意，有更大的发挥空间。

封面和封底的层次

无论采取什么方法处理护封，将之视为一个整体，或是比较传统的做法，将封底、封面和书脊分开处理，设计师都难免要运用若干图像和文字，突出封面。封面带给读者的视觉冲击比封底大：封面先声夺人，封底再次提醒；封面好像在给读者打招呼说“你好”，封底则有说“再见”的意味。设计通过图像和文字两者间的层次、比重，营造出这些功能。虽然封底的文案能吸引潜在的读者掏钱买下这本书，但在版面设计上，封底永远不可能比封面的书名更抢眼。

下图： 国际标准书号（ISBN）以及一组条码，通常印在封底，当销售的时候，书店可以通过电子器材扫码获取数据。

ISBN 1-85669-437-2
90000
9 781856 694377

封面、书脊与封底的元素

虽然以下列出的元素不一定都要出现在每一本书上，但是开始设计前必须要确认哪些元素要出现在护封上。

封面上的元素

— 图像
— 作者全名
— 书名，副书名
— 封面文案
— 版式与开本，书脊宽度、勒口宽度等所有需要印刷的表面
— 印刷要求，比如单色、双色、四色，以及特殊工艺

书脊上的元素

— 作者全名
— 书名，副书名
— 出版社的 logo

封底上的元素

— ISBN 条码
— 零售定价
— 宣传文案或该书的内容介绍
— 卖点
— 书评摘要
— 作者介绍
— 已出书目

勒口上的元素

— 零售定价
— 内容介绍
— 卖点
— 作者介绍
— 已出书目

ISBN 国际标准书号

这组号码以条形码的形式印在封底，可见于任何零售商品的外包装，是必须要印刷的一个项目。

条码

— 必须印在封底明显的地方，不能藏在勒口里面
— 印刷尺寸必须介于原大的 85% 到 120% 之间
— 必须以全黑印于白底上，或者印在无色的框线内，与框线的距离必须大于 2 毫米

上图： 出版社的商标、logo 或者副牌社一般会印在书脊上。虽然放置的位置不一，但是该符号出现在书脊上，可以加深读者对其品牌的印象。

书脊

欧洲国家的大多数出版物书脊上的字都是从上到下排列，基线始于封底和书脊的连接处，但有些美国出版商会采用从下到上的排列方式。篇幅较长的书，书脊相应也宽，有时则会水平排列书名，不过这意味着必须缩小字体和字间距。设计师一定弄清楚书名应该如何排列，书名和作者名之间孰轻孰重，出版社 logo 和社名该放在哪里。

环衬

环衬粘贴在精装书的封面和封底的灰板内侧，通常会使用比书页更厚的纸张。环衬可以完全空白，也可以印上图案。早年出版物的环衬可能会采用大理石花纹，或者印上特别设计的，与内容相关的纹样。现在则多以四色印刷，印照片或者插图。

封面和标题次序

封面、书脊、封底和前置页之间的关系组成了一本书留给读者的最初印象。设计师应该谨慎安排，营造出条理分明、前后呼应的整体印象，就像一部电影片头，随着影像打出字幕，接下来整部电影的基调奠定了。

上图： 上图展示的六本书的书脊，以出版日期的先后顺序从左到右排列。每一本书的书脊都是由三个相同的基本元素组成：作者名、书名和企鹅出版社的 logo。但三者的轻重关系、文字排列的方向、字体级数和风格随着时间的变化而发生了变化。

封面的类型

对于设计师来说，花时间去逛逛书店非常值得，不止去看书、看别人设计的作品，还应该观察人们如何浏览、购买书籍。不同的书籍有着不同的护封风格，反映了它们面对的不同读者群。书店中，经管书与经典文学或者诗集的封面风格完全不同。在书店浏览一番，你便会发现人们在年龄、性别、着装上的差异，只要排除先入为主的印象，设计师们就会有所收获。即使在出版已经步入全球化的今天，不同种类的书籍，也不会以相同的封面风格在全球销售。所以，在国外逛书店也非常有意思，因为我们可以从中看到书籍装帧、封面设计如何反映出不同的国情和地域文化，同时也感受到跨国出版集团的全球视野。接下来，我们将要探讨护封的各种设计手法。首先，我们来看看既能强调品牌形象又可以促进单本书销售的封面；然后再援引第 3 章讨论过的几种设计方法：纪实法（documentation）、概念抽象法（concept）、风格表现法（expression），来说明如何将它们运用到封面设计上。

1

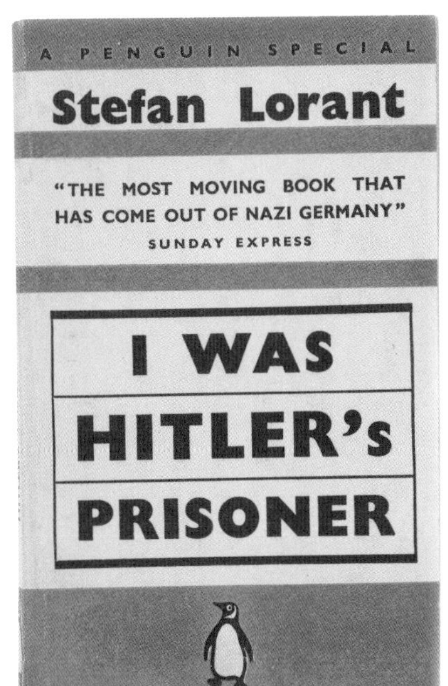

2

A PENGUIN SPECIAL
BERNARD PARES
RUSSIA
The Country — The Russians (and others) — The Old Russia — Thought, Letters and Art — East or West? — A Liberal Russia — War and Revolution — Lenin and the Bolsheviks — Militant Communism and Civil War — Compromise and Irony — Stalin *versus* Trotsky — Industrial Planning — Agriculture Collectivised — Anti-Religion — Hitler Appears — Stalin's Reply — Social Services — For a "United Front" — Anglo-French Negotiations and German Pact — Russia's War Policy — The Road to Alliance.
THIRD REVISED EDITION WITH AN INDEX

3

4

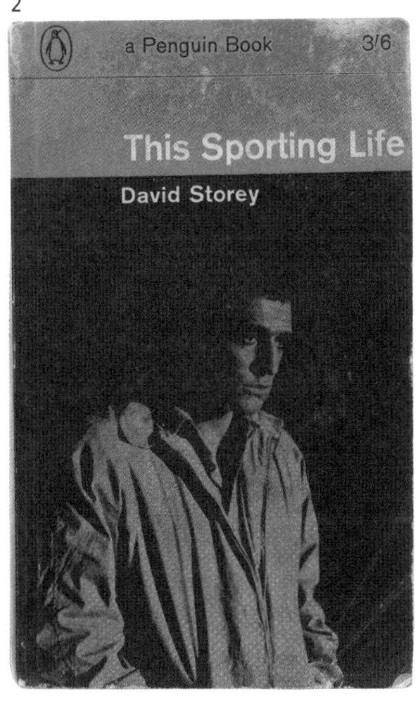

5

6

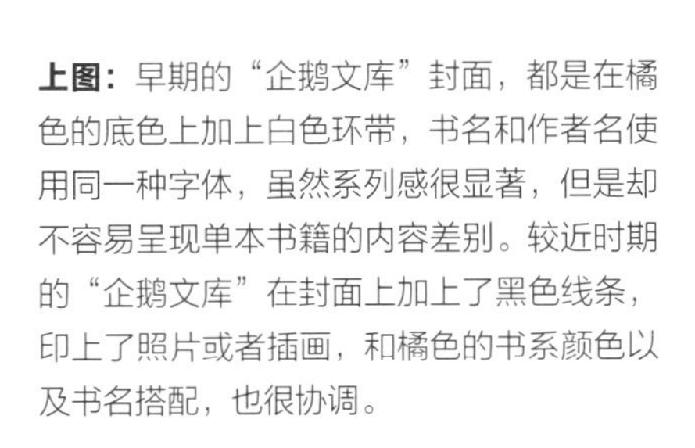

上图：早期的“企鹅文库”封面，都是在橘色的底色上加上白色环带，书名和作者名使用同一种字体，虽然系列感很显著，但是却不容易呈现单本书籍的内容差别。较近时期的“企鹅文库”在封面上加上了黑色线条，印上了照片或者插画，和橘色的书系颜色以及书名搭配，也很协调。

1—3
1936《诗人酒馆》[*Poet's Pub*，埃里克·林克莱特（Eric Linklater）]
1939《我曾是希特勒的囚犯》[*I was Hitler's Prisoner*，斯蒂芬·洛伦特（Stefan Lorant）]
1942《企鹅特刊：俄罗斯》[*A Penguin Special: Russia*，伯纳特·帕雷斯（Bernard Pares）]

4—6
1959《上流社会》[*Room at the Top*，约翰·布莱恩（John Braine）]
1962《如此运动生涯》[*This Sporting Life*，戴维·斯托里（David Storey）]
1974《说谎者比利》[*Billy Liar*，基斯·沃特豪斯（Keith Waterhouse）]

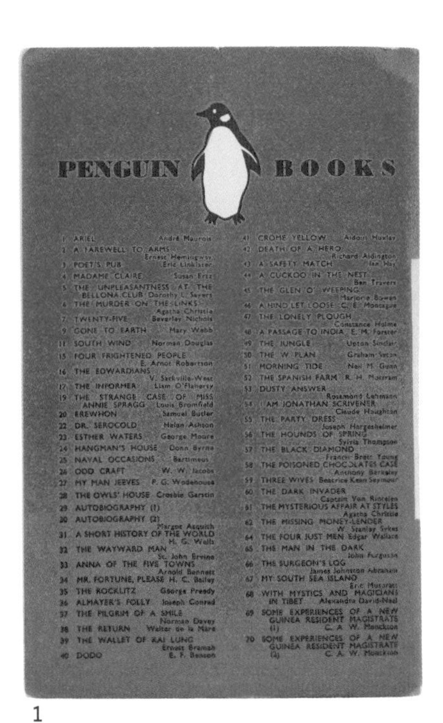

1

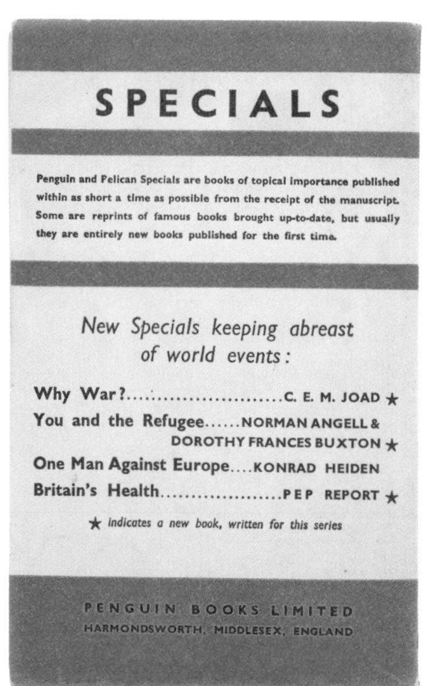

2

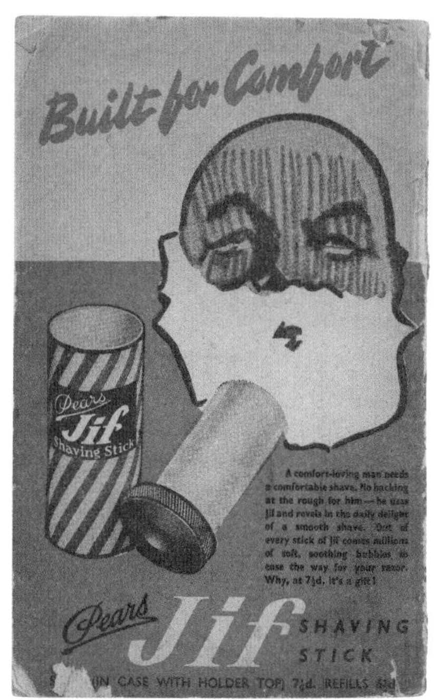

3

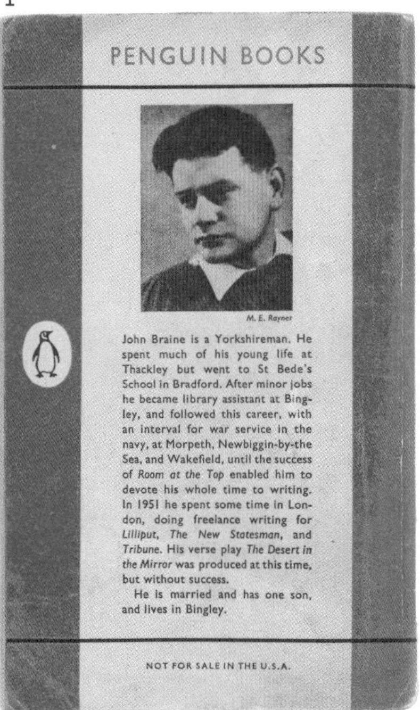

4

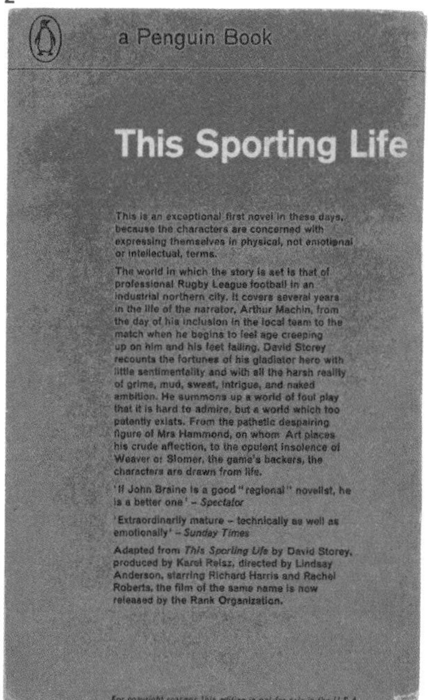

5

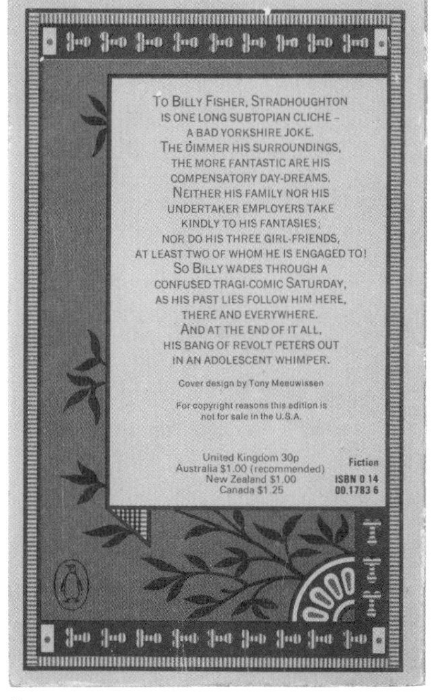

6

上图：

上一页中各书的封底，可以看出同一书系出版物四十多年来的风格变化。最早的一本是出版于 1936 年的**图 1**，在封底列出了企鹅平装书的所有书目。出版于 1942 年的**图 3** 利用封底登载了与该书内容完全无关的剃须皂的广告。出版时间近一些的**图 4—6** 则在封底印上了宣传文案，但行文排列方式各不相同：**图 4** 采用首尾对齐的方式，**图 5** 左对齐，**图 6** 则是对齐栏位中轴。从企鹅这几本平装书装帧风格的变化，我们可以看出今天的平装版小说的风格传统是如何发展而来的。注意作者照片和企鹅 logo 使用的变化，它有时朝左有时朝右。

运用封面强化品牌形象

以书系方式呈现的护封具有双重目的：既推销个别书籍，又提醒读者同属该书系的其他书籍。如果同一书系的书籍总是集合在一起陈列，就能够占据更多可以用来展示的架位。

某些传统的书店陈列书籍时仍然按照传统规矩，上架时按照主题分类，或者按照作者姓氏笔画排序；但是一些了解品牌重要性的书店，则会以书系为单位而不是以个别书籍进行陈列。这种营销策略对出版社非常有利，因为这样可以培养品牌忠诚度，激发读者进一步购买收藏完整书系的念头。

纪实型封面

以文件纪实为出发点设计的护封，忠实记录了该书的内容。它可能是运用符合该书书名的字体形式，也可能是从内容中选用具有代表性的图像；这种手法体现了“所见即所得”（what you see is what you get）的精神。设计师特别需要注意书籍护封设计和内页设计之间的关系：可以在跨页的编排中沿用封面的组成元素。

概念抽象型封面

以概念抽象型设计的书籍护封，已在透过某种视觉化的隐喻、双关、矛盾，趣用图像与书名，呈现其内容。潜在的目标读者在书架上看到某本书书脊上的书名，抽出来一看，封面令人不禁莞尔，会心一笑。从单纯的逛书店进而掏钱购买，消费者被封面所吸引，他们购买的理由是“这本书的封面真够高明的，我看出了它的高明之处，因为我足够聪明”。就像我们总会找出很多理由，从各方面支持自己的偏见，这类购买行为往往会形成一种循环，让消费者频频以相同的模式继续购买其他书籍。

风格表现型封面

小说和短篇故事集的封面经常运用风格表现式的设计手法。其目的并不只是呈现某种概念化的代表图像，而是要引发读者对于该书内容的联想，隐约透露书中的情节以吸引目标读者。这类封面往往会运用插画、照片，或者从现成的画作中挑选合适的图像。美术指导或者插画家需要营造出吸引人注意力的图像，既要和书名相得益彰又能引起读者的好奇心，隐隐约约运用书中的故事元素，或者巧妙转化该书内容想要传达的情绪。潜在读者同时受到图像和书名的吸引。手绘、标记和象征等技巧经常被运用到这类封面中，营造出朦胧的诗意，令读者玩味。风格表现式的设计方法往往将内容当作视觉传达的起点，必须要注意的是，要在表达作者原著精神和展现设计师个人创意之间把握好尺度。

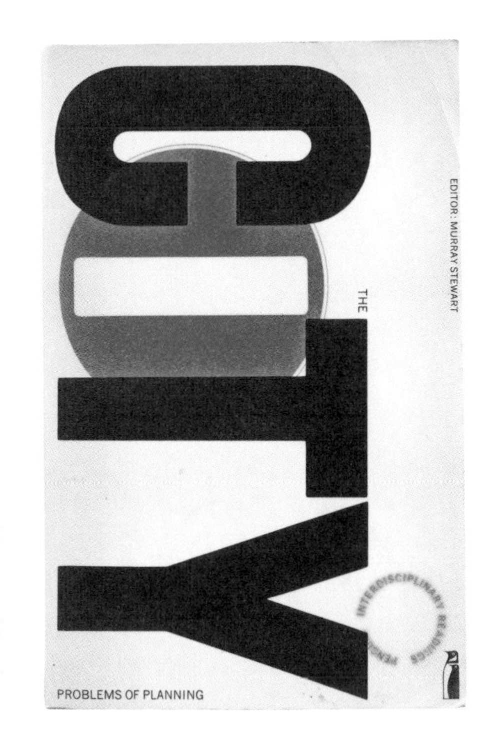

上图：德里克·博索尔运用概念归纳式的手法设计的企鹅教育书系（Penguin Education）。他用两个元素将该书籍的内容加以结合：从头到尾只用了一种字体（Railroad Gothic），每本书采用能反映其不同内容的相同样式封面编排。因为每本书的书脊宽度、书名长度都不同，他以统一的对齐方式来处理。上图的例子为《城市：规划的问题》（*The City: Problems of Planning*）的封面，借用了“禁行”的交通标志。

运用纪实照片的封面

1

2

3

4

上图. 四个运用纪实照片的封面。**图 1** 照片下边缘裁成斜边，呼应照片中那缕搞笑的头发，并且和居中排列的整齐文字形成对比。**图 2** 透视在图像中扮演重要角色。虽然经过裁切过的双脚的黑色线条显得有点儿生硬，但它和底部的距离和照片中的地平线与页面顶端的距离完全相同。**图 3** 看上去很普通的场景，因为照片中缺腿男子而传递出一种哀伤的感觉。**图 4** 封面右侧的船身被裁切了，左侧则是从船头延伸出来的绳索。

运用风格表现式的封面

1

2

3

4

上图：这些封面都巧妙地运用摄影照片凸显其内容。这些封面都把画面设计成一幅小型海报。四本书封面的文字都是居中排列。**图 1** 文字在封面上以反白处理。**图 2—4** 则将文字外边加上边框，再叠放在照片上。

以插画传达思想的封面

1

CARLO LUCARELLI

L'ISOLA DELL'ANGELO CADUTO

2

Livre de Poche

Didier van Cauwelaert

La Vie interdite

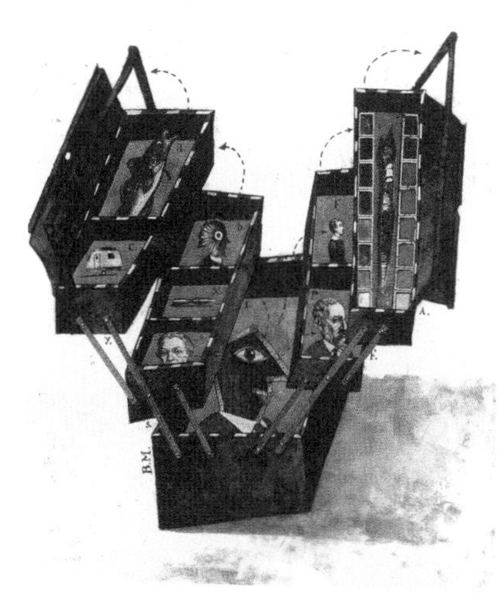

3

4

运用纹案的封面

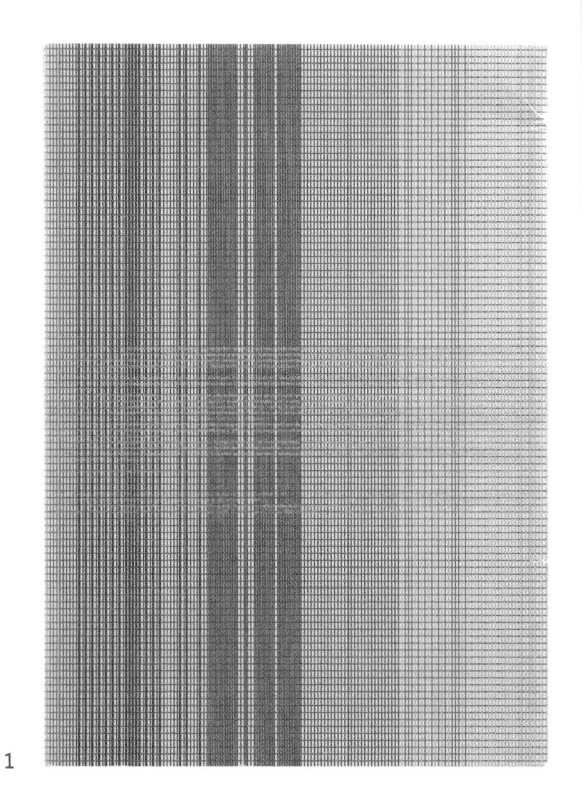

1

2

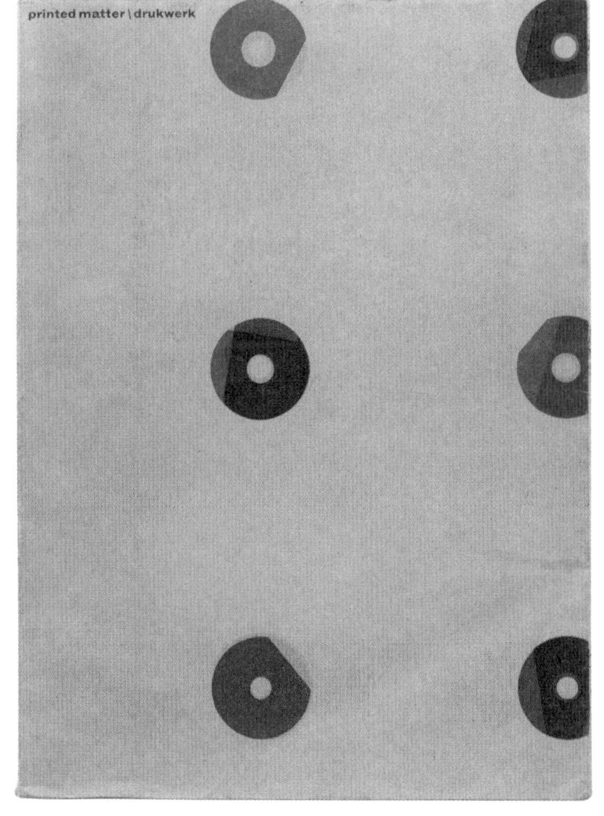

3

对页图： 四个使用插画的封面。**图 1** 这部波兰小说的封面以照片、手绘图和一个立体的实物呈现出蒙太奇效果。**图 2** 封面上的插图是由洛伦佐 · 马托堤（Lorenzo Mattotti）绘制的概念插画，画面中的鲜血形成了一片红色，暗喻一面红旗。**图 3** 这个封面采用布努诺 · 马尔特（Bruno Mallart）绘制的概念插画，用一个画具箱表现该书的内容元素。**图 4** 和前面的例子一样，封面插画也是概念式的手法：象征男性的红色小图案被女人的双脚夹住。

上图和右图： 这三本书都是设计类书籍，都使用了纹案作为封面。**图 1** 这是一本介绍设计团队 Faydherbe / De Vringer 的《平面剧场》（*Grafisch Theatre*）封底，使用细线构成网格。**图 2** 伦敦印刷学院 1998 年的课程目录，使用紧密重叠的数字组成的纹案。**图 3** 收录荷兰平面设计作品的一本书，书名为《印刷品》（*Printed Matter \ Drukwerk*），以装饰性的圆圈叠印在封面上。

以文字构成的封面

1

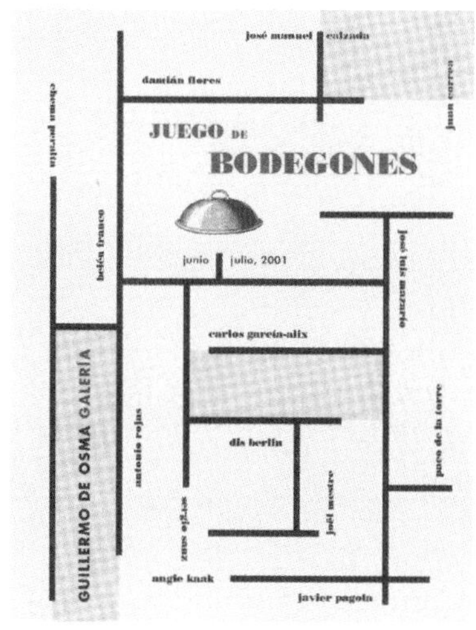

2

3

4

上图： 不用图像，完全以文字构成的封面可见于各类书籍。书名与作者名的字体以极具实验性质的方式摆放，配合显眼的颜色，能让封面产生强烈的冲击感。**图 1** 劳里 · 罗森沃尔德（Laurie Rosenwald）的《纽约笔记》（*New York Notebook*）运用大小不等的字号，书名的三个首字母甚至被放到了布面书脊上，不整齐的书名字母并不显得乱，同时完美诠释了该书的内容。**图 2** 这是一本画廊的目录，由色块和字标组合而成，各元素环绕位于中心的标题，看起来就像一座迷宫。**图 3** 埃米尔 · 鲁德的《文字设计》封面上的字母以镜像的方式呈现，强调了金属活字模块的特点，并显示了其利用网格结构所得的结果。**图 4** 沃夫冈 · 魏因加特《我的版面设计之路》（*My Way to Typography*）的封面反映了他在该领域的实验结果：字体的局部虽然被削去了，但仍能辨认，并且使用了非常强烈的对比色。

IV Manufacture 制作

制作

一本书的制作流程包括在写作和设计完成之后的所有后续工作。流程包括前期制作、印刷、装订，这几道工序将在以下章节一一讲述。我还另辟了两章，专门探讨印刷书籍的必备基本材料——纸张，以及立体书。

根据不同的出版单位与不同的书，设计师在书籍制作流程中的参与程度也不同。设计师有时会去印厂跟印，有时则会通过电话或者电子邮件来联络，只在样稿上订正。设计师不管对于制作流程之中任何一道工序的参与程度如何，都必须深入了解其中各项制作技术，才能够在作者、出版社、编辑、印厂和装订厂之间扮演好联系和协调的角色，也才能让自己的设计成品同时具备创意和可行性。掌握制作技术会影响我们做设计的方法，也可以从中了解现实技术条件的局限与创意可能性的界限在哪里。比如，装订形式会影响打开一本书的方式，以及打开之后能否摊平，书籍能否完全摊平对于平装小说来说或许无关紧要，但是对于摄影书或者画册来说，是非常重要的。

前期制作 12

前期制作

印刷厂所谓的“前期制作”（pre-production）这道程序包含了设计师将全书内页编排完成之后的一系列流程。“复制”（reproduction）这个词也曾代表同样的意思，但是，由于数字印刷的出现并被广泛应用，“reproduction”这个词有了更明确的定义——“repro”是指制作印版所需要的准备工作。所有的设计师都应该重视这道程序，因为了解图像和文字在印刷过程中的处理技术，对于把控最后的成品效果至关重要。设计师不能把在电脑屏幕上呈现的效果或者工作室自备的打印机打印出来的稿件当作最后的印刷成品效果。只有通过和印厂合作，检查和修改样稿，才能得知最后的成品效果。本章所探讨的前期制作针对的是四种主要的印刷方式进行印刷的线条和颜色，这四种印刷方式是：凸版、凹版、平版与孔版，在第 14 章我会详细逐一介绍。

线条和阶调

对于印厂来说，单色，并且不包含任何阶调（tone）变化与浓淡差异层次的图案就是线条稿（line work）。任何由单一颜色构成的区块、点，以及线条所组成的文字或图像，都属于线条稿的范畴。线条印刷常应用于印刷文字、线条画、蚀刻画、木刻画、麻胶版画和雕版画。插画家和设计师们开创出各种技法，运用交错的线或者点，让肉眼产生多重阶调的错觉。凭借画面上暗色分布的密集和分散程度的差异，观看者以为图像具有各种

jsem věděl, že je to marné. Nic nenajdu, všechno jenom ještě víc popletu, lampa mi vypadne z rukou, je tak těžká, tak mučivě těžká a já budu dál tápat a hledat a bloudit místností, po celý svůj ubohý život.

Švagr se na mne díval, úzkostlivě a poněkud káravě. Vidí, jak se mě zmocňuje šílenství, napadlo mě a honem jsem zase lampu zdvihl. Přistoupila ke mně sestra, tiše, s prosebnýma očima, plná strachu a lásky, až mi srdce pukalo. Nedokázal jsem nic říci, mohl jsem jen natáhnout ruku a pokynout, odmítavě pokynout a v duchu jsem si říkal: Nechte mě přece! Nechte mě přece! Cožpak můžete vědět, jak mi je, jak trpím, jak strašlivě trpím! A opět: Nechte mě přece! Nechte mě přece!

Narudlé světlo lampy slabě protékalo velkou místností, venku sténaly stromy ve větru. Na okamžik se mi zdálo, že vidím a cítím noc venku jakoby ve svém nejhlubším nitru: vítr a mokro, podzim, hořký pach listí, rozletující se listy jilmu, podzim, podzim! A opět na okamžik jsem já nebyl já sám, nýbrž jsem se na sebe díval jako na obraz: Byl jsem bledý, vychrtlý hudebník s roztěkanýma planoucíma očima, jenž se jmenoval Hugo Wolf a tohoto večera se propadal do šílenství.

Mezitím jsem musel znovu hledat, beznadějně hledat a přenášet těžkou lampu, na kulatý stůl, na křeslo, na hraničku knih. A prosebnými gesty jsem se musel bránit, když se na mne sestra znovu smutně a opatrně dívala, když mne chtěla těšit, být u mne blízko a pomoci mi. Smutek ve mně rostl a vyplňoval mě k prasknutí, obrazy kolem mne nabyly podmanivě výmluvné zřetelnosti, byly daleko zřetelnější, než jaká kdy bývá skutečnost; ve

(106)

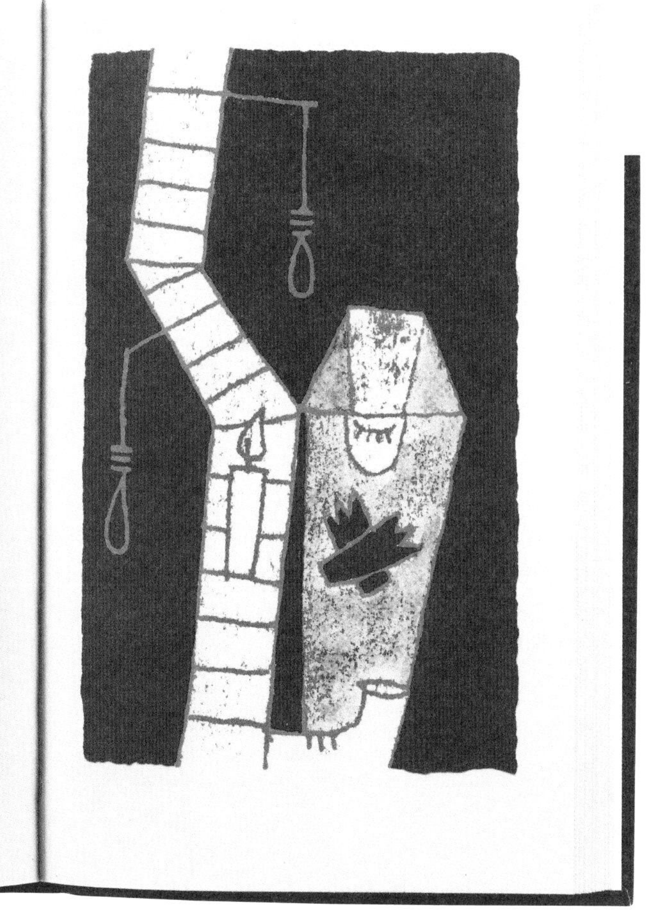

深浅不同的阶调。但是，只要用高倍放大镜一看，便能清楚地发现所有的印刷油墨痕迹其实全是同一个阶调，只不过所占面积和相互之间的疏密不一样而已。用于印刷图版的线条稿原稿尺寸最好能大于印刷成品，印刷时就能进行缩小图片的处理，这样原稿上的缺陷和小瑕疵就不容易显露出来，成品也能比较完美地呈现出阶调效果。

上图：赫尔曼·黑塞（Hermann Hesse）的《黑塞童话集》（*Pohádky*）左页以单色印刷，右页插图则采用平版双色印刷。

如果设计师希望每一幅线条稿插图上的线条最后印出来粗细一致，必须在委托时与插画师交代清楚，要按照一致的比例进行插画绘制，这样印刷时才能用相同的百分比进行缩图。要采用这道程序，设计师往往需要在事先做好版面编排或者栏位配置的设定。虽然现在的设计软件，比如 Freehand、Illustrator、InDesign 等允许文字编排时再调整线条粗细，但是处理起来很费时间，预先做好版面规划，委托插画前给出明确的工作指示，可以避免事后个别调整的麻烦。

加网

为了使原稿图像能在承印物上以连续调的形式显示，原稿需要被分解成极小的网点，通过这些网点的大小或距离的改变来表现原稿图像，这一过程被称为加网。美国发明家弗雷德里克·艾夫斯（Frederick Ives, 1856—1937）在19世纪80年代获得了玻璃网屏加网的专利。让一幅图片加网的方法是，将一片分布了许多点状小孔的玻璃片放在镜头和相纸之间，这样就能晒印出由许多大大小小的细点排列构成的影像。选择仍然沿用这个原理，只是加网这道程序已经被电脑取代了；使用数字方式加网，图片可以分解出成千上万个网点。

半色调加网

所谓半色调（halftone）就是指图片上的图案并非黑白截然分明，而是包含从深到浅的各种层次变化。图片会因各部位黑色成分的多少不同而形成不同的色调，色调越暗，印刷时油墨就会越多。如果图像中各个不同阶调呈现微幅渐进演变，则被称为连续阶调（continuous-tone）。图片原稿可能是一幅画、照片或者文字。要印制连续阶调的图片，必须使用网屏将原稿图片上的阶调转化成像线条稿一样阶调的黑白网点。原图稿上的暗色调区域会呈现较大网点；若图稿由浅色调构成，网点就会比较小。使用数字网屏进行挂网，其原理也是一样。若阶调为50%，则每个黑墨方格会挨着一个无墨或者空白方格。若采用椭圆形网点，中间调则会呈现风筝形状，并呈现十分平滑的阶调变化。当网点过大以至于互相重叠时，这种情况被叫作“网点扩大”，会让图像出现意外的墨色区域，并破坏平滑的阶调变化：与圆形网点相比，椭圆形网点能够有效降低网点扩大的发生概率。

半色调加网的基准是根据每厘米的网线数而定的，前者以“lpi”（lines per inch）为单位。网线数越多，就越细致，印刷效果越好；网线数越少，则越粗疏。用非常细致的网印刷图像，如果再加上印刷用纸的质地足够吸墨，就能表现出各阶调完整的层次变化。报纸和凸版印刷使用的55lpi半色调加网，其网线比间接平版印刷使用的120lpi网疏松，更是远远比不上用来印刷精美图文书的170lpi网。以水平45°斜角设置网，最不容易察觉网点格线的存在。

加网的方式

网点分布在连续纵横的网格上，只是网点的大小发生改变，就像早期的玻璃加网，这样的方式被叫作“调幅加网”（amplitude modulated, 缩写为AM）。网点大小确定，但是不在固定网格上出现的则被称为“调频加网”（frequency modulated, 缩写为FM）。

如今，运用数字技术，设计师可以控制如何运用网屏，确定不同的方法来处理半色调图片。这一印前步骤可以用设计师通过Photoshop、Freehand和Illustrator等软件来完成。设计师们可以运用线条、同心圆，甚至自定义的专用网屏来改变网点形状和每平方英寸的网点数目。

左图： 第 44 期《眼》（*Eye*）杂志封面图片用了很大的网点（高达 5mm）。网点互相重叠形成的花纹隐隐约约显现出一幅半色调图像。

下图： 左图的局部放大显示小网点组成的亮部，暗部则由大网点构成。

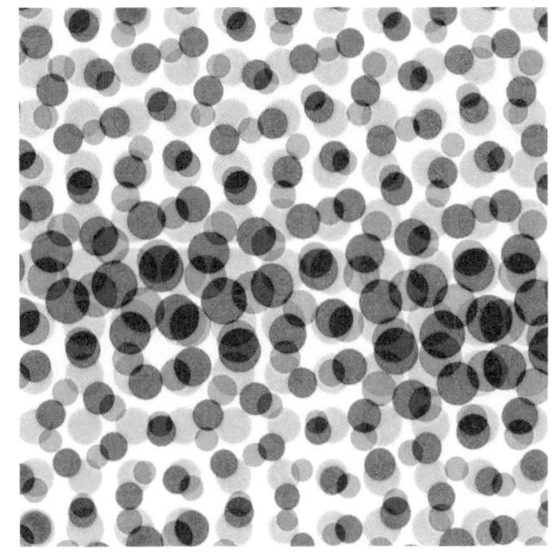

错网花纹

当两片半色调网叠在一起时，稍微出现偏差、没对准，就可能会出现错网花纹。造成这种光学效应的原因是，两层网叠加，因为网点相互交错而意外出现一组新的纹路。尽管可以巧妙运用这种效果，让读者了解印刷的原理，但这种现象并不利于某些需要清晰呈现的图片。错网花纹也可能源自原稿本身的花纹。比如，一幅黑白分明的格子布纹图片，通过半色调频加网时就很可能会出现一些不该出现的错网花纹。

一些印刷成品的图像经过再次扫描，再用半色调加网制版，也可能会产生错网花纹。因为新、旧网会互相干扰。只要图片原稿源于原版照片或者数码照片，就不会出现这种问题。如果要翻印现成印刷品上的图片，例如要在书中翻印一张风景明信片，印厂会运用一种“点对点套准”的手法，翻制图片时让新网的网线对准原稿上的网线。现在，在 Photoshop 软件中进行数字扫描，再搭配使用调频加网，即可避免错网花纹的出现。

色彩

在书籍中运用色彩由来已久，最早可以追溯到中世纪西欧地区手工誊写的抄本书传统。当时，书上饰绘的手写字母通常都有上色。古登堡于 1455 年印出第一部《圣经》，上面有红色首字母和小标题，不过那些都是全书印完之后再用手工上色的。现在的印刷机只需要印一次，最多可以印出六种颜色。

单色印刷

单色印刷，顾名思义，就是只用一种颜色，但是通过网线、网点，可以同时印出文字和半色调图像。印厂可以利用色样或者天然材料调配出设计师要求的颜色。要调出设计师与印厂都满意、符合预期效果的墨色，可以用肉眼判断，以不同比例的印墨调出各种各样的颜色，也可以利用现成的印墨。用来印刷的单一墨色常以以下几种术语表述：调配色（matched colour），指定色（selected colour），实色（flat colour），专色（spot colour）。

彩通配色系统

彩通配色系统（Pantone Matching System，缩写为 PMS，旧译“潘通”，“彩通”为其进入中国后的官方译名。）是目前应用最广泛，也最符合行业标准的一套配色系统。其他配色系统还有 True Match、Focoltone 和 Hexachrome，也可以提供与彩通相似的色彩范围。一套彩通色卡可以提供超过 1000 种基本的色彩供设计师们选用。这些颜色可以单独用于单色印刷，也可以合并用于双色印刷。任何一个选定的颜色都可以对应一组四色混合墨（由不同百分比的 CMYK 组成的颜色）。彩通配色系统还为设计师提供粉色（pastel colours），彩通粉为真色（true colours），而不是淡色（tints）、金属色（metallics）或上光色（varnishes）。

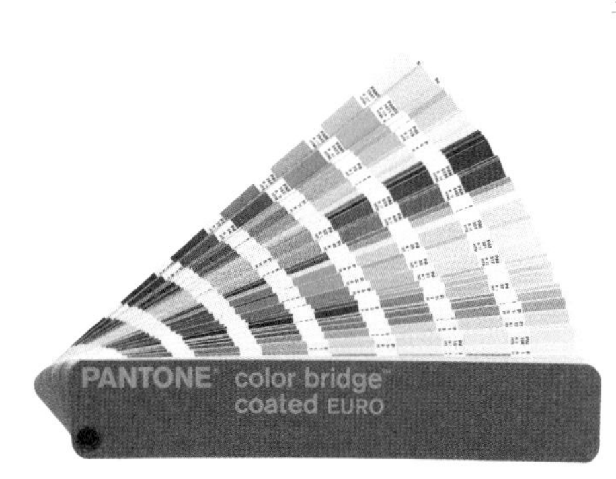

1 彩通色彩桥梁系统是以不同百分比的 CMYK 组成的四色模拟专色。其中有的对应结果很相近，但有的差异很大。这套色卡对于书籍设计师来说非常实用，比如，印封面时用了五色（CMYK 加一个特别色）印刷，印章节开篇页时就可以用色卡找到这个特别色相对应的四色混合墨。

2 彩通金属色卡用于指定单色或者特别色，这些颜色可以与 CMYK 四色墨相混合，当作套印色来用。使用金属色印刷的时候再上一层亮油，可以避免沾染指纹，但是可能会稍微影响原本的颜色。

3 彩通粉色色卡收录了比较浅的实色墨，因为这种墨里添加了展色剂，所以可以呈现比较轻柔的颜色。这些颜色虽然可以用于书籍印刷，但是不能通过 CMYK 四色墨调配出来，需要另外制作一个印版。和金属色一样，粉色也属于专色。

Quien no conoce nada, no ama nada. Quien no puede hacer nada, no comprende nada. Quien nada comprende, nada vale. Pero quien comprende también ama, observa, ve... Cuanto mayor es el conocimiento inherente a una cosa, más grande es el amor... Quien cree que todas las frutas maduran al mismo tiempo que las frutillas nada sabe acerca de las uvas.

Paracelso

左图：艾·弗洛姆（Erich Fromm）的《爱的艺术》（*El arte de amar*）中的一个跨页，以双色印刷的文字跨过订口。红色和黑色的专色字分别用了两块印版印制，套版必须非常准确，一旦有误差，会很显眼。

双色印刷

现代印刷流程设定成单色印刷、双色印刷、四色印刷和六色印刷。双色印刷要注意两个颜色必须落在正确的位置，这道工序称为“套准”。双色印刷可以让设计师多一种颜色来点缀内文或者加强插图的印刷效果。大部分的双色印刷都是使用黑色再加上另外一个专色，当然任意两种颜色都可以组合。

指定色另版套印

指定色线条稿多用于印刷地图，因为它能够呈现非常清晰的线条。如果是非常精密的等高线，采用 CMYK 四色方式印刷，四个色分版可能会不套准。

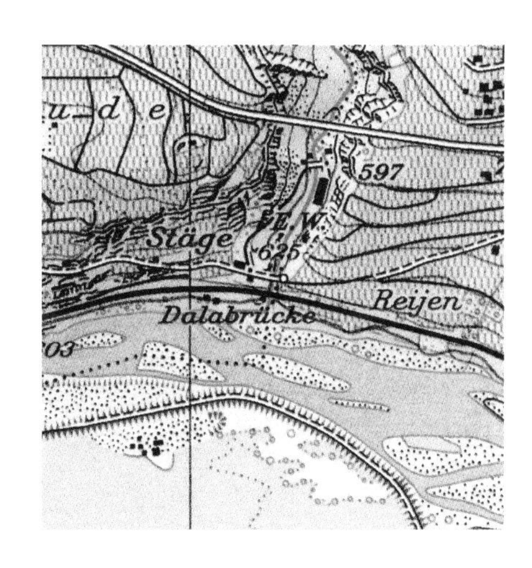

上图：这幅图按实际比例局部显示印刷精美的瑞士地图上的阿尔卑斯地区。图上的每个颜色都是以单独的印版印制。如果用四色印刷，很难精确地表现包含许多颜色的细线。地图上的每一种颜色、每一块版必须套准；有的地图甚至会动用多达 15 块印版。

印刷效果

将两种或两种以上的墨印在纸上，它们之间的关系出现几种可能：重叠、临接，或者各自独立。不同的印刷效果，取决于颜色的浓淡轻重。

印上（Printing on）

所谓“印上”就是将线条稿或者半色调的图案直接印到纸上。这是所有印刷过程中最基本的操作：在纸上印出某种颜色，其中不含任何重叠或者渗透。

同色叠印（Superprint）

实色以网点面积100%的单色墨，均匀地印在页面上。降低单色网点的百分比，就会得到较淡的颜色。设计师可以在电脑屏幕上直接调整色彩的网点百分比。让两种或两种以上的色彩以不同的百分比来表现印刷，就叫作“同色叠印”。运用这种阶调变化处理文字要特别小心，如果文字与底色之间的网点百分比反差不够明显，会造成文字难以辨认。两者之间最佳对比度至少要大于30%；不过，如果使用极暗或者极亮的颜色，两者的对比度必须拉得更大。

反白（Reversed out）

当文字或图像为白色或者比底色更浅，就叫作“反白”。如果字母本身的线太细，或者图像上有很细的线条，在版面上所占的面积又不够大的话，以反白处理就很有可能会被底色的墨淹没。这是因为大面积的印墨会浸没较细的笔画或者线条，导致难以辨认。反白的线条越细，这种现象越严重；底色的范围越大，纸张的吸墨性越强。

叠印（Overprint）

当某种颜色压印在另外一种颜色之上，就叫“叠印”。叠印需要用到两块以上的印版。最常见的叠印是在某种底色上压印黑色的文字。用来叠印的上下两种颜色之间必须有30%以上的阶调反差，文字才能看得清楚。设计师可以指定印版落纸的顺序，成品会因印版先后不同而效果不同。如果没有特别交代，印厂通常会考虑怎样才能最清楚地呈现反差，并据此决定印版的先后顺序。一般的做法是先印色调较浅的颜色，比如如果将黄色（浅色）叠印在蓝色（深色）之上，两色重叠的部分就会出现绿色，但是这块绿色会显得脏。复杂的叠印可能会用到许多不同浓淡的颜色相互重叠，对于这种情况，设计师必须小心地规划，打样试验，并与印厂沟通，才能达到预期的效果。如有必要，也可以使用指定色，但是就要考虑到提高的印刷成本。

实色（此处为100%的青色）

印上（此处为挂网20%的青色）

同色叠印（100%的青色数字印在20%的青色底色上）

反白（反白数字印在20%的青色底色上）

叠印（100%的黑色数字叠印在20%的青色底色上）

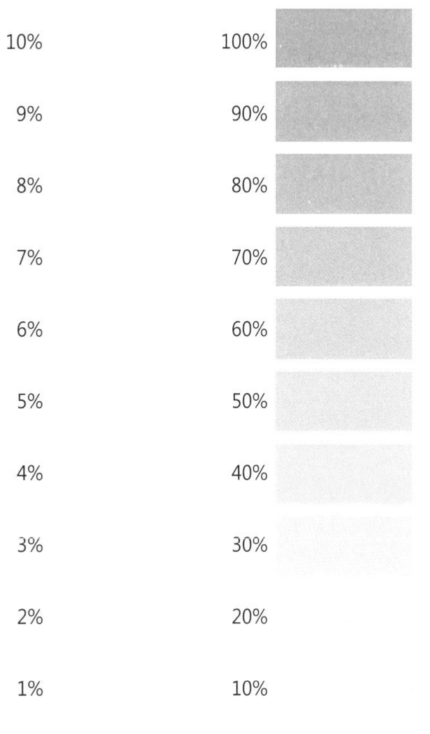

CMYK 实色叠印

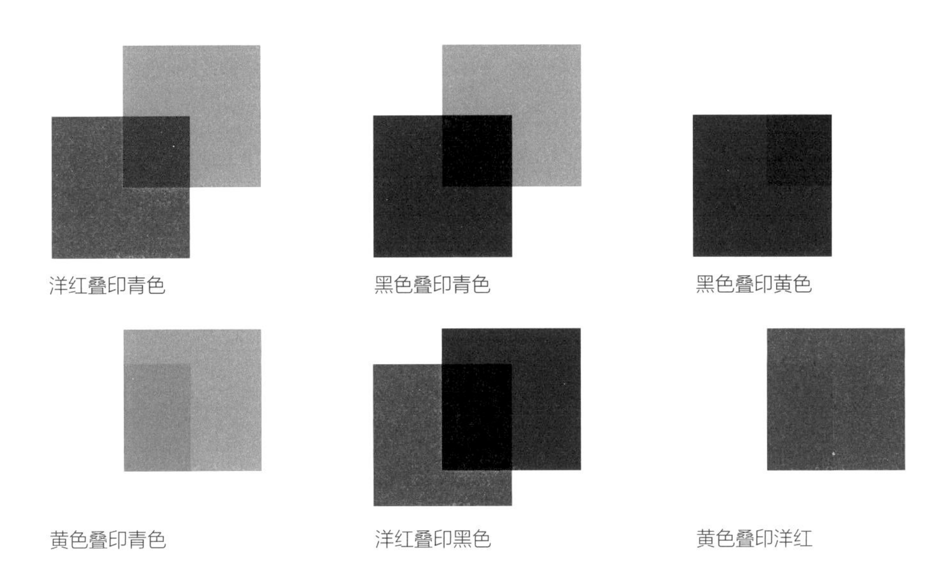

左图： CMYK 实色叠印显示较深颜色和较浅颜色印刷先后的差别。

叠印特别色（Overprint specials）

在四色（CMYK）叠印操作中，如果再增加一个指定色，就叫作“特别色”，印制这样的效果，需要用到六色印刷机（可通过一次操作印出六种颜色）。特别色可能是指定色、金属色或者局部上光或消光，都可以以叠印的方式处理。

补漏白（Trapping）

设计时经常会遇到两种颜色相邻的情况。这需要借助精确的套色，否则两个色块之间会露出纸张的白底。为了让印刷时的套色有一定的余地，设计师可以设定补漏白。所谓补漏白就是增加其中较浅色块的面积，让两种颜色的相邻边界出现少许的重叠。叠印比较深的颜色之后，交界处就能呈现完美的接壤。但如果两种颜色都是浅色，两者之间就会露出叠印的痕迹。

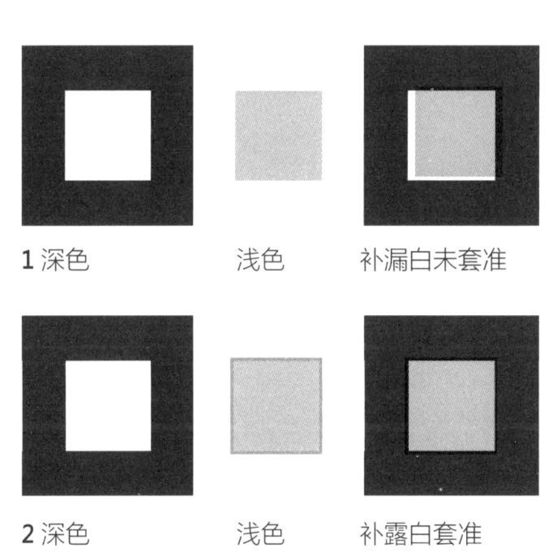

上图： 1 较小的青色方块要嵌入黑色方块，没有补漏白，造成两者之间露出白色空隙。
2 青色方块外面加上了一圈想要的颜色，稍微增大了原来的方块面积，套准时便稍微有富余，令两者的交界处形成叠印。

混合色和色调

不同阶调的颜色叠印在实色或者半色调图片上，可以营造出各种各样的印刷效果，包括半色调加底色、双色调、三色调和四色调。

半色调加底色（Flat-tint halftone）

将半色调图片印在底色之上，称为半色调加底色。先印其中较浅的色调，再将色调较深的半色调图片叠印上去。这种印刷方式会让整幅图片呈现出一层均匀的色调，并减少原图的阶调变化。不要将半色调加底色与双色调混为一谈，后者的目的在于增强图片的阶调层次。

双色调、三色调和四色调

如果以单色印刷半色调图片，很可能会失去阶调反差，无法完全表现黑白相片那种层次丰富的阶调变化。双色调叠印是用了两块内容完全相同的印版，以浅色和深色重复印在纸上。先落纸的浅色保留了明亮部（最亮的阶调范围）和中间调，而较深的颜色则呈现暗部的层次。当两块印版重叠印在纸面，该图像会比单色半色调图片层次更丰富。这种印法就是“套印”（punch）。印制双色调图片时，第二块半色调印版可能会使用灰色，或者能够让图像整体变淡的墨色，利用设定网点百分比 100% 的方式，可以印出较柔和的图像。金属色或者较浓 / 较淡的亮油也可以充当双色调印刷的叠印色。

至于三色调和四色调，基本原理同上，但是过程更为繁复。正如其名所示，三色调是使用三块各自具备阶调变化的印版，分成三次印刷；四色调是使用四块印版，分四次印刷。由于每种颜色都要动用一块印版，以这种方法印制图片非常昂贵，一般只有对印刷品质要求非常高、追求原版黑白照片质感的高级摄影作品集才会采用。

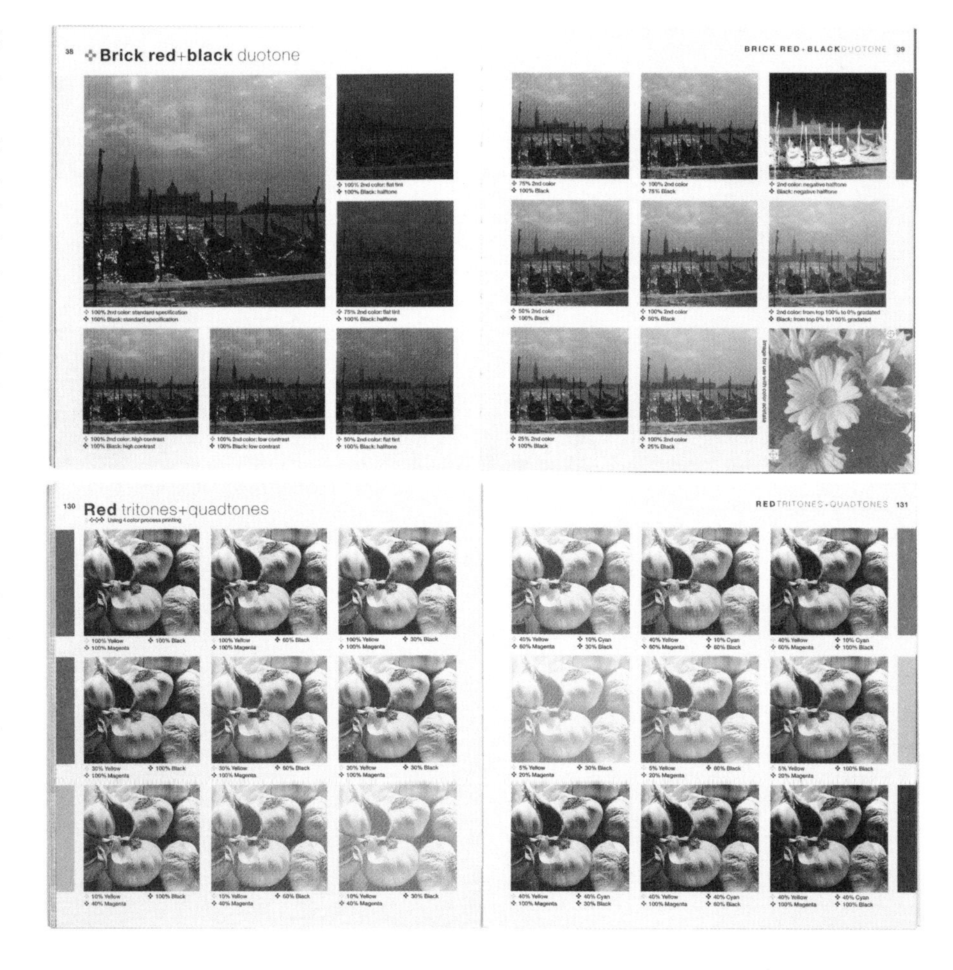

右上图： 尼克 · 克拉克（Nick Clark）为设计师们制作的一本非常实用的书《双色调、三色调和四色调》（*Duotones,Tritones, and Quadtones*, 1996）。该书以大量的图例展示了每种颜色在不同百分比组合下的效果差异。左页最大一幅威尼斯风景照是以 100% 砖红色半色调图版与 100% 黑色半色调图版叠印的结果；右页下方那幅小图则显得比较淡，但感觉更温暖。黑色通常都是叠印在其他颜色纸上。以双色调或三色调印刷图片，也可以利用金属色或者荧光油墨。

右下图： 同一本书中的另一个跨页，显示仅仅是改变 CMYK 四色比例，就能印出各种不同的效果。 每一个色版上的图片都是原始相片的半色调图片，但是每块印版的墨色比例不同，例如，左页的左上角范例是黄色 65%，青色 30%，洋红 65%，黑色 100%。以这样的方法印制图片虽然昂贵，但是仔细地看，可以看出图片呈现了非常丰富、迷人的色调。

全彩印刷

尽管用任何实色来印图书都是可能的，但只要增加一个新的色版，成本也会相应增加。所以比较经济的做法是，运用不同网点面积的三原色，调配出各种颜色。全彩印刷可以重现彩色正片或者数码照片中的阶调层次和色彩变化。三原色有两种：色光三原色（light primary）和色料三原色（pigment primary）。

色光加色三原色：RGB

当一束白光通过三棱镜，它会分解成彩虹的七种颜色：红、橙、黄、绿、青、蓝、紫。白色光是由红、绿、蓝三种色光混合而成的，这三种颜色叫“色光三原色”。而白色光的色调比它组成的原色更白、更亮，所以这种原理又叫“加色法”。任何两种色光加在一起，就会得出色光的二次色：黄、洋红和青。电影播放、电视荧光屏和电脑屏幕的色彩显示原理，都是利用加色三原色原理。

色料减色三原色：CMYK

颜料三原色是洋红、黄和青。当这三种颜色混合在一起，则会形成黑色（尽管实际上是一种极暗的卡其褐色）。黑色的色调比它的组成原色更暗，所以这种原理又叫“减色法”。由于这三种基本色料原色并不能调配出真正的黑色，印厂便采取了另外一套混色方法，以另外四种颜色来印刷全彩图像；这四种颜色分别是青、洋红、黄和黑［这四种颜色的首字母缩写成“CMYK”；因为黑色在印刷中被称为“主色”（key），所以首字母为K，而不是B］。

色光原色和色料原色之间的关系

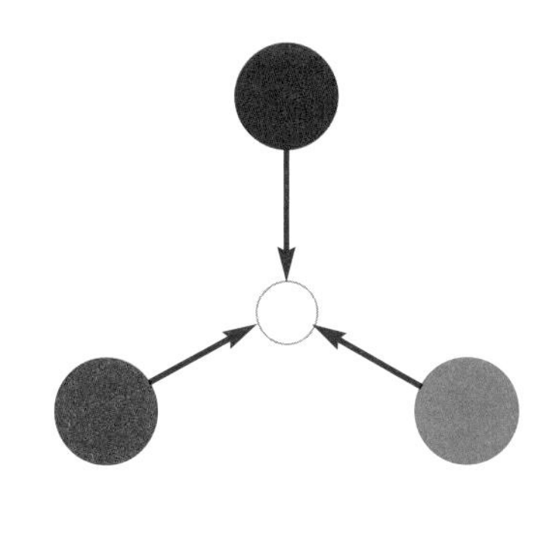

1 色光原色是指红、绿、蓝/紫。三种色光加在一起则形成无色白光。

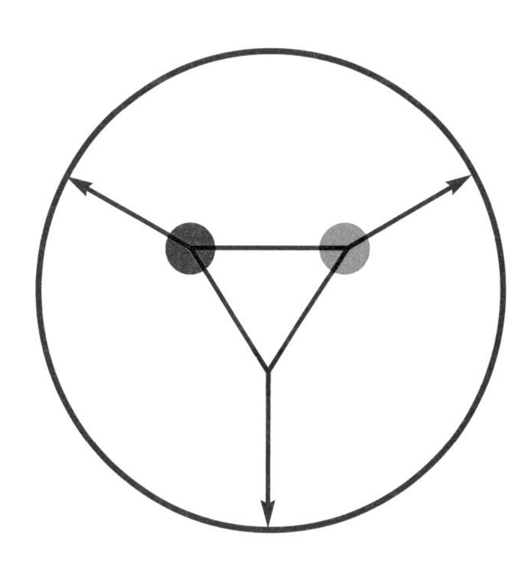

2 色料原色是指青、洋红、黄三种颜色。当这三种颜色混合就成了黑色，正如上图外面的黑色圆圈。

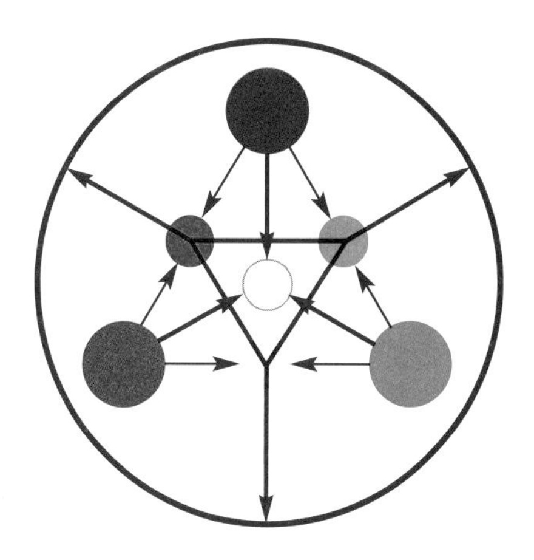

3 将两组原色并列，即可以看出各原色之间的关系。色光原色两两混合就可以得出一个色料原色。

分色步骤

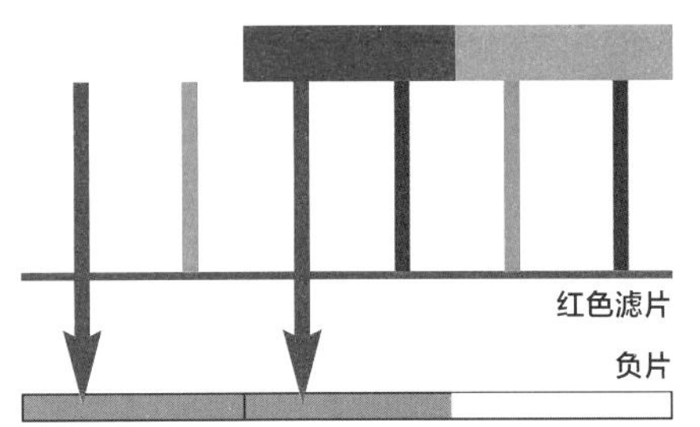

1 用红色滤色片筛去蓝色光和绿色光，晒制出青色分色底片。

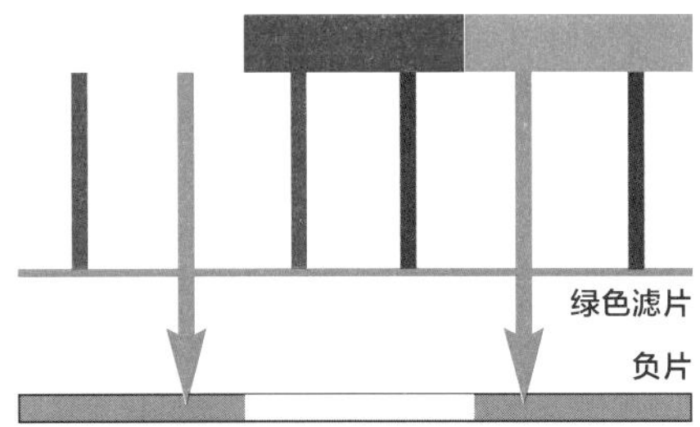

2 用绿色滤色片筛去红色光和蓝色光，晒制出洋红色分色底片。

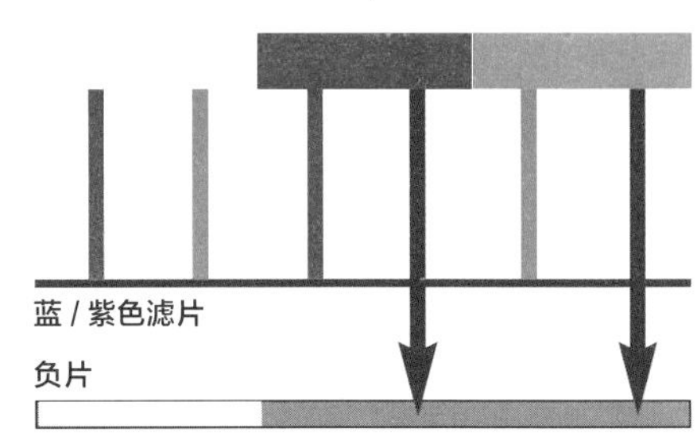

3 用蓝 / 紫色滤色片筛去红色光和绿色光，晒制出黄色分色底片。

分色

首次使用滤色片（filter）进行分色处理是在 1860 年；运用色光加色三原色：红、绿、蓝 / 紫，可以晒制出各分色底片。红色滤色片可以筛去蓝色光和绿色光，晒制出青色分色底片；绿色滤色片可以筛去红色光和蓝色光，晒制出洋红色分色底片；蓝 / 紫色滤色片可以筛去红色光和绿色光，晒制出黄色分色底片。然后再增加黑色半色调图像，丰富图片的阶调变化，如果有必要，也可以加纯黑。在数字分色技术出现以前，印厂和制版厂使用制版相机制作连续阶调底片，然后再转换成半色调网片。

色域

能够通过一道程序呈现出的最大色彩范围称为"色域"（colour gamut）。人类的肉眼可以分辨大约一千万种颜色，但是无论采用哪种分色设备或者印刷方式，能够呈现的色彩数量都远远达不到这个数量。运用 RGB 原理呈现的色域比 CMYK 要大得多。由于 CMYK 在色域上的局限，彩通配色系统特别在原有的 CMYK 系统上另外增加了两种颜色——鲜橙色和绿色，这个新系统名为"六色印刷"（Hexachrome），排版软件 QuarkXPress 和 Adobe InDesign 都有这套色彩系统，极大程度地扩展了基本的 CMYK 色域。

扫描

数字扫描如今已经几乎取代了用制版相机晒制分色片的传统做法。扫描器材有很多种，包括设计师用来将相片或者图画原稿转存为电子文档、方便排在书中的简易平板扫描仪，还有印厂用来进行印前作业、更精密的滚筒式扫描仪。虽然设计师工作室的平板扫描仪也可以扫描出可供书籍印制的图片，但是，最好还是将原稿送到制版公司进行扫描。扫描器可以将全彩的图像分解成 CMYK 四色成分。扫描仪将图像解析为连续排列的线条，即“光栅”（raster）；每道光栅都可以在正片或负片上直接晒出网点。如果要使用高清晰度的滚筒扫描仪，要扫描的图片最好不要裱在硬纸板上，而应该贴在柔软的纸上，因为硬纸板不能弯曲，无法贴合扫描仪滚筒的表面。如果原稿的表面原本就不平整，也会影响扫描质量；如果原稿上有高高低低的绘画笔触，或者凹凸不平的拼贴痕迹，最好先翻拍成大片幅或者中片幅的正片，再用底片进行扫描，或使用高像素的数码相机翻拍后进行分色操作。

网的角度

为了避免发生网点相撞或者错网花纹，四色印刷时可以将网的放置位置设定为相互间隔 30°，各色网的设定角度分别为：青色 105°，洋红 75°，黄色 90°，黑色 45°。

灰色置换

所谓灰色置换就是指印厂将原本由青色、洋红、黄色色版叠印产生的灰色部分都改用黑色油墨印制。彩色图版中的灰色和不含颜色的阶调都由黑色取代。这样做的好处是，可以减少油墨总量（墨留在纸面上的多寡），将网点扩大的可能性降到最低，加快油墨干燥的速度，能更有效地掌控印刷过程，也更省钱，因为黑色油墨的价格远低于其他三种油墨。

色序

进行彩色印刷的时候，各个色版印在纸上的先后顺序称为“色序”（colour sequence）。该先印哪块版并没有硬性规定，但大多数印厂都以“黑、青、洋红、黄”的顺序在印刷机上作设置。如果该书中的图片包含大片黑色区域，或许会把黑色留到最后才印。印刷顺序有时候也与油墨质量有关，同时也要让印厂工人连续作业时不用频繁地调整印刷设备。比如，黑色油墨比其他颜色的油墨更黏（容易附着在纸张表面），这时就应该按照各种油墨的黏稠程度差别来设定色序。

网点扩大

网点扩大（dot gain）是指印刷过程中出现网点意外放大的现象。一旦发生网点扩大，可能会使印出来的图像显得模糊，并且有损之前的阶调变化。造成网点扩大的原因可能是油墨不够黏稠，或者印版上沾了太多油墨，导致网点漫漶，影响了旁边的网点。网点扩大的情况有时不可避免，因为CMYK 各色油墨的黏稠程度不一致。油墨越黏稠，纸面的着墨性越好；油墨不够黏稠就容易洇开，油墨越黏稠就越容易印出清晰的网点。黑色油墨最黏稠，而黄色油墨则最不黏稠。因此，在涂布纸上印刷时，工人往往会

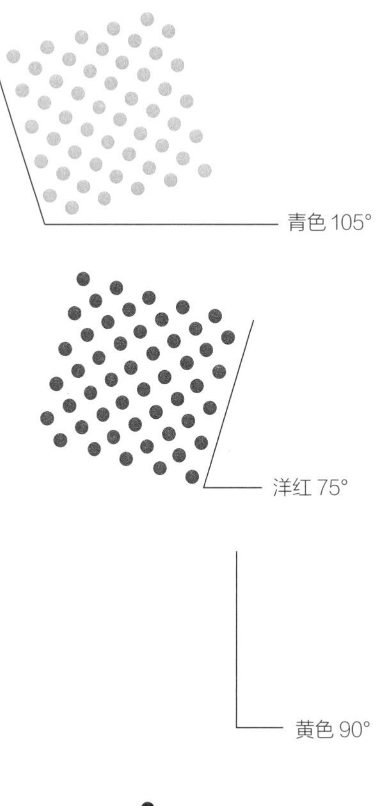

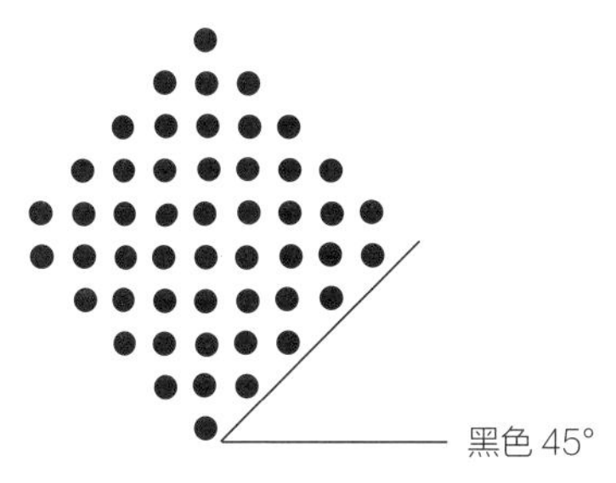

上图： CMYK 四色网的放置角度各不相同：青色 105°，洋红 75°，黄色 90°，黑色 45°。

黄 50% 洋红 50%

黄 50% 青 50%

洋红 50% 青 50%

黄 30% 洋红 30%

黄 30% 青 30%

洋红 30% 青 30%

黄 10% 洋红 10%

黄 10% 青 10%

洋红 10% 青 10%

上图： 采用 CMYK 印刷原色中的两色，进行淡色混合产生的一系列色彩。

右图： 右侧的色调图列出了各种配色效果，供设计师从中选用；显示使用不同百分比的 CMYK 叠印可产生的颜色。

配合非常细致的网（175—200lpi），以确保成品的清晰度。使用非涂布纸或者比较松软的纸张进行印刷，网点扩大的情况会比较严重，因为纸面上露出来的纤维缝隙会形成虹吸现象，进而使油墨漫出原来网点的范围。使用非涂布纸张，网点数越高则印出来的效果越差。高频率网（高于130lpi）的网点排列较为密集，因此更容易发生网点相互洇漫的情况。如果使用非涂布纸印刷，加网低于 130lpi 的，就可以改善成品的清晰度。

四色平网

印刷时将油墨的网点面积百分比设定在 100% 以下，便会产生较浅的平网。用这种方式来进行印刷，其效果就好像是在油墨中加入了白色。所有的四色印刷都可以运用这种操作方式。当两种或以上的平网互相叠印，可能会形成不均匀的色块或阴影。如果需要印出一大片大面积的均匀颜色，可以先混合四色平网。演色表（Tint chart）是将各种实色以 10% 为增量单位，呈现其逐步变化，并显示它与另外一种或几种颜色（也以 10% 为增量）混合的结果。从电脑屏幕上很难察觉这些较浅的平网的细微演变。纸制的演色表则可以呈现准确的平网混色效果。彩通公司发行各种平网演色表供设计师从中对照特别色和四色平网。如果设计师想配出某种暗色，必须注意，不要一味增加油墨的网点面积，因为这样只会得到浑浊的颜色。大多数印厂都能调出总量高达 240% 的网点面积范围内的各种平网油墨，比如，20% 青色、60% 洋红、80% 黄色加在一起，就有 160% 的网点面积。双色印刷和全彩印刷并用的书籍，最能发挥平网相混的优势。

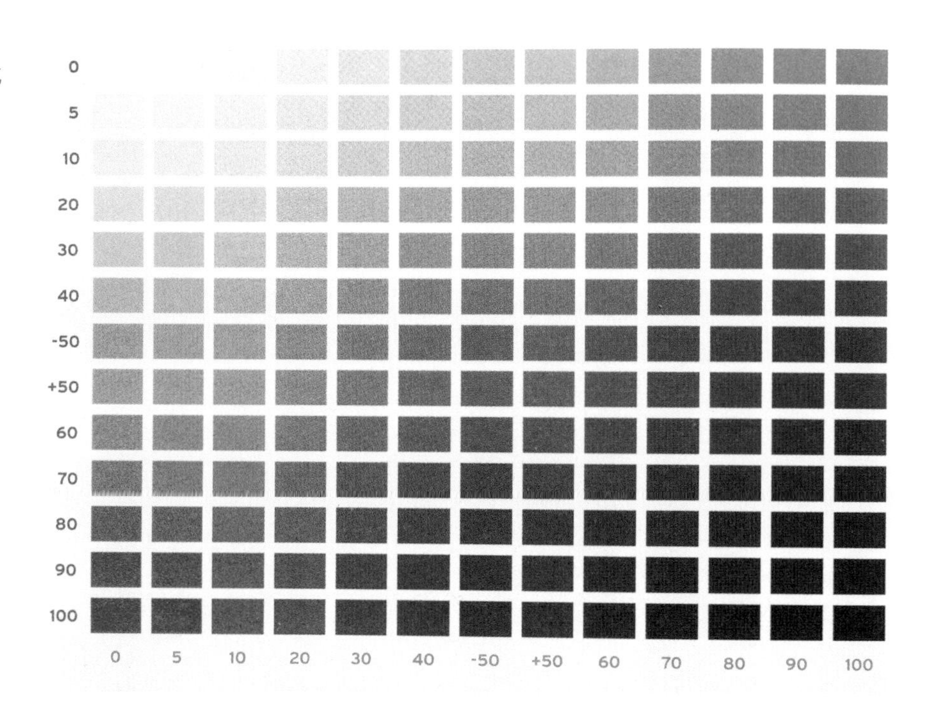

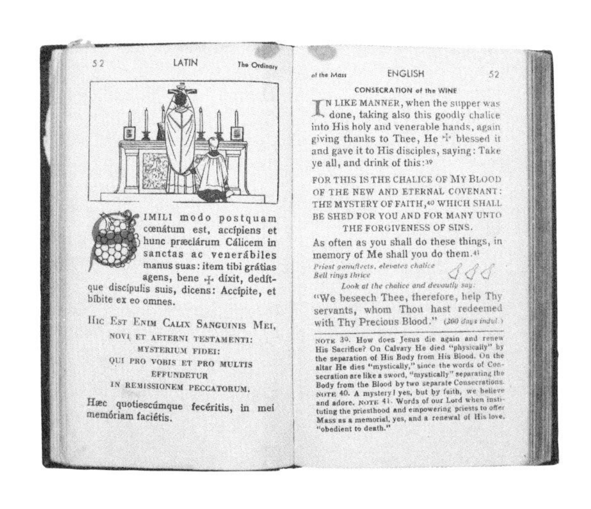

52 LATIN The Ordinary

SIMILI modo postquam cœnátum est, accípiens et hunc præclárum Cálicem in sanctas ac venerábiles manus suas: item tibi grátias agens, bene ✠ díxit, dedítque discípulis suis, dicens: Accípite, et bíbite ex eo omnes.

HIC EST ENIM CALIX SANGUINIS MEI,
NOVI ET AETERNI TESTAMENTI:
MYSTERIUM FIDEI:
QUI PRO VOBIS ET PRO MULTIS
EFFUNDETUR
IN REMISSIONEM PECCATORUM.

Hæc quotiescúmque fecéritis, in mei memóriam faciétis.

of the Mass ENGLISH 52

CONSECRATION of the WINE

IN LIKE MANNER, when the supper was done, taking also this goodly chalice into His holy and venerable hands, again giving thanks to Thee, He ✠ blessed it and gave it to His disciples, saying: Take ye all, and drink of this:[39]

FOR THIS IS THE CHALICE OF MY BLOOD OF THE NEW AND ETERNAL COVENANT: THE MYSTERY OF FAITH,[40] WHICH SHALL BE SHED FOR YOU AND FOR MANY UNTO THE FORGIVENESS OF SINS.

As often as you shall do these things, in memory of Me shall you do them.[41]

Priest genuflects, elevates chalice
Bell rings thrice

Look at the chalice and devoutly say:

"We beseech Thee, therefore, help Thy servants, whom Thou hast redeemed with Thy Precious Blood." (300 days indul.)

NOTE 39. How does Jesus die again and renew His Sacrifice? On Calvary He died "physically" by the separation of His Body from His Blood. On the altar He dies "mystically," since the words of Consecration are like a sword, "mystically" separating the Body from the Blood by two separate Consecrations. NOTE 40. A mystery! yes, but by faith, we believe and adore. NOTE 41. Words of our Lord when instituting the priesthood and empowering priests to offer Mass as a memorial, yes, and a renewal of His love, "obedient to death."

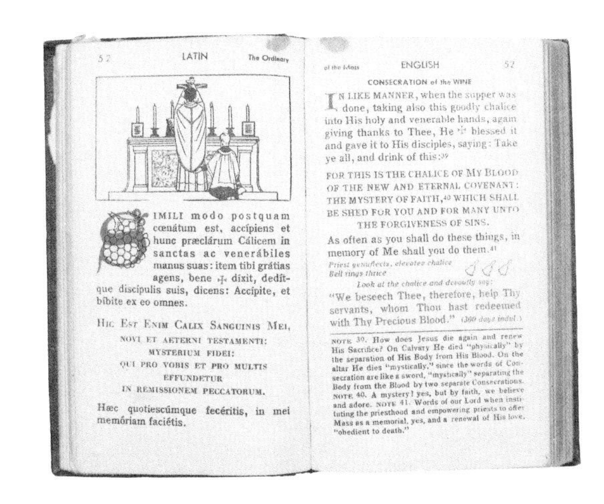

打样

所谓打样（proofing），是指在正式印刷之前，先输出几份样稿供印厂、编辑和设计师检查所有要印刷的元素是否完全正确无误，内容是否都放在了正确的位置。如果用印刷机输出少量样稿（比如 50—100 份），成本将会非常高，于是印厂通常会用数码打样，供作者、出版社、编辑、设计师和印务人员进行审阅、校对工作。打样有许多不同的形式，其中大概可以分为两类：使用四色印刷程序，以实际用纸印出来的湿式打样；以及可以在相纸或者数字转印纸上呈现真实效果的干式打样。

上图： 为了准备制作这本书，印厂准备了许多正片原稿以不同的方式打出的样稿作为说明图片。左图为湿式打样稿，右图为同一页的干式样稿。湿式打样的色彩非常接近原稿。印厂手上也有原稿可以用来校色，但不可能整本书的图片都一一去检查。有的摄影师会准备几份样稿供印厂用来校色，如果原稿是数码照片，印厂必须配合摄影师的色彩设定来调校印刷机。

干式打样（Dry proof）

干式打样通常比湿式打样便宜，当出版商只需要 3—5 套打样时，通常会采用干式打样。如果需要多套打样，比如 50 份，使用湿式打样或许更经济。出版商往往会把干式打样当作确认设计结果、同时预览成书的手段。

可以利用“奥萨里德”晒图机（Ozalid，直接从原图或印刷品进行正面晒图的机器商标名）分布检查各块色版，这样打印出来的样稿叫作“蓝纸”，供设计师检查行文对齐、色版套准、印刷的颜色、图片阶调等项目。

照相打样时将每个分色结果晒印在相纸上，呈现全彩的正像。照相样稿可以用来检查行文对齐、色版套准和半色调，但色彩的准确性还是不如湿式打样。

杜邦公司（DuPont）研发的 Cromalin 打样机是用颜色炭粉印制四色图像。而怡敏信公司（Imation）的 Matchprint 打样系统则是使用涂有特殊材料的纸张，感应并显示颜色。

下图：设计师和印厂在样稿上标注的校正记号，印厂进行正式印刷之前会据此进行调整、修正。

标记代表的含义	标记
可送印	√
重出样稿	△2
减少对比度	□
增加对比度	■
改善细节或修版	□■
版压过重，降低	U
版压过轻，加强	∧
修补文字笔画或墨色	◐
修正不均匀的平网墨色	X
加强印版套准	⧉

墨色	增量	减量
青	C+	C-
洋红	M+	M-
黄	Y+	Y-
黑	K+	K-

湿式打样（Wet proof）

湿式打样是用打样机印制 CMYK 四色印版，其实就是小印量的试印。湿式打样可以呈现最接近成品的效果。可以将四种颜色分别印在不同的纸上，以便检查每个单色油墨的覆盖情况。由于实际印刷时是按照色序将全部颜色同时印在一张全开纸上，印厂有时会提供一套“套色打样”给设计师；套色打样上会按照顺序逐一印上黑色、黑色加青色、黑色加青色加洋红、黑色加青色加洋红加黄色等各种颜色组合；如果该印刷品有额外的特别色或者上光处理，则会增印更多套色打样。

校正标记（Proofing marks）

校正标记的作用是让设计师将校对订正的结果传达给印厂，以做出必要的修改。这里示范了一组校正标记并配合了文字说明。校正标记可以直接画在样稿上，或者标在覆盖在样稿上的描图纸上。

散样和模拟样书（Scatter proofs and blads）

散样是指印厂不按页面顺序，挑出原本分散在各个不同版面上的内容元素，凑在一起印成一幅单页或者跨页，以便检查整本书中各个不同元素，包括文字、插画、半色调照片、平网混色等是否正确。散样有时也被出版社的营销部门拿去做营销推广材料。营销部门准备一些单面印刷的跨页散样，可以在书展等场合发放，可以促进图书销售，开发新的销售渠道，还有利于销售该书的翻译版权。有的出版商会把双面印刷的散样装订起来，以螺旋线圈装订成册，当作该书的模拟样书。模拟样书与最后的成品开本尺寸一样，以同样的纸张印刷，并选录该书各章节中的几个跨页，模拟样书通常不会超过 16 页。潜在的读者和批销商便可以借此预览该书的内容、写作风格、设计编排和印刷质量。

色彩表（Colour bar）

色彩表通常会被印在整页大纸的边缘，作为印刷质量的一种指导。有的印厂或出版商会根据个别印刷品特别设计专用的色彩表，但一般情况都使用现成的标准色彩表。美国印刷技术基金会（The Graphic Arts Technical Foundation, GATF）制定了一套通用色彩表的标准配置，完整的色彩表通常会列出色调范围（tone scales）、星标（star target）、行清晰度测试（line resolution target）、暗角效果（vignette）、灰色平衡值（grey balance value）、像素线样式（pixel linepattern）、拖影度量（slur gauge）、半色调层等级（halftone scale）以及套版记号（registration mark）。

— 色彩表上分别以四色印出四个星标。印刷品质越高，星标正中央露出的白点就越小。

— 暗角效果显示了四色油墨从最淡到最深的渐变过程。四种颜色的渐变过程应呈现平缓均匀的效果。

— 灰色平衡值是 50% 青色、40% 洋红、40% 黄色相互叠印所产生的中间灰色。

— 半色调层次表可以显示四色印刷过程中，各色版是否出现网点扩大的情况。半色调层次表分别列出了粗网目、中网目、细网目加网的印刷效果。网点上往往会安排反白数字。用高倍放大镜来看，就能看出每种网和四种颜色的网点大小。

— 大纸的四个边角和色彩表上的套准记号可以显示四块印版是否精确套准。

组页

一本书由按照顺序排列的连续页面组成。这些页面首先会被印在全开纸上，每张全开纸的正背面都会同时印上好几页内容。全开纸经过折叠、裁切，成为设定的开本大小。印刷在全开纸上各个单页，其相对的背面位置必须印上正确的页面。要确保页面排列是否准确无误，必须弄清楚每张全开大纸印刷完成之后如何折叠成折帖，以及拼版的方式。

折帖 / 折手（Signatures）

在书籍装订之前，书籍的各个印刷部分会冠以大写字母或者数字，帖（signature）这个词就是这么来的。早期的排字工人通常会将大写字母帖标放在每份折帖第一页的下方留白处，以便进行装订的时候不必一一查对页码，只需要按照字母顺序排列各份折帖即可。现在的做法是裁切书页时顺便裁去帖标，但早期的书籍是会将帖标保留在装订完成的成品书中的。比较古老的印刷工坊仍然采用 23 个拉丁字母为帖标，“J”“U”“W”则舍弃不用——这一传统沿袭自手抄本。到了今天，“帖”这个字专指一份两面印刷，可分成好几页的全开印张，这份印张经过折叠，使页面呈现完全连贯的顺序。除了活页装订的书（页面内容可以单独印制），其他所有的书都是由若干折帖组成的。

“帖”通常都是 4 的倍数，因为书页都是由连续对折一整张全开纸而来的。所以，1 帖肯定是 4、8、16、32 或 64 页。如果使用面积很大的全开纸，而书籍的开本又很小，1 帖多达 128 页也是有可能的。正确的做法是合并几份相同长度相同的折帖，集合成一本书，比如一本 96 页的书，就是由 6 份 16 页的折帖组合而成的。如果设计师发觉一本书的篇幅无法符合原定的帖数，则可以考虑增加一份短一点儿的折帖，通常装订在最后面；例如一本 96 页的书，为了容纳后附材料（词汇解释、索引、致谢等），可能会额外再增加一份 8 页的折帖，这样整本书就是 104 页。有的出版社会在同一本书中使用长短不一的折帖，以配合书中不同的用纸。

下图：色彩表通常被印在印张的侧边或者最下方，印厂和设计师可以借此检查所有以 CMYK 印制的内容元素。

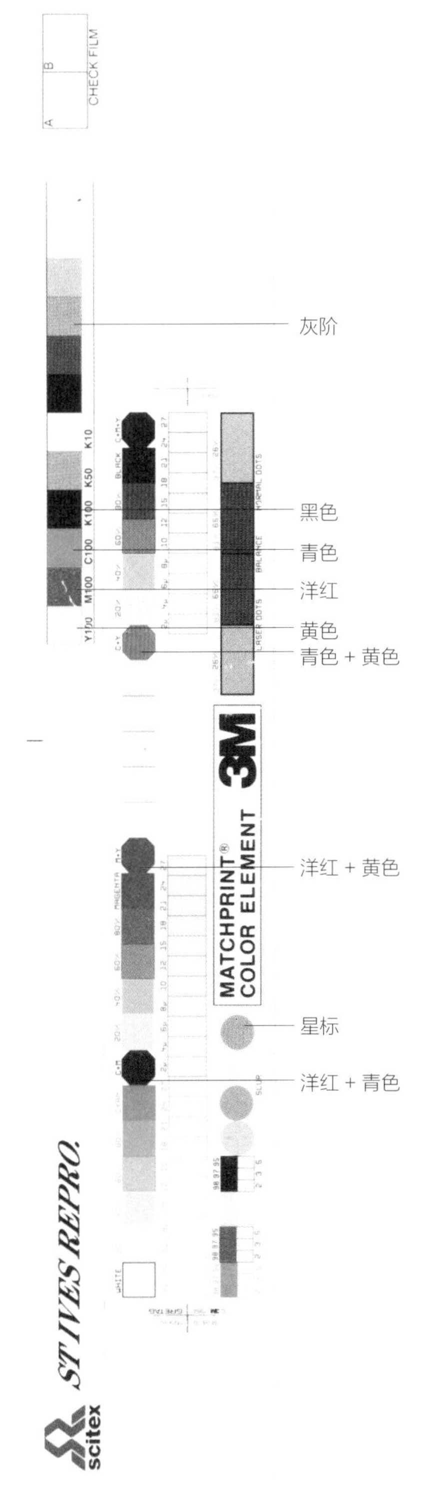

拼版（Imposition）

所谓拼版就是将若干页面按照特别位置排放，拼合成一个平面大版，待全开纸印完之后折叠，书页就会自动排列成正确的顺序。以8页的印帖为例，落在大版上的相邻页面应该分别是第1页和第8页，第2页和第7页，第3页和第6页，第4页和第5页。以下这些图例示范了各种不同的拼版方式。如果要检查拼版是否正确无误，最简单的方法就是取一张白纸，折成预定的印帖页数，然后按照顺序写上页码数字，再把纸打开，平铺成原来的样子。

下图： 出版于1998年的一本荷兰语的书《OMTE Stelen》，按照字母顺序收录了关于艺术的诗，书脊上露出了每份折帖上的字母。

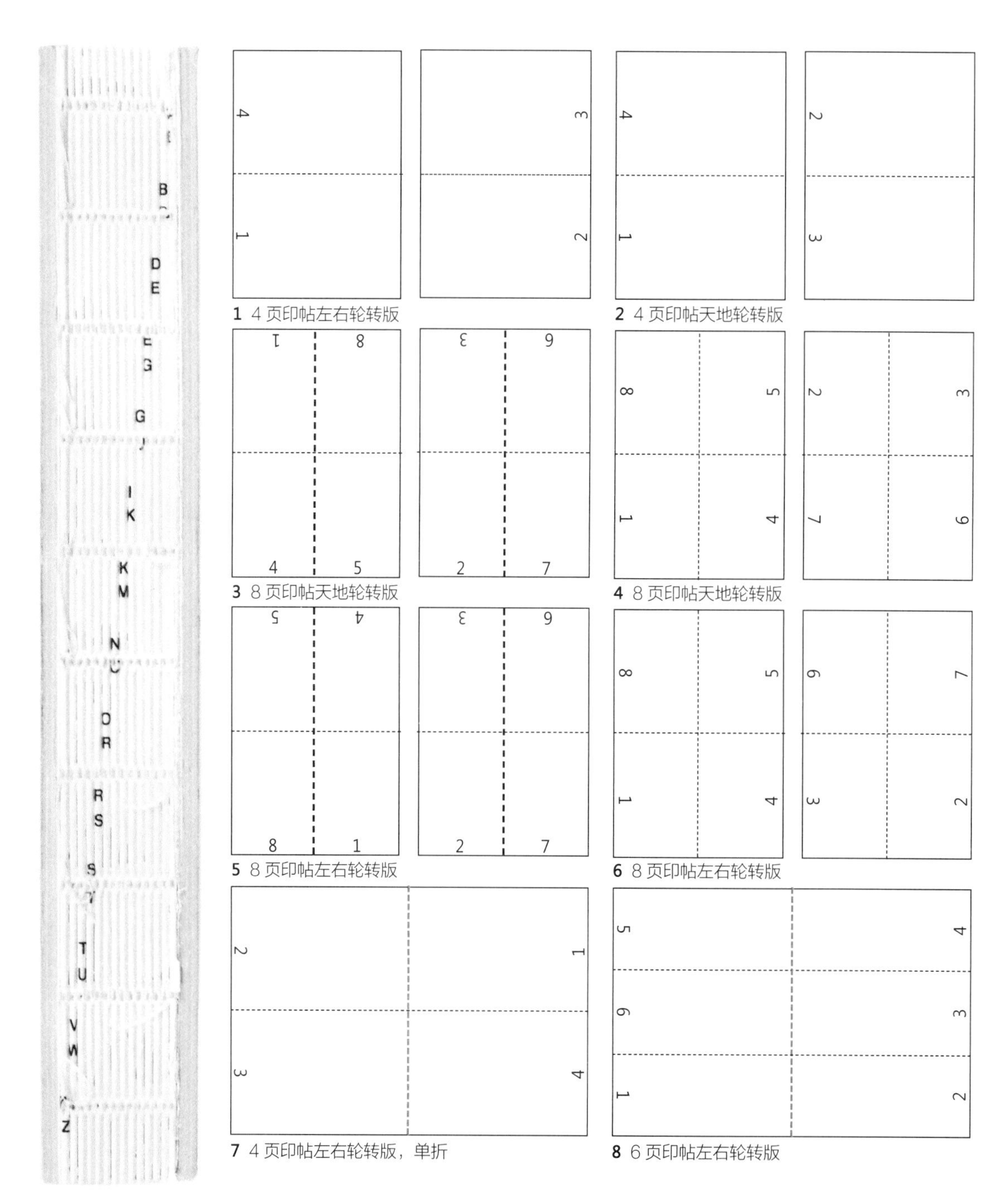

1 4页印帖左右轮转版

2 4页印帖天地轮转版

3 8页印帖天地轮转版

4 8页印帖天地轮转版

5 8页印帖左右轮转版

6 8页印帖左右轮转版

7 4页印帖左右轮转版，单折

8 6页印帖左右轮转版

一些书页是左右相邻，有些是上下相接，亲手试折一遍，各页面的正确位置和方向,哪些页面相邻或相对都可以一目了然。许多非虚构类书籍(比如本书），整本书都是四色印刷，那么每一份印帖，任何一页都可以安排彩色图片。设计师最好能够掌握印帖的大小和数量。设计师可以利用我们前面介绍过的版位图（参见第10章），顺手在版位图上标出各个折帖的起止范围。夹在每份折帖正中间的那两页，印刷时原本就是左右相邻、形成跨页，所以设计师可以放心地在这一跨页上安排横跨订口的大面积图片或文字。设计师也可以利用版位图规划整本书的颜色分配。

下图和对页图：图 1 和**图 2** 是以 4 页印帖组成的书，页数为 4 的倍数。**图 3—6** 以不同的方式反面的 8 页印帖页面配置。**图 7** 为 4 页印帖左右轮转版的印张的正、反两面。**图 8** 为直立型版式 6 页印帖左右轮转版的印张的正、反两面。**图 9** 为横版 4 页印帖天地轮转版的页面，单折。**图 10** 为直立型版式 8 页印帖天地轮转版的拼版方式。**图 11—15** 为各种拼版方式，除了图 12，其他都是直立型版式。

下图：F.C. 阿维斯（F. C. Avis）为活字印刷、排版工人编制的《印刷拼版》（*Printers' Imposition*, 1957）其中的一页。这本书收录了超过 100 幅拼版示范图供参考。

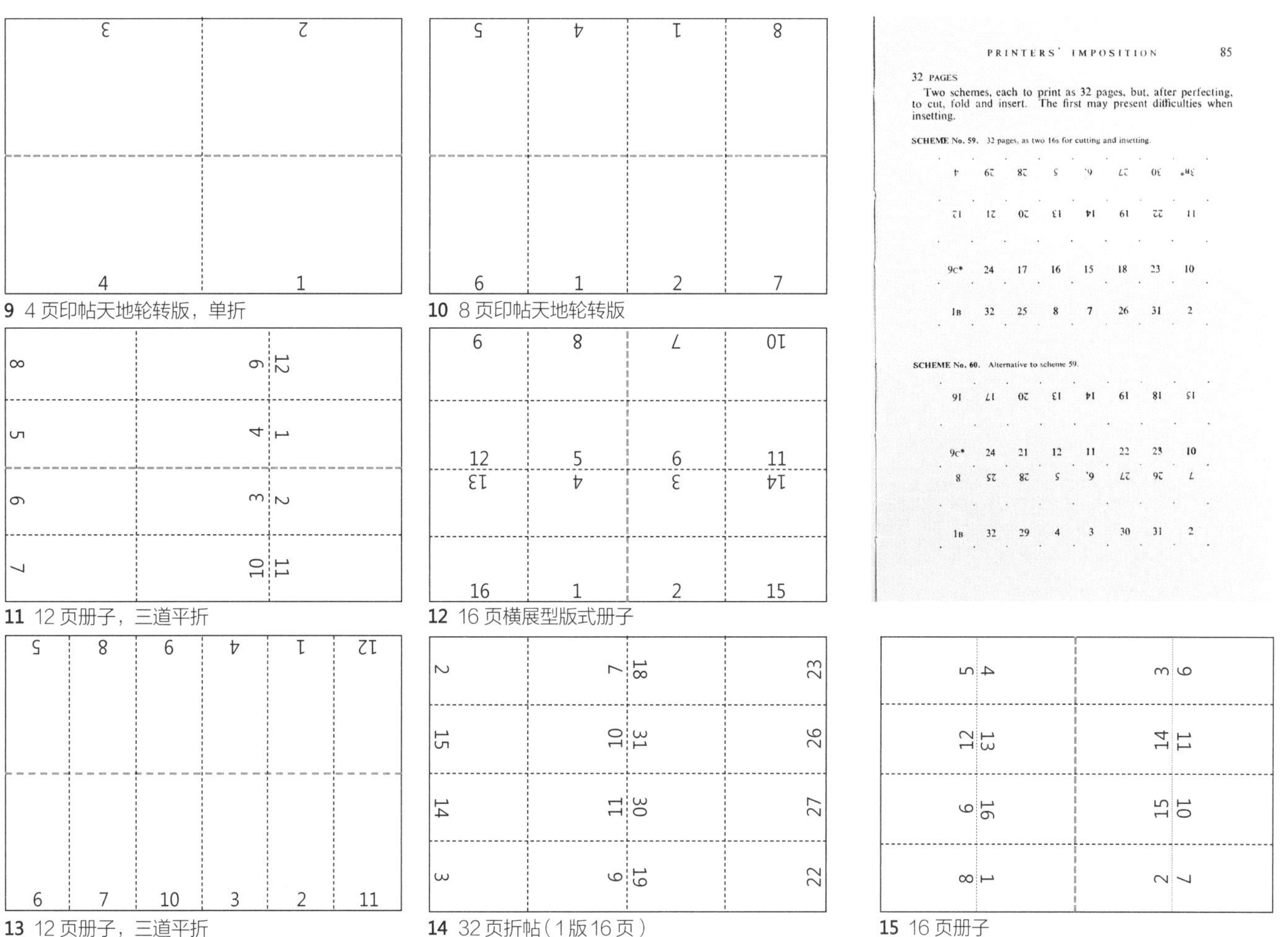
PRINTERS' IMPOSITION 85

32 PAGES

Two schemes, each to print as 32 pages, but, after perfecting, to cut, fold and insert. The first may present difficulties when insetting.

SCHEME No. 59. 32 pages, as two 16s for cutting and insetting.

SCHEME No. 60. Alternative to scheme 59.

9 4 页印帖天地轮转版，单折

10 8 页印帖天地轮转版

11 12 页册子，三道平折

12 16 页横展型版式册子

13 12 页册子，三道平折

14 32 页折帖（1 版 16 页）

15 16 页册子

上图：摄影集《战争的后果：科威特》（*Aftermath:Kuwait*,1991）中的两幅跨页，巧妙地以黑白和全彩照片交替呈现沙漠和焦土的景象。

下图：某本书的内页色彩配置情况，显示单色印刷的页面（以空白表示）和四色印刷的页面（以绿色表示）交替出现。

设计师处理四色和双色印刷并用的书籍时，最重要的是掌握印帖的长短、拼版方式和页面色彩配置三者之间的关系。比如，一本 192 页、以 32 页印帖组成的书，预定其内容的一半要采用四色印刷，一半采用双色印刷；如果采取第 1—32 页为四色印刷，第 33—64 页为双色印刷，这样简单明了的交替呈现方式，对于实际印刷操作来说完全不成问题，却极有可能无法完全符合内容元素的需求；设计师和编辑往往希望书中的色彩配置能够呈现更丰富的风貌；只要仔细研究一下印帖组成和拼版方式，这个目标也不难达成。比如，需要双面印刷的全开纸 6 张，每张纸的两面各印 16 页，也就是 6 份 32 页印帖。当一张全开纸的正面印 16 页、背面印 16 页，即印厂工人所说的“一版 16 页”。同一张全开纸上，可以一面印四色版，另一面印双色版——即印刷行业内所说的“正四反二”。只要控制 32 页印帖的拼版方式，同一份印帖中就会交错地出现四色页面和双色页面。掌握了这个规律，编辑和设计师就能更加灵活地在各个印帖中安排色彩。小心规划出整本书四色页面和双色页面的分布情况，设计师安排插图、相片就能合理兼顾其颜色要求。这样，既能让全书交替呈现各种色彩，也维持了最初的设计方案：一半采用四色印刷，另外一半采用双色印刷。这 6 份印帖可以按照这样的顺序安排：正二反二、正四反四、正四反二、正四反四、正四反二，最后以正二反二印制辅文。

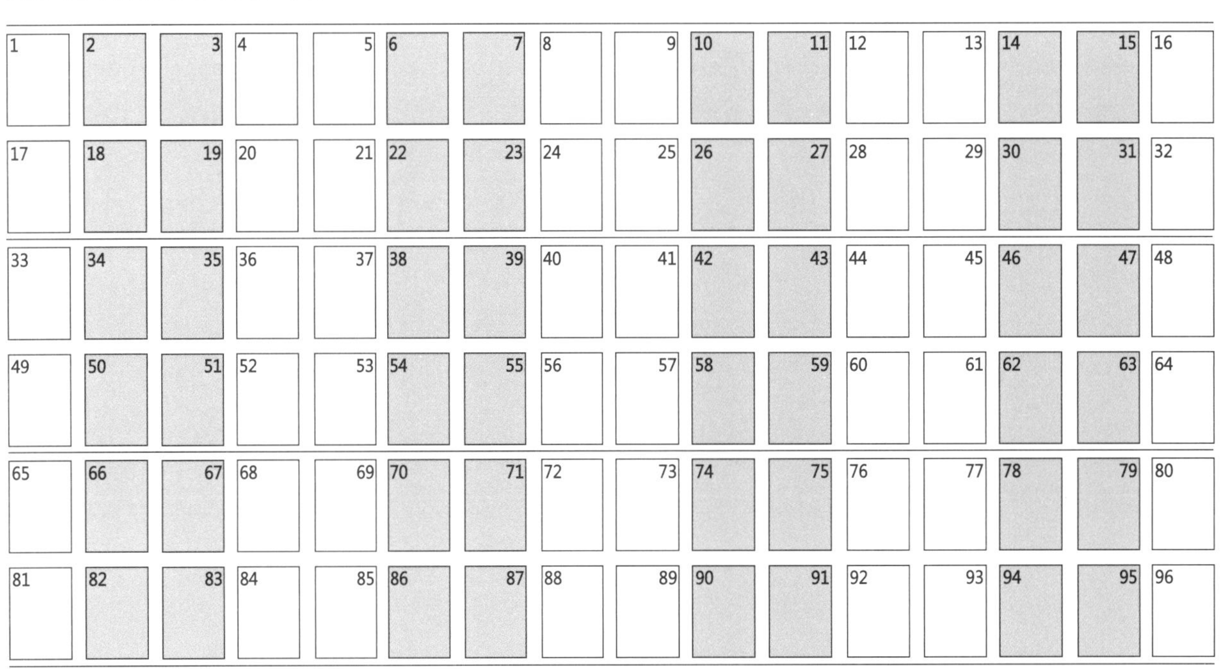

13 纸张

纸张

书籍的形式全靠纸张的优越性能。一本书的书芯、印刷表面和内页都由纸张组成，因此，了解纸张的物理特性、熟悉各种书籍制作所需要的不同纸张，对于书籍设计工作而言非常重要。本章将简要地介绍纸张的物理特性、纹理、重量和各种标准尺寸，并探讨如何选择合适的书籍用纸。

纸张的特性

纸张有七个基本特性：尺寸、重量、厚度、纹路、透光度、表面处理和颜色。为书籍挑选一款合适的印刷和装帧用纸，除了要考虑以上因素之外，还必须考虑价格、供应是否稳定等因素。对于书籍设计师而言，可能还需要考虑纸张的着墨性、pH 值、再生原料的含量等问题。

纸张的尺寸（纸度）

在手工造纸的早期，并没有规定纸度标准：各个作坊都按照自家的条件和需要，各自定制纸框（就是用来抄制纸张的筛盘）的大小和形状。19 世纪，随着印刷机时代的到来，纸张的规格标准被制定出，以配合机器印刷的作业流程。北美地区和英联邦国家都以英制作为纸度标准，欧陆地区则是使用公制标识符合 DIN（德国标准协会）和 ISO（国际标准化组织）制定的标准纸张。ISO 标准的纸张现在主要通行于欧洲各地；在英国，纸张生产上采取传统的英制和公制的 A 度制双轨并行；在美国，绝大多数的书籍和纸品文具都以英寸为度量单位，虽然也采用 A 度纸，但并不普遍。用于书籍装订的纸张和纸板，其规格比内页用纸稍微大一点，因为装订时要预留一些富余，用以包装精装书封面飘口边缘，贴在封面硬板的内面。

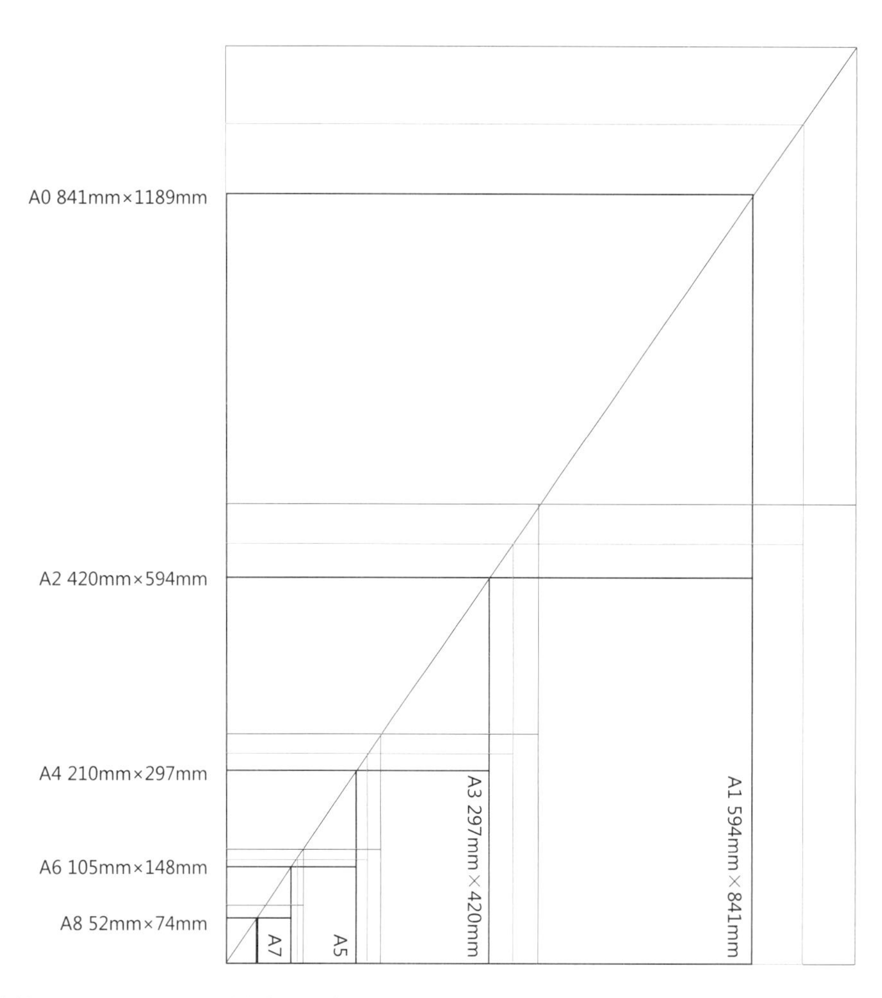

黑色：A 度纸，缩小比例为：1:10	洋红色：B 度纸，缩小比例为：1:10	青色：C 度纸，缩小比例为：1:10
A0 841mm×1189mm	B0 1000mm×1414mm	C0 917mm×1297mm
A1 594mm×841mm	B1 707mm×1000mm	C1 648mm×917mm
A2 420mm×594mm	B2 500mm×707mm	C2 458mm×648mm
A3 297mm×420mm	B3 353mm×500mm	C3 324mm×458mm
A4 210mm×297mm	B4 250mm×353mm	C4 229mm×324mm
A5 148mm×210mm	B5 176mm×250mm	C5 162mm×229mm
A6 105mm×148mm	B6 125mm×176mm	C6 144mm×162mm
A7 74mm×105mm	B7 88mm×125mm	C7 81mm×114mm
A8 52mm×74mm	B8 62mm×88mm	C8 57mm×81mm

上图：A 度、B 度和 C 度纸系各规格尺寸一览（缩小比例为：1:10）。黑色线框为 A 度纸，洋红色线框为 B 度纸，青色线框为 C 度纸。

ISO（国际标准化）纸度

A 度纸的基础为 A0 全开大纸（面积为 1 平方米）。所有 A 度纸系的版式（长宽比例）完全一致，每一款 A 度纸都是由对折而来，例如，A1 就是 A0 的一半，A2 就是 A1 的一半，以此类推。有一种 A 度纸会冠上 R 或 SR 的代号，这种规格比一般的 A 度纸稍微大一点儿，用来印制满版出血的页面。RA 度和 SRA 度纸多出来的边缘富余可以当作印刷机的咬口，或印上套准标线，印刷后的成品经过裁切之后就是正常的 A 度大小。为了填补各级 A 度纸之间的尺寸悬殊，所以设定了 B 度纸，其形状比例和 A 度纸一样，各级数也是前一级大小的一半。C 度纸则是针对文具用品需要而设计的，其版式也和 A 度、B 度纸一样。

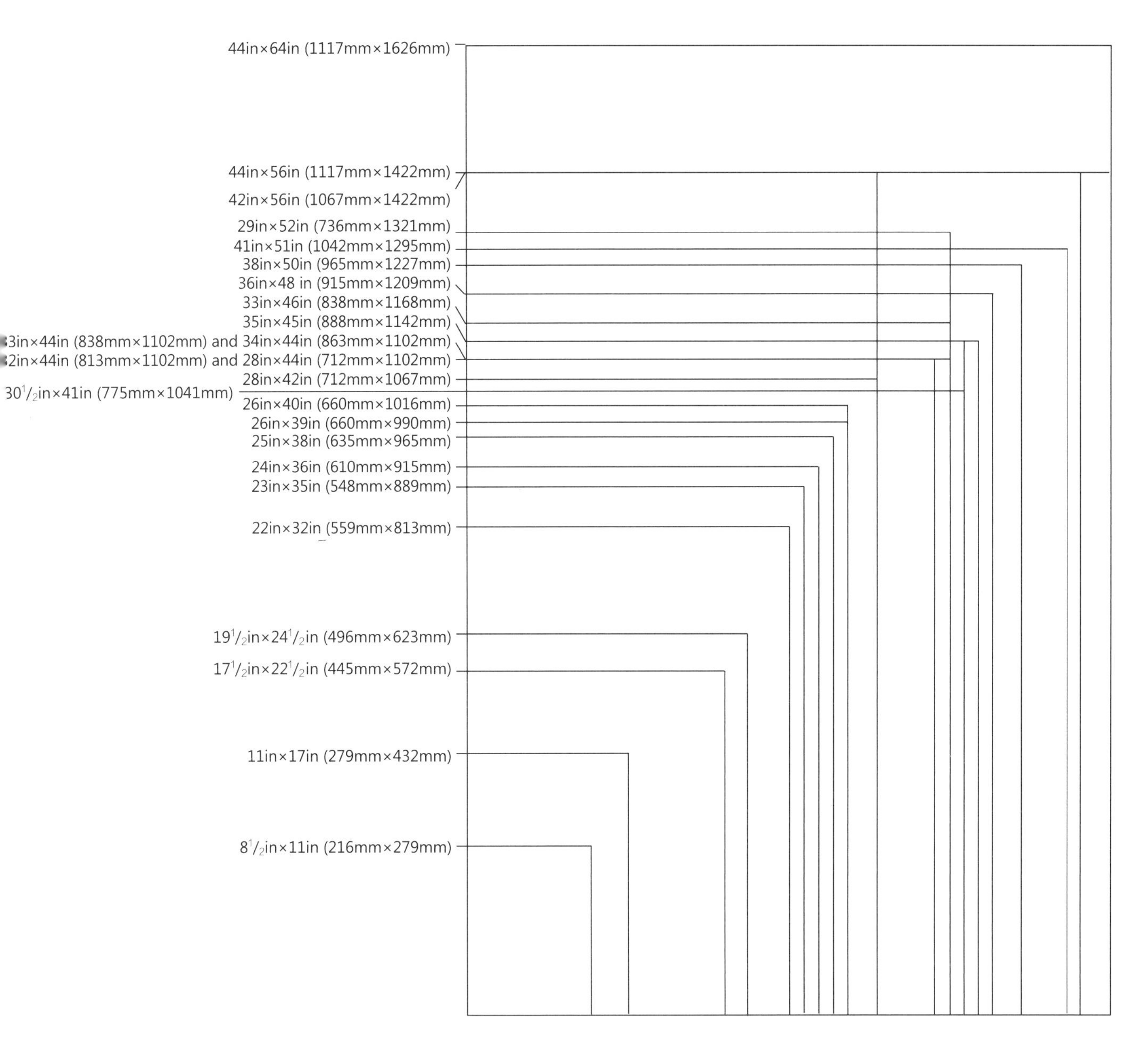

上图：北美纸度，缩小比例为1:10。这种纸张的长宽比例没有必然规则，不像A度纸始终保持恒定的等比关系。

北美纸度

在北美地区，以英制单位测量纸度：除了文具用纸以8.5in×11in（216mm×279mm）为基本规格逐步倍增，其他则为书籍用全开纸。和ISO纸度始终保持相同形状不同，北美纸度各个规格的版式都不尽相同，其形状仍沿袭过去北美地区造纸工坊各自定制的纸框。个别造纸工坊的产品不一定会包含每一种纸张的所有规格，而是从所有的规格尺幅中挑选一些。这样一来，一些书籍版式比较特别的书可能无法套用现成的各级纸张规格，只能用大全张，尽管裁掉纸张边缘会造成不少浪费。

大页纸度（Foolscap）

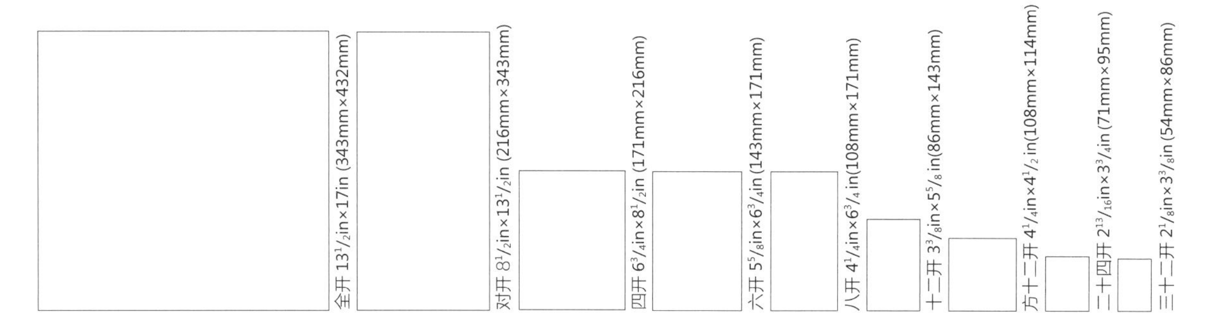

王冠纸度（Crown）

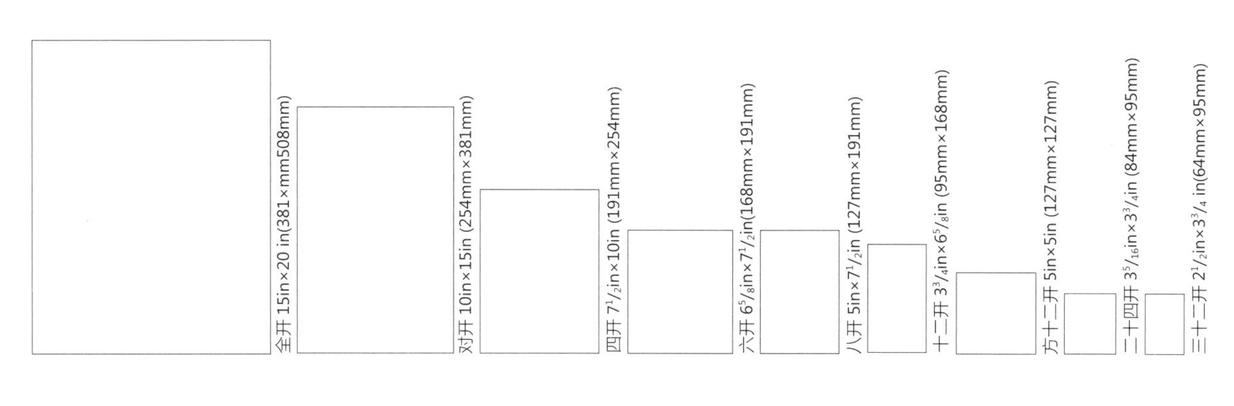

大海报纸度（Large post）

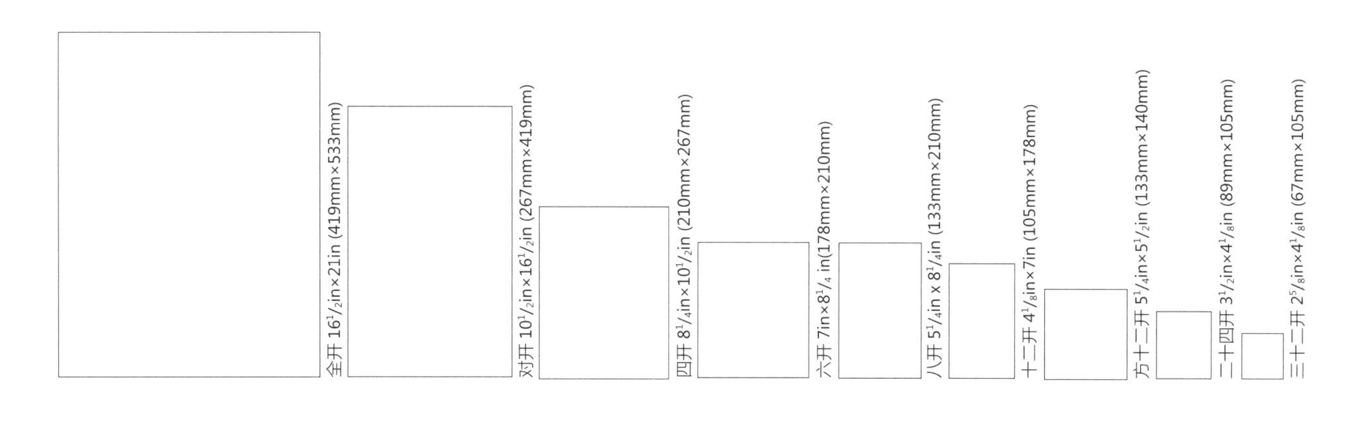

上图与对页图：这里列出几款不同规格的纸度虽然互不相关，但每种纸系的分割方式完全相同，按照全开、对开依次排下去。这些名称源于拉丁文，用以描述罗马时代的书籍，例如“八开”（octavo）的意思是八页。这个跨页上展示的各个纸度和前一页一样，缩小比例都是1:10。

英国的纸度

英国原本也是以英寸为纸度的度量单位，但是英国纸度的尺幅大小和形状与北美纸度并不相同。英国标准协会在 1937 年为大英联邦所辖地区设定了纸度标准。这些标准并不具备一贯的长宽比例规律，但其中的很多种都呈黄金分割比例。这些纸张规格的命名都带有皇室的含义，比如帝制（imperial）、王冠（crown）、皇家（royal）。英国的设计师和印刷行业

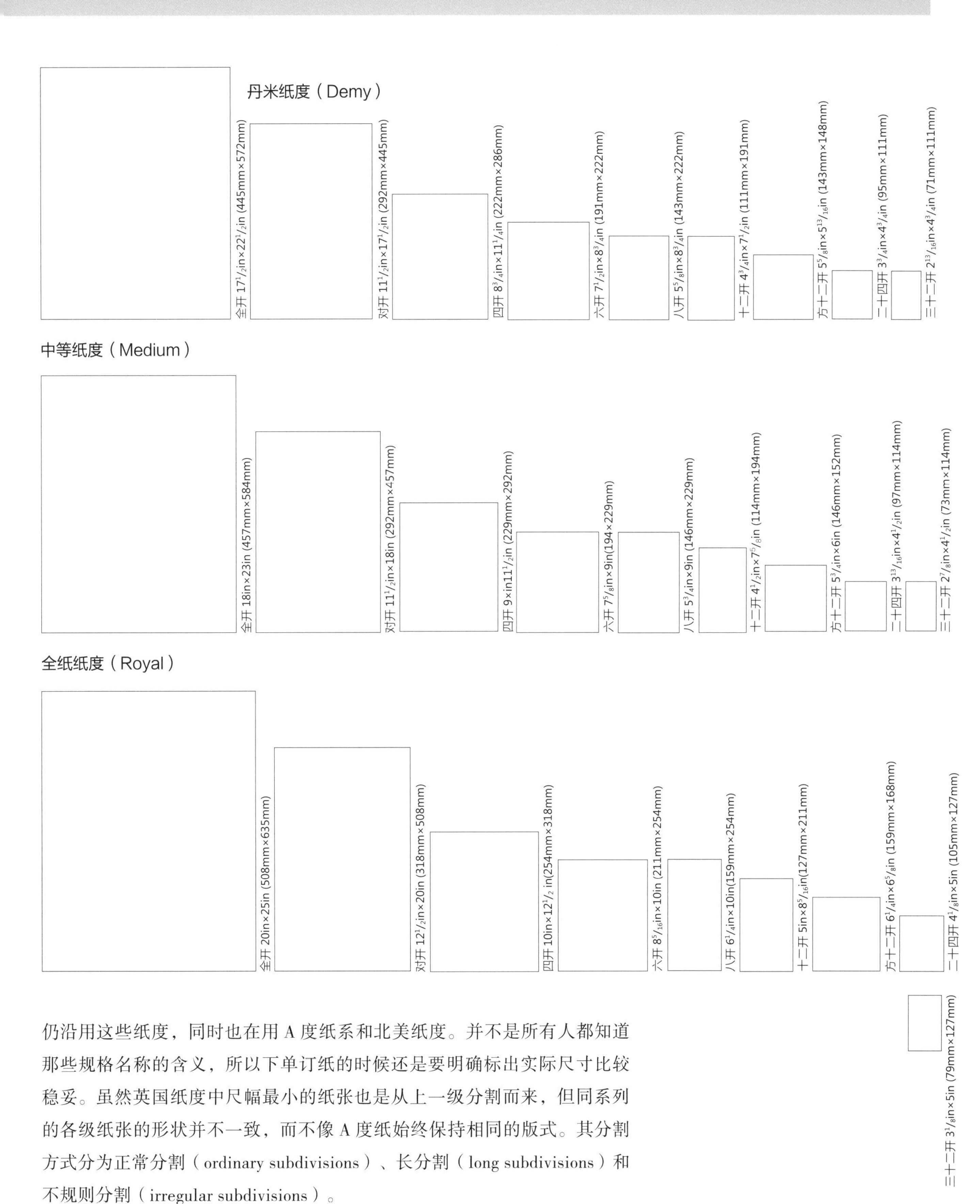

仍沿用这些纸度，同时也在用A度纸系和北美纸度。并不是所有人都知道那些规格名称的含义，所以下单订纸的时候还是要明确标出实际尺寸比较稳妥。虽然英国纸度中尺幅最小的纸张也是从上一级分割而来，但同系列的各级纸张的形状并不一致，而不像A度纸始终保持相同的版式。其分割方式分为正常分割（ordinary subdivisions）、长分割（long subdivisions）和不规则分割（irregular subdivisions）。

纸张重量

有两种方式测量纸张重量。北美地区以 1 令（1 令就是 500 张全纸）的磅数作为记重基准，这种纸的重量单位被称作基重（basis weight）或者令重（ream weight）。如果采用这种记重方式区分不同纸重的纸，必须针对相同规格的全纸；如果纸度不同，设计师就必须借助造纸商的换算表来计算。

其他地区通常采用每平方米纸张的公克数（gsm）作为纸重单位。以公制测量纸重是以 500 张 1 平方米（A0 大小）的全纸合 1 令为基准。由于所有的纸都是以相同面积为单位标准以公克表示，所以与纸张的大小规格完全无关，用来比较不同纸重的纸张更为简单易懂。比如，50gsm 的纸一定很轻，240gsm 的就要重很多。英国现在已经开始用 gsm 表示英式纸度和 A 度纸系的纸重了。

厚度

纸张的厚度必然与纸张重量有关，但由于各种纸张结构不同，有松有紧，所以纸张重量和厚度并不是必然成正比。吸墨的纸质地不会很紧实，纤维分布也比较稀松，但却很厚。而一些经过碾压处理的硬纸板，又密实又重，但却很薄。纸张的厚度叫作“纸厚”（calliper），以千分之一英寸或者微米为计量单位。英制纸张的纸厚单位是千分之一英寸，又称为“点”[但这里的“点”和字号单位的“点”（七十二分之一英寸），完全没有关系]。测量纸厚的仪器叫作“千分尺”（micrometer）。测量纸厚的方法是：先测出四张全纸的厚度，再除以 4，就得到该款纸张的纸厚，比如 12 点或者 15 点。

由于纸厚不一，叠成一摞的高度自然也各不相同。因为纸厚会直接影响书脊的宽度，所以设计师必须加强对纸张厚度的理解。也正因为如此，纸张的厚度并不只能用“点数”来测量，还可以采取每英寸包含几页来表示，单位为 PPI（pages per inch，每英寸所含页数）。PPI 值越高，代表纸张越薄，而 PPI 值低的话，纸张相对较厚。在欧洲地区，可能会以 PPC（pages per centerimeter，每厘米所含页数）作为单位。如果一本书的内页使用两种不同的纸，则设计师必须确认每种纸各占几份印帖，印了多少页，再以该纸张的 PPI 值除以页数，然后再将两种纸厚的结果加起来，就能得出书脊的厚度。大多数出版社会要求装订厂先做出一本按照成品尺寸、以实际用纸装订的假书。这对设计师和出版社都很有用，可以用假书预先感受了一下成书效果，确定书脊厚度，也可以根据这本实验假书做一些小修订。

纹理方向（丝向）

造纸过程中的纤维分布方向决定了纸张的丝向（grain）。只有机器造纸才会形成丝向，手工造纸则不会。一般纸张都会制成长方形，纤维方向与长边平行，称为长纹（long grain），如果纤维走向与短边平行则称为短纹（short grain）。顺着丝向可以很平顺地撕下纸张，反之则会撕得不整齐；沿着长纹折叠纸张不但比沿着短纹更容易，折线也会比较紧实整齐。绝大部分的书籍，纸页的丝向都是从上到下，与订口平行，这样不仅能令书页容易翻开，印张折叠成印帖之后也不至于太厚。

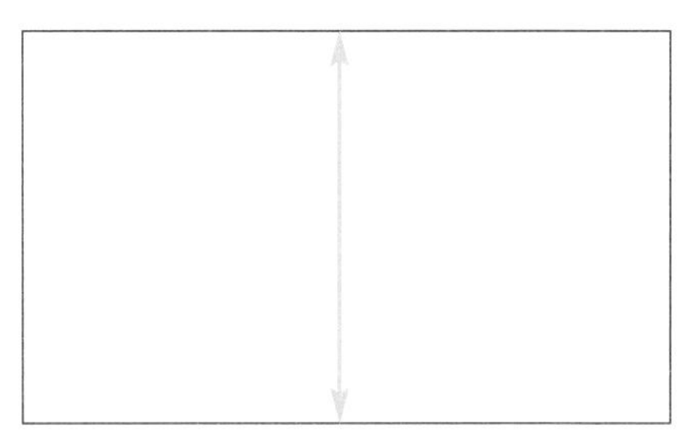

上图：短纹，纤维方向与短边平行。

上图：长纹，纤维方向与长边平行。

不透明度

不透明度（opacity）衡量的是光线透过纸张的多少，这取决于纸张的厚薄、纤维的紧实度和纸张表面的加工种类。任何纸张或多或少都会透光，没有一种纸可以完全不透光（不过，厚纸板确实是 100% 不透光）。纸张的不透明度对于设计师来说很重要，因为不透明度的高低会直接影响纸页透印的程度。具有高不透明度的纸张能降低透印的程度，但比较薄、不透明度低的纸张则会露出背面的文字和图像。巧妙地运用透印现象，将它纳入编排元素，有时候可以为页面营造多层次的视觉效果，但是背页透印产生的反字会干扰阅读。这里附上了一个简单的不透明度检测图，可以用来判断不同纸张的透印程度。

上图：不透明度检测图：将纸张覆盖在这组检测图上，就可以用肉眼判断、比较出不同纸张的透明度差异。

纸张肌理

纸张表面的肌理决定了纸张的着墨能力以及在不同印刷条件下的印刷适宜性。纸张的制造方式不同，其表面肌理相应也不同，比如，编织纸（woven paper，交错网线构成的筛网抄制而成的纸张）的表面是平的；而直纹纸（laid paper，条状网线构成的筛网抄制而成的纸张）的表面则会呈现直向或横向排列的纹路。碾压处理可以增加纸张表面的平滑度；纸张通过越多压辊，表面越平滑。纸张的正反两面可以用不同的加工方式。比如，海报纸只在用于印刷的正面加涂层，背面则不作任何涂层处理，以便贴在海报栏或墙上。其他的特殊表面加工方式还有砂面（pitting）、加压花纹（pebbling）、加珍珠纹（pearl）等，都是趁纸张通过碾压辊轮时，以装配各种质地的辊轮碾压而成。许多造纸商只生产单一种类的纸张，通过不同的纸张表面加工方法，做出不同纸重、纸厚和透明度的产品；设计师可以善加利用各种加工技巧，营造出不同的效果，比如有图片的印帖采用光面，纯文字页面采用无光面。

表面处理

纸张的表面加工也会影响印刷时透印程度的强弱，但是无法通过透光率检测，事先预测结果。纸张表面如果没有任何涂层，其吸墨性比有涂层的更强。因为油墨会渗入纸张表面，同样的文字印在非涂布纸上，背面的透印现象会比涂布纸更明显。所以，原本的透光率检测结果可能不那么准确。油墨浸入纸张的情况叫作“透墨”。许多造纸商会制作一整本纸样，在各款纸样上印上 CMYK 四色图像和黑色的文字；根据纸样来判断纸张的透印度和透光度，也可以用来预览不同用纸在加网印刷之下会呈现怎样的品质，对于设计师、印务部门和印厂来说都非常实用。

颜色

纸张的颜色一般都源自在搅拌纸浆过程中加入的染色剂。有的造纸商可以保持产品的一贯颜色，有的则不行（尤其是使用了大量再生原料的），他们会事先声明，每批产品会因为原料不同而有成色上的差别。有些纸张是在纸浆搅拌之后，在成纸阶段才进行染色，有些则只是一面染上某种颜色。各种纸张的白度范围差别很大，即使白度差别不大，印在纸上的图像的颜色可能也会出现很大的差别。从偏黄的暖色纸系，偏棕的羊皮纸系，再到偏蓝的冷色纸系等，分别会呈现各种不同的白。一定要先慎重考虑纸张白度的属性，并且考虑印上图片之后的效果。比如，园艺书籍中有大量色彩鲜艳，尤其是带有绿色的照片，如果采用冷色调、现代的雪白丝绢纸，看起来就会显得特别清晰；如果用无光泽的纸，或者印在羊皮纸色上，则会显得古旧。

选择合适的纸张

系列书为了保持一贯的产品品质，同时也为了控制成本，通常会使用同一款纸来印刷，所以无法任由设计师针对其中某本特定的书籍自由挑选纸张。但是，如果情况允许，设计师都应该仔细考虑，让纸张的七大特性能够与该书的实体触感、主题与读者对象，以及印刷和装帧方式尽可能相互配合。出版社和印厂都会非常在意用纸成本，或许可以建议著名的大造纸商提供可行的替代产品，保持一贯的用纸品质。各家纸商都会不断推出更平整、更白、更薄的纸张和更新的加工技术，因此随时留意相关网站，及时索取新纸样，对设计工作会有很大帮助。如果要培养自己对纸张的知识和经验，搜集各种纸张和硬纸板的样本是一个好办法。一旦发现纸质不错的书，可以去查一查用的是什么纸；如果自己找不到相关信息，可以拿去请教经验丰富的印厂经理或者印务人员。

上图：设计师平时搜集的各种纸样，可以随时从中挑选，对设计工作有很大帮助。检视纸张的特性：尺寸、重量、厚度、纹理、不透明度、表面加工和颜色，同时结合该书的属性、内容、读者对象、印刷和装订方式，设计师才有可能选出最适合的书籍用纸。

立体书 14

立体书

立体书属于图书出版的一个专门领域，任何希望投入这个领域的设计师都必须先掌握立体书的一些基本原理。立体书的形式对于虚构类和非虚构类书籍都是适用的，这种形式让内容更加生动活泼。如果要把一部小说设计成立体书，纸艺工程师必须和作者、插画师合作，从中整理出故事内容的立体结构。一位立体书设计师应该扮演该书视觉效果的作者，要发展出该书的设想、设计书中的立体结构，还要负责将工作分配给插画师和写作者。设计立体书本身是一项非常耗时的工作，需要不断尝试、经历失败，再加上反复动手切纸、折纸，做出许多模型之后，最后才能得到理想的结果。只有通过不断积累经验，立体书的设计师才能了解各种不同的折叠方法，熟悉展开图（将三维立体造型摊成平面的结构分解图）。所谓组造（fabrication）就是指将三个平面互相结合起来的过程。立体书就是利用翻动纸张时产生的动能，在平面的跨页版面上创造出各种三维造型。立体书的设计师必须在繁复精巧的立体造型与现实制作条件限制之间取得良好的平衡；零件和黏合点越多，制作每一页立体书所耗费的工时越长，成本也就越高。本章将首先介绍立体书纸艺的一些相关术语，然后再逐一解析本章几个范例的基本构造原理。

立体书术语表：

折角（Angle）： 从一个点放射出的两道直线之间所形成的空间夹角。小于 90° 为锐角，大于 90° 为钝角。

圆弧（Arc）： 圆形外轮廓的一部分。

底页（Base page）： 用以粘贴、固定立体部件的基础页面。

圆周（Circumference）： 圆形的外边缘。

刀线（die-cut）： 在纸上切割出特定形状，在展开图上通常以实线表示。

模型（Dummy）： 在正式印刷前，先用手工制作的模拟样品。

折线（Fold）： 纸张折叠、弯折处的边线。

胶水位（Glue knock-out）： 要让两张纸完全贴合，胶不能上在有印刷痕迹的区域，必须在预定上胶的地方留出空白，不印刷任何内容。

黏合点（Glue point）： 纸张上要黏合的部位。

掀起（Lift-up）： 某张纸只黏合其中一端，另一面保持开放；沿着中间压出折线，让它可以被掀开，露出掩盖在下面的其他元素或者图像。

出页（Out of page）： 经过切割、可自底页折起的立体造型的局部。

页面位置（Page position）： 立体零件与底页相连接的位置。

拉杆（Pull-tab）： 供读者拉出立体零件的活动纸杆。

压线（Score）： 用压痕刀在纸上压出利于折叠的凹痕。

定位刀口（Slot）： 在纸上切割出供另外一片纸零件恰好插入的局部缺口。

纸舌（Tab）： 连接在纸面上的条形纸，可以通过粘贴和插入定位刀口的方式来实现。舌扣指的是当纸舌被插入定位刀口后，能固定住一个零件，或者能拉出一个立体结构。

嵌入（Tip-in）： 插入定位刀口内的纸。

贴合（Tip-on）： 纸张之间互相黏结。

移幅（Travel）： 某个纸零件从扁平状态到立起来呈立体状态之间的跨度。

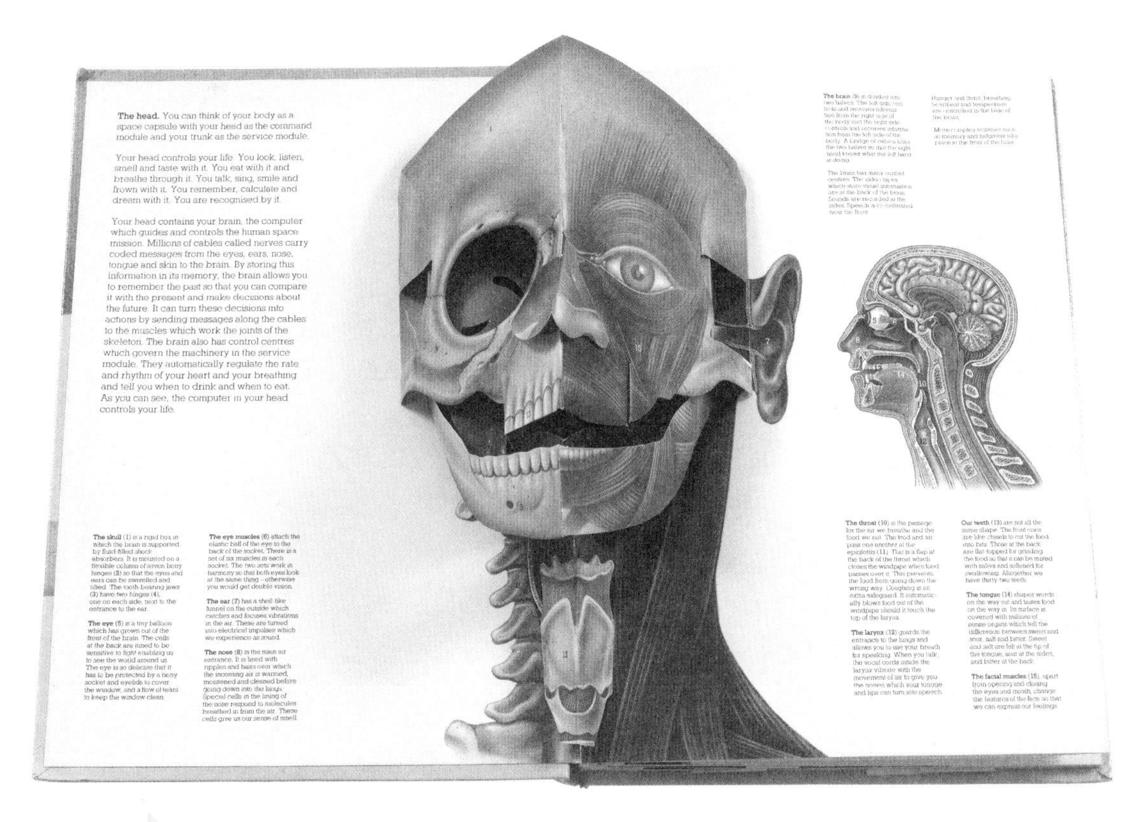

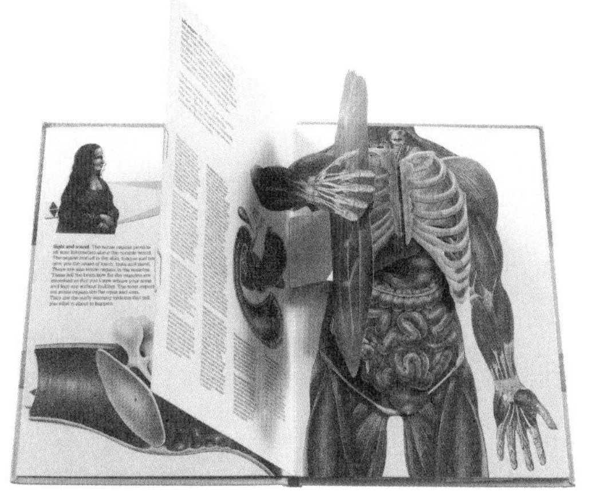

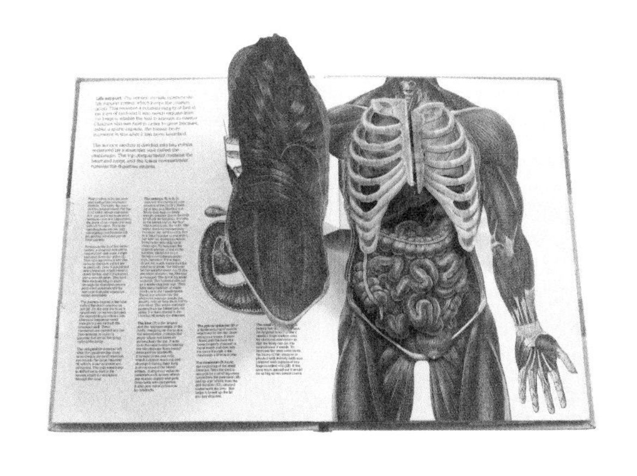

从 202 页起所示范的各种立体书的基本折式都附上了平面展开图，同时附上了成品图，显示其立体造型。展开图上的实线表示沿着线切开，虚线则表示沿着线折，黏合点以圆点表示。照片中的纸模型都可以按照展开图上的相同尺寸制作。各切边或者折边长度的相对比例比实际尺寸更重要，因为，我在展开图上加上了编号：若各折边或切边长度相同，编号与编号之间加注等号（=）；如果其中一边比另一边更长，则标注大于号（>），反之则标注小于号（<）。立体书运用的基本纸艺可以分成四大类：竖起 90° 的立体造型；翻开 180° 的立体造型；操控拉杆，在纸张表面营造出移动的效果；在书页间营造转动的效果。

顶图：大卫 · 佩勒姆（David Pelham）和乔纳森 · 米勒（Jonathan Miller）两位医生合作的《人体》（*The Human Body*）运用立体纸艺的技巧，制造出了许多三维立体的器官模型。切成实物大小的头部模型，左侧呈现的是骨骼，右侧表现的则是脸部肌肉。立体头部和旁边的立面解剖图中都有标注号，可与图注互相参照。

上图：同一本书中的另一幅跨页内容，翻动页面的同时，立体的人体模型仿佛掀开了身体，露出了内脏。充满细节的医学插图事前精心地设计成了好几层，并在正反面印上了图像，模切成各个器官的形状，再用手工一一组装。

90° 平行景层

这可能是最简单的立体纸艺造型，因为所有的折线和切割都直接在底面上进行，而且完全没有任何粘贴。切割后，平面纸张就能够形成 90° 直角竖立起来的结构。

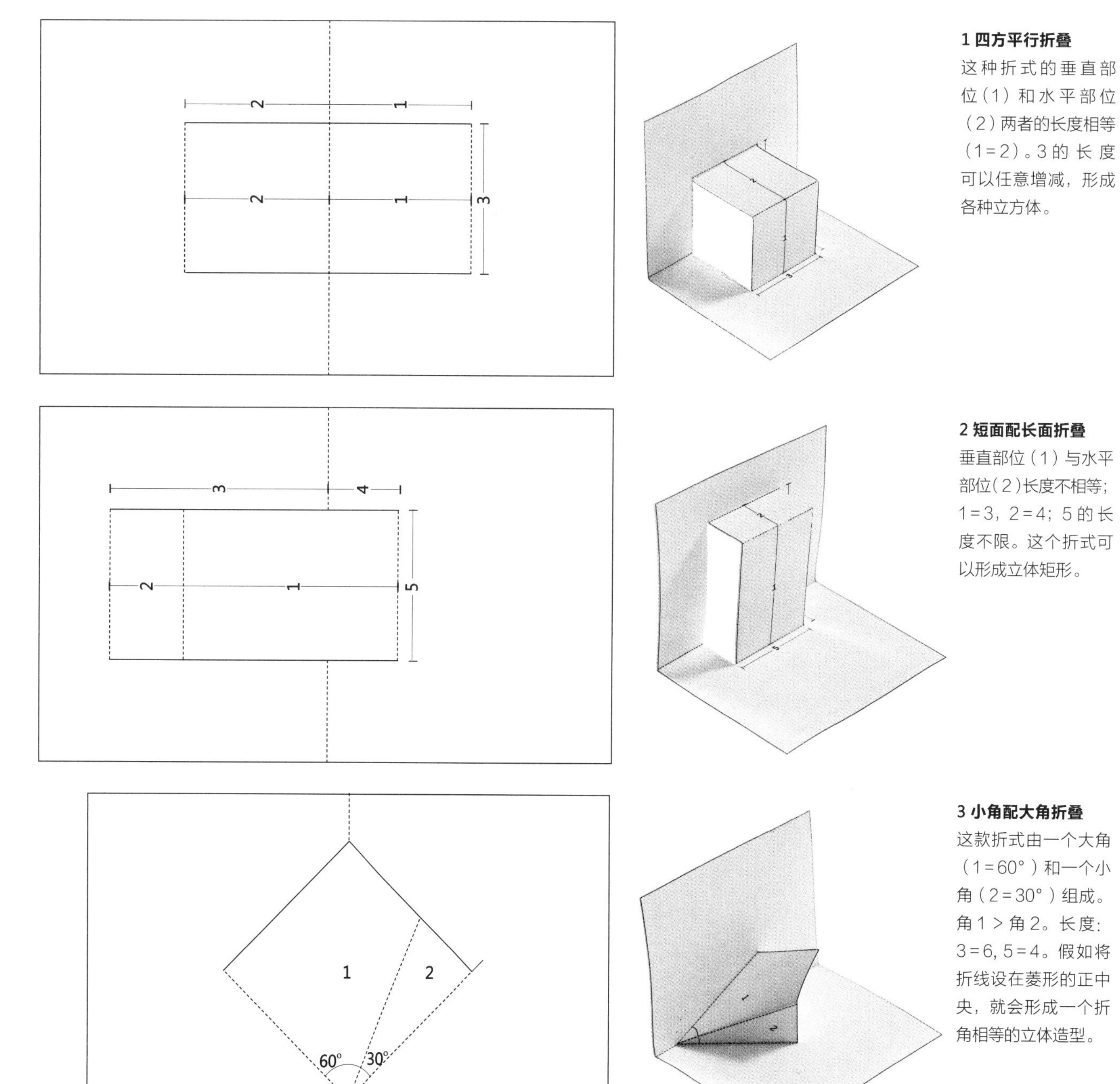

1 四方平行折叠
这种折式的垂直部位（1）和水平部位（2）两者的长度相等（1=2）。3 的长度可以任意增减，形成各种立方体。

2 短面配长面折叠
垂直部位（1）与水平部位（2）长度不相等；1=3，2=4；5 的长度不限。这个折式可以形成立体矩形。

3 小角配大角折叠
这款折式由一个大角（1=60°）和一个小角（2=30°）组成。角 1 > 角 2。长度：3=6，5=4。假如将折线设在菱形的正中央，就会形成一个折角相等的立体造型。

180° 景层

这种折叠方式是借由底面上的黏合点与外接零件结合，摊开页面时便会翻成 180° 的立体造型。这种折叠方式全靠每个页面上跨过页面中线的贴合零件。

4 平行三角拱形

三角菱拱（展开图上的青色线条）横跨页面中线。长度：1 = 2, 4 = 5, 4 > 1, 5 > 2。减少 1、2 或增加 4、5 的长度，就会形成更尖、更瘦、更高的三角形。这个立体造型可以贴在底卡的表面，或者利用纸舌插入定位刀口，再粘贴在底卡的背面；两边纸舌至少要有一边穿过定位刀口，才能够令这个立体造型有一定的强度。

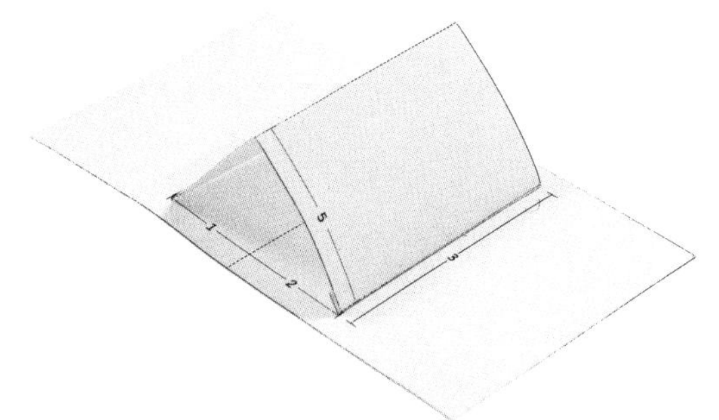

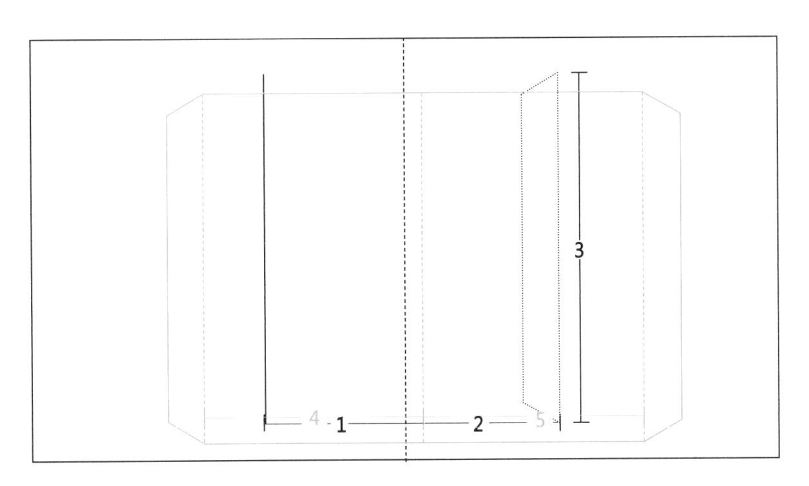

5 180° 平行景层

中心以及两侧对称：居中支撑面——这个例子中用的是两片折卡纸——位于页面中线，两侧支撑面则各自贴附于页面中线两侧的页面上。1、2、3、4 的长度相等，5 和 6 的长度相等。扶壁加上 1 的长度不能大于页面的宽度，否则关上书后，被压平的立体造型会突出于页面之外。居中支撑面和两侧支撑面能在水平平台上形成非常稳定的基座。展开图上的纸舌 A、B、C、D 表示黏合点，灰色字母代表该纸舌穿过定位刀口，贴在背面。

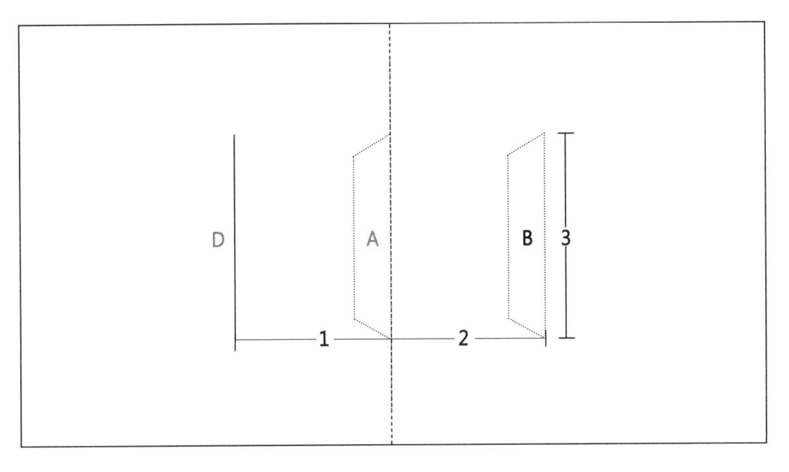

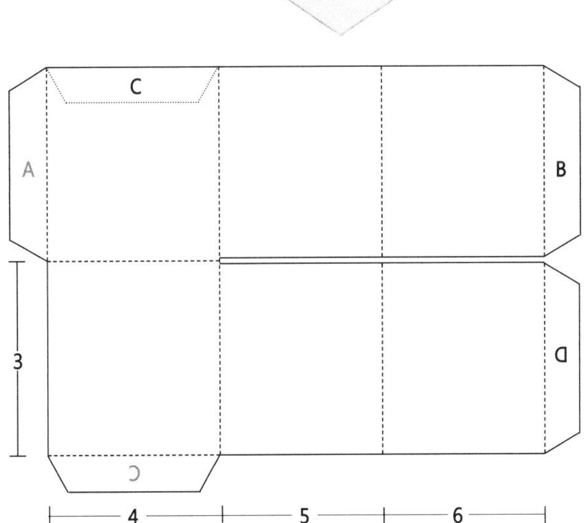

右图：本书作者在 1987 年设计的立体日晷，利用立柱和扶壁的原理撑住日晷的盘面。借由附在书上的小指北针，将整本书朝向北方，晷规（即日晷表面竖立的拱片）就会投影在数字盘面上。

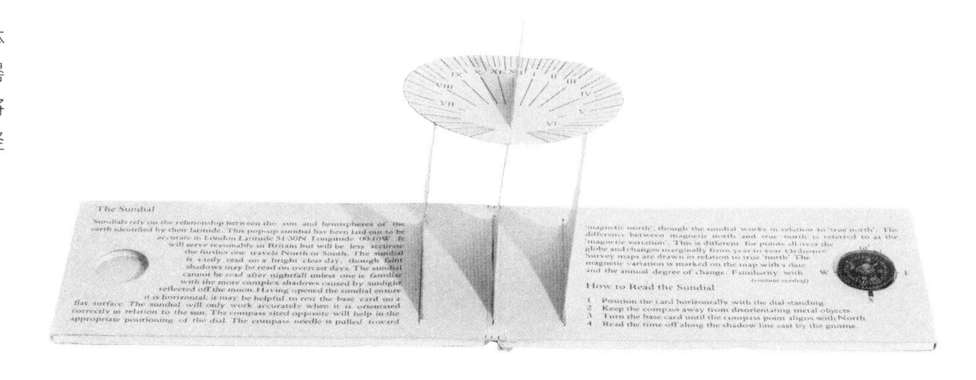

180° 折叠立体方形与圆柱体

运用 180° 的折叠方式可以在页面上形成立体几何造型。这些立体结构需要另外做模切纸模型来组成，有的可以直接贴在底卡的表面，有的则需要穿过定位刀口、贴在背面；也可以在侧边模切小窗口，这样就可以看到造型的内部，但是这样的话，构成该立体造型的纸张正、反两面都要印刷才行。

6 立方体

跨在订口折合处的立方体是很常用的立体造型，可以用来充当许多物体。顶部和侧边的折线长度全部相同。长度：1=2，3 的长度可以决定该立方体的形状，A、B、C、D、E 的长度必须一致。

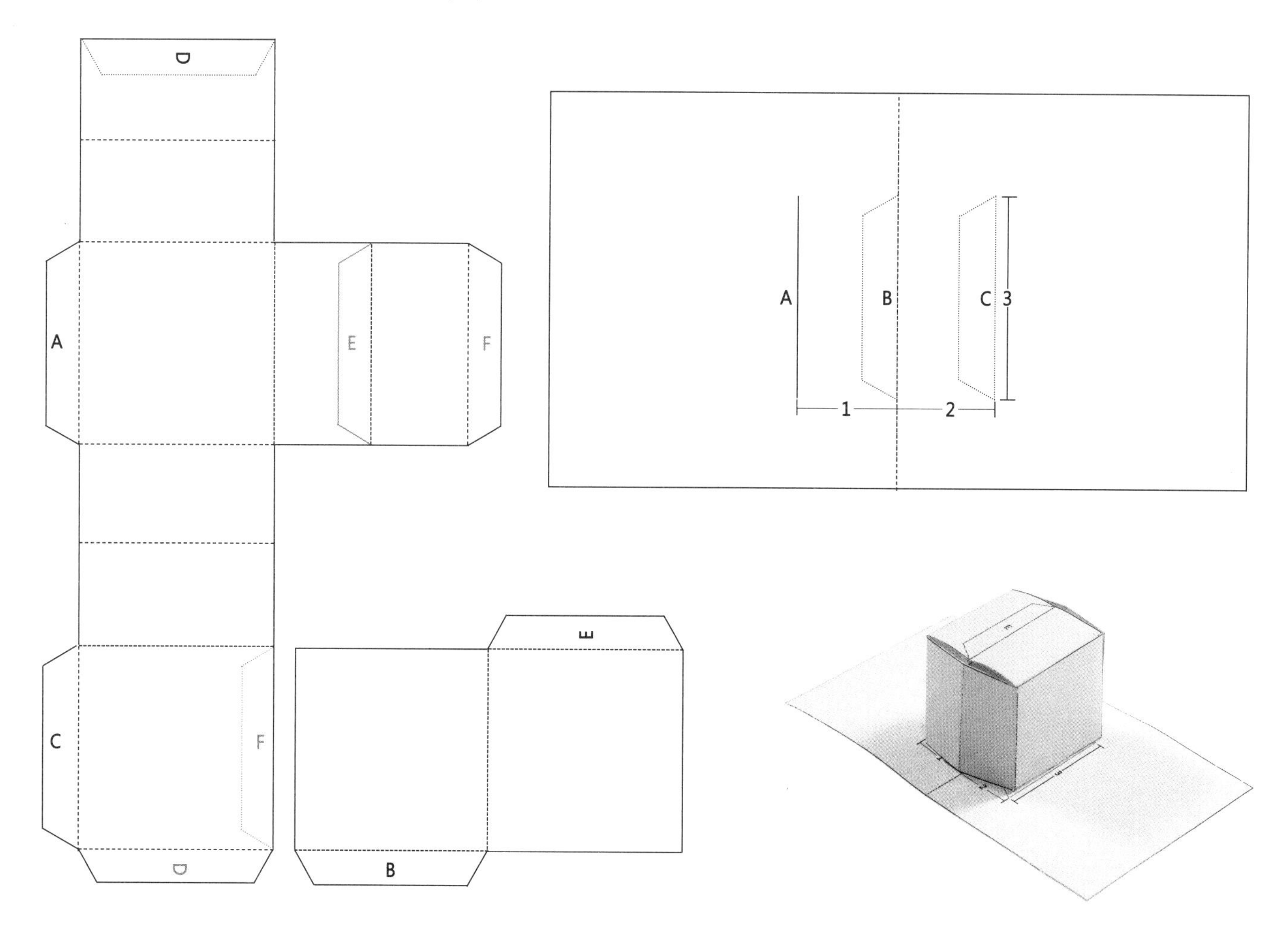

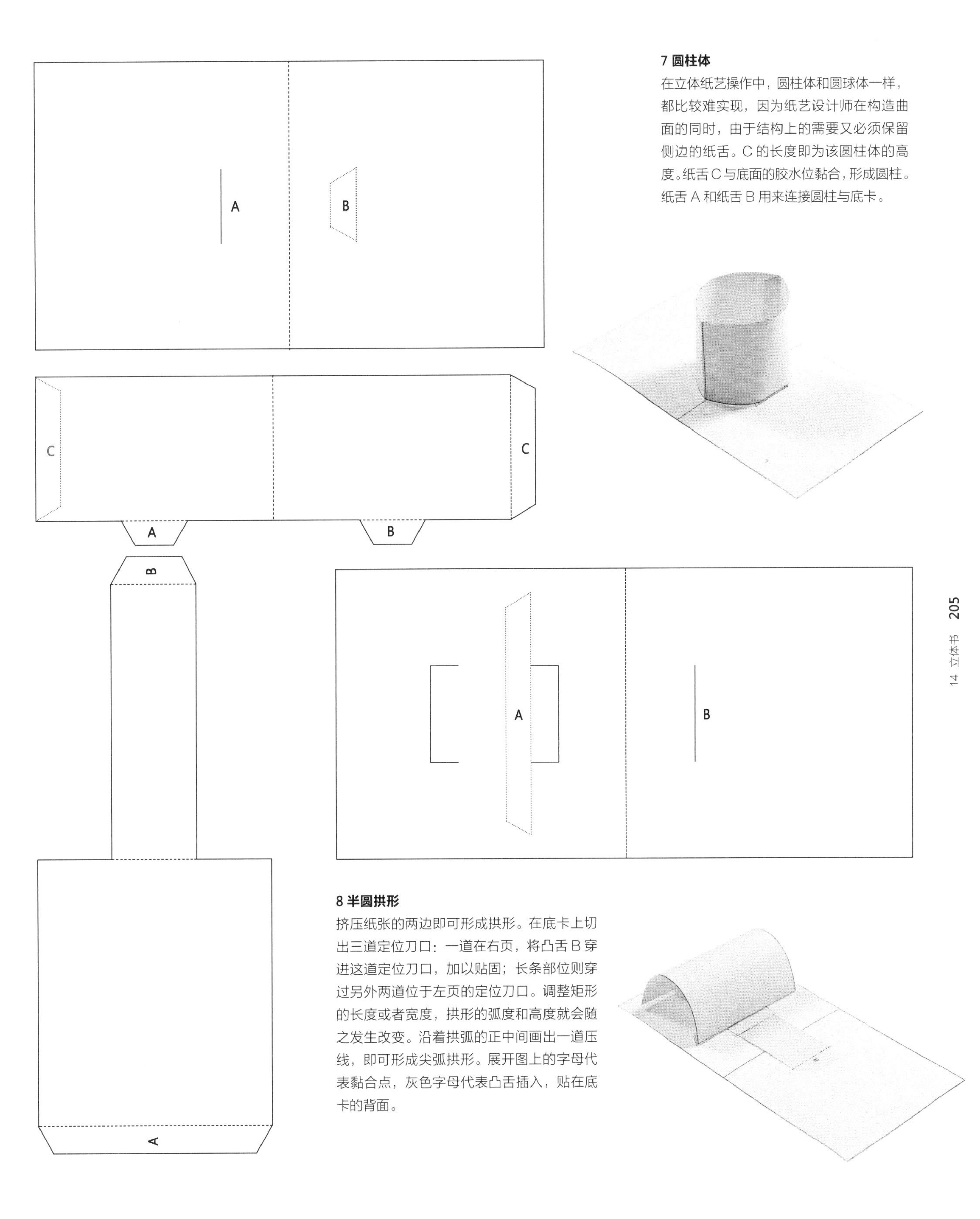

7 圆柱体

在立体纸艺操作中，圆柱体和圆球体一样，都比较难实现，因为纸艺设计师在构造曲面的同时，由于结构上的需要又必须保留侧边的纸舌。C 的长度即为该圆柱体的高度。纸舌 C 与底面的胶水位黏合，形成圆柱。纸舌 A 和纸舌 B 用来连接圆柱与底卡。

8 半圆拱形

挤压纸张的两边即可形成拱形。在底卡上切出三道定位刀口：一道在右页，将凸舌 B 穿进这道定位刀口，加以贴固；长条部位则穿过另外两道位于左页的定位刀口。调整矩形的长度或者宽度，拱形的弧度和高度就会随之发生改变。沿着拱弧的正中间画出一道压线，即可形成尖弧拱形。展开图上的字母代表黏合点，灰色字母代表凸舌插入，贴在底卡的背面。

页面齿轮和旋转

转盘和旋转效果页面上的转动构造可以让隐藏的内容通过页面上的模切洞眼露出来。这种转动的构造一般是通过装在底卡正面或背面的转轮来实现的。设计时，要小心地规划页面上要印刷的插图和文字，转动时才会出现相应的内容，让两种元素在转动过程中完美配合。凸轮的长度和距离转动装置中心点的远近，决定了杠杆的起落幅度，而露出活塞的定位刀口的宽度则决定了移动的范围。

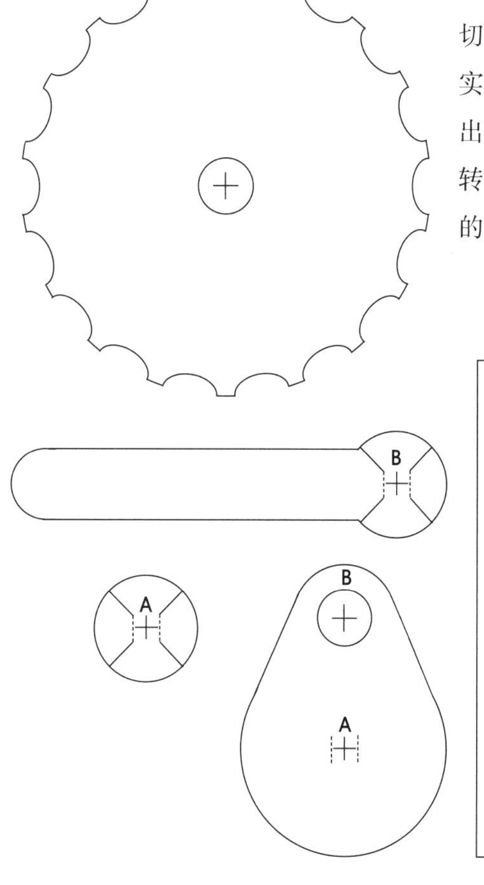

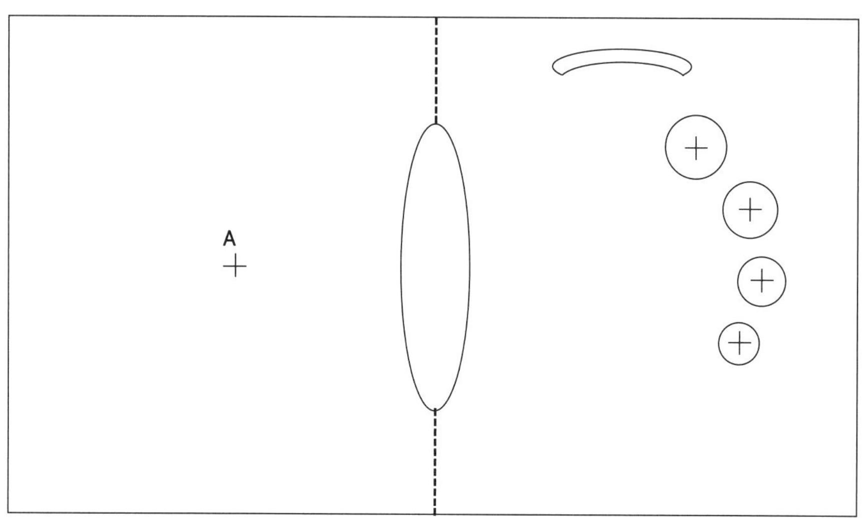

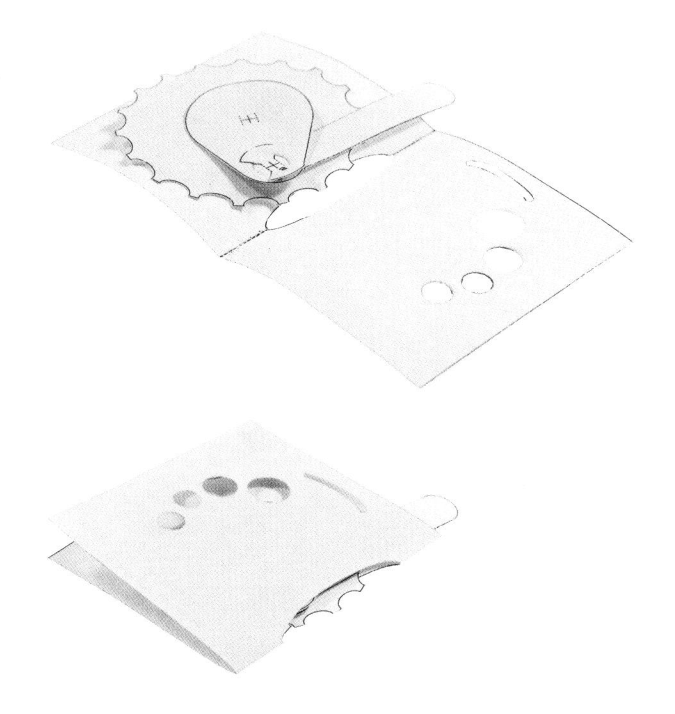

9 装在书页背面的转轮

大多数纸艺设计师会把圆形凸舌的反面贴在纸页背面，当成转轮的转轴。A 的两片小凸舌穿过转轮正中央的小洞，再粘贴在底卡的背面，由那两片凸舌把转轮卡在定位。这样一来，轮、轴装置就可以隐藏在立体书的折页内部。在折页书口上挖出一道小缝，露出转轮圆周；如果在转轮圆周上做出齿痕，旋转起来就更容易了。

10 装上摇臂或者凸轮的转轮

在转轮上加装凸轮和轴心，就形成了可操控页面移动的操纵杆。摇臂的动作取决于凸轮和转轮的转动中心的距离。操纵杆上的 B 点和凸轮上的 B 点互相扣住。

拉杆

拉杆通常只能做在单页内，因为拉杆一旦穿越过页面中线就无法运作了。拉杆最常置于折页页面的前切口处，由拉杆控制页面上的物件移动。拉杆的作用包括掀起某平面物件、开启原本隐藏的图像、移动某物件。

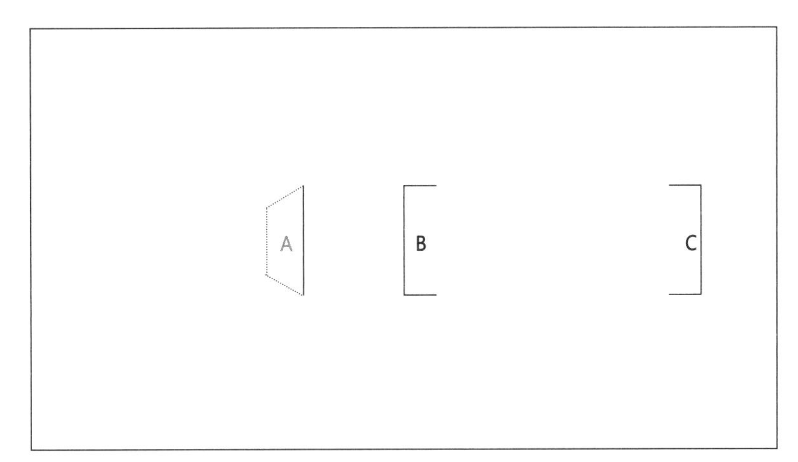

11 用拉杆营造掀动效果

将纸片对折，做成掀动的叶片，上面粘一道长条纸当作拉柄。长条纸从定位刀口 C 穿出页面。掀叶上的纸舌 A 贴在底卡上，当读者抽拉长纸条的末端（C），掀叶就会翻起 180°；把长纸条推回去，掀叶则会翻向另外一边。掀叶与长纸条的纸舌 D 互相黏合于掀叶内部的黏合点 D 上。

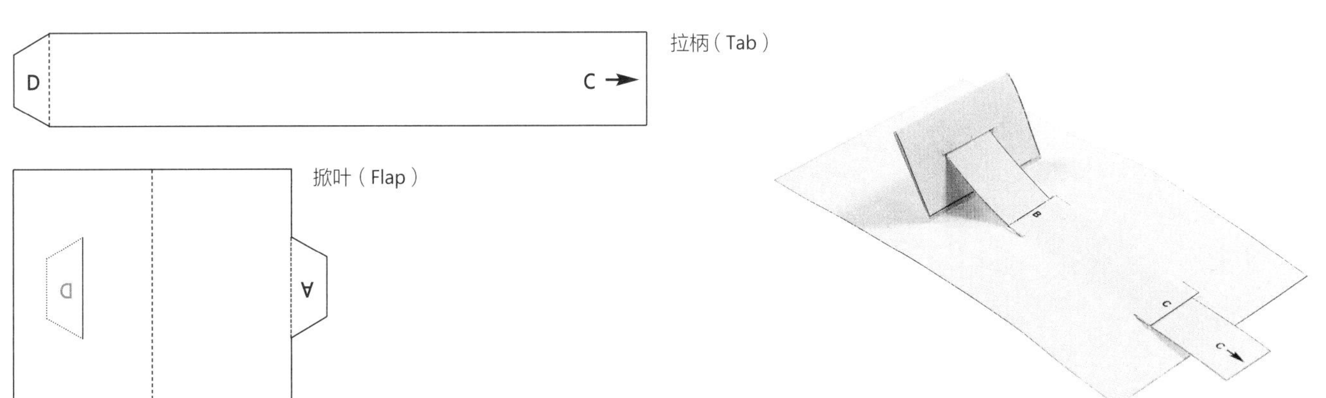

综合利用立体构成原理

前面介绍到的各种立体构成原理互相搭配，合并使用，可以创造出无数种三维立体造型。大多数立体书都把其中的机械构造和贴合纸舌隐藏在折页里，只需要美工刀拆解一下，就能发现结构的秘密。当手中的立体书设计工作遇到新困难时，设计师们往往会拆解一本现成的立体书，从里面寻找解决方案。在我看来，一本立体书最完美的状态，是所有的立体模型保持空白，没有印刷的白色模型，仿佛一座雕塑。许多立体书上印刷的颜色都过于鲜艳，反而有损立体造型本身的美感。立体书设计的最高境界，是内文、图像、立体造型之间形成一种巧妙的平衡，作者、插画师、纸艺设计者和美术编辑的巧思都得以充分展现，所有元素在页面上和谐共存。

立体书赏析

1

2

3

1 立体书《Blago》，是一本无意义的诗集，由戈登·戴维（Gordon Davey）设计，并通过丝网印刷来印刷本书。

2 这一页是根据刘易斯·卡罗尔的《爱丽丝梦游仙境》原著改编的立体书，立体书仍采用了原著中约翰·坦尼尔（John Tenniel）经典的插画。这个例子展示了立体书的极致复杂，一翻开书页仿佛跳出一座微型的舞台。

3 丽莎·劳（Liza Law）利用折页装订，以90°折式平行90°景层制作出了浮出纸页表面的立体字母。这本书采用的是前后夹板，这本书的封面和封底采用了荷兰版固定，开放书脊的装帧形式，使各折页可以摊开。

4 这本书是建筑大师弗兰克·劳埃德·赖特（Frank Lloyd Wright）建筑作品的立体书，由伊恩·汤姆森（Iain Thomson）设计制作。其接合中心支撑面和两侧支撑面两种折式，组成一整座可以撑出立体造型的圆柱体。

4

（本章译文由立体书联盟审校）

印刷 15

印刷

四大印刷方式包括：凸版印刷——油墨刷在印版或者字模的凸起表面，平版印刷——油墨刷在平面印版上，凹版印刷——油墨渗入印版的凹陷处，以及孔版印刷（丝网印刷）——油墨穿过孔印刷到承印物上。本章将按照印刷技术发展的先后顺序，逐一讲解这四种用于书籍制作的主要印刷方式。

凸版印刷：活字印刷的源头

凸版印刷（relief printing）包括木刻版、麻胶雕版和活字印刷。印刷时油墨被刷在图形或文字的反转表面，再由印刷机试压、转印到纸面上。

正如第一章里提到的，欧洲的金属活字是由古登堡发明的，约于1455年首次用于印制42行《圣经》（因为页面上每一栏排列了42行文字而得名）。活字印刷彻底改变了书籍的生产方式，随后印刷工坊和印书馆如雨后春笋在欧洲出现。活字印刷的发明，可以让一名印刷工人独自复制多份文本，由此复制文本开始工业化。一次印制多份文本比过去徒手抄写快了许多，进而书籍的流量也大大增加了。到了16世纪，在克里斯托弗·普兰丁（Christopher Plantin）建于比利时的安特卫普的出版社里，两个印刷工人操作一台印刷机，一天可以印出1250张双面印刷的纸张。活字印刷取代了徒手抄写，从此开始用标准化的机器铸造字印制书籍。

手工排字和活字印刷

从1455到1885年的四百多年间，西方世界都是以手工排字、活字印刷的方式印制书籍。但现在，活字印刷已经被平版印刷取代。但有心复兴这项传统技艺的年轻设计师，承袭了昔日印刷工匠和热衷活字印刷术的人的经验，让这项技术成为一种工艺而保留下来。一些小型自出版工作室会以活字印刷的方式印制限量版的书籍。

平版印刷：胶版印刷之源

任何以油墨平铺于印版表面的印刷方式都可以称为平版印刷。胶版印刷是目前最普通的印书方式。“平版”（lithography）这个词源自希腊文lithos，意思是“石头”，和graphien合起来就是“石头上的字”。石版印刷术由巴伐利亚剧作家阿罗斯·塞尼菲尔德（Aloys Senefelder）于1798年发明，塞尼菲尔德的著作《石版印刷术详解》（*Vollständiges Lehrbuch der Steindruckerei*）于1818年出版，后来以英文出版，英文书名为“A Complete Course of Lithograph”，书中详实地记录了这项发明。平版印刷是应用油水分离的原理，从石版或印版的表面直接将油墨转印到纸张上。准备薄、平、细腻的铝板或锌板，在板上的图纹区域刷上油性物质，然后将整个印版铺上一

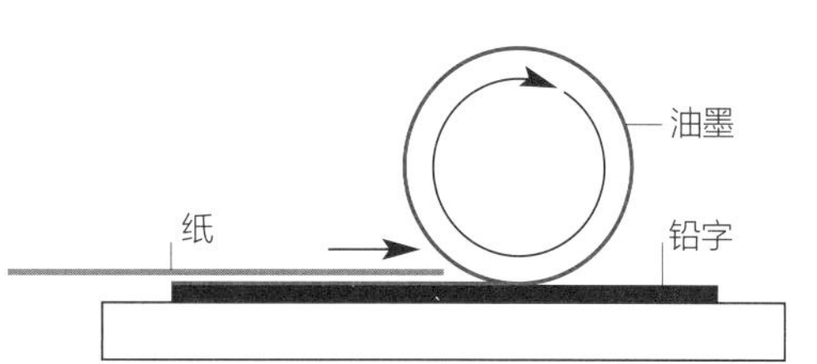

凸版印刷：油墨（洋红色）经由圆筒的滚动，在凸起的印纹表面上墨，将文字或图片转印到纸上，这样就完成了一次印刷。

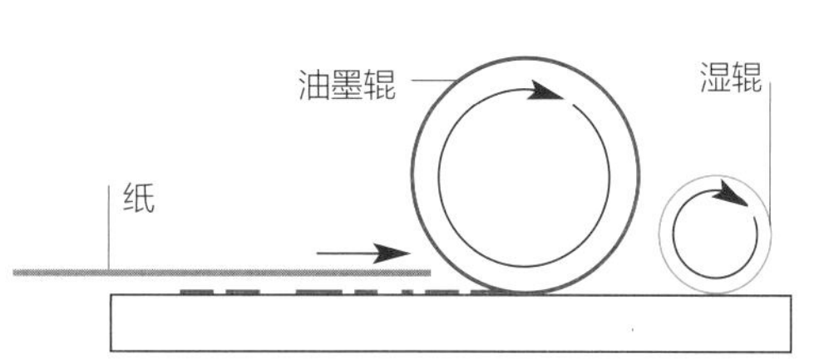

平版印刷：油墨只存在干的印版表面，不会吸附在湿辊弄湿的区域。沾有油墨的部分转印到纸张上，从而完成印刷。

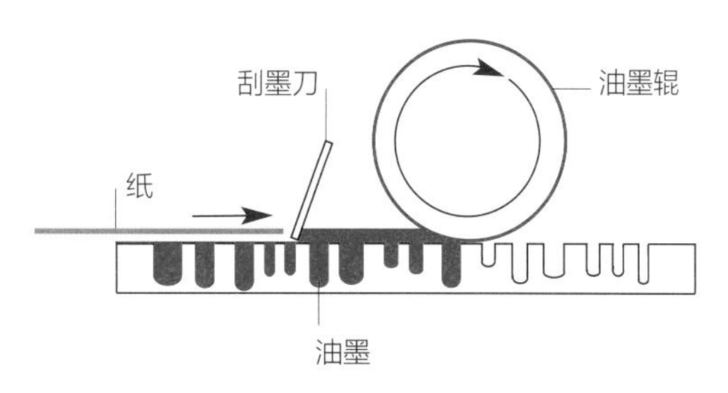

凹版印刷：油墨充满凹洞的印纹后，用刮墨刀除去表面多余的油墨，然后再压上纸张，将油墨从凹洞中吸到纸上。

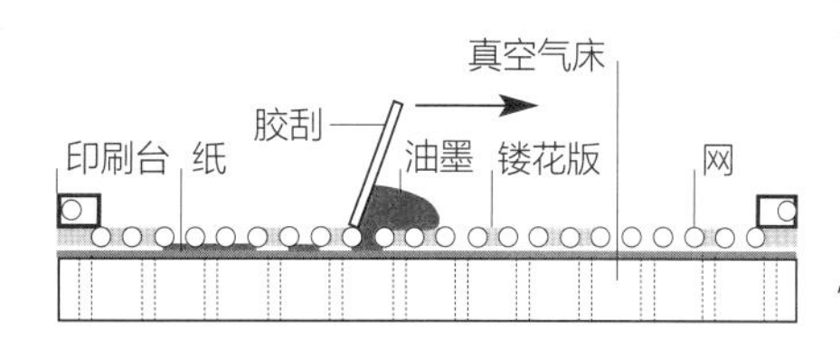

丝网印刷：油墨在压强作用下，从镂空模板的纤维网上滴到纸张上，完成印刷。

层薄薄的清水；油、水互不相容，清水停留在所有没有印纹的表面。把油墨滚到印版上，（油性）油墨会附着在覆油的图纹位置，却无法附着在潮湿的无印纹区域；当油墨转印到纸上，印版上干净、没有油墨的潮湿部位就会在纸面上相应留下空白。

平版印刷：印制照片

19 世纪 30 年代晚期，摄影术被发明了出来；到了 1851 年，感光石版技术已经成熟，可用于复制摄影图像。随着摄影术的发展，全彩影像可以解析成三原色（青、洋红、黄），再加上第四种颜色（黑色）。人们运用这四原色（即 CMYK），就能以全彩复制任何半色调图像。利用分色技术、套版、多辊印刷机的平版印刷，如今在商业印刷领域早已经是一项非常成熟的印刷方式。

20 世纪初发明了间接胶印法，将印墨从印版上先反转，也就是“间接”地印到橡皮辊上，再印到纸面上；比起印版直接压印在纸上，这种印刷方式能够在更短的时间内印出更多色彩，非常适用于复制图像，但若用于印刷文字，这个方法有一定的缺陷。“凸版印刷”（letterpress），从这个词的英文构成就可以看得出来，这一印刷方式就是专门针对印刷文字的，后来经过改进，才被用来印制线条稿与半色调照片。捡字工和排版工就是直

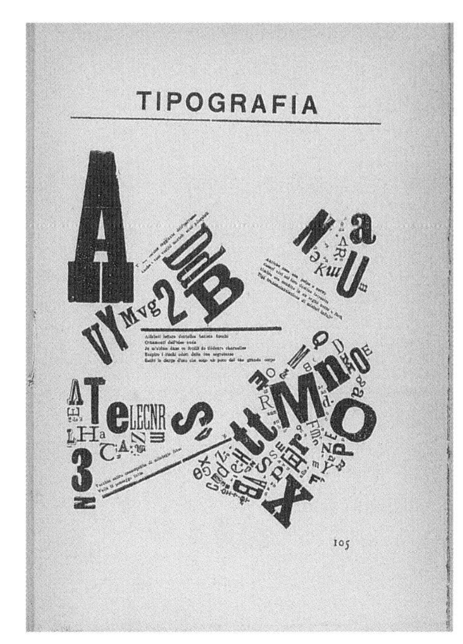

顶图：1910 年活字捡字工坊，捡字工人正忙碌地从面前的活字盘上挑拣铅字块。

上图：一本很特别的活字印刷书籍例子。A. 索菲奇（A. Soffici）以表现主义的风格组织了各个活字，1919 年在佛罗伦萨印刷的。

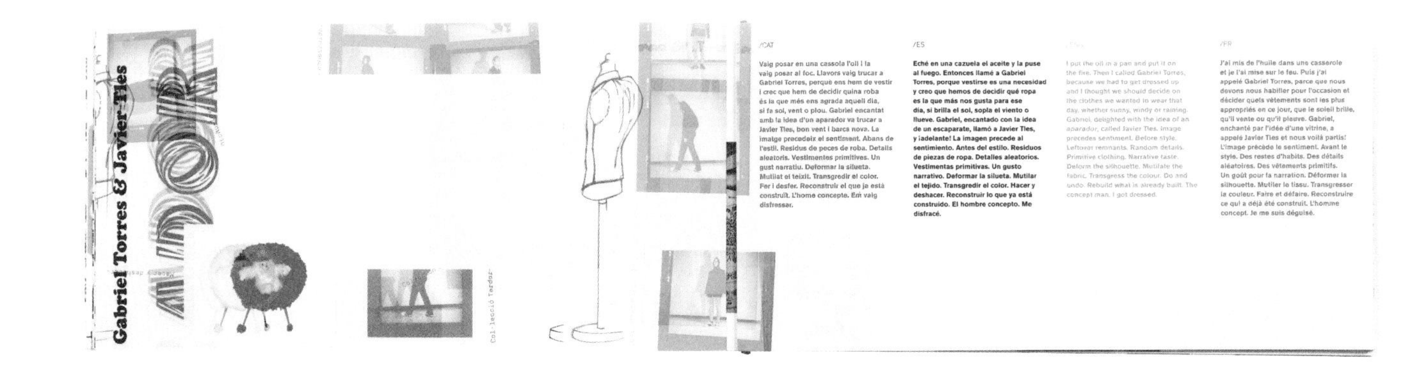

Gabriel Torres & Javier Ties

/CAT

Vaig posar en una cassola l'oli i la vaig posar al foc. Llavors vaig trucar a Gabriel Torres, perquè ens hem de vestir i crec que hem de decidir quina roba és la que més ens agrada aquell dia, si fa sol, vent o plou. Gabriel encantat amb la idea d'un aparador va trucar a Javier Ties, bon vent i barca nova. La imatge precedeix el sentiment. Abans de l'estil. Residus de peces de roba. Details aleatoris. Vestimentes primitives. Un gust narratiu. Deformar la silueta. Mutilat el teixit. Transgredir el color. Fer i desfer. Reconstruir el que ja està construït. L'home concepte. Em vaig disfressar.

/ES

Eché en una cazuela el aceite y la puse al fuego. Entonces llamé a Gabriel Torres, porque vestirse es una necesidad y creo que hemos de decidir qué ropa es la que más nos gusta para ese día, si brilla el sol, sopla el viento o llueve. Gabriel, encantado con la idea de un escaparate, llamó a Javier Ties, y ¡adelante! La imagen precede al sentimiento. Antes del estilo. Residuos de piezas de ropa. Detalles aleatorios. Vestimentas primitivas. Un gusto narrativo. Deformar la silueta. Mutilar el tejido. Transgredir el color. Hacer y deshacer. Reconstruir lo que ya está construido. El hombre concepto. Me disfracé.

I put the oil in a pan and put it on the fire. Then I called Gabriel Torres, because we had to get dressed up and I thought we should decide on the clothes we wanted to wear that day, whether sunny, windy or raining. Gabriel, delighted with the idea of an *aparador*, called Javier Ties. Image precedes sentiment. Before style. Leftover remnants. Random details. Primitive clothing. Narrative taste. Deform the silhouette. Mutilate the fabric. Transgress the colour. Do and undo. Rebuild what is already built. The concept man. I got dressed.

/FR

J'ai mis de l'huile dans une casserole et je l'ai mise sur le feu. Puis j'ai appelé Gabriel Torres, parce que nous devons nous habiller pour l'occasion et décider quels vêtements sont les plus appropriés en ce jour, que le soleil brille, qu'il vente ou qu'il pleuve. Gabriel, enchanté par l'idée d'une vitrine, a appelé Javier Ties et nous voilà partis! L'image précède le sentiment. Avant le style. Des restes d'habits. Des détails aléatoires. Des vêtements primitifs. Un goût pour la narration. Déformer la silhouette. Mutiler le tissu. Transgresser la couleur. Faire et défaire. Reconstruire ce qui a déjà été construit. L'homme concept. Je me suis déguisé.

上图：西班牙的一家博物馆以平版印刷的方式印制的导览目录，充分展现了平版印刷的特点：以 CMYK 四色叠印半色调相片。图录内的文字说明分别是四种不同的语种；分别以洋红色印制加泰隆尼亚文和法文，以黑色印制西班牙文，蓝色则为英文。

接执行印刷作业的人。而平版主要是用来印制绘画作品和摄影图像。到了 19 世纪，石版印刷术已经全面应用于印制手写体文字和版刻图，但是直到 20 世纪 60 年代，以文字为内容主体的书籍才开始采用间接平版印刷，因为在此之前照排技术还不成熟。

平版印刷：图、文分别印制

从 20 世纪初到 20 世纪 60 年代，出版业在排版和照相平版两项技术上有了很大进步。但是，由于文字和图片的印刷方式不同，设计师不得不把文和图视为两种截然不同的元素。凸版印刷是印制文字最主要的技术，印制图片则几乎一律采用平版和照相凹版。由于文字和图像的印书方式不同，整个书籍印制必须分成几个阶段作业。设计师安排书中的文字和图像时，只能受限于当时的印制条件，这当然会从各个方面影响一本书的编排。

平版印刷：照相排版和图文合一

1894 年，E. 波尔兹索特（E.Porzsolt）和威廉·弗雷斯–格里尼（William Freise–Greene）运用电流脉冲把图像晒印到随之转动的感光纸筒上，获得了照相排版的专利。但直到 1946 年，美国政府印刷办公室开始用 Intertype Fotosetter 照排机，这项原本针对商用研发的技术才逐渐普及。活字凸版是把文字压印出来，照排技术则是把文字当作图形来处理。既然以平版印制摄影图像的技术已经非常成熟了，将文字当作图形来处理的构想自然很容易得以实现，活字凸版印刷的书籍大幅减少。对于设计师而言，这是一个重大的变化：文字和图像使用相同的印制技术，设计时可以将它们当作一个整体，同时兼顾。在平版、四色印刷的页面上，人们可以充分整合文字和图像。时至今日，用电脑软件排版，设计师在整合图文、调控色彩时都更加容易。平版印刷成为印制书籍的主流形式。

平版印刷：制版

所谓制版，就是将整本书设计完成的页面从电子文档转换成印版表面的印纹。印版的材料是一片涂上了一层重氮化合物或者感光乳胶的铝或锌薄片。印版可以弯曲包覆在印刷机的转辊上。印版的表面摸起来有点儿粗糙，这是为了让清水能附着在印版表面。在我写这本书的时候，制版技术仍在不断变化。部分印刷者仍然利用感光底片原理制作平版；有些印厂则运用电脑让页面上的图形直接转换成印版，这就是所谓的 CTP（computer to plate）。CTP 制版的原理是利用直接制版机上的激光装置，将完稿的电子档直接在印版上成像；这种制版方式类似使用激光打印机打印电脑中的文档，在制版机上作出印版的过程和打印机将内容打印在纸上差不多。

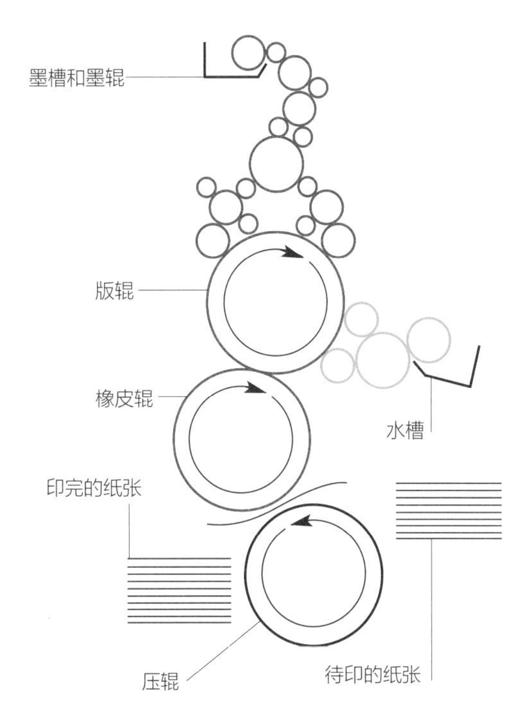

上图：平张印刷机的运作图解：最上方的墨辊（以红色表示）以一组滚筒将油墨传到版辊上。水槽液中的清水由另外一组滚筒（以蓝色表示）传到版辊上，趁上墨前润湿印版。印墨只附着在印版上有图纹的部位，而不会附着在保持湿润的其他空白区域。然后，上了墨的图像先印在橡皮辊上，再转印到纸上。压辊施加压力，让纸张和橡皮辊紧密接触，确保图像完整转印。CMYK 四色印刷的程序相同，纸张连续传送，穿过四组橡皮辊和压辊，按照套准位置印上半色调图片和实色文字。

上机

所有的平版印刷机都是由很多圆柱形的滚筒组成。好几个墨辊形成一组所谓的“墨路”（包含墨槽和墨辊），把印刷油墨从墨槽运到墨辊，再将油墨转移到印版上，让油墨附着在整个版上，再转印到另一个包覆了橡皮的“橡皮辊”上。这时，橡皮辊上的图案是反向的，纸张从橡皮辊和压辊之间穿过；压辊上并没有附着油墨，而是以相当的压力碾压，让橡皮辊上的油墨转印到纸张上。

进纸

平张印刷机是利用真空吸嘴将纸张送进印刷机，然后用转轮、传送履带或者气床连续运送。操作者可用调节阀控制进纸速度纸张对准印刷机的叼纸牙边缘 15mm 的地方，以便抓取。进纸速度必须配合滚筒的上墨速度。因此，可以供印刷机运转、印刷的印版尺幅和纸张尺幅是由印刷机转辊的圆周大小决定，纸张的宽度则由转辊的长度决定：转辊越粗、圆周越大，可以装的印版就越长；转辊越长，则印版越宽。

润版

进行平版印刷，上墨之前必须先润湿印版，让油墨不能粘在印版上的无印纹部位。这道工序就叫作“润版”。润版就是在转动的印辊表面敷上薄薄的一层清水。清水由好几个相互串联、连接水槽（储放水和酒精的装置）的橡皮滚筒刷到印版上。必须谨慎考虑给水量，既要充分润湿印版，有效组织油墨粘上没有印纹的部位，又不能让印版表面过分潮湿，导致纸张因为受潮而膨胀变形。在水槽内加入酒精，是为了降低清水的表面张力，可以避免纸张吸收太多水分，缩短干燥的时间。

下图： CMYK 四色印刷的步骤分解

青色

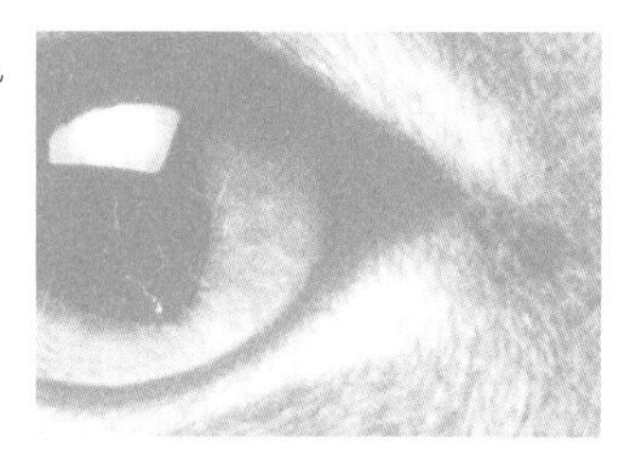

黄色

青色 + 黄色

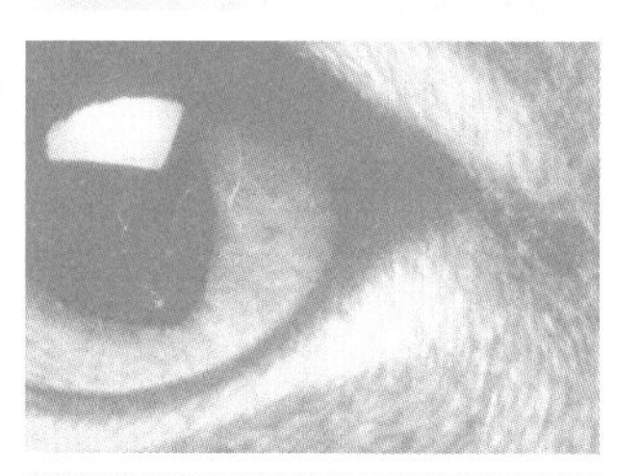

洋红色

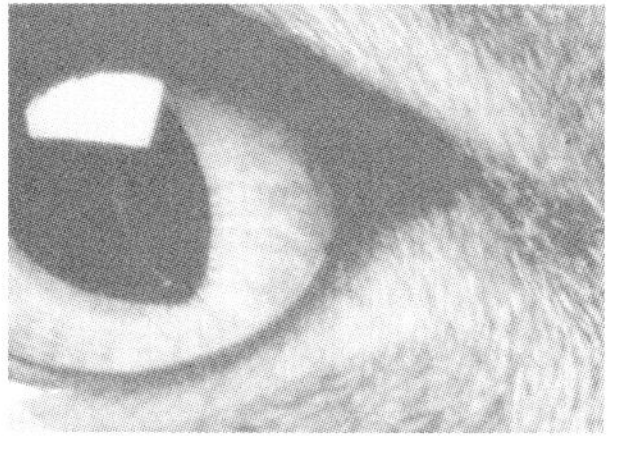

青色 +
黄色 +
洋红色

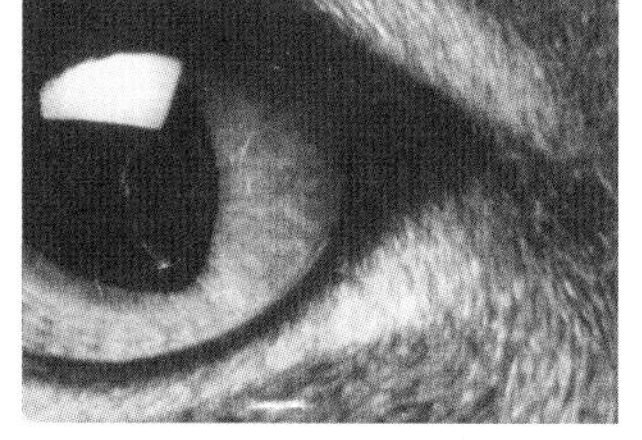

黑色

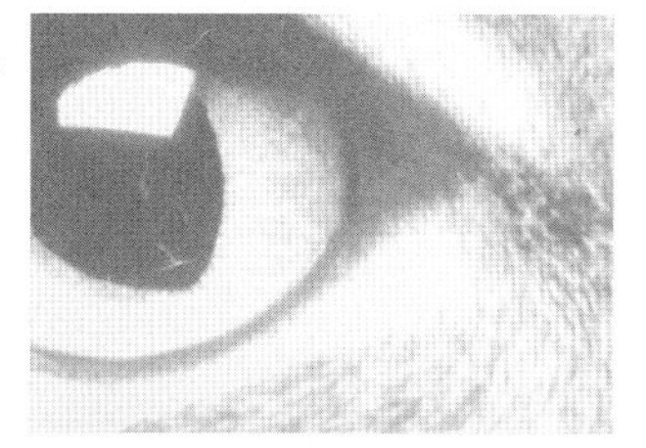

青色 +
黄色 +
洋红色 +
黑色

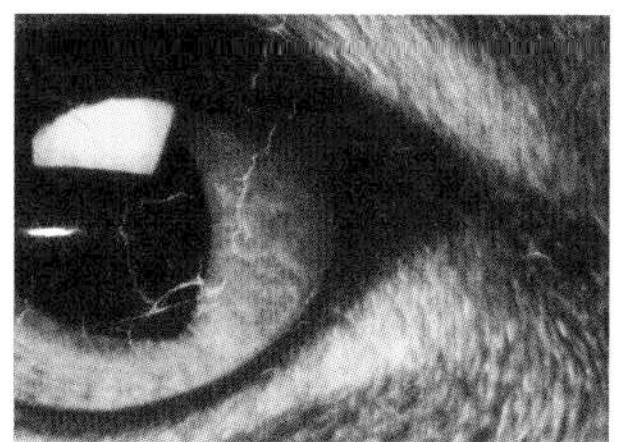

上墨

油墨储存在墨槽中，通常位于版辊上方。用六色印刷机印制四色印刷品会用到五块印版：除了四色油墨各用一块版，再加上一道上光的程序，上光的料放在另外一个独立的墨槽里。用这种印刷机，每印一版都要经过许多滚筒。虽然注墨速度可以在印刷过程中随时调整，但保持固定的墨膜厚度才能确保印刷品质一致。浓度计（可以通过对比含墨区域和无印纹区域，在纸张表面检测出印墨浓度的掌上电子设备）可以用来测量已经印完的纸张表面的印墨量，仔细检查色彩导表和套准线，以此作为调节墨量的依据。刮刀将墨槽内的印墨抹到墨辊的橡皮表面，然后经过好几个滚筒陆续传送；每经过一个滚筒，滚筒表面上的印墨就会被碾得更平、更均匀，最后再和转动的版辊表面接触。

把图像间接转印到纸面上

薄薄一层印墨附着在版辊的图纹上，再滚印到橡皮辊的表面。着墨的图像从版辊转移到橡皮辊，这道程序叫作“间接转印”（offsetting）。橡皮辊橡皮表面上的着墨图像是镜像的，滚印到纸上就会呈现正像。压辊对纸张施加均匀的压力，这样印纹可以完整、均匀地从橡皮辊转印到纸上。如果是单色印刷，印完的纸张便由咬爪直接送入印完的纸垛；如果进行多色印刷，每印完一色，纸张立即被传送到第二组橡皮辊，精确地套印上另外一种颜色。当所有的颜色按照顺序印完，纸张才会被送入印完的纸垛。

印张干燥

纸张印完之后，必须小心保护，避免印好的页面受到污染，被蹭脏（就是印张上没有干的印墨沾染上了相叠的另一张纸的背面）。要避免这种情况发生，一些印刷机将纸送入印完的纸垛前，还会有一道热风吹干的程序。有的则是通过喷粉，固定印墨，避免它沾染到其上方叠放的另外一张纸上。构造比较简易的平版机可能不具备这种装置，那么印厂可以在纸张和纸张之间逐一夹放一张廉价的白纸，用这张白纸吸收还没有完全干透的油墨，让每份印张背面保持干净。夹入白纸的同时，还可以将参差不齐的纸垛整理整齐。杂志、采用骑马钉的书籍往往使用轮转机印刷，印完的纸并不是堆成纸垛，而是直接进行裁切、折页。

平版印刷机的种类

平版印刷机主要分为两大类：平张式（每次传送单张平板纸）和轮转式（以卷筒方式连续进纸）。两种印刷机的速度现在都已经达到了极限。大型平张印刷机每小时可以印刷 12000 张全开的平板纸——相当于印一张纸只需要 0.3 秒。但这个速度和轮转机比就差远了，轮转机一小时可以印出 50000 张全开纸，印一张只需要 0.072 秒。平版印刷机的转速会影响印刷成品的品质。印刷书籍因为对品质要求较高，运转速度当然远远低于每小时印 10 万份的报纸、廉价小册子或包装材料。

标准的平版印刷机有单色印刷机、双色印刷机、四色印刷机和六色印刷机，现在甚至还有了单次作业便可印制更多色彩的专业机型。单色和双色印刷机也可以用来进行四色印刷，不过纸张必须分成好几次上机。

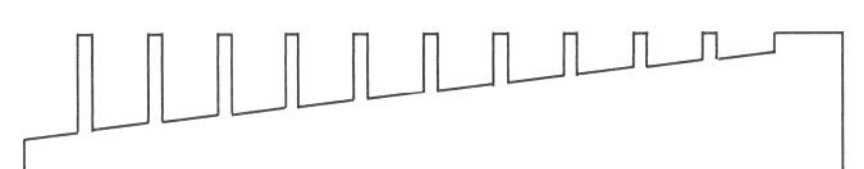

凹版上微小孔隙的横切图，各个孔隙所占的面积相同但深度不同。孔隙越深，蓄墨量越多，印出来的颜色就会显得比较深。

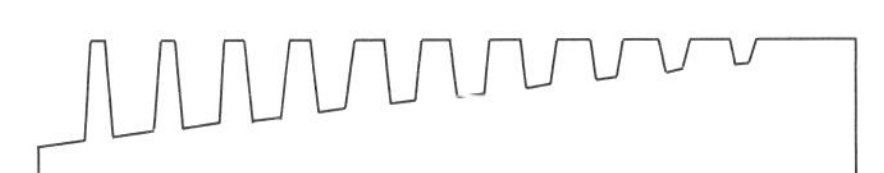

大小和深度都不一样的圆形孔隙。

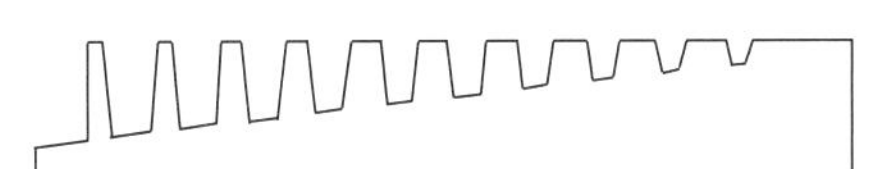

复合式凹槽形状，大小不同、深浅不一，可以营造非常细致的阶调层次感。

凹版印刷：照相凹版的源头

凹版印刷（intaglio print）的技术包括：蚀刻（etching）、雕刻（engraving）和照相凹版（gravure），都是利用凹陷于印版表面的窄细沟纹内的蓄墨进行压印。照相凹版也被称作“轮转凹版（rotogravure）”，其印版和间接平版一样，包覆在版辊上。

制作凹版

凹版印刷的原稿和平版印刷一样，现在都是数字稿，其制稿方式也和其他任何一种印刷完全相同。CMYK 四色印刷需要各备一块印版。电脑操控的钻石刻头雕刀将各分色版转刻在铜板上。现在发展出更先进的激光雕版技术，可以运用数字技术分色后直接进行雕刻。制作凹版的费用比平版贵得多，除非印量很高，否则很不经济。因为成本太高，凹版印刷越来越少了。为了填补两种印版的巨大成本差异，目前已经开放出了一种替代材料：不锈钢制作的感光树脂凹版（photopolymer gravure plate），制版费用和平版差不多。

印制

凹版印刷的原理是将蓄积在印版表面下的印墨吸到纸上印成图像。半色调图片必须拆解成许多点状小凹洞。印版上越大或者越深的凹洞，蓄积的油墨越多。大而深的点形成的油墨覆盖效果非常好，肉眼几乎看不出来其中的网点，而细小的小点则可以营造出柔和细致的阶调变化——设计师非常珍视这个特点。

在凹版印刷的整个过程中，油墨的色调和浓度始终保持稳定，因此它不但适用于极高品质的印刷品印刷，比如艺术摄影集、钞票、邮票、各种

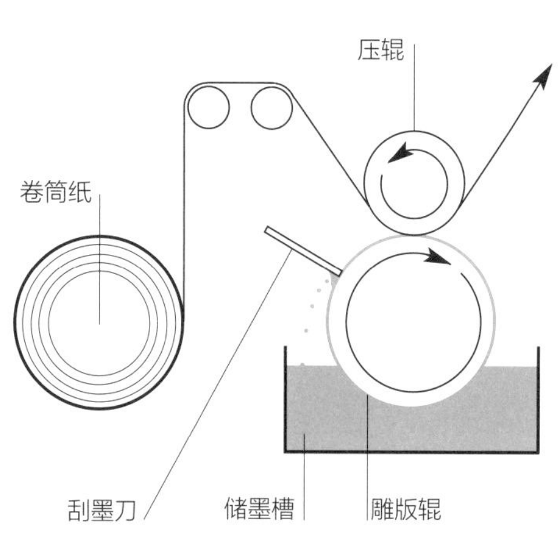

上图：凹版印刷通常使用轮转式印刷机。从卷筒拉出来的纸穿过雕版辊。转动的雕版辊划过储墨槽，再用刮墨刀刮除留在印版表面的油墨。压辊将纸碾压在雕版辊上，完成印制。

对页图：大约出版于1900年的《飞利浦地图集》（*Philips Atlas*），书中的一幅以凹版印制、标题为“天体”（The Heavens）的跨页插图。早期地图集的内页都是由单面印刷的单张地图组成的，而现在的地图集一般都是折帖装订。因此，这本地图集内的色彩很不一致，而且每幅地图的背面都是空白页。图片的颜色非常淡雅，很均匀，看上去很漂亮。

票券，以及有防伪功能要求的印刷品，还可以用在流行杂志、包装纸、壁纸等价格低廉需要大量印制的印刷品上。到现在，除了印刷艺术画册或者摄影集，一般出版商已经很少使用凹版印刷书籍了。但是，因为凹版印刷可以在纸上呈现非常柔和细致、有别于平版印刷的墨色效果，很多设计师又在重现发掘凹版印刷的趣味。

孔版印刷（丝网印刷）：网版印刷

让油墨穿过某种镂空的版印出图像的技术都叫作孔版印刷（stencil printing）。网版印刷使用的是纤维网屏，早期多是绢网，遮盖住上面的一些区域，不让油墨通过；进行印刷的时候，油墨穿过其他未加遮蔽的网屏，印在纸面上。网版上的图像为正像，和印成图像的方向一致。

网版印刷的起源

孔版印刷是一项非常古老的技术。早在1500年前，罗马人、中国人和日本人就已经利用孔版原理制作墙砖、天花板和衣物上的纹样了。日本人甚至利用人的头发，综合交错地贴在镂空版的框形内，后来丝线逐渐取代了人的头发，因为丝线比头发更细致、更强韧。当时的孔版印刷操作方法是这样的：用油墨轻轻在这片铺设了绢丝网线镂空型版拍打，拓出纹样。这种孔版印刷的方法一直沿用到19世纪初，有人发现型版可以和纤维网版合并成一块版，这样更加耐用。绢网加镂空版从此取代了旧式的铺网型版。

到了1907年，用刮墨刀刮压，让油墨穿过绢网的技术才首次获得专利。网版印刷可以让实色、透明色和不透明色相互重叠。和其他印刷方法相比，网版印刷在纸上铺印的油墨量比其他任何印刷方式都多，所以成品可以达到更鲜艳醒目的效果。孔版印刷也可以进行分色，制成半色调照相网屏。

准备网屏

现在的网屏都是用人工合成的丝线制成。人工丝线网屏可以做成各种不同的宽度、网格等级、每英寸要编制多少条丝线（叫作“网数”）。如果网线很细，网数极高（每英寸内包含许多条丝线），就能确保最后的印刷成品重现半色调图样的细节和柔和效果。网线通常分成四个等级：从最细的S，到M、T，到最粗的HD。型版可以在纸上徒手切割，或者使用割图机在红胶片上进行，红胶片（rubylith）是一种制造摄影正片的原料。相片型版就像底片一样，可以通过翻拍或者PMT（photomechanical transfer，照相移印）等技术放大。要把图像转印到网屏上，可以借助感光底片，也可以在网屏上涂上感光乳剂。如果是用前者，就是将照相的底片覆盖在感

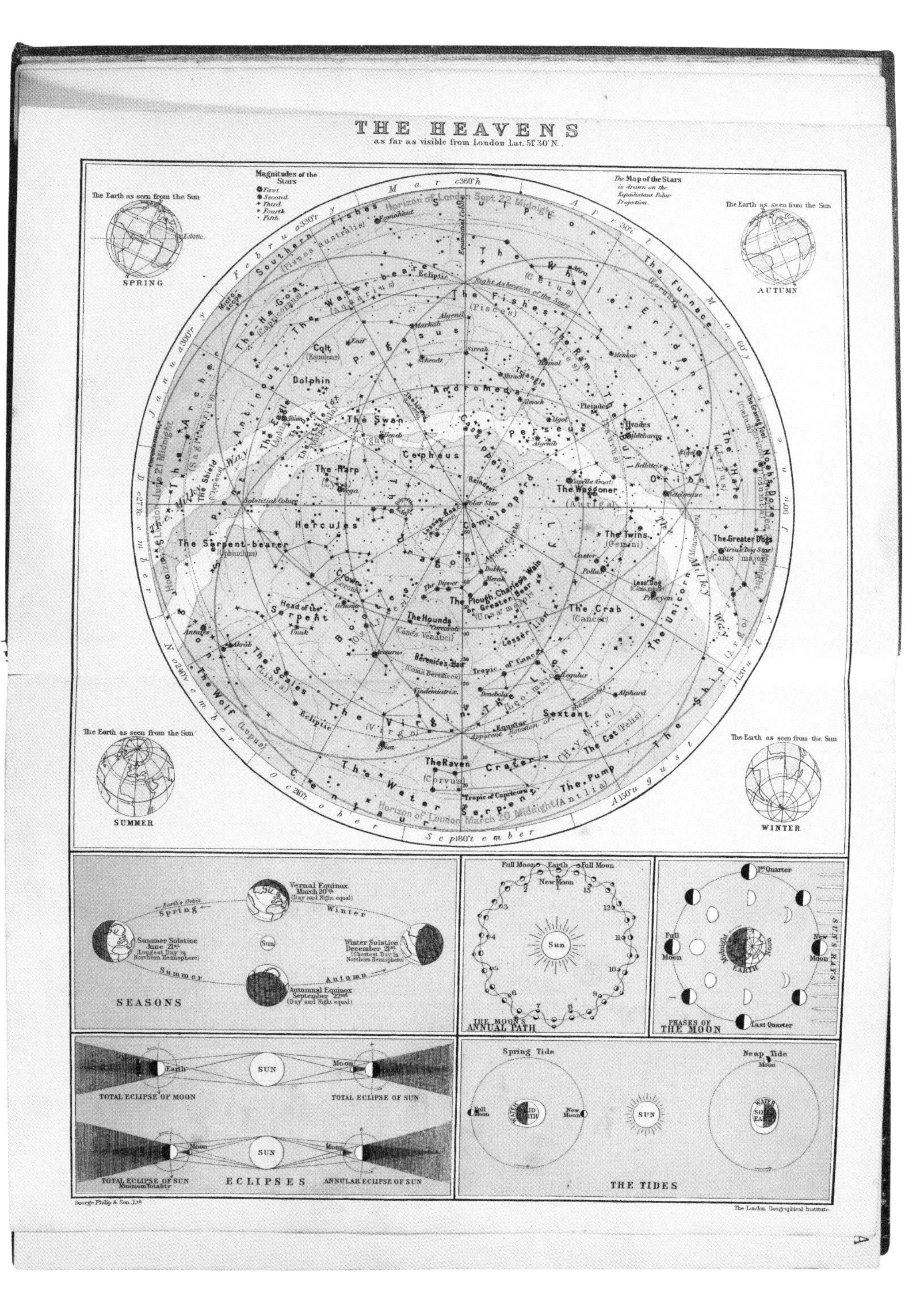
THE HEAVENS
as far as visible from London Lat. 51° 30′ N.
Magnitudes of the Stars
First
Second
Third
Fourth
Fifth
The Map of the Stars is drawn on the Equidistant Polar Projection.
The Earth as seen from the Sun
SPRING
The Earth as seen from the Sun
AUTUMN
The Earth as seen from the Sun
SUMMER
The Earth as seen from the Sun
WINTER
Horizon of London Sept. 22 Midnight
Horizon of London March 20 Midnight
Horizon of London June 21 Midnight
The Milky Way
Ecliptic
Equinoctial Colure
Solstitial Colure
Polar Star
The Plough, Charles's Wain or Greater Bear (Ursa major)
Cassiopeia
Cepheus
The Swan (Cygnus)
The Harp (Lyra)
Vega
Hercules
The Serpent-bearer (Ophiuchus)
Head of the Serpent
The Crown (Corona)
The Hounds (Canes Venatici)
Berenice's Hair (Coma Berenices)
Arcturus
The Virgin (Virgo)
The Scales (Libra)
The Wolf (Lupus)
The Raven (Corvus)
Crater
The Water Serpent
The Pump (Antlia)
Sextant
The Lion (Leo)
Regulus
Alphard
Tropic of Cancer
Tropic of Capricorn
The Crab (Cancer)
The Twins (Gemini)
Castor
Pollux
Less Dog (Canis minor)
Procyon
The Greater Dog (Canis major)
Sirius (Dog Star)
The Unicorn
The Ship (Argo)
Orion
Betelgeuse
Rigel
The Hare (Lepus)
Noah's Dove (Columba)
The Waggoner (Auriga)
Capella (Goat)
Perseus
Algol
Pleiades
Hyades
Aldebaran
The Bull (Taurus)
The Ram (Aries)
Triangle
Hamal
Menkar
Mira
The Whale (Cetus)
The Furnace
Eridanus
The Fishes (Pisces)
Andromeda
Alpheratz
Algenib
Markab
Scheat
Pegasus
Colt (Equuleus)
Dolphin
Altair
Eagle (Aquila)
Antinous
The Shield
The Archer (Sagittarius)
The He Goat (Capricornus)
The Water-bearer (Aquarius)
Southern Fishes (Piscis australis)
Fomalhaut
Sculptor
Microscope
Antares
Spica
The Dragon
Camelopard
Lynx
Reindeer
Arctic Circle
Dubhe
Merak
Cor Caroli
Gemma
Vindemiatrix
Denebola
Centaur
The Cup
Right Ascension of the Stars
March
April
May
June
July
August
September
October
November
December
January
February
SEASONS
Vernal Equinox March 20th (Day and Night equal)
Summer Solstice June 21st (Longest Day in Northern Hemisphere)
Winter Solstice December 21st (Shortest Day in Northern Hemisphere)
Autumnal Equinox September 22nd (Day and Night equal)
Earth's Orbit
Spring
Winter
Summer
Autumn
Sun
Full Moon
Earth
New Moon
THE MOON'S ANNUAL PATH
1st Quarter
Last Quarter
Midnight
Noon
EARTH
SUN'S RAYS
PHASES OF THE MOON
Moon
Earth
SUN
TOTAL ECLIPSE OF MOON
TOTAL ECLIPSE OF SUN
TOTAL ECLIPSE OF SUN Minimum Totality
ECLIPSES
ANNULAR ECLIPSE OF SUN
Spring Tide
Neap Tide
Full Moon
New Moon
THE TIDES
George Philip & Son, Ltd.
The London Geographical Institute

上图：这本由 Artomatic 印制的《让艺术有用》（*Make Art Work*）是为了推广不常用材料。这幅跨页是在灰色纸板上以网版印刷的方式，印上了蓝色、黑色和白色三种颜色。全彩的图片和图注是事前以平版印刷在胶背纸上（背面带有胶层），再将像邮票一样的图片贴在纸板上。

光底片上，用真空吸引装置令两者紧密贴合在一起，然后暴露在紫外光之下。底片经过显影、变硬，再铺设在网屏的底部。随后再用热风吹干，剥除局部的塑料表面，网屏上只留下了感光后显现的图形。感光乳剂的曝光步骤与此类似，但是是用紫外光直接照射网屏，显影之后，即可冲洗掉没有曝光的部分。等清理好网屏，静置干燥之后，它就可以用来印刷了。

网版印刷

一个简单的网版印床（screen bed）的基本构造如下。一张表面涂有三聚氰胺的木制平台，上面有许多小孔，这样真空吸引装置可以吸住纸张。木台上方以铰链连接了一副用来放网版的版框。版框必须均衡、稳固，印刷操作者放纸时，版框始终保持在正上方。有的印床的大版框外还会配一个橡皮刮刀。

将网版固定在版框内，向下罩住印床；标出落纸点（因为纸张在印床上的位置必须配合网版）之后，再将版框向上移开。按照之前标出的位置将纸张放入定位，启动真空吸引装置吸住纸张，然后放下版框。印刷者将油墨倒入网版底部的储墨池，然后将橡皮辊放在墨池后面，略微上下抖动移动橡皮辊，让它带着油墨刮过网版上的图纹区域，同时用力挤压油墨，让油墨穿过网版上的小孔。移出印好的纸张，放置在干燥架上。

装订

本章将介绍手工装订一本书的基本步骤，尽管这道工序现在都已经由机器完成，但基本还是保持着相同的制作流程。下面，我们具体介绍一下印后加工、封面材料和装订技术。

传统手工装订

书籍装订技术发明于公元1世纪。自公元400年以来，这道工序至今大体上没有太大变化。之前，西欧各国的书籍装订工作都是由僧侣完成，僧侣们先制作羊皮纸（后来发展为纸张），将经文誊抄成手写本。书写、绘饰的过程非常漫长，因此当时的书籍不但十分罕见，也非常昂贵。当时的书籍装帧非常牢固，上面布满了各种装饰。书籍本身，包括其内容，都被视为一个工艺品，受到教会和贵族的高度重视。

随着西方印刷技术的发展，装订工艺逐步普及到民间，成为附属于印刷作坊的商业行当之一。活字印刷大大提高了书籍的生产速度，也对装订的本质带来了深刻的影响。过去那种僧侣们装饰繁复皮面的装订形式逐渐被更轻巧、简朴的装订形式取代，生产成本也随之大幅度降低。虽然书籍装订仍保持手工操作，但到了大约1750年，英国、法国、荷兰、德国和意大利等地的装订工匠开始在逐步改进书籍的结构。从那个时候起，以凸起的装订绳缝制书帖的传统做法逐渐被新的做法取代，新做法是将固定书脊的线塞进书帖的缺口内，缝制成平缓的书脊。

整个18世纪，随着铸字和印刷技术不断进步，书籍的利润空间也随之增大。大众文化水平的提高也促进了书籍生产的效率。书籍装订是一个历史悠久的行当，而且始终是属于劳动密集型的手工艺。

机器装订

直到19世纪，机器才被引入了装订流程。人们使用机器将完成印刷的大纸折叠成书帖，大型压书机能够在一大片面积上施加很大的压力，传统的木制压书工具从此被淘汰。由于机械压书机一次可以叠压数以百计的书籍，不再像之前那样一册一册地逐一压平，装订工匠的工作效率得以大大提高。但是，一直到20世纪初，书籍装订仍然全靠手工缝制。使用黏胶、机器缝制的20世纪机器装订才让书籍从手工艺品变成了工业产物。但是作为一种工艺传统，手工装订现在仍保留在一些限量版、少量印刷和艺术品中。如今的一台装订机可以连续完成折叠印张、配帖、上胶、贴封皮、裁边等工序。近年来，一些设计师和出版商对传统的手工装订又重新产生了兴趣，甚至特意模拟手工装订的效果。

图解装订步骤

1 折叠印张

印好的大纸必须按照正确的页码顺序折叠，形成一份一份的书帖。手工折叠印张时，人们经常使用简易的兽骨折刀；同样的操作，用机器速度会快很多。折叠的位置必须准确，因为折叠位置一旦出现偏差，将无法在后面的工序中补救。这道工序通常被称为“跟着印纹折叠”，因为折叠时折线的位置为印纹的位置，而不是纸张的边缘。整份书帖的页面留白必须保持一致。万一折线的位置有误，就会造成内页留白或大或小，不整齐，装订后的成书就会出现各页面的印纹位置不统一的情况。

添加插页

大部分书籍都是由好几份相同开本尺寸的书帖组合而成；有时会额外添加内页，可能是一份篇幅较短的书帖，比如一份四页的书帖，或者是几张单页。添加单页最简单的方式是“贴入”——沿着单页的边缘刷上胶，贴在书中正确的位置。这种做法会轻微地破坏装订，如果纸张的纹路为横向，再加上胶水的含水量比较高，就会造成内页起皱（插页处会鼓起）。另外一种方法叫作“护贴”（guarding），成本要高一些，就是沿着单页的边缘贴上一片12mm 或 15mm 宽的瘦长纸条，垂直折叠，再贴到正确的页面上去。单页现在也可以与书页无缝连接。

2 配帖

折好的书帖必须按照正确的次序来放置，这道工序叫作“配帖”，将书帖按照顺序叠放在桌上，再将各书帖组装成书芯。这道工序现在通常也是由机器完成。书帖按照顺序排好之后，要检查一下，叫作“核页”，万一过程中遗漏了某份书帖，出现排序错误，或者上下颠倒，那么这本书报废了。现在会利用帖标（collation marks）防止出现脱帖、错帖，帖标是印在每份书帖折叠脊线上的一小块墨块。帖标按照各书帖的排列顺序从上而下排列。设置帖标可以简化核页工作，只要看书脊上的帖标是否呈规则的阶梯状，就能判断书帖的排列是否正确，或者有没有缺帖。

3 锁线

锁线的过程就是将各个书帖通过缝线拼合在一起，组成整本书的内页。每份书帖的纸页都是用垂直的缝线加以固定，再用针线与一组横跨书脊的带子垂直相逢，将书帖拼合成一体。书帖经过水平和垂直的缝缀之后，所有的纸页只能朝一个固定方向翻开。

切出书脊上的缺口

进行缝制之前，必须在书脊上切出一些缺口，让缝合书帖的线可以放进去。压实后的书，前后垫上厚纸板，固定在木制的夹压器具内，标定缺口位置。再用榫锯在标定的位置切出很浅的小缺口，小缺口的深度小于 1mm。

压实

手工装订的书籍在缝合各书帖之前，必须先压实。机器装订则是先缝再压实。压实的目的是为了让整本书结构紧密。经过这道工序之后，一本书的各书帖之间就能保持稳定的连接，纸页也可以始终保持在一致的位置。书帖一旦经过压实就不能再变换位置，所以在压实之前必须“靠拢”（逐一正确地叠放）各个书帖。

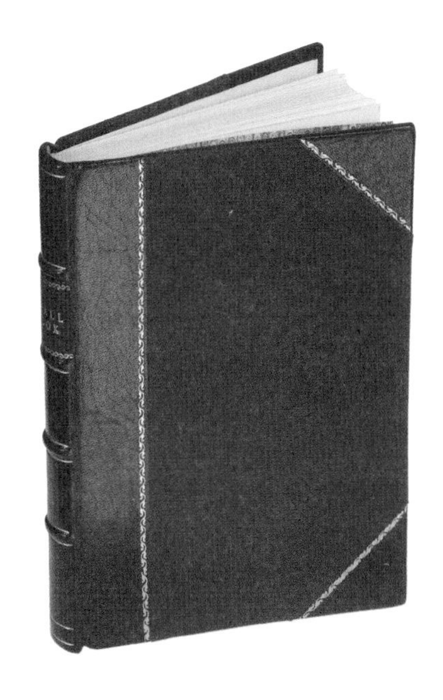

4 裁边

裁边是将整本书裁切成统一的开本大小：让裁刀垂直落下，裁切固定在压印台（平的金属台板）上的纸边。先裁前书口，然后再裁出下书口和上书口。如果不裁边，而是保持其折帖的形态，购买者必须用裁纸刀自己逐一裁开各书帖才能阅读，这种书叫毛边书。现在一些设计师故意采用这种做法，是为了表现让读者参与的一种概念以及书页参差不齐的视觉美感。

扒圆和起脊

精装书需要扒圆（rounding）和起脊（backing）才能翻得开、摊得平。传统上，大开本的书，比如地图集、教堂诵经台上的《圣经》、乐谱等，都需要摊平。另外，小巧一些的书也应该具备这种功能，但现在许多机器装的书都装订成方脊，只能拿在手上阅读。扒圆就是使平齐的书脊变为有一定弧度的圆背。如果采用手工装订，会用圆头槌在书脊上敲出隆起的弧面；随着书脊逐渐往外凸出，前切口也随之出现朝内弯曲的弧面。起脊，是指精装书在上书壳前，把书芯用夹板加紧压实，在书芯正反两面接近书脊与环衬连线的边缘处压出一条凸痕，使书脊略向外鼓起的工序。现在扒圆和起脊可以由同一台机器来完成，可以先用蒸汽将书脊蒸软，提高其可塑性。

5 上胶

以手工装订的书籍会在裁边之前先上胶，机器装订的话，则是先裁边再上胶。要使整本书更加坚固结实，黏胶必须附着在书脊上并渗入各书帖之间，但也不能让多余的黏胶裸露在外。

裁切纸板

各种不同厚度和克重的纸板都可以用来当封面的硬板。这块纸板过去常用黄纸板，现在已经被灰板取代。灰板必须表面平滑，但要具备孔隙，能与封皮材料牢固地粘贴在一起。在灰板上刷的胶水含水量不能过高，以免纸板受潮变形。如果使用机器处理，比较厚的纸板需要动用特殊的垂降式裁刀或者平移式卡纸滑切刀等设备才能切割。

切口刷色

在装纸板之前，可以先在切口上进行刷色处理（参见 222 页）。

裱褙

手工或者用机器将内衬贴在封皮的反面，贴堵头布和堵尾布的步骤也可以用机器来处理。

贴环衬

环衬贴在封皮硬板的内面，形成书本的内部开合折缝。环衬纸可以是一页白页，也可以印刷图案、插图、照片，或者各种纹样。环衬纸通常会选用比内文厚一点儿的纸张。

6 贴合

封皮材料的面积要大于书的开本，贴在硬板上后才有富余绕过边缘折入封皮内侧。皮面装帧需要额外的手工操作。需要用削刀将皮料的边缘削薄，包覆硬板时才能干净利落地收尾。将皮料贴到硬板上之后，先将上下两边多出来的皮料折入，用绳子捆住固定。如果该书有书脊棱带，可以用特殊的镊子或者工具标定位置，在书脊上压出棱带形状。然后把书放进压台，静候其干燥，再解开、移出固定包边的绳子。这道步骤如果是用机器来完成，就叫作“上封皮”。有的装订机一小时能装两千本书。

前切口设计

传统上，手工装订的书籍往往会在书页的边缘刷上颜色或者弄上大理石花纹，一些宗教类的书籍还会在切口上刷金。目前，大部分用机器装订的书籍，切口上都没有另外作装饰。尽管会增加成本，许多设计师现在对产品中的这个元素重新产生了兴趣。切口经过打磨、刷金，显得很光滑，除了有装饰效果之外，还可以阻隔灰尘、光线和手指上油脂，防止内页褪色。

给切口上色时，可以先刷一层明矾水，再刷上苯胺水性染料。选择颜色应考虑和封皮的颜色搭配。

给书边弄上大理石花纹是将颜料转印到切口上。每本书的切口图纹都不一样。

如果书中的每一页都有出血图片，也会影响其页面边缘的色彩。如果所有出血图的底色一致，而且书页用纸比较松软的话，切口的颜色就会呈现和出血图颜色相同的效果。如果书页用纸吸墨性较低，切口就会呈现出血图仿佛蒙上了一层白色或者平网的效果。如果出血图片包含各种不同的颜色，切口就会呈现不规则的随机颜色。搞清楚了满版出血图在切口会出现什么样的效果，设计师就可以通过控制出血裁切，营造各种切口装饰。

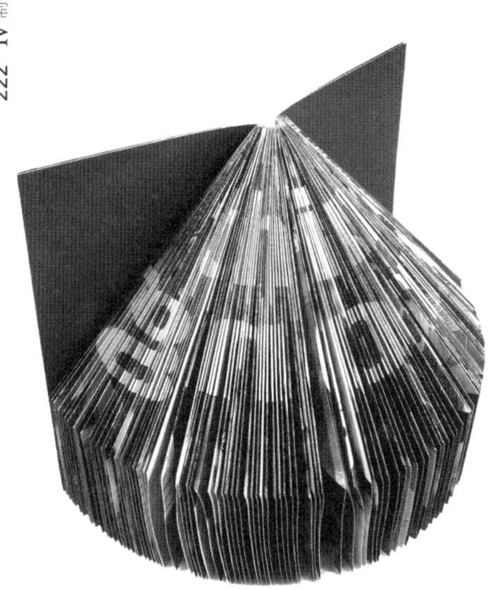

上图：这本《M 计划》（*Project M*）每一页的左上角都折成了 45° 角；当整本书均匀散开，文字就自然出现了。

右下图：施德明（Stefan Sagmeister）的《让你看》（*Made You Look*，2001）在每页的右侧边缘设计了很小面积的出血。只要微微弯曲一下该书，前切口就会出现“made you look”的字样。如果从封底那边看过来，页面左侧的小面积出血则会排成三根骨头的图案。

下图：几个精心设计的前切口装饰例子。

1 整本书的切口上均匀地涂上了黄色。

2 刷了红金的切口。

3 传统的手工大理石花纹装饰，每本书的前切口纹饰都不一样。

4 在前切口滚印了一层无光泽的黑墨，再加上满版出血的黑色页面边缘，形成了非常暗的黑色切口。

5 印在页面上的细长（4mm）色带在切口上形成了七彩的纹路。

6 施德明的《让你看》（参见对页图）的切口结合了刷银和页面边缘印黑两种工艺，当书本合拢时，文字只依稀可见。

7 和前一本书的做法类似，每个相邻的页面边缘印上了全彩的图案。当合上书，切口上就会显现出一幅美国乡村风光。

手工加工

最后的加工是指书籍装订完成后的其他一系列的处理，包括起凸（de–bossing）、压字（lettering）、装饰（decorating）、上光（polishing）等。过去，这些工序都是纯手工完成的。现在市场上销售的图书，这些工序都是由机器完成的。

素压印（blind emboss），也叫浮凸印刷，是指没有油墨的压印（即压凸）。这道工序需要借助一些手工工具来完成。加热过的铜制滚轴可以在封皮表面压出各种粗细的无色细线，称为封面装饰线（fillet line）；也可以用各种各样的烙具烙出颜色较暗的纹路，在封皮上营造出两种色调效果。如果在凹纹内填入金色的材料，就叫作烫金。

手工压字的难度很大，对技巧要求很高，因为一旦哪个字母压错了位置或者稍微出现压纹高低不平均，这本书就报废了。虽然封面上的对齐方式并没有定式，但是传统做法大多采取的是居中对齐。压字的工具一端是用来供手握的木柄，一端是凸起的铜铸反向字母。大多数装订师傅备用的压字工具中的字体、字号，都限于用于书籍活字印刷的字体之内，其级数大多以点数或者迪多点数表示。有的压字工具只配备了大写字母和数字，标点符号也不齐全。如果设计师想让封面的字体和书中的字体搭配，也可以特别制作一枚刻有完整书名的章。

机器加工

到了今天，带有工艺性质的装订师傅娴熟的手工技巧已经被机器操作所取代，新技术增强了书籍装帧工艺，比如激光切割，可以对大印量的书籍进行各种各样的封面加工。机器加工可以处理的工艺包括：起凸、烫金、模切、模印、啤线（打齿孔）、书口拇指索引、激光切割、上光、塑封、贴片。

起凸

起凸，也叫起鼓，是在纸张表面做出具有立体感的浮雕状图案。可以在硬板上以照相腐蚀或者模印的方式形成反向凹陷的图纹，然后再施加压力将硬板压在纸面上，凹陷的图纹就会在纸上留下凸纹。如果想要凸纹特别明显、突出，压制过程还必须加热。采用蚀刻技术比手工雕刻成本更低，但蚀刻只能做出一种或者几种深度，而熟练的雕版师傅能够处理细节非常复杂的文字或者图像，如果采用品质上佳的纸，可以实现非常精美的效果。所谓素压印，就是不要油墨，只靠重压，在纸面上做出凸出的图纹。你也可以在表面做出单色或者多色的印刷凸纹。大多数的厚纸板和纸张都可以起凸，唯一的例外就是圣经纸，因为圣经纸太薄了，禁不起这种重压变形。

上图：建筑师奈杰尔 · 科茨（Nigel Coates）奢华的作品集《狂喜城市》（*Guide to Ecstacity*），由 Why Not 事务所设计，用了很多工艺。封面硬板上的金属蓝和金属褐表面做了压纹处理，文字部分分别用了烫银和烫黑。书上套的腰封像一张登机牌，还有一条深色的丝带书签。整体看上去是一部品质非常高的出版物。

右图：手工雕刻制作的图纹让这只压印的蜜蜂图形纤毫毕现。雕版上的刻纹越深，纸上的凸纹越清晰细致。制作出这张图的雕版细节精密，施加适当的压力在密实而平坦的纸上，便可以保留原图案的品质。手工雕版虽然比较昂贵，但可以制作出精美的图形，可以考虑用在书名页或者每个章节页的开头。

最右图：这个凸起的皇冠图案经过压印和烫金两道工序，营造出了金光闪闪的效果，和前一页《狂喜城市》封面上雾面的箔金形成对比。

烫金

当起凸加上金、银、白金、青铜、黄铜和红铜等金属箔料，凸起的图形表面就会呈现闪亮的光泽。箔料的背面通过加热和施压粘到纸上。

压印

经过压印，文字或图像低于表面，呈凹陷状。压印和压纹一样，也需要预先制作金属模子，如果印量较少（低于 1000 份），可以用镁或者锌来铸造模具；如果印量较大或者用纸厚实，则需要用红铜或者黄铜。盲纹压印不需要用到油墨。如果在压印的盲纹中填入箔料，配合加压和高温，那么就和烫金差不多了。

模切

模切可以将纸张切割成各种形状，或者在纸上打孔。这种技术大量用于外包装制作（折叠之后，平面图就形成了立体的结构）。在图书出版领域，组成立体书的各个纸零件都是通过模切制成的。模切的工具很像制作糕点的切刀，将强化刀片装在聚合版上。如果同时用多组刀片进行模切，两组刀片之间的距离不能小于 3mm。可以把刀片装在印辊或者凸版平床上，再施压在准备切割成某种形状的纸张或硬卡纸上。如果是模切硬卡纸，一次只能处理一张，模切纸张则能够一次处理一叠。

激光切割

激光切割比模切成本高，处理速度比模切慢，但是能制作出非常精密的切割效果。运用激光切割还可以制作出直径和纸张厚度差不多的、极小的孔。其细致程度也可以做出粗粒子半色调网屏图像。激光切割可以用于切割纸张或者纸板，很多有创意的设计师会在书籍的内页和封面上加以运用。激光切割甚至可以处理整本厚达 10mm 的书。随着这一加工技术成本的降低，将来可能也会有越来越多的平价书籍能用到激光切割。

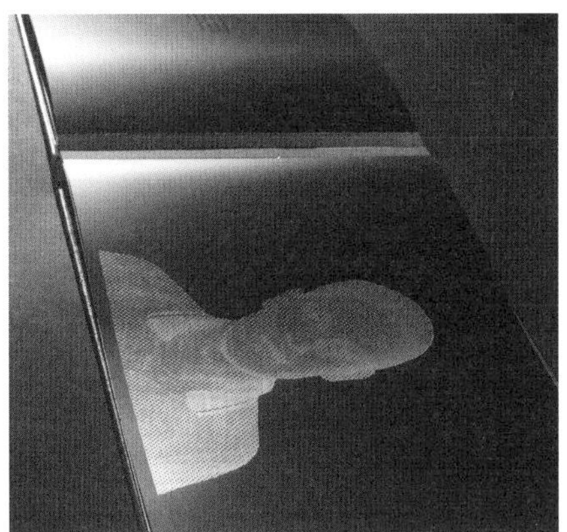

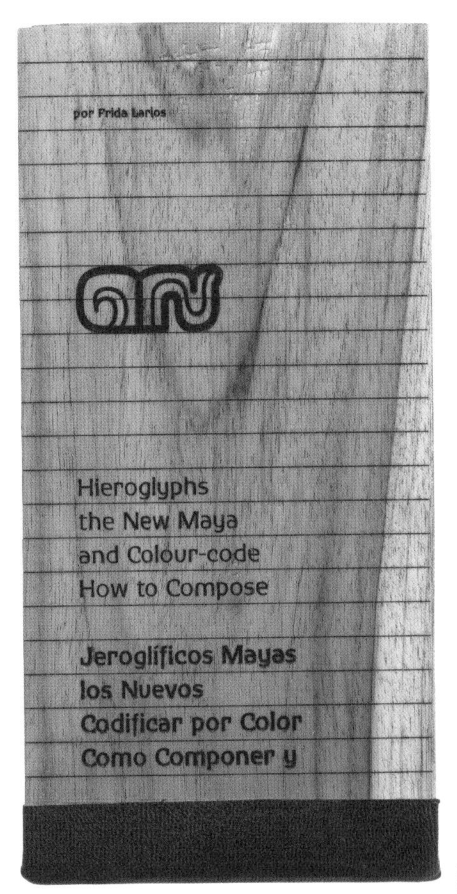

啤线（打齿孔）

所谓啤线（打齿孔）就是在纸张上打出成排的、极小的圆形（或其他形状）的孔洞，让纸可以像邮票一样沿着一排孔眼撕下来。制作方式就是将齿状的细长铁尺装在压辊或者凸版压印机上；当细尺上的齿痕压在纸上，纸上就会出现一排整齐的齿孔。你也可以运用激光切割技术，在一叠纸上同时打出齿孔。

钻孔

钻孔就是同时在许多张纸穿洞眼。活页资料夹里面的纸就是用这种方法处理的。线圈装订的洞眼就是使用多孔打洞器来完成的。木制打孔器用毫米或者英寸为单位，可以用来打穿尺寸不同的洞眼。

书口拇指索引

字典、词典、百科全书等工具书和《圣经》上经常都可以看得到书口拇指索引。书口拇指索引是在书籍的前切口上切出略大于拇指尖的内半凹圆孔；这些孔洞顺着整本书排列，方便读者可以迅速找到特定内容的位置。以《圣经》为例，翻到“旧约”的最后一页，这一页之前的各个凹陷孔洞代表“旧约”的各个篇章，之后的孔洞则代表“新约”的篇章。书口拇指索引的每个凹洞必须确保是在正确的页面，所以必须等装订好所有的折帖之后才能制作书口拇指索引。在书口拇指索引上加贴一枚小小的厚纸（或者皮面）标识，可以让索引更明显。现在还有另外一种书口拇指索引的做法：用模切技术在纸上切割出一小块突出于前切口页面边缘的标识。

上左图：由奥斯卡·博斯特罗姆（Oskar Bostrom）设计，用激光切割技术制作的一系列哲学家肖像。激光按照粗粒子半色调网屏进行雕刻，在纸上打出极小的圆孔。网屏就像冲洗照片时的底片，但和相片不同，激光切割出来的图像上的圆圈越大，看起来越亮。

上中图：汉娜·邓菲（Hannah Dumphy）的《谢菲尔德》（*Sheffield*，2003）一书，是以很薄的不锈钢作为书籍内页的材质，用激光雕刻制作的书中的图像和部分文字。谢菲尔德是英国的钢铁重镇，书中的肖像都是历代的刀具工匠。用绢网在金属板的表面印上一层抗酸材料，浸泡在酸液中腐蚀出凹孔，也可以做出类似的效果。这种技术叫作照相蚀刻，只能用在金属页面上。

上右图：弗里达·拉瑞斯（Frida Larious）的一本书，用激光切割技术在薄木片上加工出文字和标志。

封面装饰

无论封面上有没有图像，都可以运用各种技术对其进行加工。设计师应该慎重考虑封面材质的效果，就像考虑图片和文字元素一样。

覆膜

覆膜是在封面上加一层额外的保护。一般是用加热和加压将一片透明的塑料薄膜紧紧附着在封面上。一般是在印刷过的纸面上覆膜，如果是未经印刷的纸，很容易出现空气泡。如果是丝网印刷的封面，就不能进行覆膜这道工艺，因为覆膜过程中的热封工序会损伤表面。

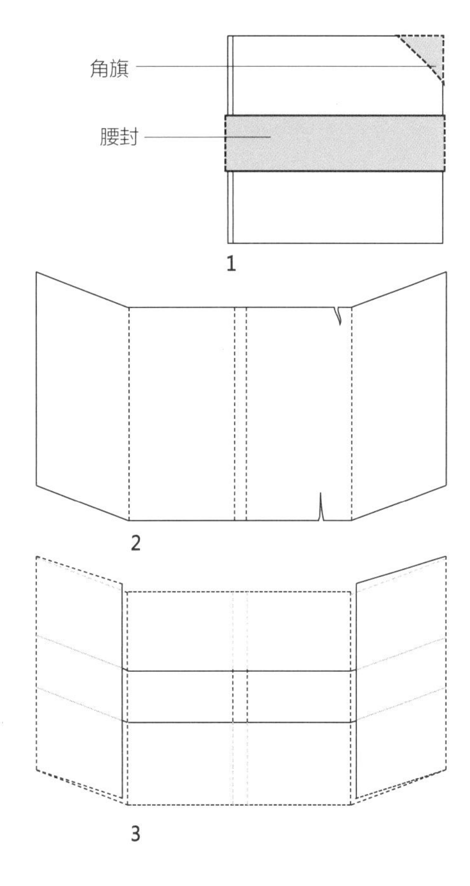

1 腰封是一条包在书上并折入前后封的纸片，角旗则是包住封面右上角的三角形纸片。

2 基本的护封形式是由单张纸构成，包住整本书，勒口分别折入前后封。护封的裁切边缘外露，容易出现磨损破坏。

3 加厚强化型护封，先折叠一张较大的纸，让它吻合书本的高度，这样一来，书头和书脚露出的就是折边而不是裁切边。

腰封和角旗

腰封就是环绕在书上的一条纸带。腰封可以整个包住书，打开书之前必须先将它剪断，也可以沿着封面和封底折入环衬里。腰封的作用往往是用来说明其内容或者表示是新的版本，不过，设计师也常运用这个装饰来展现出版物的品质。

角旗就是包住书的右上角，但不固定贴死的三角形小纸片，可以用来表示新版本、重要的日期，等等。出版商在完成书籍装订之后，还有机会用角旗在封面上追加补充信息。读者购买该书后，可以当场拿掉或丢掉角旗。

护封

护封就是包在书外的纸，它的作用原本是保护书籍，避免书籍在售出之前收到损坏，但现在，护封已经成为精装书必不可少的一部分。护封也给设计师提供了一个在硬皮精装书的外面呈现彩色图像的机会。基本的护封形式就是一张和书同样高度的纸，从书脊环裹住整本书，有或宽或窄的勒口插入环衬和扉页之间。护封的上下会露出裁切边，为了避免损坏，可以用面积较大的纸张制作更耐用的护封。整张纸用两条水平线分为三部分，中区的一部分高度和该书一致，上下两部分的高度为中间部分的一半，用这种方式做成的护封因为书头和书脚都经过折叠，厚度是原来的两倍，包在书上之后会更坚固。

附件

附件是指书籍发行之前夹带的任何补充材料。可能是出版社的营销材料，征集读者姓名和地址的回函明信片，或者是针对该书内容错误的致歉信或勘误表。

贴片

贴片（tripping in）是指手工将插图贴到书中这一道工序。在过去，以凸版印刷文字、以平版印刷图像的时代里，这道工序非常普遍。插图页上往往只以凸版印上图注，另外用平版印刷在其他纸上的该插图先裁切成正确的尺寸，再贴到那一页上。照理说，现在用平版四色印刷的书籍已经不会用到这种做法了，但一些设计师会因为设计需要，故意在页面或封面上添加其他物件，所以现在偶尔也还是可以见到贴片这种做法。立体书必须会用到贴片，在硬纸书页上手工粘贴各种各样的、可以动的零件。

光栅立体画

当视线在页面上移动时，光栅立体画（lenticulated images）也会随之呈现动态的影像。在庸俗的明信片上经常都可以看到这种光栅立体画。这种图片也可以贴到书中某一页或者封面上。光栅立体画是从多个不同位置绘制或者拍摄影像，然后再交错排列这些切分为长条形状的连续影像，组成一张图片。图片表面覆盖了一层透明塑料光栅，当视线在图片上左右移动时，你会间断看到不同角度的影像，就会产生错觉，仿佛图像动起来了。

左图：这本巴黎的影集封面上贴了一张埃菲尔铁塔的光栅立体画。

上图：大卫·斯坦迪什（David Standish）的《钞票的艺术》（*The Art of Money*）封面上有一道纹路以全息图像技术印制，模拟纸币上的防伪设计。

全息图像

全息图像（holographic images）可以显示三维空间。当读者从不同角度看页面上的图像，图像会跟着转动，观看者仿佛是绕着立体的物体在看。制作全息影像难度很大，成本也高，往往用于有防伪需求的产品，如果用在书籍或杂志的封面上，效果会很显著。全息图像不能用在移动的物体（或者生物），因为一旦有任何移动，用激光捕捉的影像反而会显得不立体。超过 300 幅激光影像刻录在非常细密、高高低低的沟槽平面上，每帧立体图像中的物体大小必须完全相同：目前制作全息图像的最大极限面积是 $150mm^2$。虽然全息图像中不能呈现物体本身的颜色，但是观看者的视线移动时可以看到画面上散发出来的光谱。

装帧材料

现在可以用来做封面的材料种类很多，设计师可以利用不同的材料达到不同的效果。最好能够准备一套装帧用料的样本，收集各种材料的封面布、书签带、内衬的纸板、堵头布等，作为设计时的参考。

高档的书籍往往会采用皮革作为封皮材料，皮革可以处理成各种各样的颜色、厚度，表面加工方式也多种多样。在装订者的术语中，“摩洛哥”（Morocco）指山羊皮，这种材质的特点是触感好、韧性好，不容易脏。猪皮的可塑性很差，所以常用于厚重的装订；绵羊皮虽然比较便宜，但容易出现皱裂。现在许多工厂可以生产各种人工合成皮料，可以为印量大的书籍提供价格更低廉的替代品。

布面装帧用的是经过纺织的布料，这种布叫“坯布”（greige）。制作时先除去布料中的杂质，再加入粉浆或者焦木素。布料经过上浆（传统的说法是过浆），可以增加硬度和强度，不容易产生皱褶，但是放在潮湿的环境中容易吸收湿气。上浆布料比泡焦木素的布料便宜。焦木素是一种液态塑料，强度比粉浆高，还能防水。焦木素布料的运用范围很广，而且有很多种不同的加工方式。

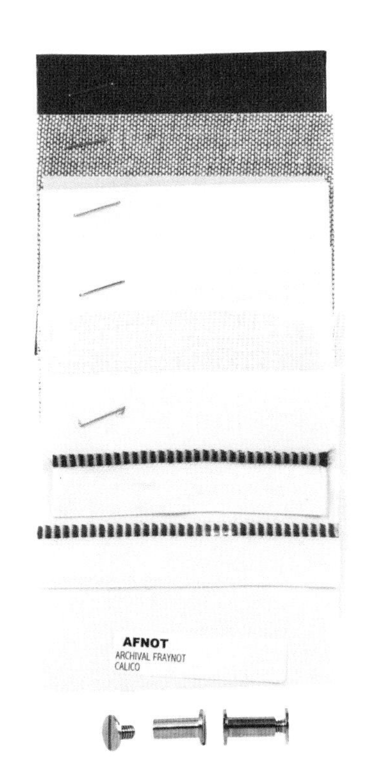

上图：各种各样的装订材料和封面材料功能不同、质感不同，可以根据该书的用纸、尺寸、字体风格、颜色和内容属性来斟酌使用。

封面材料

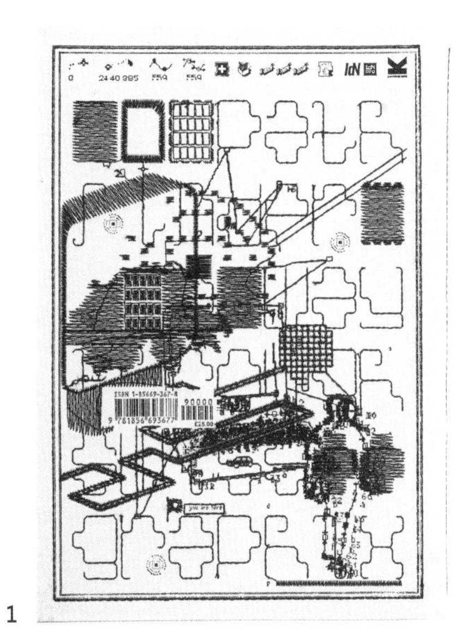

1

2

3

4

1 一本名为《Pathfinder: a way through swiss graphix》（2002）的书，乙烯塑料封面上用机器绣上了黑色的线，文字的图纹显得很乱，难以辨认。

2 插画师劳拉·卡林（Laura Carlin）的书《Le Beret rouge》（2004），其红色绒布封面上有一截凸出表面的秆。

3《合成板》（*Bent Ply*，2003）这本书介绍了层板如何运用在室内装修和家具上。这本书的封面就是将合成板粘到硬布上。

4《匙》（*Spoon*，2003）是一本收录了当代产品设计的书。其金属封面弯折成汤匙的弧度，书名则凸出于表面。

上图：《瞬：明日品牌》（*Soon: Brands of Tomorrow*, 2002）运用了概念展示的手法进行封面处理。感热油墨会感应到触摸者手上的温度，让原本看起来全黑的封面浮现出白色的书名，这个封面看上去未来感十足。

纸质封面

和皮革或布料相比，用纸做封面材料成本低很多。纸质封面一般可以分为三大类：一般纸张、强化纸、合成纸。

如果完全没有经过任何加工，纸张是最脆弱的封面材料，但是我们可以在纸张表面涂布丙烯酸、乙烯基或焦木素等，以增强纸张的强韧度。装订用纸按照其重量（以公克数或者磅数表示）或厚度（以点数表示）区分，测定纸张厚度的点数和文字字号的点数完全没有关系。纸厚 1000 点等于 1 英寸。最常见的平装版小说的封面用纸厚度大多在 8—12 点之间。

强化纸是在造纸的过程中，在纸浆中加入可以增加强度的材料，可能是某种聚合物或者合成纤维，表面再涂上焦木素。这种纸张可以用于开本较大的书籍，厚度多为 14 点、17 点、20 点、22 点或 25 点。较薄的强化纸（厚度为 8—10 点）则多用来做硬壳精装版书的外护封。

合成纸是用绞成线状的丙烯酸纤维，经过高温加压合成的平板或卷筒无纹路大纸，因此很不容易撕破。这种大纸还可以再涂上其他材料，呈现非常自然的白色，所以也适用于四色印刷。

装订的类型

为了销售，书籍一般分为精装和平装。这种泛称并不是基于装订形式的不同，纯粹只表示两者在封面材料上的不同。如果按装订的用途来区分，则可以细分为图书馆装订、硬壳装订、无线胶订、散页。

图书馆装订

因为任何一本书都可能在一家图书馆内找到，图书馆装订（library binding）这个词所指这种装订方式持久、耐用。图书馆装订几乎完全由手工完成，通常使用厚纸板作为封面材料，而不用较轻薄的灰卡纸或者黄纸板。其先从上到下以垂直走向缝满每一份书帖，在每个锯口处牢固地打结。随着时间的推移，一些装订师傅各自发展出许多风格各异的缝贴样式，但绝大多数还是采用细绳缠绕串带或串芯的基本形态。隆起的串带或者串芯可能会在书脊上形成凸棱。延展到书页内的多余串芯，穿过硬板上的小洞，再黏合到封面上。封面材料可能是皮革或者布料。图书馆装订本上厚重的硬板并不是直接和订口相连，而是形成一道法国沟槽（封面的包料包裹封面硬板之后，形成自上而下垂直穿过书籍封面的凹陷沟槽，成为该书的封面开合关节）。书页切口或许还会有刷金处理，再以手工在封面上盖上书名。

硬壳装订

虽然硬壳装订（case-binding）现在偶尔仍由手工制作，但这种装订方式目前是机器生产精装书的主要形式，因此这种装订方式也被称为普通装订本（edition binding）。硬壳装是由三块各自独立的硬板组合而成：前封硬板、后封硬板、书脊硬板。无论是手工处理还是机器处理，硬壳装的封皮各个部位都是以缝接的方式结合在一起的，两者差别在于：机器装订的缝接较为宽松，而不像手工装订那样细密地缝合整个书帖的高度。硬壳装订的书往往还要加一道扒圆或扒方和捶背的工序。封面硬板则往往由布面或者印刷过的纸面包覆，再以一片粗纱布或者平纹细布与书体黏合，接着将环衬贴到封内的灰纸板上。硬板可以略大于书页，形成飘口，也可以三边齐口不留飘口。书名可以使用印刷、起凸或者烫金等方式施加到封面上。硬壳装订的许多手工工序，现在都可以由机器处理，比如扒圆扒方、烫金、起凸、绘饰切口、装堵头布和书签飘带，等等。对于一件大批量生产的产品来说，硬壳装订可以呈现非常高的产品价值。

无线胶订

无线胶订是装订领域用于描述平装书装订的专用术语。这是所有装订方法中最快捷、最便宜的一种方法。其内页和封面都不用缝线，完全靠黏胶来固定。内页先贴在一片平纹细布上，再和封面黏合。无线胶装的封面材料通常会比内页用纸更厚重，而且没有必要再加环衬了。绝大多数的纸质平装书都是三面切齐的（即封面不会突出于书体），但是，容易混淆的是，无线胶订也可用于精装书的装订。

折页本 / 无背装订

折页本通常也被称为中式装订或法式装订，可以套入书套内，将书抽出来，打开后，页面就像一个手风琴，所有的页面看起来就像一张完整的纸；或者以单折卡纸或布面包覆封底、书脊和封面的硬板。这种折页本也可以看作是无背装订的一种。

对页图

1 露西·乔勒斯（Lucy Choules）撰写、设计的《Ken》，这本分册的小书采用折叠地图加上封面，有别于传统的装订形式。

2 这本由北方机构设计的无线胶订纸样，纸质封面上打了齿孔。

3 这本厚厚的 1990 年皇家学院毕业展的目录是由一对结实的猪鼻圈（可以打开、串起整叠纸上的洞孔的环扣）来装订的。

4 这本关于花匠麦奎因（McQueens）的书采用简单的平装形式，在封面上车出了一排缝线。

实验性质的精装书

1

2

3

4

1 由马蒂尔达·萨克索（Matilda Saxo）设计、装订的斯蒂文森的经典名著《化身博士》（*The Strange Case of Dr Jekyll and Mr Hyde*），整本书页面正中间呈现一道折线。再用加装在封面和封底的额外厚板加固这道折线。页面中间这道折线的宽度基本就是传统栏间距的宽度，印上了绿色油墨，看上去是垂直的弯折。这本书以这样的外在形式呼应了书中人物的分裂人格。

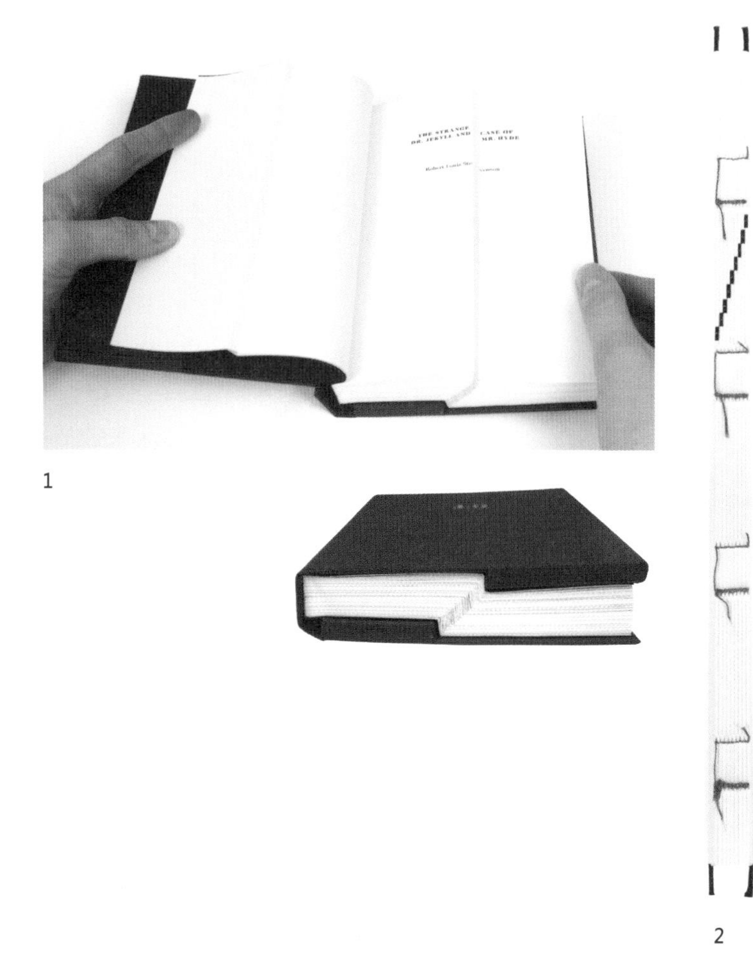

1

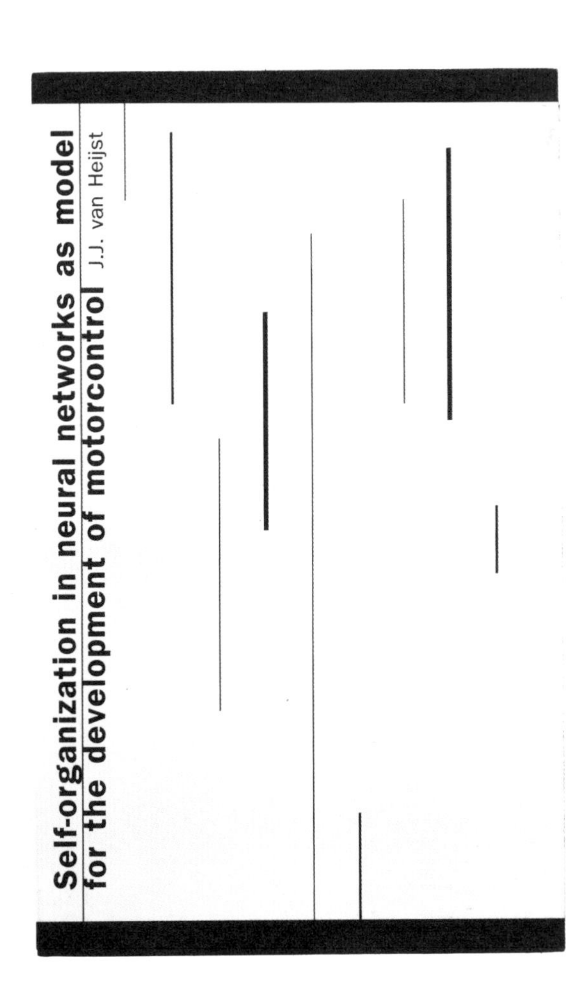

2

2 这本《作为电机控制发展模型的神经系统自我组织》（*Self-organization in Neural Networks as Model for the Development of Motorcontrol*）使用了硬壳封面，机器缝制和胶贴的方式，书脊上露出红色的缝线以呼应本书的主题：神经系统。

3

3 设计师弗朗西斯卡·普列托（Francesca Prieto）将诗人尼卡诺尔·帕拉（Nicanor Parra）的诗做成一个小开本，带有护封的精装书。每一页上都有歪歪斜斜的诗句片段；如果把内页撕下来，折叠组装起来，就会构成一个呈现整首诗的多面体。这种特别的装订形式呼应了诗作的精神——隐喻右翼政权之下追求左翼思想，因此无法完整发表，只能通过这样的方式隐藏其真实的内容。

4 雕塑家戈登·玛塔-克拉克（Gordon Matta-Clark）的作品集，书脊部分挖空，露出书帖的缝线。玛塔-克拉克的作品往往以挖除、穿透楼板的方式，从各种不同的角度去拍摄废弃的建筑物。这种挖空书脊的做法和挖除楼板的做法类似，只是规模要小些：书本和建筑物都是“雕塑”的对象。

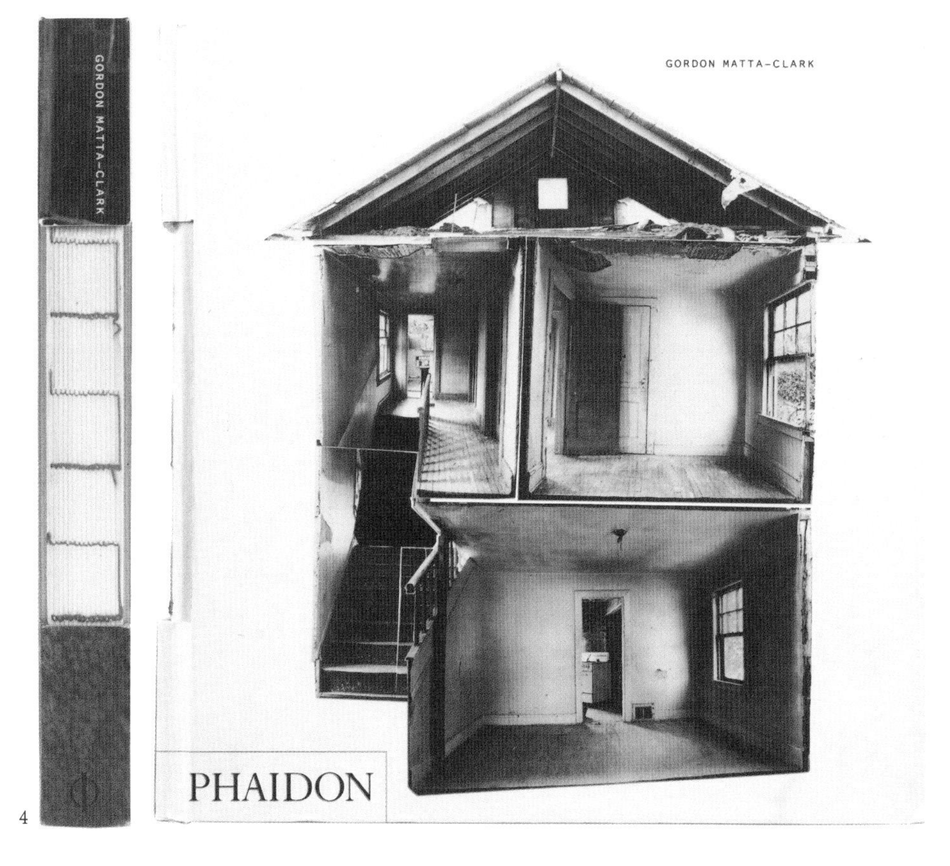

4

骑马订

骑马订这种装订方法主要用于杂志、小册子和目录。比较薄的出版物才能用骑马钉，如果书芯太厚，就只能采取侧面平订。这种书不是由好几个印帖组成，而是整本书本身自成一帖。

用骑马订装订的小册子，经过核页、折叠，就可以沿着跨页的中心线串线或者打钉，完成装订。打穿书脊订口的铁丝会自动弯折、固定这本书的书页。然后再将这个小册子的上、下、前三边切口裁整齐。

非常厚的书籍必须从侧面以平订的方式装订。平订的书完全不能摊平，只能捧在手上翻阅。书越厚，就越难翻开，所以必须预留更大的订口留白。为了遮盖装订的痕迹，平订的书籍封面和书脊直接黏合。

上图： 弗雷德里克·曼宁（Frederic Manning）的荷兰语精装书《性别》（*Geslacht*），外面有塑封以保护布面精装封面。

螺旋装订

螺旋装订的书籍可以完全摊平打开，通常用于各种操作手册，因为读者在阅读这类书时双手忙着操作。这种书的书页也并非书帖，而是各自独立的散页，在装订的一边打出一排配合螺旋线圈圆周宽度的洞眼。穿过全书洞眼的螺旋线圈在头尾两端向内弯折收尾，就可以防止书页脱散。

活页装

活页装通常用于笔记本、活页簿、备忘记事本，但也可以用于商业出版。散页的形态可以让使用者取下有特定信息的页面，而不用随身携带一整本书。对于那些分册出版的书籍（一个月或一周出版一册，全部集中起来就构成了一部完整的作品），可以将分期的杂质收集在一个资料夹中。散页上的孔眼可方可圆，视装订的机制不同而不同。在法律题材出版物中，采用散页装的形式是为了满足其随时更新的需求，一旦法条有变化，即可以随时添加新的页面或者替换原有的旧的内容。

塑封

塑封就是用一层透明塑料包覆书本，抽掉其中的空气，再加温定形。这种做法可以保护书籍不受损伤。大部分立体书都会塑封，避免在书店陈列架上被顾客翻坏。书店往往会拆开一本书当作样书。

Additional material
附录

文稿格式

许多出版商都订立了一套供其编辑们和设计师们在工作中处理文稿的惯例标准。这些指导规则也常常被称为“社内规范”（house style），可能会影响视觉和语言文字的细节设计。一些出版商会为某本特殊种类的书或者书系制定一套文稿规范，另外一些会允许个别编辑们根据标题、潜在读者和市场情况自己开发一套编辑策略。一些作者尤其关注文字细节，所以在开始版面设计之前，设计师和编辑要就文字体例和惯例达成一致。在我的上一本书《字体与排版》中，菲尔·班尼斯和我在考虑视觉和语言运用的基础上，制定了一套文稿编排规范。我非常感谢菲尔同意我将规范中的内容用于本书中。该指南源于我们共同参与的许多项目（包括多年来我们为英国和美国几家大出版商工作的经验）。这个世界上，并不存在那么一本为编辑和排印细节设计的通用风格手册。但目前，最广泛使用的参考书包括《哈特出版者与读者规则》（*Hart's Rules for Compositors and Readers*），朱迪丝·布彻（Judith Butcher）的《文本编辑》（*Copying-editing*），该书主要针对应该的编辑、作者和出版商，还有美国的《芝加哥风格手册》（*The Chicago Manul of Style*）。这些工具书应该是很有用的。任何系统都需要与环境相适应，但编辑和设计师们也应努力做到信息传达的一致性。

下图：《芝加哥风格手册》的一个跨页，体现了语言使用的复杂性。右页的内容，展示了英国和美国文本风格的不同。

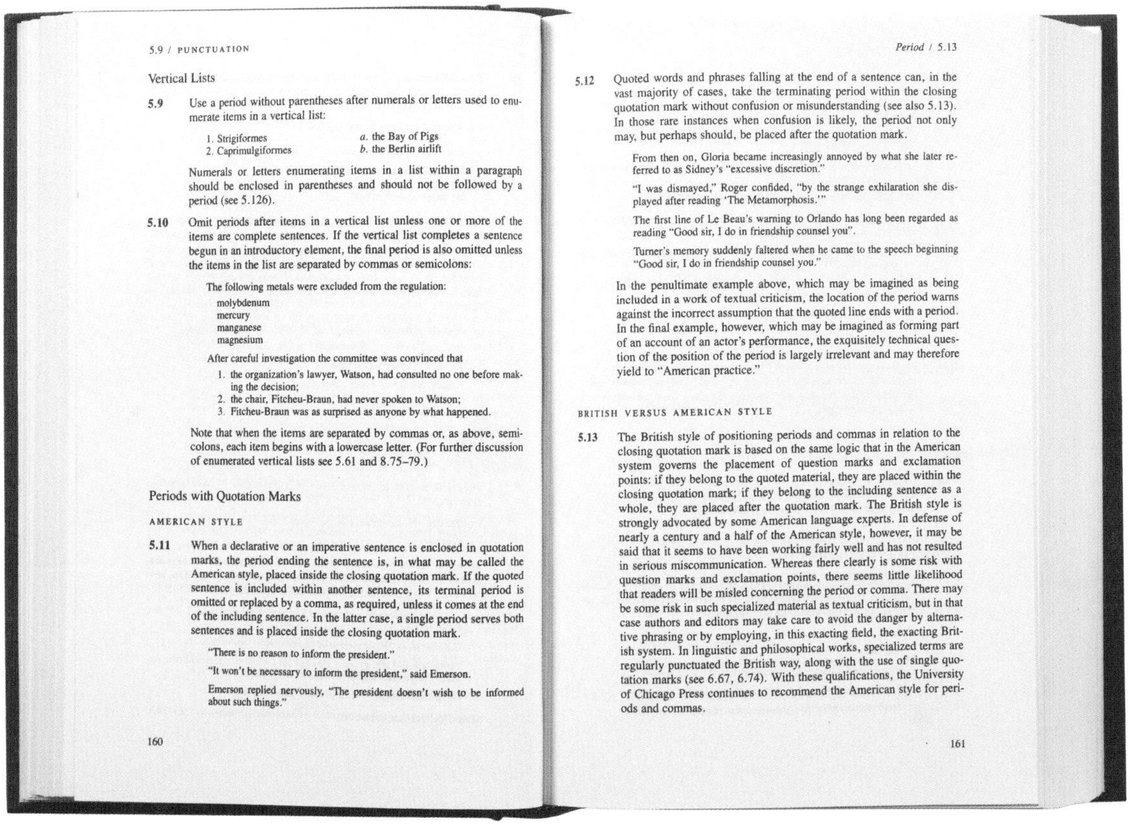

5.9 / PUNCTUATION

Vertical Lists

5.9 Use a period without parentheses after numerals or letters used to enumerate items in a vertical list:

1. Strigiformes — *a.* the Bay of Pigs
2. Caprimulgiformes — *b.* the Berlin airlift

Numerals or letters enumerating items in a list within a paragraph should be enclosed in parentheses and should not be followed by a period (see 5.126).

5.10 Omit periods after items in a vertical list unless one or more of the items are complete sentences. If the vertical list completes a sentence begun in an introductory element, the final period is also omitted unless the items in the list are separated by commas or semicolons:

The following metals were excluded from the regulation:
molybdenum
mercury
manganese
magnesium

After careful investigation the committee was convinced that
1. the organization's lawyer, Watson, had consulted no one before making the decision;
2. the chair, Fitcheu-Braun, had never spoken to Watson;
3. Fitcheu-Braun was as surprised as anyone by what happened.

Note that when the items are separated by commas or, as above, semicolons, each item begins with a lowercase letter. (For further discussion of enumerated vertical lists see 5.61 and 8.75–79.)

Periods with Quotation Marks

AMERICAN STYLE

5.11 When a declarative or an imperative sentence is enclosed in quotation marks, the period ending the sentence is, in what may be called the American style, placed inside the closing quotation mark. If the quoted sentence is included within another sentence, its terminal period is omitted or replaced by a comma, as required, unless it comes at the end of the including sentence. In the latter case, a single period serves both sentences and is placed inside the closing quotation mark.

"There is no reason to inform the president."

"It won't be necessary to inform the president," said Emerson.

Emerson replied nervously, "The president doesn't wish to be informed about such things."

160

Period / 5.13

5.12 Quoted words and phrases falling at the end of a sentence can, in the vast majority of cases, take the terminating period within the closing quotation mark without confusion or misunderstanding (see also 5.13). In those rare instances when confusion is likely, the period not only may, but perhaps should, be placed after the quotation mark.

From then on, Gloria became increasingly annoyed by what she later referred to as Sidney's "excessive discretion."

"I was dismayed," Roger confided, "by the strange exhilaration she displayed after reading 'The Metamorphosis.'"

The first line of Le Beau's warning to Orlando has long been regarded as reading "Good sir, I do in friendship counsel you".

Turner's memory suddenly faltered when he came to the speech beginning "Good sir, I do in friendship counsel you."

In the penultimate example above, which may be imagined as being included in a work of textual criticism, the location of the period warns against the incorrect assumption that the quoted line ends with a period. In the final example, however, which may be imagined as forming part of an account of an actor's performance, the exquisitely technical question of the position of the period is largely irrelevant and may therefore yield to "American practice."

BRITISH VERSUS AMERICAN STYLE

5.13 The British style of positioning periods and commas in relation to the closing quotation mark is based on the same logic that in the American system governs the placement of question marks and exclamation points: if they belong to the quoted material, they are placed within the closing quotation mark; if they belong to the including sentence as a whole, they are placed after the quotation mark. The British style is strongly advocated by some American language experts. In defense of nearly a century and a half of the American style, however, it may be said that it seems to have been working fairly well and has not resulted in serious miscommunication. Whereas there clearly is some risk with question marks and exclamation points, there seems little likelihood that readers will be misled concerning the period or comma. There may be some risk in such specialized material as textual criticism, but in that case authors and editors may take care to avoid the danger by alternative phrasing or by employing, in this exacting field, the exacting British system. In linguistic and philosophical works, specialized terms are regularly punctuated the British way, along with the use of single quotation marks (see 6.67, 6.74). With these qualifications, the University of Chicago Press continues to recommend the American style for periods and commas.

161

缩写（Abbreviations）

The Rev Malcolme Love

计量单位的缩写不用加句点，也没有复数形式，例如：

51cm 而不是 51cms

页码数（page）和大约年份（circa）的缩写，一般英式英语中会加上句号，但不另外插入空格（“c.”为斜体），例如：

p.245 *c.* 1997

“亦即”（that is）和“例如”（for example）的缩写如果加上句点会显得太重；在英式英语中往往会省略句号，改为斜体；但是在美国这样的处理不常见：

ie 而不是 i.e. *eg* 而不是 e.g.

首字母缩写词（Acronyms）

用短语中每个词的第一个字母代表组合成这个词组的缩略词，就叫作首字母缩写词。一旦被确定为标准术语，首字母缩写词等同于原词。

Where are the Nato headquarters?

与符号（&）（Ampersand）

“与”（and）的缩写源于拉丁文“et”，在一些字体中还能清楚地看得出它们的笔画。

& （Bembo 字体）

现在这个符号一般只用于列表，或者公司名称中，例如：

Smith & Jones
而不是 Smith and Jones

注释与标签（Annotation and labelling）

标签常用于作为第二级信息支持辅助插图、图表或照片。说明文字和指示线的字号和粗细设置，应考虑图中线条的粗细（或颜色）：总的说来，指示线应该比插图本身中的线条更细、颜色更浅，以免与图片中的线条混淆。没有必要为标签加框或者加下划线。

撇号（Apostrophe）

撇号用于表示该词的所有格，例如：

It’s Peter’s book.

一定要使用正确字符（即“smart quote”），不要使用小短撇（prime）。

Peter’s 而不是 Peter's

参考资料（Bibliographies）

书籍、文章和网址，建议按照下面的方式列出。在学术作品中，编辑会坚持将作者的姓氏列在首位，不过也有一个折中的做法：保持名字（given name）在前面，姓（surname）大写以表示强调。有些编辑会省略出版社名（因为列出来似乎帮助不大）。如果详细列出引文所在页数，单页可以用 p. 表示（后面没有空格），不止一页，可以用 pp. 表示。
例如：

Phil Baines & Andrew Haslam, *Type & Typography*: Second edition, London, Laurence King Publishing 2005

方括号和小括号（Brackets and parenthese）

正文中需要插入一段补充或者参考说明，都可以放入小括号中，例如：

book parts (2, 3, & 4) relate to…

方括号则可以用来指出原句中省略的部分，例如：

‘He [Martin] owned a flat.’

大写字母的呈现方式（Capitals ~ appearance of）

大写字母排版时，为了避免字母太过拥挤，需要运用排版软件中整段字间微调（tracking）的功能进行一些空间上的调整。一些单词因为其组成字母的排列方式特殊，可能比其他单词的调整更加复杂。
例如：

CAPITAL LETTERS 未拉大字距：显得很拥挤
CAPITAL LETTERS 拉大了字距：显得疏朗优雅

假如同时排列多行大写字母，应该特别留意行间距，行与行之间的距离看起来必须大于字间距。
例如：

CAPITAL LETTERS
NEED SPECIAL TREATMENT

大写字母的使用（Capitals ~ use of）

大写字母的使用是一个复杂的问题。按照英语的语法规则，所有专有名词的第一个字母都应该大写。标题中，除了“the”“and”“of”等，所有的单词第一个字母都应该大写，但这样一来可能会影响美观，所以在很多情况下这种规则已经过时了。

Q Do Initial Capital Letters Really Make Headings Clearer?

问：首字母大写真的使标题看上去更清楚吗?

A No, initial capital letters do not make headings clear.

答：不，首字母大写并不能让标题看上去更清楚。

进一步的问题是，一些公司为了使其名称更具辨识度，其名称采用全部小写（或全部大写）。没有理由这样做：公司名称不同于个人签名，还是应该遵循标准格式。

栏、页、段落结束（Column,page,and paragraph endings）

避免栏首或者段首出现单行成段的情况（最少也要两到三行），避免单字成行。以下方法可以避免“单行成段”“单字成行”：

1. 如果采用的是左对齐，可以使用微调来进行单行段落调整。
2. 如果是新创作的作品，作者或编辑可以增减几个字。
3. 如果栏内有插图，可以通过调整图片大小达到此目的。
4. 如果以上方法都不奏效，还有最后一个办法，可以试着让栏位或者页面少一行；页面上各元素之间连贯的空间关系比页脚或者栏尾是否对齐更重要。

简写（Contractions）参见“缩写”（Abbreviations）。

横线（Dashes）

在句子中插入从句时，应该使用破折号而不是连字符（hyphen）。有两种破折号：

短横线

–

长横线

—

它们因其长短而被命名。

在英式用法中，使用短横线时会在前后加入空格，对于无衬线字体（sans-serif）来说，这种用法比用长横线效果更好。

（译文：这个原因——菲尔不同意——是它看起来占满了空间。）

The reason – which Phil doesn’t agree with – is that it looks out of place.

长横线通常看起来比较呆板，较适用于老式打字机的字体。使用长横线不必在两端插入空格。以下是标准美式做法：

The reason—which Phil doesn’t agree with—is that it looks out of place.

不同的字体可以搭配不同的破折号，原则就是要保持前后统一。不要使用连字符来代替破折号。连字符只能用于复合词。如果是和日期或页码相连，短横线两端就不用加空格了。例如：

1938–2005 pp.27–37

短横线也常用于复合词中，这时它就相当于“和”（and），比如“阿拉伯－以色列冲突”（Arab–Israel conflict），或者“到”（to），比如“伦敦－布莱登赛跑”（London–Brighton race）。当复合词的第一部分不是完整的单词时，也会用到连字符，比如“英籍亚裔”（Anglo-Asian）。

日期（Dates）

在本章中的许多地方都可以看出，英式和美式的用法不同。英式是使用基数，按照以下顺序排列：

14 February 1938

美式的排列方法如下：

February 14, 1938

在连续的行文中提到日期，美国可能会改用序数表示，例如“on the 14th of February”，而英国可能会保持基数用法。

小数点（Decimal points）

尽管人们经常用句点代替小数点，但是每一种字体中都带有居中的小数点，这样从视觉上看起来会更清晰，例如：

78·5cm 而不是 78.5cm

参见“数字”（Figures）和“居中点”（mid-point）。

下沉大写字母（Drop Caps）

下沉大写字母源于传统手写稿，常用于章节、文章或者段落的开头。安插这种下沉大写字母时需要留意空间，才能与整段行文搭配好。大写字母占几行都可以，但是下沉空间和整体段落的大小比例要协调。大写字母最好要符合行文基线，不要悬在基线上下，出现悬空（pool）的情况。在这个例子中，下沉大写字母占了三行，它的顶部和正文的 x 字高对齐。

省略号（Ellipsis）

. . .

省略号的前后都留有空格，用于表示原文中有所省略，或者文意未完。不要使用三个句号代替省略号。

尾注（Endnotes）参见“参注”（References）。

数字的种类（Figures ~ kinds of）

有两种数字，一种为齐线（lining）：

1234567890

一种为非齐线（non-lining）：

1234567890

为了达到视觉对齐的效果，大部分的字体中的数字设计得和字母宽度一致。当设定日期时，数字 1 需要稍微拉近字距（参见 79—80 页）。

行文中最好使用非齐线数字，例如：

应该写成：The book was published in 1974.

而不要写成：The book was published in 1974.

（译文：这本书出版于 1974 年。）

但是如果行文为大写字母，使用齐线数字更好。

PELHAM 123 而不是 PELHAM 123

并不是所有字体都包含这两种数字字体。以比较古老的 PostScript 字体为例，要在正常字体以外搭配一些字集，包括非齐线数字（通常还包含小型大写、连字符和分号符）。较新的一些字体，比如 Meta 或者 Swift，会有一个叫作“caps”或者“SC”的版本，里面收录有类似字体。

以 OpenType 格式生成的字体，其衍生字集包含着两种数字字体，而且是独立单个的字体。

数字：数量和货币单位（Figures ~ quantities and monetary units）

表示数量时，通常会在千位数的地方插入一个逗号，日期除外：

1,000 而不是 1000

表示金额书目时，特别是在财经文章中，数字应该右对齐或者依小数点对齐，例如：

£34,710 · 00
1,341 · 90

需注意的是，不同国家对于小数点与前分位数有不同的表达方式。英国的做法是：3,128 · 50

但法国是：3.128,50

参见“居中点”。

页码（Folios）

这是“page number”的标准术语。凡是需要提到的引文，都要附上页码。页码必须被放在可以被清楚看到的地方，而且格式也要符合文本的整体风格。页码的字号通常比正文字号小，一般放在页眉或页脚处。

过去，书籍设计一般使用两种页码格式：前辅文部分用小写的罗马数字（ⅰ、ⅱ、ⅲ，等等），正文部分使用阿拉伯数字（1、2、3，等等）。现在，一般使用阿拉伯数字从头排到尾，但是空白页和标题页不上页码。

脚注（Footnotes）参见“参注”（References）。

分数（Fractions）

ISO 标准字符集只收录了几种基本的分数，而且用苹果电脑的键盘打不出来。不过，你可以通过调整数字的位置和字号，手工创造出分数。Quark 软件中带有“制造分数”（Make Fraction）的功能。

Quark-made fractions 19⅓ x 4¾ in

句号（Full points / stops）

参见“缩写”（Abbreviations）和“句尾”（Sentence Endings）。

标点悬挂（Hanging punctuation）

有些排版软件具备可以设定标点突出于文本框之外的功能，这样令文本块看起来更为均衡。有时，标题也会用到这种排版方式。

断字齐行（Hyphenation & justification / H&Js）

参见 81 页。

连字号（Hyphen）

-

连字号不是破折号（另参见“破折号”），这一符号仅用于换行造成的断字和复合字中。

例如：

What a lovey-dovey couple

首字母（Initials）

名字中的首字母之间的字距应该相等，不能挤成一堆，离姓氏的距离太远。除非是客户要求，否则不必加上句点。

例如：

F P Haslam 而不是 F.P.Haslam

学位也不需要加句点，例如：

Peter Haslam MEd

小型大写字母（见后面“小型大写”）也不需要加句点。

中间字大写（Intercaps）

总的说来，这是一种既可以缩短复合词的长度，又可以省略连字符的做法。因为该字母的重要性，所以必须大写来强调，例如：

OpenType

（但有时，这也成了拼写错误的借口。）

斜体（Italics）

斜体本来是一种独立的字体，但是现在，它常于正体字搭配出现。使用斜体主要有以下三个目的：
1. 表示艺术作品的标题，包括书籍、报纸、绘画或者戏剧；
2. 表示外来语词汇（除非该词已经成为本国语言中的一个固定词汇，就不再需要用斜体表示了；关于这一点，只需要翻查一本最新的词典即可确认）；
3. 强调该词特殊的语调或者读音（但如果用得太频繁，会让人觉得厌烦）。

连字（Ligatures）

在印刷术语中，连字表示两个或两个以上的字符贴得太紧，以至于挨在一起。在语言学的术语中，这个词指双元音字母，例如：

Æ æ Œ œ

这几个字母连在一起，是因为发音上的需要。但是现在，键盘可以打出各种变音、辅音，等记号，所以已经不再需要用这种连字了。英文中还在运用这几个连字，通常都是为了突出某种时代特色，或者为了吻合以古体字书写的内容。
随着字体的发展，这种相互重叠的连字有不少，最常见的就是 ﬁ 和 ﬂ

ﬁ ﬂ

ﬁt 不要写成 f it

在插入连字前，最好先对整篇进行拼写检查，因为一些软件中的拼写功能不能识别连字。
在一些软件和字集中，还会有等连字。

栏边注（Marginal notes）参见“参注”（References）。

删节号（Omissions）参见“省略号”（Ellipsis）。

序数（Ordinal numbers）

第一（1st），第二（2nd），第三（3rd）等
无论是英式英语还是美式英语，正文中通常将数词直接用英文拼写出来，避免出现序数词。

例如：twentieth-century boy

页码数字（Page numbers）参见“页码”（Folios）。

段落（Paragraphs）

一个段落就是一个思想的单元，各个段落之间必须有明显的区分。段落可以以不同的方式呈现。用打字机打出来的稿子是以插入空行的方式来分段，但印刷成书籍后，往往采用段首缩排来表示。
不要用 tab 键来设定段首缩排，因为 tab 会成为文稿中的一个字符。尽量使用段落格式设定缩排，这样方便调整或者取消。

小括号（Parentheses ）参见“方括号”

上短撇（Primes）

' "

在使用打字机的时代，人们常用上短撇来代替省略短撇和引号。但这样的用法是不规范的，不应该用上短撇来替代“智能引号”（smart apostrophes）或者引号。

上短撇现在多用于英尺英寸中（6' 6" 就是 6 英尺 6 英寸）。如果公制单位和英制单位同时出现，最好还是明确标注单位的缩写，例如：

a 2m (6ft. 6 in.) plywood sheet

[译文：一块 2 米（6 英尺 6 英寸）长的合成板。]

校对符号（Proof correction marks）

在过去，编辑、设计和排版流程分工明确，所以需要一套所有人都能理解的校对符号，才能让各个环节的人员之间清楚地沟通。虽然，现在各个环节之间的界限日益模糊，但是仍然需要有效的沟通。不同的国家，校对符号的标准也不同，但是其共同点就是：所有的校对符号都源于速记符号，且标记在文本的空白处或页边留白处。下一页上的校对符号来自英国国家标准（5261:1975）。

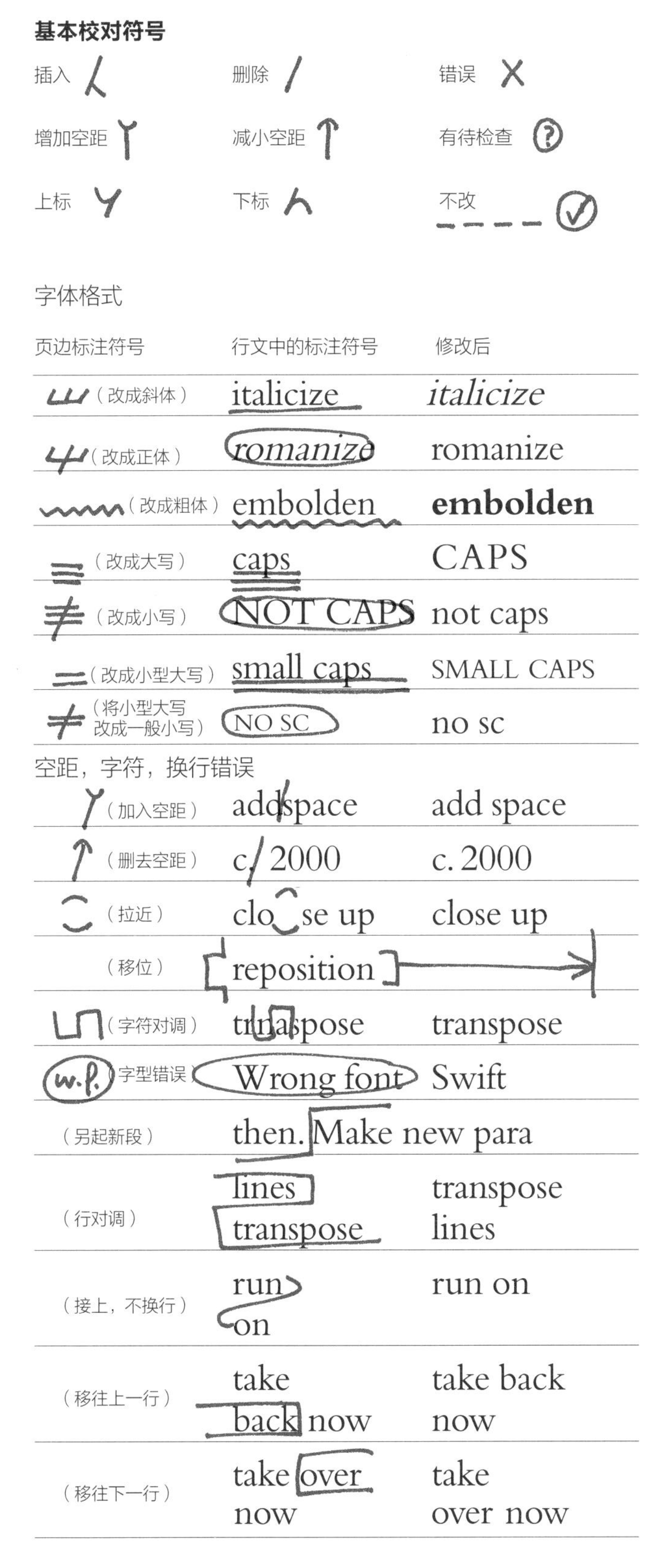

标点符号（Punctuation marks）

标点符号前不用插入字间距，但高出基线的字符在使用引号或者括号之前，要稍微加大间距。

在连续行文中，标点符号可以起到很重要的延伸文义的作用，例如：

2-6 Catton Street, London

但在标题中，换行、空格，或者一般排列，都可以代替标点符号：

2-6 Catton Street
London

（译文：伦敦卡顿大街 2—6 号）

引号与引文（Quotation marks and quotation）

‘ ’ “ ”

无论是引文还是表示某些词的特殊用法，英式用法一般都采用单引号。双引号在行文中太显眼，所以一般只用在引文中，例如：

‘I liked it when the car went “beep, beep” suddenly.’

（译文：“我以前最爱听汽车发出的‘嘟嘟’声。”）

美式用法多采用双引号，单引号用在引文内，例如：

“I liked it when the car went ‘beep, beep’ suddenly.”

无论是采用英式还是美式的做法，都不要使用打字机里的上撇号来代替正规的引号（有时也被称为“弯曲引号”或者“智能引号”）。在英式用法中，只有被引用的句子是完整的，才能在引号内出现标点符号。而在美式用法中，不论怎样，引号内都可以出现标点符号。超过四行的引文，最好不要使用引号，而是采用设置不同的文本格式的方法，比如缩小字号，或者整段缩进（在中文排版中，一般采取换一种字体的做法）。

The book is the greatest interactive medium of all time. You can underline it, write in the margins, fold down a page, skip ahead. And you can take it anywhere.
Michael Lynton in the *Daily Telegraph* 19 August 1996

（译文：一直以来，书籍都是最好的互动媒体。我们可以在书上划线、写下批注、折角、跳读。你随时随地都能带着它。麦克·林顿，1966 年 8 月 19 日《每日电讯报》。）

参注（References）

非虚构类和学术书需要列出行文中提到的作品。
加括号标注是最不造成干扰的做法，这样不仅能简略提及重点，也不用在页面上的其他位置另外再列出注释（脚注、旁注、尾注等）。
括号标注只需列出作者姓名，出版年份（如果同一作者的作品被多家出版社再版的话），和这段引文所在的页码即可。括号标注可以直接放在需要说明的文字后面，例如：

from doing so'. (Tracy p.11) The function of ...
[译文：……如果这样做。（特蕾西，第 11 页）其功能……]

如果要在正文以外加以进一步详细说明，可以使用脚注（详见 108 页）。如果要这样做，就要在正文中标上参注的记号，然后另外找地方，以其他格式编排注释的内容。注释可以和正文并肩排列（旁注）、放在页面底部（脚注）、或者集中在各章或全书的最后（尾注）。如果每一页上的注释不多，可以依次使用以下注释符号：

* † ‡

但如果注释数量较多，或是注释排在章节的最后，那么就要在行文中的各个参注点后面附上上角标序号。角标序号的格式可以自由设定，但要与正文版式协调。例如：

cast iron; enamelled steel;[14] and

页头书名，下书眉（Running heads，running feet）

和页码一样，页头书名和下书眉都是较长的文档中必不可少的元素。传统书籍排版的做法，是将书名放在左页、章节名放在右页，页码放在页眉的位置。书籍的内容不同，这些元素放置的位置可能会相应发生变化，但这些元素应该与目录页保持一致。
另参见“页码”（Folios）。

句尾（Sentence endings）

用打字机的习惯是在每个句子结束时加入两个空格，这样做令整个文字块中出现许多白色的空缺。其实，在句号之后留一个空格就足够了，足以让标点符号发挥作用。

sentence creates white holes in the texture of a text. A single space following the full point is all that is needed.

小型大写（Small caps）

所谓“小型大写”是指大写字母的高度等于同种字体中小写字母的 x 字高。小型大写一般起到强调的作用，符合学术书的品质，或者用于表示邮政区号、不同层次的标题。不要用电脑生成的变形字体，因为这样会让笔画看上去太细。

Wendy Baker MA (RCA)
而不是 Wendy Baker MA (RCA)

大多数古典字体中都包含了一套足以匹配小型大写、非齐线数字、各种各样的连字符、分数符号等字集。许多现代字体，比如 Meta 或 Swift, 都有大写或小型大写的字型版本。

软回车（Soft returns）

如果行文采取左对齐方式排列，这一功能会将过长的句尾掐断，挪到下一行，但不另起新段落；如果行文采取左右对齐的方式排列，这一功能则会变成强制换行。

温度（Temperature）

温度用度数符号表示。如果使用两种不同的温度单位，容易让人产生误解，在这种情况下，可以加上该温度单位的首写字母缩写。如果用的非齐线数字，温度单位首字母缩写用小型大写更好，另外温度单位首字母缩写不用加句号。

the April average is 61°F (15°C), but not this year.
译文：4 月的平均温度为华氏 61 华氏度（15 摄氏度），但今年并非如此。

字词间距（Word space）

字词间距由字体设计师决定，但也可以在排版软件中进行调整。如果想要间距比普通字词间距更明显，可以使用半角空格（一般等于数字 0 的宽度）。

ISO 认证的拉丁字符集对应的英式与美式苹果电脑键盘快捷键

这套字符集应有 256 个字符，但苹果电脑不具有所有字符。以下只罗列出没有出现在键盘上的字符。由于某些字符不只是单一功能，部分内容可能会重复出现。

重音字符（Accented Characters）

Å Shift Alt A
å Alt A
Á Alt E　Shift A
á Alt E　A
À Alt ~`　Shift A
à Alt ~`　A
Â Alt I　Shift A
â Alt I　A
Ä Alt U　Shift A
ä Alt U　A
Ã Alt N　Shift A
ã Alt N　A
Ç Shift Alt C
ç Alt C
É Alt E　Shift E
é Alt E　E
È Alt ~`　Shift E
è Alt ~`　E
Ê Alt I　Shift E
ê Alt I　E
Ë Alt U　Shift E
ë Alt U　E
Í Alt E　Shift I
í Alt E　I
Ì Alt ~`　Shift I
ì Alt ~`　I
Î Alt I　Shift I
î Alt I　I
Ï Alt U　Shift I
ï Alt U　I
Ñ Alt N　Shift N
ñ Alt N　N
Ó Alt E　Shift O
ó Alt E　O
Ò Alt ~`　Shift O
ò Alt ~`　O
Ô Alt I　Shift O
ô Alt I　O
Ö Alt U　Shift O
ö Alt U　O
Ø Shift Alt O
ø Alt O
Õ Alt N　Shift O
õ Alt N　O
Ú Alt E　Shift U
ú Alt E　U
Ù Alt ~`　Shift U
ù Alt ~`　U
Û Alt I　Shift U
û Alt I　U
Ü Alt U　Shift U
ü Alt U　U
Ÿ Alt U　Shift Y
ÿ Alt U　Y

变音符号（Accent）

锐音符号（acute）

´ Alt E (GB)　Shift Alt E (US)

短音符号（breve）

˘ Shift Alt >.

折音 / 抑扬符号（circumflex）

ˆ Shift Alt N (GB)　Shift Alt I (US)

无点的字母 i（dotless i）

ı Shift Alt B

分音符号（dieresis）

¨ Alt U (GB)　Shift Alt U (US)

钝音符号（grave）

` Alt ~` (GB)　Shift Alt ~` (US)

长音符号（macron）

¯ Shift Alt <,

上点（overdot）

˙ Alt H

上圈符号（ring）

˚ Alt K

颚化符号（tilde）

˜ Shift Alt M (GB)　Shift Alt N (US)

省略撇号符（Apostrophe）

’ Shift Alt }]

苹果符号（Apple）

 Shift Alt K

实心圆点（Bullet）

• Alt *8

版权符号（Copyright）

© Alt G

破折号（Dashes）

全角破折号

— Shift Alt -_

半角破折号

– Alt -_

小数点或居中点（Decimal or mid-point）

· Shift Alt (9

双元音（Diphtongs）

Æ Shift Alt "'　æ Alt "'
Œ Shift Alt Q　œ Alt Q

省略号（Ellipsis）

… Alt :;

半方空格（En space）

Alt Space

分数斜杠（Fraction bar）

苹果电脑无法打出分数斜杠，可以用右斜杠自己做出分数符号（不要用左斜杠）。

/ Shift Alt !1

连字（Ligatures）

ﬁ Shift Alt %5

ﬂ Shift Alt ^6

某些字集中的连字符会收录 ffi 和 ffl，其具体位置由制造商决定。

ß Alt S

Eszett（是德语中“双”的意思，虽然它是一个单独的字母，却可以改变原来的字义。）

数学符号与其他符号（Mathematical & other symbols）

美式数字符号

Alt #3

辅音标

^ Alt I

等于 / 约等于

≈ Alt X

度

° Shift Alt *8

三角

∆ Alt J

除

÷ Alt ?/

求和

∑ Alt W

大于等于

≥ Alt >.

无限大

∞ Alt %5

积分

∫ Alt B

小于等于

≤ Alt <,

非逻辑

¬ Alt L

菱形符号

◊ Shift Alt V

百万分之一（希腊字母）

µ Alt M

不等于

≠ Alt +=

欧米伽（第 24 个希腊字母）

Ω Alt Z

阴性符号

ª Alt (9

阳性符号

º Alt)0

偏差

∂ Alt D

千分号

‰ Shift Alt E (GB) Shift Alt R (US)

派（连乘积，第 16 个希腊字母，大写）

∏ Shift Alt P

派（圆周率，第 16 个希腊字母，小写）

π Alt P

加减

± Shift Alt +=

右斜杠（分数符号）

/ Shift Alt !1

平方根

√ Alt V

居中实心小数点

• Shift Alt (9

货币符号

分

¢ Alt $4

欧元

€ Alt @2

先令

ƒ Alt F

镑

£ Alt #3

元

¥ Alt Y

特殊标点符号（Punctuation marks）

西班牙语句前感叹号

¡ Alt !1

西班牙语句前问号

¿ Shift Alt ?/

引号（Quotation marks）

‘ Alt }] ’ Shift Alt }]

“ Alt {[” Shift Alt {[

法语与意大利语使用尖角朝外的引号
德语使用尖角朝内的引号

‹ Shift Alt #3 › Shift Alt $4

« Alt |\ » Shift Alt |\

西班牙语句前引号

‚ Shift Alt)0 „ Shift Alt W

参考符号（Reference marks）

剑号

† Alt T

双剑号

‡ Shift Alt &7

段落符

¶ Alt &7

分节符

§ Alt ^6

注册商标符号（Registered trade marks）

® Alt R

换行（Soft return）

不起新段落，仅行文内换行

Shift Return

温度（Temperature）

度

° Shift Alt *8

商标（Trademark）

™ Shift Alt @2

延伸阅读

I: 书是什么?

Alan Bartram, *Five Hundred Years of Book Design*, London: The British Library, 2001.

Robert Bringhurst and **Warren Chappell**, A Short History of the Printed Word, Vancouver: Hartley & Marks, 1999.

Harry Carter, *A View of Early Typography up to about 1600*, London: Hyphen Press(reprint), 2002. **Lois Mai Chan, John P. Comaromi, Joan S. Mitchell**, and **Mohinder P. Satija**, *Dewey Decimal Classification*, New York: Forest Press, OCLC Online Computer Library Centre, 1996.

Martin Davies, *The Gutenberg Bible*, London: The British Library, 1996.

Geoffrey Ashall Glaister, *Glaister's Encyclopedia of the Book*, London: British Library, and New Castle, Delaware: Oak Knoll Press, 1996.

Christopher de Hamel, *The Book: A History of the Bible*, London: Phaidon, 2001.

Norma Levarie, *The Art and History of Books*, London: British Library, and New Castle, Delaware: Oak Knoll Press, 1995

Margaret B. Stillwell, *The Beginning of the World of Books*, 1450 to 1470, New York: Bibliographical Society of America, 1972.

II: 书籍设计师的画板

Phil Baines & **Andrew Haslam**, *Type & Typography*, London: Laurence King (revised edition), 2005.

Andrew Boag, "Typographic measurements: a chronology," Typographic Papers 1, University of Reading, 1996, pp. 105-21.

Hans Rudolf Bossard, *Der typografische Raster(The Typographic Grid)*, Zürich: Niggli, 2000.

Robert Bringhurst, *The Elements of Typographic Style*, Version2.4, Vancouver: Hartley & Marks, 2001.

Bruce Brown, *Brown's Index to Photo Composition Typography*, Minehead: Greenwood, 1983.

Christophe Burke, *Paul Renner: the Art of Typography*, London: Hyphen Press, 1998.

David Crystal, *The Cambridge Encyclopedia of the English Language*, Cambridge: Cambridge University Press, 1995.

Kibberly Elam, *Grid Systems*, New York: Princeton Architectural Press, 2004.

Michael Evamy/ Lucienne Roberts, *In sight: guide to design with low vision in mind*, examining the notion of inclusive design, exploring the subject within commercial and social context, Hove: Rotovision, 2004.

Steven Roger Fisher, *A History of Readmng*, London: Reaktion Books, 2003.

Bob Gordon, *Making Digital Type Look Good*, London: Thames and Hudson, 2001.

Denis Guedj, *Numbers: the Universal Language*, London: Thames and Hudson, 1998.

David Jury, *Letterpress*, New Applications for Traditional Skills, Hove: Rotovision, 2006.

Robin Kinross, *Modern Typography a Critical History*, London; Hyphen Press, 1991.

Willi Kuntz, *Typography: Macro-+ Micro-Aesthetics*, Zürich: Niggli, 1998.

Le Corbusier, *The Modulor and Modulor 2*, Basel: Birkhauser Verlag AG, 2000.

Ruari McLean, *How Typography Happened*, London: British Library, and New Castle, Delaware: Oak Knoll Press, 2000.

Josef Müller-Brockmann, *Grid Systems in Graphic Design (Raster Systeme fur die visuelle Gestaltung)*, Zürich: Arthur Niggli (revised edition), 1996.

Gordon Rookledge, *Rookledge's International Type Finder*, selection by Christopher Perfect and Gordon Rookledge, revised by Phil Baines, Carshalton, Surrey: Sarema Press, 1990.

Luciene Roberts and **Julia Thrift**, *The Designer and the Grid*, Hove: Rotovision, 2004.

Emil Ruder, *Typographie: Ein Gestaltungslehrbuch/ Typography: A Manual of Design/ Typographie: un manuel de création*, Zürich: Niggli (7th edition), 2001.

Fred Smeijers, *Counter Punch: Making Type in the Sixteenth Century*, Designing Typefaces Now, London: Hyphen Press, 1996.

Jan Tschichold, *Die neue Typographie: Ein Handbuch für Zeitgemäss Schaffende*, Berlin: Brinkmann & Bose, 1987; English edition The New Typography: a Handbook for Modern Designers, translated by Ruari McLean, with an introduction by Robin Kinross, Berkeley and Los Angeles: University of California Press, 1995.

—*The Form of the Book; Essays on the Morality of Good Design*, edited by Robert Bringhurst, translated by Hajo Hadeler, London: Lund Humphries, 1991.

Wolfgang Weingart, *My Way to Typography: Retrospectives in Ten Sections*, Wege zur Typographie Ein Rückblick in zehn Teilen, Baden: Lars Muller, 2000.

III: 文字与图像

Jaroslav Andel, *Avant-Garde Page Design 1900-1950*, New York: Delano Greenidge Editions LLC, 2002.

Phil Baines, *Penguin by Design: A Cover Story*, London: Allen Lane, 2005.

Alan Bartram, *Making Books: Design in Publishing since 1945*, London: British Library, and New Castle, Delaware: Oak Knoll Press, 1999.

Jacques Bertin, *Semiology of Graphics Diagrams*, Networks, Maps, Madison, Wisconsin: University of Wisconsin Press, 1983.

Derek Birdsall, *Notes on Book Design*, New Haven: Yale University Press, 2004.

eremy Black, *Maps and Politics*, London: Reaktion Books, 2000.

Kees Broos and **Paul Hefting**, *Dutch Graphic Design*, a Century, Cambridge, Massachusetts: The MIT Press, 1993.

Henry Dreyfuss, *Symbol Sourcebook: An Authoritive Guide to International Graphic Symbols*, New York: John Wiley (paperback), 1984.

Michael Evamy, *World Without Words*, London: Laurence King Publishing, 2003.

Roger Fawcett-Tang, *The New Book Design*, London: Laurence King Publishing, 2004.

—with **Daniel Mason**, *Experimental Formats: Books*, Brochures Catalogues, Hove: Rotovision, 2004.

—*The New Book Design*, London: Laurence King Publishing, 2004.

—*Experimental formats: Books, Brochures Catalogues*, Hove: Rotovision, 2001.

Mirjam Fischer, Roland Früh, Michael Guggenheimer, Robin Kinross, François Rappo et al., *Beauty and the Book/ 60 Jahre Die schönsten Schweizer Bücher/ Les plus beaux livres suisses fêtent leur 60 ans/ 60 Years of the Most Beautiful Swiss Books*, Berne: The Swiss Federal Office of Culture, 2004.

Steven Heller, *Merz to Emigre and Beyond: Avant-garde Magazine Design of the Twentieth Century*, London: Phaidon, 2003.

Richard Hendell, *On Book Design*, New Haven: Yale University Press, 1998.

Jost Hochuli and Robin Kinross, *Designing Books: Theory and Practice*, London: Hyphen Press, 1996.

Allen Hurlburt, *Layout: The Design of the Printed Page*, New York: Watson-Guptill, 1977.

John Ingledew, *Photography*, London: Laurence King Publishing, 2005.

Michael Kidron & **Roald Segal**, *The State of the World Atlas*, London: Pan Books, 1981.

Robin Kinross (ed.), *Antony Froshaug, Documents of a Life, Typography and Texts*, London: Hyphen Press, 2000.

Carel Kuitenbrouwer (guest editor), *De best Boeken 2001/ The Best Dutch Book Designs of 2001*, Amsterdam: CPNB, 2002.

Ellen Lupton and **Abbot Miller**, *Design Writing: Research Writing on Graphic Design*, London: Phaidon Press, 1999.

Ben van Melick, *Wertitel/ Working title, Piet Gerards, grafisch ontwerper, graphic designer*, Rotterdam: Uitgeverij 010 Publishers, 2003.

Paul Mijksenaar and **Piet Westendorp**, *Open Here: The Art of Instructional Design*, London: Thames and Hudson, 1999.

Ian Noble & **Russel Bestley**, *Experimental Layout*, Hove: Rotovision, 2001.

Jane Rolo and **Ian Hunt**, *Book Works: A Partial History and Sourcebook*, London: Bookworks and the ICA, 1996.

Rebecca Stefoff, *The British Library Companion to Maps and Mapmaking*, London: The BritishLibrary, 1995.

Edward R Tufte, *The Visual Display of Quantative Information*, Cheshire, Connecticut: Graphic Press, 1983.

—Envisioning Information: Narratives of Space and Time, Cheshire, Connecticut, Graphic Press,1990.

—*Visual Explanations: Images and Quantities, Evidence and Narrative*, Cheshire, Connecticut: Graphic Press, 1997.

Daniel Berkeley Updike, *The Well-Made Book*, Essays and Lectures, edited by William S. Peterson, New York: Mark Batty, 2002.

Howard Wainer, *Graphic Discovery: A Trout in the Milk and other Visual Adventures*, Princeton: Princeton University Press, 2005.

John Noble Wilford, *The Mapmakers*, London: Pimlico(reprint), 2002.

Richard Saul Wurman, *Information Anxiety 2*, Indianapolis: Que, 2001.

IV: 制作

Michael Barnard (ed.), *The Print and Production Manual*, Leatherhead, Surrey: Pira International,1986.

Alastair Campbell, *The New Designers' Handbook*, London: Little Brown, 1993.

David Carey, *How it Works*, Printing Processes, Ladybird Book series, Loughborough: Wills and Hepworth, 1971.

Poppy Evans, *Forms, Folds, Sizes: All the Details Graphic Designers Need to Know but can Never Find*, Hove: Rotovision, 2004.

Kōjirō Ikegami, *Japanese Book Binding: Instructions From a Master Craftsman*, translated and adapted by Barbra B. Stephan, New York: Weatherhill, 1986.

Arthur W Johnson, *The Manual of Bookbinding*, London: Thames and Hudson, 1978.

Tim Mara, *The Manual of Screen Printing*, London: Thames and Hudson, 1979.

Alan Pipes, *Production for Graphic Designers*, London: Laurence King Publishing (4th edition), 2005.

Wayne Robinson, *Printing Effects, London: Quarto*, 1991.

Keith A Smith, *Volume 1: Non-adhesive Binding: Books Without Paste or Glue*, New York: Keith A Smith, 2001.

Rick Sutherland and **Barbra Karg**, *Graphic Designers' Colour Handbook: Choosing and Using Colour from Concept to Final Output,* Gloucester, Mass.: Rockport, 2003.

Harry Whetton, *Practical Printing and Binding: A Complete Guide to the Latest Developments in all Branches of the Printer's Craft*, London: Odhams Press, 1946.

—(ed.), *Southward's Modern Printing*, Leicester: De Montfort Press (7th edition), 1941.

附录

The Chicago Manual of Style, Chicago: The Chicago University Press, 15th edition, 2003.

Geoffrey Dowding, *Finer Points in Spacing and Arrangement of Type*, Vancouver: Hartley & Marks (second edition), 1995.

Hart's Rules for Compositors and Readers at the University Press, Oxford: Oxford University Press (39th edition), 1993.

R L Trask, *The Penguin Guide to Punctuation*, London: Penguin, 1997.

词汇表

书籍的基本组成部分的名词图文释义请见本书第一部分 20—21 页。

Alignment / 字脚排齐： 文字栏中的正文靠栏边对齐的排列方式。（参见词条“justification”左右对齐。）

Ascender / 西文字母的上伸部分： 西文小写字母笔画高出 x 字高之上的部分。

Axonometric drawing / 轴测投影绘图法： 以单张图绘制出物体上、左、右三面的制图法，三面都是以 45° 呈现。

Baseline grid / 基线网格： 用于排列行文的基准线。

Beard / 铅字坡度： 前一行文字下方的空间，加上下一行文字上方的狭小空间，即行文密排时每行直接的实际间距。

Blad / 样书（小样）： 在生产前，先印出其中一部分并简单装订，用于检查页面设计、封皮、印刷品质，也可以作为出版商的营销资料。

Chinese binding / 中式装订: 又名“法式装订”，折叠后的页面就像一个手风琴。

CMYK： 印刷使用的四种基本颜色：青、洋红、黄、黑的简称。

Co-edition / 合印： 一本书由多家出版商共同出版，比如，某本以英文撰写，在美国出版的书籍，在德国和西班牙，可能由不同的出版商来翻译、出版和发行。

Codex / 册： 历史上，以书本形态装订而成的书写内容——相对应的词为“卷”（scroll）。

Colophon / 书末题署: 在书的最后列上：书名、所用字体、印刷方式等等信息。（现在已经被版权页所取代。）

Colour gamut / 色域： 光谱中肉眼可见，以 CMYK 或者 RGB 能印出来的色彩范围。

Colour separation / 分色： 将全彩的图片分为青色、洋红色、黄色和黑色的步骤。

Compositor / 捡字工： 排版工人，特指传统金属活字领域的分工。

Continuous tone / 连续阶调： 图像中各个不同阶调呈现微幅渐进演变，比如从 1% 到 100%。

Corner flag / 角旗： 包在书籍右上角三角形小纸片，主要用于刊载营销宣传的信息。

Debossing / 压凹： 也叫凸版压凹，将图文雕刻成金属板，通过机器加压金属板，在纸上压出文字或者图形的凹痕。

Descender / 西文字母的下伸部分： 小写西文字母的笔画低于基线以下的部位。

Didots / 迪多点数： 表示字号大小的单位，广泛通行于欧洲（英国除外）。

Directional / 方向指示： 以箭头或者文字连接图片和图注的标注方式。

Dry proof / 干式打样（数码样）： 未使用印刷流程印制的样稿，比如照相打样，数码打样。

Duotones / 双色调： 使用两块半色调网屏，以专色印制的图像。

Dust jacket / 护封： 环绕精装书，用于保护精装封皮的纸。

Embossing / 起凸（起鼓）： 在凹版或者凸版上施加重力，在纸面上压出文字或图案的凸痕。

Endmatter / 后辅文： 所有放在书的最后，不属于正文的内容，包括附录、词汇表、图片版权、致谢、索引等。

Endnotes / 章节末注： 正文中的注解统一放到每一章的最后。

Endpapers / 环衬： 粘贴在精装书灰板上，用于连接书芯和封皮。

Factorial grids / 阶乘网格： 不用长度，而以栏位和间隔数为单位制定版面规划的网格。

Flatplan / 版位图： 同时呈现一本书所有页面版面编排的图表，可以供编辑和设计师组织章节，安排折帖的页面配置。

Foil blocking / 烫金： 在封皮硬板上压出文字或者图形，并填入金属箔料的工艺。

Foilo / 页码: 1. 书页上标明书页次序的数码; 2. 对开: 纸张的规格之一; 大小为全开纸对折一次。

Footnotes / 脚注： 印在书页最下端的注解。

French binding / 法式装订： 不以传统方式将折帖集合到一起，而是反复折叠纸张组装而成的书籍。可能会先将好几张纸裱成连续的纸页再装订。

Frontispiece / 卷首插图： 放在书名页之前，或者书名页对页上的图。

Frontmatter / 前辅文： 放在书前，不属于正文部分的统称，包括：书名页、目录、前言、序言等等。

Full-bleed / 满版出血： 图版不在图框内，而是排满了整个页面。

Gatefold / 大张折页： 一张大于正常书页，超过切口，但又沿着切口向内折入书中的延长页面，它就像一扇可以开合的门。展开折页时，其面积大约是正常书页的两倍。双开折页则是指相对的左右两侧同时设置折页，全开展开时的版面面积是单页面积的四倍。

Golden section / 黄金分割： 把一条线段分割为两部分，使较大部分与全长的比值等于较小部分与较大的比值，则这个比值即为黄金分割。以代数公式表示，即 a:b=b:（a+b），近似值约为 1:1.61803。

Gravure printing / 蚀刻印刷： 是一种凹版印刷方法，即在铜版上蚀刻出文字或者图像，制成印版，印墨渗入凹痕，当纸张覆盖在印版上，纸张吸出印墨即完成印刷。

Greyboard / 灰板： 用于精装书封皮装订的硬纸板，有各种不同的厚度和重量。

Grid / 网格： 以水平和垂直线条组成的矩阵，将页面区隔出栏位和间距，帮助设计师安排图片和文字等页面元素，这样整个版面构架显得有条理。

Half-title / 简书名页： 正式书名页之前，简单列出书名的页面。

Halftone / 半色调： 将照片或者绘制的图像分解成大小不等的点或者粗细不等的线，以制成用于印刷的网屏。

Hand-setting / 手工排版： 从铅字盘上挑拣单个的热铸字铅块，排列成词、句的一道手工程序。

Histogram / 直方图： 长条图的统称，用于测量频率。在数学领域，直方图用于记录数据的频率和比重。

Hot-metal type / 热铸字: 以机器铸造的字模。将烧熔的金属灌入模型中，冷却后凝固成单个的金属活字或者成排的行文。

Ideogram / 表意符号： 表示某种抽象概念的符号，与之相反的是代表具体物件的象形符号。

Imposition / 拼版： 在组成一份折帖的全开纸的正反两面安排页面的正确位置。

Incunabula / 摇篮版本（古版本）: 这个词在拉丁语中的意思是“摇篮”，最初用来表示印刷的第一阶段或婴儿期，后用于说明 16 世纪初期之前印刷的书籍。

Intaglio printing / 凹版印刷： 印刷方式之一，原理是将蓄积在印版表面下的印墨吸到纸上印成图像。

Interval / 栏间距： 页面上两个文字栏之间的空间。

Isometric / 等角测绘： 用单张图描绘出物体上、左、右三面的制图方法。三面都以 30° 呈现。

Justification / 齐行调整： 调整文字的水平间距，使其均匀分布在左右页边距之间，使两侧文字具有整齐的边缘。其他的对齐方式还有“左对齐”“右对齐”。

Keyline / 框线： 插图周围或者文字区块外围的细框线，通常印成黑色（因为在印刷中，黑墨为主色，所以叫作 key），现在，用其他颜色印刷的细线也可以称为“keyline”。

Leader line / 指示线： 从图注编号延伸，指向图中某个部位的线段。

Leading / 行间： 铅字排版的话，行与行之间是靠插入不同厚度的铅片隔出水平空间。用电脑排版，则可以通过设定基线的方式来设定行间距。

Leaf / 单张纸： 书中的单张纸，由正反两面组成。

Lenticulation / 立体成像: 印制图片的特殊方式，

当观众从不同位置观看时，图片中的物件会呈现立体影像。

Letterform / 字体： 同一种文字的不同形体。

Letterpress / 凸版印刷： 最早的图文印刷形体，通常使用金属或者木活字，以及铅版。

Linocut / 亚麻油毡浮雕版： 凸版印刷技法之一，在亚麻油毡版上刻出反向图案制成印版。

Modernist grid / 现代主义网格： 网格体系之一，将行文区划分成若干面积相等的网格。网格都是根据基线来划分的。栏位间隔的距离与图片单元之间的距离相符。

Modular scales / 模度级数： 有某种比例关系的级数阶乘，例如斐波拉契数列。

Moiré Pattern / 错网花纹： 当两片半色调网叠在一起时，稍微出现偏差，没有对准，就可能会出现错网花纹。由于这种情况会干扰图像，通常都应尽力避免，但如果运用巧妙，也可以利用它营造出特殊的视觉效果。

Octavo / 八开： 一张全开纸连续对折三次，形成 8 个书页，16 页的折帖。

Orthographic drawing / 正投影制图： 制图的方法之一，按照相同的比例，以垂直的视角描绘立体物件的各个面。

Overprinting / 叠印： 将一种颜色印到另外一种颜色之上，需要动用两块以上的印版。

Ozalid / 奥泽利晒图机： 可在涂布重氮化物（diazo compounds）的纸张上晒制于式样稿的机器。

Page / 页： 书册中单张纸的一面。

Pantone matching system/ 彩通配色系统： 是目前应用最广泛、也最符合行业标准的一套配色系统的商品名。它收录了上千种颜色（包括粉色和金属色）的颜色样本，可用于对应专色和 CMYK 四色之间的转换。

Parchment / 羊皮纸： 以羊皮做出的书写材料，英文中另一同义词为 vellum。

Pastedown / 接封衬页： 紧贴于封皮硬板里侧的半边环衬页。

Photoetching / 照相蚀刻： 制版技法之一，在金属片上没有图案的地方涂上防腐材料，再将印版浸入强酸溶液中，裸露的金属表面受到腐蚀，形成凹陷的图形。

Pica / 派卡: 表示字号大小的单位，1 派卡 =12 点。

Pictogram / 象形符号： 以图案代表具体的人或事物；图像化的名词。

Pilcrow / 分段号：（可能起源于中世纪的）图案符号，代表重现开始一段新的连续想法。

Planographic printing / 平版印刷： 油墨刷在平面印版上的印刷方式。

Quadtones / 四色调： 分别用四块半色调网屏，用专色印刷的图片。

Quarto（写成 4to）/ 四开： 全开纸连续对折两次，形成 4 个书页，8 页。

Recto： 1. 正面；2. 右页：书籍的右页，奇数页。

Registration / 套准： 印刷时，确认所有油墨都能准确印在正确位置上的一道工序。

Relief printing / 凸版印刷： 印刷方式之一，先将油墨附着在印版凸起的部分，再转印到纸面上。

RGB / 色光三原色： 红、绿、蓝的简写；电视荧光屏和电脑屏幕的色彩显示原理，都是利用加色三原色原理。

Roman numerals / 罗马数字： 罗马数字常常用于书籍前辅文的页码数字：ⅰ / Ⅰ =1，ⅱ / Ⅱ =2，ⅲ / Ⅲ =3，ⅳ / Ⅳ =4，ⅴ / Ⅴ =5，ⅵ / Ⅵ =6，ⅶ / Ⅶ =7，ⅷ / Ⅷ =8，ⅸ / Ⅸ =9，ⅹ / Ⅹ =10，Ⅺ =11，……L=50，C=100。

Rubric / 红标题，章节标题： 传统上，以手工用红色描绘的首字母。现代书籍的章节标题，文段起始处占行的加大字号的首字母，如果是以其他颜色印制的，也可以称为“rubric”。

Scatter proofs / 散样： 散样是指印厂不按页面顺序，挑出原本分散在各个不同版面上的内容元素，凑在一起印成一幅单页或者跨页，以便检查整本书中各个不同元素，包括图片、墨色和印刷品质等。

Shoulder-notes / 旁注： 正文的注解印在书页的切口留白处。

Show-through / 透印： 印在纸张一面的内容，在纸张的另外一面也能看到。这种情况通常会干扰正常的阅读，因此通常都会尽量避免。但也可以通过巧妙运用，让书页呈现某种景深效果。

Side story / 边栏 区别于正文主体的独立行文，常置于栏位，提供正文提到的话题的更多细节。

Signature / 折帖（折手）： 一本书是由数个折帖组成，单一折帖包含的页数必定是：2、4、8、16、32、64 或者 128 页。

Source-notes / 注释出处： 说明某段内容的来源，可以用脚注、旁注、尾注或者章末注的方式处理。

Stencil printing / 孔版印刷： 让油墨穿过某种镂空的版印出图像的印刷方式。进行印刷的时候，遮盖住印版上的一些区域，不让油墨通过；油墨穿过其他未加遮蔽的网屏，印在纸面上。

Storyboard / 故事板： 逐页画出版面的草图，让整本书视觉化的一种方法。

Superprint / 同色叠印： 在某个颜色区域内，叠印上了不同深浅的同一种颜色。

Swatchbook / 样本： 由生产厂商制作的、收录了各种纸张、纸板或者印墨色样的册子。

Throwout / 拉页： 沿着前切口或者上切口折进书中的延长页面，翻开时，可以同时展示许多不同页面。

Tipping in / 贴片: 在书中手工贴入其他纸质元素。

Trapping / 补漏白： 增加两个相邻色块中较浅色块的面积，让两种颜色的相邻边界出现少许的重叠，这样两个颜色之间的接壤边缘就不会出现空白。

Tritones / 三色调： 使用三块各自具备阶调变化的印版，分成三次印刷。

Tummy band / 腰封： 环绕书籍的狭长带状纸条。

Verso / 封底： 1. 纸张或者书页的背面；2. 跨页的左手页。

Wet proofs / 湿打样（传统样）： 用印刷机印制的样稿。

Woodcut / 木刻： 凸版印刷的方法之一，即在木板上以相反方向刻出图像或者文字。

Wrong-reading / 反像： 文本反转了，文字和阅读方向相反（呈镜像），就像在印版上一样。

x-height / x 字高： 小写字母主体的高度，以该字体小写字母 x 的基线到字面的上边缘为基准。

致谢

谢谢我过去和现在的学生与同事们，他们无意间促成了这本书的写作。特别感谢中央圣马丁艺术设计学院传播设计学院的同学允许我在书中收录他们的作品；感谢学院所有同事的支持，特别是丹尼·亚历山大（Danny Alexander），安德鲁·福斯特（Andrew Foster），约翰·恩格迪沃（John Ingledew），塞德纳·杰恩（Sadna Jaine），瓦尔·帕尔默（Val Palmer），盖瑞·波维尔（Gary Powell），罗斯·斯特里顿（Ros Streeton）和迈克·史密斯（Mike Smith）。谢谢温迪·贝克（Wendy Baker），布鲁·贝克－哈斯拉姆（Blue Baker-Haslam），布莱斯·贝克－哈斯拉姆（Blaise Baker-Haslam），伦敦印刷学院的卡尔·亨利（Karl Henry）和伊恩·诺布尔（Ian Noble）在本书写作过程给予我的鼓励。其他给予我特别帮助的还有中央圣马丁艺术学院的图书馆馆长帕特·迪本（Pat Dibben），我的兄弟马丁·哈斯拉姆（Martin Haslam），借出教堂礼拜用书的海伦·马修（Helen Matthew）院长，安德鲁·博格（Andrew Boag），尼克·尼纳姆（Nick Nienham,圣马丁的活字印刷技师),圣马丁的奥利·奥尔森(Ollie Olsen)和马尔科姆·帕克(Malcolm Parker）提供了许多印刷成品，在本书第四部分中演示书籍装订工序的瓦依巴恩（Wyvern），以及我的前一本书《字体与排版》的合著者菲尔·班尼斯（Phil Banies），谢谢他同意我在本书的附录中引用《字体与排版》中的部分内容。感谢丹尼·亚历山大和马丁·斯利夫卡（Martin Slivka）完成本书的摄影工作。感谢 Laurence King 出版公司参与本书制作的所有同事，尤其是劳伦斯·金(Laurence King)，策划编辑乔·莱特福特(Jo Lightfoot)，流程编辑安妮·汤利(Anne Townley），文稿编辑尼古拉·霍奇森（Nicola Hodgson），以及非常有耐心和给力的资深编辑艾米丽·阿斯奎斯（Emily Asquith），还有处理图片版权事务的彼得·肯特（Peter Kent）。

题献

献给我的父亲，彼得·哈斯拉姆（Peter Haslam，1938.4.14—2005.2.28），他虽然没有看到这本书的出版，但却给予了我太多启发。他只要路过书店，就会停下来进去逛逛。

译后记

当初拿到这本书的时候，我曾经和编辑讨论过，这本书的英文原版是 2006 年出版的，现在，已经十几年过去了，书的内容是否会过时，是否需要更新一些内容。当翻译完这本书时，我发现这个担心真是杞人忧天，毫无必要，也不禁感慨，在这个技术变化日新月异的时代，“编书”这门“手艺活”真是没有什么变化，基本原理都还是那样的。

这本书的书名虽然叫“书籍设计”（book design），但其实不仅仅是写给设计师的，所有工作在第一线的编辑更应该看一看这本书。可能书中某些部分读起来显得很抽象（比如网格、网屏、印刷等），不是书的问题，也不是读者阅读理解能力的问题，解决的方法也很简单，去印刷厂、排版公司、照排公司、设计师的工作室……实地看一看，所有的困惑都会得到解决。

翻译时，我用的参考书是外研社 2002 年出版的《英汉双解出版印刷词典》，所有专有名词的译法都采用了这本小词典中的译法。这本小词典是我 2006 年在 ANA 工作时买的，那个时候 ANA 的办公室还在外研社大楼内，那个时候，我代理 Laurence King 出版社在中国的翻译版权事务。没想到有机会，能翻译一本 LK 的书，真是感到非常荣幸。如果允许译者题献，我想要把这本书题献给 LK 的前任版权经理珍妮特（Janet），她教给我太多太多。

王思楠，2018 年 8 月

图书在版编目(CIP)数据

书籍设计 / (英) 安德鲁·哈斯拉姆著；王思楠译. -- 上海：上海人民美术出版社, 2020.5（2021.7重印）
（设计新经典. 国际艺术与设计学院名师精品课）
书名原文: Book Design
ISBN 978-7-5586-1647-1
Ⅰ. ①书… Ⅱ. ①安… ②王… Ⅲ. ①书籍装帧－设计 Ⅳ. ①TS881
中国版本图书馆CIP数据核字(2020)第064339号

设计新经典·国际艺术与设计学院名师精品课

书籍设计

著　　者：[英] 安德鲁·哈斯拉姆
译　　者：王思楠
统　　筹：姚宏翔
责任编辑：丁　雯
流程编辑：马永乐
封面设计：棱角视觉
版式设计：朱庆荧
技术编辑：陈思聪
出版发行：上海人民美術出版社
（上海长乐路672弄33号　邮编：200040）
印　　刷：上海丽佳制版印刷有限公司
开　　本：889×1194　1/16　印张16
版　　次：2020年8月第1版
印　　次：2021年7月第2次
书　　号：ISBN 978-7-5586-1647-1
定　　价：198.00元

设计新经典系列丛书

扫二维码购买

《平面设计中的网格系统》

扫二维码购买

《品牌设计全书》

扫二维码购买

《插画设计基础》

扫二维码购买

《跨媒介广告创意与设计》

扫二维码购买

《视觉传达设计》

扫二维码购买

《平面设计概论》

扫二维码购买

《去日本上设计课1：版式设计原理》

扫二维码购买

《去日本上设计课2：配色设计原理》

扫二维码购买

《去日本上设计课3：信息图表设计》

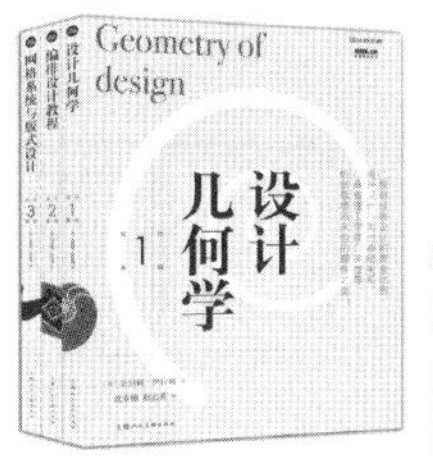

扫二维码购买

《设计基础系列（全3册）》

扫二维码购买

《好设计是这样想出来的》

扫二维码购买

《图标设计创意：iPhone UI设计师从LOGO、APP图标、表情符号到路标设计的实战经验分享》

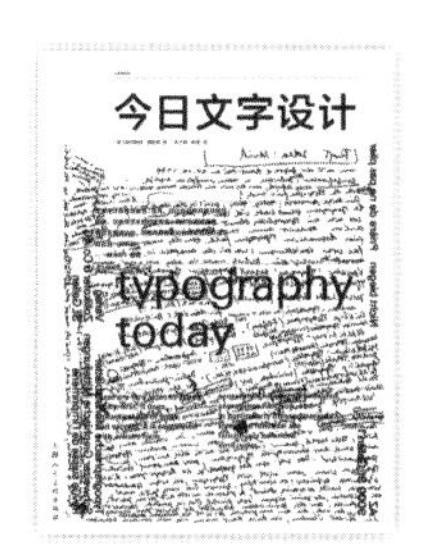

扫二维码购买

《今日文字设计（全新增补版）》

扫二维码购买

《编辑设计》

扫二维码购买

《版面设计网格构成（全新版）》